DEUTSCHE DEMOKRATISCHE REPUBLIK
DEUTSCHE AKADEMIE DER LANDWIRTSCHAFTSWISSENSCHAFTEN ZU BERLIN
INSTITUT FÜR LANDWIRTSCHAFTLICHE INFORMATION UND DOKUMENTATION

Landwirtschaftliches Zentralblatt

ABTEILUNG III

TIERZUCHT · TIERERNÄHRUNG FISCHEREI

9. JAHRGANG

1964

AKADEMIE-VERLAG · BERLIN

LZ. III TIERZUCHT · TIERERNÄHRUNG · FISCHEREI · JG. 1964 · NR. 8 · SEITE 1589—1804 · BERLIN · AUGUST 1964

LANDWIRTSCHAFTLICHES ZENTRALBLATT

ABTEILUNG TIERZUCHT · TIERERNÄHRUNG · FISCHEREI

INHALTSVERZEICHNIS

LZ. III/8/64

NAMENVERZEICHNIS

3–64/08–0001 bis 0699; 9001 bis 9173

Ab Jahrgang 1964 beziehen sich die hinter dem Autorennamen angegebenen Zahlen auf die Signatur des Dokumentationsmaterials

Signatur in [Klammern] bedeutet Bibliographie, mit Stern * bedeutet Buchbesprechung

LANDWIRTSCHAFTLICHES ZENTRALBLATT
ABT. TIERZUCHT · TIERERNÄHRUNG · FISCHEREI

1964 NR. 8 AUGUST

ALLGEMEINES

A. GESCHICHTE, FORSCHUNG, UNTERRICHT

3-64/08-0001 Bullmann, Oskar. **Karl v. Frisch. Notizen zu Werk und Persönlichkeit.** Bienenwelt [Graz] **6** (1964) Nr. 1. S. 1-6. — 2 Abb.
Vf. berichtet aus dem Leben und Werk des bekannten Zoologen K. v. Frisch, der am 20. 11. 63 sein 77. Lebensjahr vollendete. Frisch eröffnete mit seinen Arbeiten über das Farbensehen der Honigbiene eine weit reichende Reihe von wertvollen Arbeiten auf dem Gebiet der Bienenkunde. Viele erfolgreiche Wissenschaftler gingen aus seiner Schule hervor. Die meisten von ihnen befassen sich noch heute mit bienenkundlichen Problemen.
H. Oschmann/Tälermühle. 20.

3-64/08-0002 Pero, R. **Arbeitsrichtung der Geflügelforschung in Frankreich.** Tierzüchter **15** (1963) Nr. 19. S. 724-725. — 4 Abb. 40.

3-64/08-0003 Niewiadomski, W. Zakłady doświadczalne wyższych szkół rolniczych w perspektywie. **(Die Versuchsanstalten der landwirtschaftlichen Hochschulen in der Zukunft.)** Postępy Nauk rolniczych **10** (1963) Nr. 1. S. 13-26. — 1 Tab. PRL/CBR. 40.

3-64/08-0004 Euthin, P. **Die Ausbildungstätigkeit an der Lehr- und Forschungsanstalt für Bienenzucht im Jahre 1963.** Garten u. Kleintierzucht, Ausg. C **3** (1964) Nr. 5. S. 6-7. — 4 Abb. 50.

3-64/08-0005 Majerus, A. **Die landwirtschaftliche Berufsausbildung in Luxemburg.** Ausbild. Berat. Land- u. Hauswirtsch. **17** (1964) Nr. 2. S. 23-24. 50.

3-64/08-0006 Shamjanshaw, Z. **Die Entwicklung der landwirtschaftlichen Hochschulbildung in der Mongolischen Volksrepublik.** Int. Z. Landwirtsch. [Sofia/Berlin] **1963** Nr. 6. S. 106-108. 50.

3-64/08-0007 **Nauka socialističeskomu životnovodstvu.** (Die Wissenschaft im Dienste der sozialistischen Tierzucht.) Moskva: Sel'chozizdat. 1963. (430 S.) 8°. (1964 A 119)
3-64/08-0008 **Zestawienie publikacji ogłoszonych przez pracowników instytutu zootechniki. W okresie od dnia 1 stycznia 1958 do dnia 31 grudnia 1961 g.** (Zusammenstellung der Veröffentlichungen der Mitarbeiter des Instituts für Zootechnik. 1. 1. 1958-31. 12. 1961.) Kraków. 1963. (104 S.) 4° = Instyt. zootechn. Wydawnictwa własne Nr. 149. (1963 B 233)

B. GRUNDLAGENWISSENSCHAFTEN UND METHODIK

3-64/08-0009 Plonait, Hans. **Keimfreie Versuchstiere, ein neues Hilfsmittel veterinärmedizinischer Forschung.** Dtsch. tierärztl. Wschr. **70** (1963) Nr. 17. S. 485-489.
Nach einer einleitenden Begriffsbestimmung referiert Vf. über die Gewinnung, Aufzucht und Haltung gnotobiotischen und spez. pathogenfreien Tiermaterials. Die Einsatzmöglichkeiten desselben zu Versuchszwecken auf medizinischem und biol. Gebiet werden kurz umrissen. Durch Literaturangaben, Bilder und Tabellen wird auf die verschiedenenorts vorliegenden Erfahrungen, Isolatorsysteme und Zuchtstämme hingewiesen. G. Train. 150.

3-64/08-0010 Fewson, D., Fender, M. und Kirsch, W. **Zur Planung, Durchführung und Auswertung von Schweinemastversuchen bei Gruppenfütterung.** Z. Tierphysiol., Tierernähr. Futtermittelkunde **18** (1963) Nr. 3. S. 129-146.
In der Pflanzenzüchtung ist eine exakte Versuchsplanung zur Selbstverständlichkeit geworden. Versuche mit Großtieren jedoch sind statistisch oft nicht auswertbar, weil eine Versuchsplanung im Hinblick auf die Auswertung nicht vorgenommen wurde. Vff. beschreiben Versuchspläne mit vollständigen und unvollständigen Blocks und empfehlen deren Anwendung auf Schweinemastversuche mit Gruppenfütterung. Die Arbeit besteht aus den Abschnitten Versuchsplanung, Versuchsdurchführung und Versuchsauswertung und geht auf die mit der Wahl der Behandlungen, der Versuchsgenauigkeit, der Anzahl der Wiederholungen und der Erweiterung des Aussagebereiches zusammenhängenden Probleme ein. D. Rasch. 160.

3-64/08-0011 Krupp, G. **Gedanken zur Weiterentwicklung der landwirtschaftlichen Information und Dokumentation in der DDR.** Dtsch. Landwirtsch. **15** (1964) Nr. 1. S. 7-9. — nach Zus.
Es werden einige Grundgedanken für die Gestaltung eines einheitlichen Systems der landwirtsch. Information und Dokumentation skizziert. Bes. Aufmerksamkeit wird der Neugestaltung der Information für die Praxis und dabei bes. der Profilierung der populärwissenschaftlichen Fachzeitschriften geschenkt. 170.

3-64/08-0012 Haendler, H. **Das Archiv für Futtermittel in Stuttgart-Hohenheim.** Tierzüchter **15** (1963) Nr. 17. S. 640-641. 170.

3-64/08-0013 *Gnedenko, B. V., Koroljuk, V. S.* und *Juščenko, E. L.* **Elemente der Programmierung.** Leipzig: Teubner. 1964. (327 S. Übers. a. d. Russ.) — 8°. (1964 A 156)

3-64/08-0014 *Salganskij, A. A.* u. a. Hrsg.: Ukr. naučno-issled. inst. životnovodstva stepnych rajonov im. M. F. Ivanova. **Zoopark „Askanija-Nova". (Opyt akklimatizacii dikich kopytnych i strausov.)** (Der Tierpark „Askanija-Nowa".) Kiev: Gos. izd. sel'skochoz. lit. Ukr. SSR. 1963. (305 S.) 8°. (1964 A 146)

3-64/08-0015 **Literatur über die Tierzucht.** Hrsg. Instn.: Universitäts- und Landesbibliothek, Dessau. (Titelanzahl: 43. Ber.-Zeit: 1956-63.)

ALLGEMEINE TIERZUCHT

A. Entwicklungslehre

3-64/08-0016 Skorkowski, Edward. **Zoologische Systematik im Dienste der Tierzucht.** Z. Tierzücht. Züchtungsbiol. **79** (1963) Nr. 1. S. 36-41. — 23 Lit.
Vf. setzt sich mit der Kritik (Meunier, vgl. LZ. Abt. III 8 [1963] Nr. 5; S. 890.) an seiner Auffassung, verschiedene Wildformen in den Hauspferdestämmen nachzuweisen, auseinander. Er stellt fest, daß das Zustandekommen einer selektiven Auslese von adäquaten Unterarten, welche die genetische Verifikation dieser Subspecies bestätigt, den grundlegenden Beweis für die Übereinstimmung der von ihm vorgeschlagenen Pferdesystematik mit dem Tatbestand bildet. J. E. Flade. 1015.

3-64/08-0017 Meunier, K. **Bemerkungen zur innerartlichen Systematik des Pferdes.** Z. Tierzücht. Züchtungsbiol. **79** (1963) Nr. 1. S. 42-72. — 11 Tab., 79 Lit.
Vf. setzt sich eingehend und sehr kritisch mit den die Systematik betr. Arbeiten von Edward Skorkowski auseinander. Im wesentlichen geht es Vf. darum, die Bedeutung der unter hippologischer Sicht von Skorkowski angestellten Ermittlungen für die Zoologie zu klären. Er wendet sich dabei scharf gegen die Meinung Skorkowskis, die beim Hauspferd vorhandenen, durch die verschiedenartige Schädelform gekennzeichneten Varianten seien die Folge

sekundär vermischter Unterarten. An Hand des Materials von Skorkowski wird durch den Vf. folgendes widerlegt: 1. die Möglichkeit, mit Hilfe des Approximationsverfahrens den Anteil von Skorkowskis Pferdetypen in Mischindividuen festzulegen; 2. die Existenz der definierten Pferdetypen als abgrenzbare Varianten der Hauspferdebestände; 3. die Deutung der Schädelformen in den gegebenen Definitionen als subspezifisch; 4. die Behauptung, die Variabilität des Przewalskipferdes beruhe allein auf sekundären Mischungsvorgängen (Hauspferdblut); 5. das Vorkommen der definierten Schädelform als Subspezies-Charaktere im Pleistozän (abgesehen von *E. mosbachensis*); 6. der Anspruch, allein durch typologischen Vergleich das Überleben des Mosbach-Pferdes im recenten Hauspferd nachweisen zu können; 7. die Ableitung bestimmter Hauspferde (nordicus) von einem Halbesel. Nicht widerlegbar ist u. a. die Möglichkeit, „daß es überhaupt abgrenzbare, durch gekoppelte Merkmalskomplexe gekennzeichnete Gruppen beim Pferd gibt, die zwar nicht durch Skorkowskis Schädeldefinition erfaßbar, aber sonst erkennbar sind und in den Zuchtrassen nebeneinander vorkommen".

J. E. Flade. 1015.

B. ORGANE DES TIERKÖRPERS

3-64/08-0018 Mitin, V.; Zagreb, Sveučilište, Veterin. Fak.; Inst. za Morfol. i Fiziol. Razvoj crvene krvne slike u fetusa konja. **(Die Entwicklung des roten Blutbildes bei Pferdefeten.)** Veterin. Arh. [Zagreb] **32** (1962) Nr. 9/10. S. 227-231. — 1 Abb., 14 Lit. Zus. in Engl., Franz.

An von tragenden Schlachtpferden stammenden Feten von 6-29 cm Körperlänge wurde die Entwicklung des roten Blutbildes (rB) durch die Untersuchung von Herzblut verfolgt. — Das rB verändert sich im Fetalleben ununterbrochen, wobei sich 2 Hauptphasen unterscheiden lassen: in der ersten ist die Zahl der roten Blutkörperchen niedrig (unter 2 Mill./mm³), die Hb-Menge gering (6-8 g/100 ml), der Hb-Gehalt der einzelnen Zelle hoch und die Menge der Megaloblasten rel. groß (bis 13%); in der zweiten Phase steigt die Blutkörperchenzahl und erreicht nach 5 Mon. annähernd den Normalwert erwachsener Tiere, gleichzeitig verringert sich der Dmr. von ca. 10,7 auf 8,3 μm bei Abnahme der Hb-Beladung und Verschwinden der Megaloblasten.

P. Schmid. 1120.

3-64/08-0019 Nikołajczuk, M. Wymiana hemoglobiny typu płodowego na hemoglobinę typu osobników dojrzałych u cieląt. **(Der Ersatz des fetalen Hämoglobins durch solches von ausgereiften Individuen bei Kälbern.)** Zeszyty naukowe wyższej Szkoły rolniczej Wroclawiu, Weteryn. **13** (1963) Nr. 47. S. 81-94. — 7 Abb., 18 Lit.

Untersucht wurden 35 zufallsmäßig ausgesuchte Schwarzbunte Niederungsvieh-Kälber. Die Blutentnahme erfolgte während der ersten 2 Lebensmonate in wöchentl. Abständen. Die Kontrollgruppe bestand aus 25 gleichfalls zufallsmäßig ausgesuchten Tieren von 2,5 Mon. bis zu 7 Jahren. Die Versuche ergaben die in den ersten 8 Lebenswochen auftretende Variabilität der 2 untersuchten Eigenschaften des Hb, nämlich der Resistenz gegenüber der Wirkung der Umweltbedingungen mit saurer Reaktion und der Form des Freiwerdens von Sauerstoff in seinem sich verringernden partiellen Druck. Das Hb der Kälber zeigte eine größere Resistenz und eine verstärkte Fähigkeit, Sauerstoff zu binden als dasjenige der Kontrolltiere. Mit zunehmendem Alter verringern sich die Resistenz und die Fähigkeit der Sauerstoffbindung bei den Kälbern. Erfaßbare Unterschiede zwischen den Versuchs- und Kontrolltieren verlieren sich zwischen der 3. und 5. Lebenswoche.

PRL/CBR, übersetzt v. R. Hüffer. 1120.

3-64/08-0020 Ramirez, C. G., Miller, E. R., Ullrey, D. E. und Hoefer, J. A.; East Lansing, Michigan State Univ. Swine hematology from birth to

maturity. III. Blood volume of the nursing pig. **(Die Hämatologie des Schweines von der Geburt bis zur Geschlechtsreife. 3. Mitt. Das Blutvolumen säugender Ferkel.)** J. Animal Sci. **22** (1963) Nr. 4. S. 1068-1074. — 5 Abb., 1 Tab., 30 Lit. 2. Mitt. vgl. LZ. Abt. III 8 (1963) Nr. 6. S. 1119.
Das rel. Blutvolumen des neugeborenen Schweines war 8,6 ml/100 g Lgw., es stieg nach 6 Std. auf 9,4, nach 12 Std. auf 10,0. Die 12-, 24- und 48-Std.- sowie die 5- und 8-Tage-Werte zeigten untereinander keine signifikanten Differenzen, sie lagen jedoch signifikant höher als die Werte zur Geburt, mit 6 Std., mit 2 und 5 Wochen. Der Hämatokritwert fiel in den ersten 6 Lebensstunden signifikant ab, erreichte ein Minimum bei 48 Std. Vom 5.-14. Tag folgte ein Anstieg, welcher mit auf die prophylaktische Verabreichung eines Eisendextranpräparates am 3. Lebenstag zurückgeführt wird. Die Konzentration der Plasmaproteine nahm in den ersten 12 Std. zu, blieb dann bis zum 5. Lebenstag rel. konstant, dann folgte ein geringgradiger Abfall. Bei der Geburt hatten die α-Globuline und Albumine den größten Anteil an den Plasmaproteinen, innerhalb von 24 Std. folgte jedoch mit der Erhöhung der Konzentration der Plasmaproteine ein Anstieg des Gehalts an γ- und β-Globulinen, was auf die Aufnahme von Colostrum zurückzuführen ist. Die α-Globuline fielen in den ersten 24 Std. ab, blieben dann annähernd konstant, die β- und γ-Globuline sanken nach dem 1. Tag ab und erreichten ein Minimum nach der 2. Lebenswoche. Der Albumingehalt zeigte in den ersten 12 Std. einen Abfall, dann jedoch einen signifikanten Anstieg mit einem Maximum in der 5. Lebenswoche. B. Busch/Dummerstorf. 1120.

3-64/08-0021 Meyer, H.; Hannover, Tierärztl. Hochschule, Inst. für Tierzucht und Vererbungsforsch. **Vorkommen und Verbreitung der Blutkalium-Typen in deutschen Schafrassen.** Z. Tierzücht. Züchtungsbiol. **79** (1963) Nr. 2. S. 162-182. — 4 Abb., 15 Tab., 28 Lit.
Bei insgesamt 1294 Tieren der Rassen Merinolandschaf, Merinofleischschaf, Schwarzköpfiges Fleischschaf, Weißköpfiges Fleischschaf, Leineschaf, Heidschnucken weiß und grau, Ostfriesisches Milchschaf, Bentheimer Schaf, Rhönschaf und Karakul wurden die Erythrocyten-K-, -Na- und Plasma-K- und -Na-Typen bestimmt. Tiere mit 15-70 mg% K im Gesamtblut bzw. 20-180 mg% in den Erythrocyten können als zum Typ mit niedrigem K-Gehalt (LK), solche mit 80-200 mg% K im Gesamtblut bzw. 220-500 mg% in den Erythrocyten als mit hohem K-Gehalt (HK) gerechnet werden. Beide Typen kamen mit unterschiedlicher Frequenz in allen untersuchten Rassen vor. Die Vererbung wurde an einer Gruppe von Schwarzköpfigen Fleischschafen untersucht, wobei die von Evans u. Mitarb. aufgestellte These bestätigt werden konnte, daß 2 Allele die K-Typen steuern. Wesentliche Unterschiede im mittleren Na-Gehalt des Gesamtblutes bei HK- und LK-Tieren ergaben sich nicht, lediglich die Bentheimer und Karakuls machten eine Ausnahme. Zwischen dem Blut-K- und -Na-Gehalt bestand i. allg. eine negative Korrelation. Als Ursache für die Verteilung der K-Allele werden u. a. diskutiert: genetische Drift, Abstammung, Kreuzung, Selektion, ökologische Faktoren. B. Busch. 1120.

3-64/08-0022 Lupke, H. und Hoffmann, R. **Vergleichende Untersuchungen verschiedener Blutzuckerbestimmungsmethoden im Rinderblut.** Zbl. Veterinärmed., R. A **11** (1964) Nr. 1. S. 49-56. — 5 Tab., 29 Lit. Zus. in Engl., Franz., Span. 1120.

3-64/08-0023 Buschmann, Hans. **Stärkegelelektrophoretische Untersuchungen an Geflügelhämoglobin.** Zbl. Veterinärmed., R. A **10** (1963) Nr. 6. S. 457-462. — 3 Abb., 18 Lit. Zus. in Engl., Span.
Es werden Hb-Proben von 32 amer. Pekingenten, 8 Schneeputen und 115 Hühnern (Weiße Leghorn und Sussex-Hampshire-Hybriden) untersucht. Die Elektrophorese im kontinuierlichen und diskontinuierlichen Tris-Puffersystem

ergab bei eindimensionaler Anwendung eine Auftrennung in 2 Fraktionen bei allen untersuchten Geflügelarten. Im Veronal-Na-Puffer wandert die β-Fraktion zur Anode, die α-Fraktion zur Kathode. Bei zweidimensionaler Elektrophorese im diskontinuierlichen Tris-Puffersystem wandert aus der quantitativ stärkeren α-Fraktion eine kleinere Fraktion heraus. Es wird vorgeschlagen, diese Fraktionen mit α_1, α_2 und β zu benennen, wobei letztere einheitlich zu sein scheint. Für die Genese des Geflügelhämoglobins sind demnach mindestens 3 Gene verantwortlich. W. Baudisch. 1120.

3-64/08-0024 Vagin, E. A. und Mašurko, M. I.; Udelnaja, Gebiet Moskau, Forsch.-Inst. für Pelztier- und Kaninchenzucht. O liñke krolikov raznych srokov roždenija. **(Über den Haarwechsel der Kaninchen verschiedener Geburtstermine.)** Krolikovodstvo i zverovodstvo, Moskva **6** (1963) Nr. 1. S. 8-11.; Nr. 6. S. 13-17.; Nr. 9. S. 11-17. — 37 Abb., 7 Tab.

Es wurde der Charakter der Haarungen der Kaninchen verschiedener Geburtstermine untersucht. Durch die Beobachtungen wurde bestätigt, daß der Haarwechsel bei den Kaninchen nicht gleichzeitig auf dem ganzen Körper erfolgt, sondern auf einzelnen Körperabschnitten getrennt. Der Haarwechsel verläuft auf beiden Körperseiten symmetrisch und gleichzeitig. Die Anzahl der Haarungen und der Verlauf über den Körper sind uneinheitlich, was von der Jahreszeit und wahrscheinlich auch von den klimatischen Besonderheiten des Gebietes abhängt. Es wurde kein Unterschied zwischen den Haarwechselterminen bei Rammlern und Häsinnen bemerkt. Bei Tieren, die im Frühjahr und im Sommer geboren wurden, erfolgten auf dem Rücken ein 3maliger Haarwechsel, bei Tieren, die im Herbst und Winter geboren wurden, nur ein 2- und 1maliger Haarwechsel. Dies beweist aber nicht, daß die im Winter geborenen Tiere insgesamt nur einen Haarwechsel durchmachen; es ist wahrscheinlich, daß die 2. altersbedingte Haarung erst mit Beginn des Frühjahres eintrat. Zwischen dem ersten und zweiten Haarwechsel wurden unterschiedliche Zwischenzeiten bei Tieren des gleichen Geburtstermins und bei gleichen Körperabschnitten bemerkt. Daher müssen die Kaninchen für die Gewinnung hochqualitativer Felle unter Berücksichtigung des Standes des Haarwechsels auf Rücken, Lenden und Seiten geschlachtet werden. Zwischen der 2. und 3. Haarung wird eine Unterbrechung beobachtet, die es gestattet, die Tiere im Alter von 120-140 Tagen zu schlachten; es muß aber bemerkt werden, daß diese Felle trotz Beendigung des Haarwechsels dünn behaart sind und deshalb nur Felle II. und III. Sorte sind. K. Witt. 1140.

3-64/08-0025 Fossland, R. G. und Schultze, A. B. A histological study of the postnatal development of the bovine testis. **(Histologische Untersuchung der postnatalen Entwicklung von Rinderhoden.)** Univ. Nebraska, Coll. Agric., agric. Exp. Stat., Res. Bull. **1961** Nr. 199. S. 1-16. — 8 Abb., 15 Lit. 1410.

3-64/08-0026 Mylrea, P. J. Macroscopic lesions in the genital organs of cows. **(Makroskopisch erkennbare Veränderungen an den Geschlechtsorganen von Kühen.)** Austral. veterin. J. **38** (1962) Nr. 9. S. 457-461.

Die Geschlechtsorgane von 333 geschlachteten Rindern wurden makroskopisch untersucht. Insgesamt wurden bei 48 Tieren (14,8%) Veränderungen festgestellt. Hochgradige Veränderungen lagen bei 1,8% der Tiere vor, bei den restlichen waren die Schäden nur in einem Teil des Genitaltraktes vorhanden. Bursitiden und Salpingitiden wurden mit 9,3% am häufigsten, purulente Metritiden bei 1,5%, entwicklungsbedingte Abnormitäten bei 0,6%, cystische Entartungen der Eierstöcke bei 0,3% und bei 0,9% verschiedene Erkrankungen diagnostiziert. Corpus-luteum-Cysten lagen bei 36% der nichtträchtigen und bei 0,9% der trächtigen Kühe vor. 7,5% aller Tiere wiesen Veränderungen auf, die hinreichend waren, die Fruchtbarkeit aufzuheben bzw. herabzusetzen, während die restlichen 6,9% nur geringfügige Abnormitäten erkennen ließen, welche die Fertilität nur wenig beeinflußten. Vf. schlußfolgert, daß klinisch nur die stärkeren Veränderungen zu diagnostizieren, hingegen die leichteren Fälle nicht immer palpatorisch zu ermitteln sind. Er führt an, daß das Verhältnis der klinisch und pathologisch-anatomisch festgestellten Veränderungen nach Moberg 1:3 beträgt. H. J. Kuller. 1415.

3-64/08-0027 Kamar, G. A. R. und Abdel Rasek, M. A. Gonads and endocrines of chickens of different growth rates. **(Gonaden und endokrine Drüsen von Hühnern bei unterschiedlichen Wachstumsraten.)** Acta anatom. [Basel] **54** (1963) Nr. 1/2. S. 145-156.

An 2 Gruppen zu 10 Hühnern der Fayomi-Rasse wurde das Gewicht der Gonaden und endokrinen Drüsen im Vergleich zum Gesamtgewicht und im ausgenommenen Zustand bei rascher und langsamer Wachstumsrate untersucht. Einen wachstumsfördernden Einfluß haben Hypophyse, Schilddrüse, Thymus und Bursa fabricii. Der wichtigste die Geschlechtsorgane beeinflussende Faktor ist das gonadotrope Hormon, das den Eintritt des Reifungsalters bewirkt. Eine höhere Aktivität der Thymusdrüse wurde bei männl. Tieren nachgewiesen, die ein schnelleres Wachstum zeigen als weibl. Tiere. Das Zusammenspiel aller genannten wachstumsfördernden Faktoren bewirkt bei hoher Aktivität bei beiden Geschlechtern ein schnelleres Wachstum und eine geringere Zuwachsrate bei verminderter Aktivität. Damit verringert sich der Unterschied zwischen männl. und weibl. Tieren. E. Lippmann. 1500.

3-64/08-0028 Adams, J. H., Daniel, P. M. und Prichard, Marjorie M. L. The effect of stalk section on the volume of the pituitary gland of the sheep. **(Die Wirkung einer Durchtrennung des Hypophysenstiels auf das Volumen der Hypophyse bei Schafen.)** Acta endocrinol. [Copenhagen], Suppl. **43** (1963) Nr. 81. S. 1-27. — 16 Abb., 3 Tab., 20 Lit.

Im Experiment wurde die Durchtrennung durch subtemporales Eingehen ausgeführt und zwischen den durchtrennten Stümpfen eine Platte als Trennfläche eingefügt. Das Drüsengewebe wurde danach in verschiedenen Zeitabschnitten von 1 Tag bis 1 Jahr nach der Operation serienweise geschnitten und die Läppchenvolumina sowie der Umfang des Infarktes oder der Narbe in der Pars distalis gemessen. Anfangs zeigte der Infarkt eine charakteristische Verteilung im Gewebe und nahm fast 85-96% der Fläche des Lobus ein. Ein schmaler Streifen in der Pars distalis, der regelmäßig nicht der Nekrose anheimfiel, gehörte zum dorsalen Teile des Lobus und zu einem schmalen Streifen an dessen lateralen und ventralen Umgrenzung. Mit zunehmender Zeitdauer änderte sich das Bild. Ungewöhnliche Veränderungen in den Hypophysen einiger Schafe nach Monaten nach dem Eingriff werden dem Umstande zugeschrieben, daß die Platte aus einem Material bestanden haben muß, das einen Reizeffekt ausübt. Die Verteilung des infarzierten Gewebes nach zentral und des funktionstüchtigen Gewebes nach dorsal in der Pars distalis wird mit der Blutversorgung durch 2 verschiedene Gruppen der Portalgefäße der Hypophyse erklärt. H. Busse. 1512.

3-64/08-0029 ˙ Daniel, P. M. und Prichard, Marjorie M. L.; London, Denmark Hill, Maudsley Hospital, Inst. of Psychiatry; Oxford, Univ., Nuffield Inst. for Med. Res. Observations on the metabolic disturbances, growth and behaviour of young goats after transection of the pituitary stalk. **(Beobachtungen über Stoffwechselstörungen, Wachstum und Verhalten junger Ziegen nach Durchtrennung des Hypophysenstiels.)** Acta endocrinol. [Copenhagen] **45** (1964) Nr. 1. S. 84-98. — 8 Abb., 2 Tab., 15 Lit.

Bei 17 männl. (3-12 Wochen alt) und 3 weibl. Ziegen (8-18 Wochen alt) wurde mittels der subtemporalen Methode der Hypophysenstiel durchtrennt und eine Platte aus Dental-Acrylat zwischen die beiden Stielenden eingeführt. An 2 männl. Tieren wurde zur Kontrolle eine Scheinoperation durchgeführt.

Bis zum 10. Tag bzw. der 3.-4. Woche nach der Operation erfolgte eine Substitution mit ACTH bzw. Cortisonacetat. Ohne die Substitution kam es zu Stoffwechselstörungen, bei denen bes. eine schwere Hypoglykämie imponierte. Sowohl das Körperwachstum als auch die Entwicklung der Schilddrüse, Nebennieren und Keimdrüsen waren 2-4 Mon. nach der Operation deutlich retardiert. Später verlief die Körperentwicklung, nicht aber die der endokrinen Drüsen, annähernd normal. Der PBJ-Gehalt des Serums war niedrig, das Blutbild entsprach dem physiol. Obgleich sich das klinische Bild der Tiere nach Verlauf einiger Mon. deutlich besserte, blieben ihre Aktivität und ihr Verhalten weiterhin beeinträchtigt. F. Döcke. 1512.

3-64/08-0030 Fuchs, Anna-Riitta und Wagner, Gorm. The effect of ethyl alcohol on the release of oxytocin in rabbits. **(Die Wirkung von Äthylalkohol auf die Ausscheidung von Oxytocin beim Kaninchen.)** Acta endocrinol. [Copenhagen] **44** (1963) Nr. 4. S. 593-605. — 5 Abb., 1 Tab., 20 Lit.
Mit der angeführten Methode wurde die Wirkung von Äthylalkohol (**II**) auf die Freisetzung von Oxytocin (**I**) untersucht. Hierbei wurde **II**, i.v. oder oral verabreicht, als Inhibitor für die Ausscheidung von **I** durch das Saugen gefunden. Die Menge **II**, welche notwenig ist, um eine komplette Inhibierung zu erzeugen, steigert sich mit der Erhöhung der Stimulanz. Die Freigabe von 10 mE **I** oder weniger konnte durch 0,8 g/**II** kg Lgw. inhibiert werden, während 2 g/kg Lgw. notwendig waren, um die Sekretion von **I** in der Menge von 50 bis 100 mE zu verhindern. Gelegentlich waren auch 3 g/kg Lgw. erforderlich, um die Freisetzung von über 100 mE **I** zu stören. Die Freisetzung von **I** durch hohe Dosen von Azetylcholin (**III**) i.v. an atropinisierte Kaninchen verabreicht wurde ebenfalls gezeigt. Eine Ausscheidung entspr. 5 mE **I** kommt nach 10 mg **III** i.v. gegeben vor. Dieses Ergebnis konnte aber durch eine vorherige i. v. Injektion von 0,8 g/kg Lgw. von **II** inhibiert werden.
R. Neseni. 1512.

3-64/08-0031 Hegyeli, Andrew, McLaughlin, Jane A. und Szent-Györgyi, Albert. On the chemistry of the thymus gland. **(Über die Chemie der Thymusdrüse.)** Proc. nat. Acad. Sci. USA **49** (1963) Nr. 2. S. 230-232. 1520,

---

3-64/08-0032 *Ivanov, N.* und *Nestorov, N.* **Fiziologija na selskostopanskite ptici.** (Die Physiologie des Nutzgeflügels.) Plovdiv: Izd. „Christo G. Danov". 1963. (293 S.) 8°. (1963 A 1590)
3-64/08-0033 *Jocke, Hanne Lore.* **Vergleichende Untersuchungen über den Blutzuckergehalt bei klinisch gesunden Schafen mit der enzymatischen Methode und der Hagedorn-Jensen-Reaktion. Ein Beitrag zur Frage der Standardisierung der Blutzuckerbestimmung in der Veterinärmedizin.** Diss. Leipzig 1963. (56 S., Maschinenschr. vervielfält.) 4°. (Diss. 9305)
3-64/08-0034 *Vogel, Harald.* **Untersuchungen über den Eisengehalt verschiedener Lymphknoten des Rindes unter besonderer Berücksichtigung der Altersabhängigkeit und der Beeinflussung durch perorale und parenterale Verabreichung von Eisenverbindungen.** Diss. Leipzig. 1963. (77 S., Maschinenschr. vervielfält.) 4°. (Diss. (9325)

D. FORTPFLANZUNG

3-64/08-0035 Döcke, F.; Berlin, Charité, Inst. für Exp. Endokrinol. **Endokrine Regulationen bei der Fortpflanzung.** Mh. Veterinärmed. **18** (1963) Nr. 20. S. 766-771.
Hypothalamische Impulse bewirken eine Freisetzung von FSH und ICSH aus dem HVL. Die Gonadotropine induzieren die Follikel- und Eizellenreifung und eine ansteigende Oestrogensekretion. Die Oestrogene wiederum intensivieren den Reifungsprozeß. In einem Superovulationsversuch an Mäusen wurde bewiesen, daß zur Reifung und Oestrogenproduktion nicht nur FSH, sondern auch ein bestimmter Anteil an ICSH notwendig ist. Bei Verwendung von HCG war ein HCG:FSH-Verhältnis von 2:1 optimal. ICSH kontrolliert die Entwicklung der Theca interna, die den gleichen Ursprung wie die interstitiellen Zellen hat, trophische Funktionen für den Follikel ausübt und wahrscheinlich selbst Oestrogene sezerniert. Ein zusätzlicher hypo-

thalamischer Impuls bewirkt eine plötzlich auftretende Mehrproduktion von FSH und ICSH und damit Ovulation und Luteinisierung. Bei der Ratte, beim Schwein und beim Menschen, aber nicht beim Rind wurde ein praeovulatorischer Anstieg der Oestrogene ermittelt, der stoßartig über den Hypothalamus die Freisetzung hypophysärer Gonadotropine bewirken soll. Der sich bildende Gelbkörper produziert neben Oestrogenen in zunehmendem Maße Progesteron. Dadurch werden die Reifung weiterer Follikel und parazyklische Ovulationen verhütet. Bei den einzelnen Tierarten kommt es mehr oder weniger schnell zur Rückbildung des Corpus luteum, und ein neuer vom Hypothalamus geregelter Zyklus unter Einbeziehung der Eihäute beginnt. Beim männl. Tier bewirkt ICSH einen gametokinetischen Effekt und wird dabei von Testosteron, das in den Leydigschen Zwischenzellen unter ICSH-Wirkung produziert wird, unterstützt. Exogenes Testosteron führt bei alleiniger Verabreichung zur Hemmung der endogenen Gonadotropinsekretion. Diese Erscheinung konnte beim Mann durch gleichzeitige Verabfolgung von HCG vermieden werden. Über die Bedeutung von FSH beim männl. Tier ist noch nichts genaues bekannt. Es soll möglicherweise auf bestimmte Stadien der Samenkanälchenentwicklung und -differenzierung wirken oder einen zu Testosteron synergistischen Effekt zeigen. S. Willer. 1750.

3-64/08-0036 Janovskij, I. I. O vlijanii nervnoj i krovenosnoj sistem na ovuljaciju, migraciju implantaciju i razvitie zarodyšej (plodov) u ovec. **(Der Einfluß des Nerven- und Blutgefäßsystems auf Ovulation, Migration, Implantation und Entwicklung der Embryonen beim Schaf.)** Tr. N.-i. in-ta životnovodstva UzbSSR **1962** Nr. 8. S. 77-85. — Aus: Referativnyj žurnal Moskva. Životnovodstvo, veterinarija **1963** Nr. 16.58.139. S. 20. 1761.

3-64/08-0037 Lunaas, Torleiv; Oslo, Veterin. Coll. of Norway. Distribution of oestrone and oestradiol-17β in sow ovaries. **(Die Verteilung von Oestron und Oestradiol-17β in Schweineovarien.)** Acta endocrinol. [Copenhagen] **44** (1963) Nr. 4. S. 529-535. — 1 Abb., 2 Tab., 12 Lit.

In Gesamtovarien juveniler Sauen sowie in Ovarteilen, die für die Follikel- und die Lutealphase des Brunstzyklus repräsentativ waren, wurden nach einer Methodik, die noch veröffentlicht werden soll, die Oestron(**I**)- und Oestradiol-17β(**II**)-Konzentration chromatographisch und spektrofluorimetrisch bestimmt. In juvenilen Ovarien wurden an **I** 37,0 μg bzw. 9,9 μg/g gefunden, an **II** 111,0 μg bzw. 30,0 μg/g. Für das Follikelsekret betrugen die entspr. Werte 17,5 bzw. 11,6 μg/g und 145,4 bzw. 92,6 μg/g und für Gelbkörpergewebe 10,0 bzw. 2,6 μg/g und 16,1 bzw. 3,9 μg/g. Auch die übrigen Ovaranteile enthielten in der Gelbkörperphase wesentlich weniger Oestrogene als in der Follikelphase, wobei der **II**-Anteil an den Gesamtoestrogenen in der Follikelphase höher war. Die abs. Oestrogenwerte zeigten zwischen den verschiedenen Ovarien starke Unterschiede. F. Döcke. 1763.

3-64/08-0038 Kudláč, Eduard. Příspěvek k morfologii vajíček ovcí, jejich oplození a prvním stadiím rýhování. **(Beitrag zur Morphologie der Eier bei Schafen, zu ihrer Befruchtung und zu den ersten Furchungsstadien.)** Sborník Vysoké Školy zemědělské Brně, Řada B **10(31)** (1962) Nr. 3/4. S. 101-107. — 4 Abb., 2 Tab., 7 Lit. Zus. in Russ., Dtsch.

Um die Kenntnisse über Reifen, Befruchtung und Furchung von Eiern bei landwirtsch. Haustieren zu vertiefen, wurden Eier studiert, die dem Eileiter von 37 Schafen entnommen wurden; die Schafe wurden spätestens 76 Std. nach der letzten Zulassung (nach Beendigung der Brunstzeit) geschlachtet. Bei Schafen, die vor mehr als 60 Std. nach Beendigung der Brunst geschlachtet wurden, also zu einem Zeitpunkt, als die Eier sich offenbar auf dem Wege nach der Gebärmutter befanden, fand man keine Eier im Eileiter. Die meisten Eier waren befruchtet. Sie besaßen bei Schafen, die vor Ablauf von 24 Std.

nach Beendigung der Brunst geschlachtet wurden, 2 Richtungskörper. Bei Schafen, die nach Ablauf von 24-36 Std. geschlachtet wurden, waren die Eier in 2 Blastomeren, nach Ablauf von 36-48 Std. in 4 Blastomeren, nach Ablauf von ca. 50 Std. in 6 und kurz darauf in 8 Blastomeren geteilt. Der Gelbkörper hatte nach Ablauf von 36-48 Std. eine bis 4 mm breite knopfähnliche Form von rosagelber Farbe und dichter Konsistenz. Die Struktur der Schafeier unterscheidet sich im großen und ganzen nicht von der Struktur der Eier anderer Tiere. In 43,75% der Fälle waren sie kugelförmig, die übrigen waren elliptisch. Bei 9,37% der Eier war der Unterschied zwischen den senkrechten Durchmessern mehr als 10 μm. Ähnliche Form wies auch das Ooplasma auf. Die gewonennen Eier wurden ohne Rücksicht auf die Furchung mikrometrisch gemessen, die Ergebnisse sind in einer Tab. zusammengefaßt.
ČSSR/ÚVTI. 1763.

3-64/08-0039 Brinkley, H. J. und Nalbandov, A. V.; Urbana, Univ. of Illinois. Effect of oxytocin on ovulation in rabbits and rats. **(Die Wirkung von Oxytocin auf die Ovulation bei Kaninchen und Ratten.)** Endocrinology **73** (1963) Nr. 4. S. 515-517. — 4 Tab., 3 Lit.

Die an Färsen erzielten Ergebnisse über eine Beeinflussung der Gelbkörperentwicklung durch Oxytocin sollten an Kaninchen und Ratten überprüft werden. Weibl. Kaninchen erhielten vor oder nach der Kopulation mit vasektomierten Böcken Oxytocin s.c. oder i.v. injiziert. Während die i.v. Injektionen keinen Einfluß auf die Ovulationen ausübten, wurden diese durch die s.c. Applikation von 50 USP-Einheiten Oxytocin zwischen 4,25 und 19 Min. vor der Kopulation blockiert. Später erfolgende s.c. Injektionen hatten keine Wirkung. Bei den ovulierenden Tieren wurde die Gelbkörperentwicklung durch Oxytocin nicht gestört. Bei weibl. Ratten wurde die Länge der mittels Cervixreizung ausgelösten Pseudogravidität durch ein- oder mehrmalige Verabreichung von 20 USP-Einheiten Oxytocin nicht verändert. F. Döcke. 1763.

3-64/08-0040 Dickmann, Zeev. The zona pellucida of the rabbit egg. **(Die Zona pellucida des Kanincheneies.)** Fertility and Sterility **14** (1963) Nr. 5. S. 490-493. — 4 Abb., 6 Lit.

Die Zona pellucida besteht aus 2 verschiedenen konzentrischen Schichten, einer „äußeren Zone", die granulär aussieht, und einer „inneren Zone", die etwa homogen aussieht. Um die äußere Zone befindet sich die Schleimschicht, die ein Sekret des Eileiters ist und bei 6-9 Std. alten Eiern beobachtet werden kann. Die äußere Zone ist nicht bei Eiern sichtbar, die sich noch in der Corona radiata befinden. Manchmal können an der Innenzone 2 oder mehr konzentrische Schichten beobachtet werden. In ihnen wurden gelegentlich radiale Streifungen festgestellt. R. Berg. 1763.

3-64/08-0041 Roy, D. J. und Luktude, S. N. Studies on involution of uterus in buffaloes. **(Untersuchungen über die Uterusinvolution bei Büffeln.)** Indian J. veterin. Sci. Animal Husbandry **32** (1962) Nr. 3. S. 205-209. — 3 Tab., 6 Lit.

Die durchschnittl. Involutionszeit betrug für das nichtträchtige Horn 27,9$\pm$0,9 und für das trächtige Horn 39,3$\pm$1,2 Tage. Bei 88,5% der Büffelkühe erwies sich die Uterusinvolution in 30-59 Tagen als abgeschlossen, bei 9,2% dauerte sie 30 und bei 2,3% länger als 59 Tage. Nach dem 2.-4. Abkalben war die Rückbildung in 42,4 Tagen, nach dem 5.-7. in 35,0 Tagen und nach dem 8. in 40,3 Tagen beendet. Von der Jahreszeit zeigte sich der Involutionsverlauf nicht abhängig. Die Dauer der Involution hatte einen signifikanten Einfluß auf die anschließende Konzeption. J. Jürgens. 1764.

3-64/08-0042 Gáspár, Susan N. und Cseh, A. Benzoic acid derivative in the secreta of the genital epithelium of the cow. **(Benzoesäurederivate im Sekret des Genitalepithels der Kuh.)** J. Reproduct. Fertility **6** (1963) Nr. 3. S. 461 bis 464. 1764.

3-64/08-0043 Gáspár, Zs. und Cseh, S. Papirkromatografiás vizsgálatok a szarvasmarha cervicovaginális szekrétumának folyadékfázisából. **(Papierchromatographische Untersuchungen an der Flüssigkeitsphase des cervicovaginalen Sekrets von Rindern.)** Magyar Állatorvosok Lapja [Ung. veterinärmed. Bl.] **18** (1963) Nr. 1. S. 32-38. — Aus: Ung. Agrar-Rdsch. **1963** Nr. 4.

Vff. stellten fest, daß Zitronensäure kein ständiger Bestandteil des Vaginalschleimes ist. Von den 234 Proben konnten in 98 mit Hilfe eines semiquantitativen Verfahrens 2-48 mg% Zitronensäure nachgewiesen werden. Nur bei 30 von 79 brünstigen Tieren enthielt der Schleim Zitronensäure, in 62% der Fälle konnte keine Säure nachgewiesen werden. In einem Teil der Schleimproben, und zwar beinahe konsequent in solchen, die auch Zitronensäure enthielten, zeigten sich im Chromatogramm ein oder manchmal auch mehrere Flekken, die für eine noch unbekannte Substanz charakteristisch waren. Die Entwicklung mit Bromkresolgrün deutet auf eine Säure. Die bisher noch nicht identifizierte org. Säure kommt in größeren Mengen im Vaginalschleim nicht trächtiger Tiere vor. Auf Grund von Angaben, die sich auf Besamungsergebnisse bei Rindern stützen, sowie der makroskopischen Beurteilung von Schleimproben, die während der Brunst gewonnen wurden, und des Sektionsbefundes der Geschlechtsorgane kommen Vff. zu dem Ergebnis, daß die org. Säure, deren chem. Struktur vorläufig noch nicht bekannt ist, als Zeichen einer Funktionsstörung der Geschlechtsorgane betrachtet werden kann. 1764.

3-64/08-0044 Prokof'ev, M. I. Izučenie sokratitel'noj dejatel'nosti i stimuljacija polovogo trakta svinomatok. **(Untersuchungen über die Kontraktionstätigkeit und die Stimulation des Geschlechtstraktus der Sauen.)** Vestnik sel'skochozjajstvennoj nauki, Moskva **8** (1963) Nr. 10. S. 120-123. — 2 Abb., 1 Tab., 4 Lit. Zus. in Engl., Franz., Dtsch.

Um genaue Vorstellungen über den Vorgang des Eindringens der Spermien in die Geschlechtswege der Sau zu erhalten, wurden mit einem eigens dafür konstruierten elektrischen Übertragungs- und Registriergerät die Kontraktionen des Cervikalkanales des Schweines während verschiedener Stadien des Sexualzyklus verfolgt. Das Gerät wurde am Besamungskatheter aus Polyaethylen befestigt. Es wurde festgestellt, daß bei sexueller Ruhe sowie während der Brunst unter ruhigen Bedingungen der Cervikalkanal ständig geöffnet bleibt. Bei Erregung während der Brunst setzen Kontraktionen unterschiedlicher Intensität ein (7-10 pro Std.). Der Cervikalkanal bleibt dabei für jeweils 0,6-1,6 Min. vollkommen geschlossen. Selbst bei Gegenwart des Ebers, wenn die Frequenz der Kontraktionen ein Maximum erreicht, ist der Cervikalkanal zu 80% der Zeit geöffnet. Im Ergebnis der Untersuchungen wurde eine elektrophysikalische Methode zur Stimulation des Geschlechtsapparates der Sau während der Insemination entwickelt. Im Versuch wurde erreicht, daß infolge der Stimulation 5- bis 10mal mehr Spermien zu den Eileitern gelangten als bei den Kontrolltieren. I. Tschinkel. 1764.

3-64/08-0045 Wodzicka-Tomaszewska, Manika, Braden, A. W. H. und Turnbull, K. E. Effect of oestrogen and progesterone on the dilatability of the ovine vagina. **(Der Einfluß von Oestrogen und Progesteron auf die Dehnbarkeit der Schaf-Vagina.)** Austral. J. agric. Res. **12** (1961) Nr. 2. S. 327-334. — 5 Abb., 3 Tab., 5 Lit.

Dehnbarkeit und scheinbares Volumen der Vagina von Schafen erfahren während des Oestrus eine Vergrößerung. Diese Erscheinungen wurden von den Vff. auch bei 20 ovariektomierten oestrogenbehandelten Schafen beobachtet und daher auf die Wirksamkeit oestrogener Hormone zurückgeführt. — Stilboestrol ersetzte dabei das eigene Hormon besser als Stilboestrolpropionat. Eine Vorbehandlung mit Progesteron blieb ohne Einfluß auf die Veränderungen der Vagina. P. Kauffold. 1764.

3-64/08-0046 Gregoire, A. T. und Rakoff, A. E. Urea content of the female rabbit genital tract fluids. **(Der Harnstoffgehalt der Genitaltraktflüssigkeit beim weiblichen Kaninchen.)** J. Reproduct. Fertility **6** (1963) Nr. 3. S. 467-469. 1764.

3-64/08-0047 Brard, Émile; Paris, Coll. de France. Analyse du mécanisme de l'oviposition chez la poule (Gallus domesticus) par la technique de la fistule de l'oviducte. **(Analyse des Mechanismus der Eiablage bei der Henne mit Hilfe einer künstlichen Oviduktfistel.)** C. R. hebd. Séances Acad. Sci. **257** (1963) Nr. 16. S. 2336-2338.

Der Ovidukt der Henne gliedert sich in: Infundibulum (Eiaufnahme), Magnum (Eiweißbildung), Isthmus (Eihautbildung), „Uterus" (Kalkschalendrüse), Vagina. — Mittels einer Fistel werden Fremdkörper in das Magnum eingeführt. Es zeigt sich, daß die Eiablage nicht durch mechanische Reizung der „Uteruswand" ausgelöst wird und auch in keiner Beziehung zum zeitlichen Aufenthalt in diesem Abschnitt steht. — Zwar spielen Hormone und Umweltfaktoren (Beleuchtung) eine Rolle bei der Ovulation, sie fixieren aber nicht den Zeitpunkt der Eiablage. Dieser wird vielmehr durch die Reizung des Isthmus als Folge des Eidurchganges ausgelöst. Die Reizung löst wahrscheinlich einen nervösen Reflex aus; Beweis: 2 Fremdkörper, die gleichzeitig in den Ovidukt eingeführt werden, werden als „Ei mit zwei Dottern" gelegt. — Beherbergt der „Uterus" schon ein Ei, während ein zweites jüngeres vom Isthmus in den „Uterus" gleitet, so wird das ältere sofort abgelegt. Werden 2 Eier kurz nacheinander gelegt, so besitzt das zweite zwar eine Eihaut, aber keine Kalkschale. P. Hertwig. 1764.

3-64/08-0048 Brard, Émile; Paris, Coll. de France. Étude du fonctionnement du conduit génital de la poule (Gallus domesticus) au moyen de fistules de l'oviducte. **(Untersuchungen über die Tätigkeit des Geschlechtstraktus der Hennen mittels einer Oviduktfistel.)** C. R. hebd. Séances Acad. Sci. **257** (1963) Nr. 15. S. 2166-2168. — 1 Abb., 4 Lit.

Die Anwendung von permanenten Oviduktfisteln bei Hennen hat die Analyse der Tätigkeit des Geschlechtstraktus in Verbindung mit den Ovarialzyklen ermöglicht. Diese Technik hat gezeigt, daß der Ovidukt schon durchlässig für den Durchgang von Fremdkörpern ist, während die Sekretionsdrüsen dieses Organes noch nicht ausgebildet sind. Außerdem ist der Mechanismus der Albuminbildung und der Schalenhautbildung getrennt von dem der Schale. R. Neseni. 1764.

3-64/08-0049 Zimbelman, R. G.; Kalamazoo, Mich., Upjohn Co. Determination of the minimal effective dose of 6α-Methyl-17α-acetoxyprogesterone for control of the estrual cycle of cattle. **(Ermittlung der minimalen effektiven Dosis von 6α-Methyl-17α-acetoxyprogesteron für die Brunstkontrolle beim Rind.)** J. Animal Sci. **22** (1963) Nr. 4. S. 1051-1058. — 5 Tab., 11 Lit.

74 Holstein-(**I**) und 96 Herefordfärsen (**II**) erhielten, z. T. wiederholt, an verschiedenen Zyklustagen beginnend über 16-20 Tage 6α-Methyl-17α-acetoxyprogesteron (Medroxyprogesteronacetat = MAP) in Einzel- oder Gruppenfütterung verabreicht. Die Tiere wurden 2 mal tägl. auf Eintreten des Oestrus sowie rectal auf Ovulationen untersucht und künstlich besamt bzw. gedeckt. 30 bis 50 Tage danach erfolgte eine Rectaluntersuchung auf Trächtigkeit. Bei am 15. Zyklustag beginnender Einzelfütterung betrug die minimale effektive Dosis (MED) für **I** 135 mg/Tag MAP, bei Gruppenfütterung **150** mg/Tag. 120 bis 180 mg/Tag MAP unterdrückten und synchronisierten die Ovulation bei 94% von **II** (Gruppenfütterung.) Bei **I** und **II** zeigten 93% der Tiere innerhalb von 4 Tagen nach Behandlungsende einen Oestrus. Nach dem Abkalben konnte eine Zyklussynchronisation bei **II** erzielt werden, wenn die Behandlung vor der 1. Ovulation post partum begann. Die durchschnittl. Konzeptionsrate aller behandelten Tiere lag bei 51% im 1. und 76% im 2. nach Behandlungsende auftretenden Oestrus. F. Döcke. 1765.

3-64/08-0050 Varjušin, V. Ja. Ispytanie ėffektivnosti različnych sredstv dlja stimulirovanija polovoj ochoty u korov i telok. **(Untersuchung der Wirksamkeit verschiedener Mittel zur Anregung des Rinderns bei Kühen und Färsen.)** Sb. naučn. rabot. Kurskaja obl. naučno-proizv. vet. labor. **1962** Nr. 3. S. 141-148. — Aus: Referativnyj žurnal Moskva. Živontovodstvo, veterinarija **1963** Nr. 5.58.57. S. 8.
Es werden Methoden zur Anregung des Rinderns bei Kühen und Färsen paarungsfähigen Alters geprüft. Die größte Wirksamkeit besaßen neurotrope, mit Synœstrol (**I**) kombinierte Präparate, die in folgender Weise angewendet werden: den Kühen und Färsen wurde eine 0,5 %ige Proserinlösung (**II**) oder eine 0,1%ige Karbocholinlösung (**III**) 2 mal 2 ml im Abstand von 2-3 Tagen s. c. eingeführt. 3 Tage nach der Injektion von **II** (oder **III**) wurden 2 ml 0,06 bis 0,07% **I** in den Oberschenkel injiziert. Wenn sich das Rindern während der 4 Tage nach der Injektion von **I** nicht einstellte, wurde die Behandlung bis zu 3 mal wiederholt. Zeigte sich das Rindern 8-23 Tage nach Beginn der Behandlung, kam es gewöhnlich zur Befruchtung. Nach der Einführung von **II** und **III** konnten einige nachteilige Nebenerscheinungen beobachtet werden: leichte Schwäche, Neuralgie des Darmes. Sie vergingen jedoch bald und wirkten sich nicht auf den allg. Zustand des Organismus aus.
übersetzt v. N. Kuhlberg. 1765.

3-64/08-0051 Goossens, J. M. M., Hermans, K. H., Maanen, P. H. A. M. van, Riet, C. W. J. M. van der und Roppe, L. J. J. A. Behandling van stoornissen in de geslachtscyclus bij het rund met Nymfalon. **(Behandlung von Störungen des Geschlechtszyklus beim Rind mit Nymfalon.)** Tijdschr. Diergeneeskunde **88** (1963) Nr. 20. S. 1294-1297. — 1 Tab., 4 Lit. Zus. in Engl., Franz., Dtsch. 1765.

3-64/08-0052 Prosandeev, V. K. Opyt primenenija tkanevogo preparata po V. P. Filatovu dlja normalizacii polovoj funkcii korov. **(Versuch der Anwendung von Gewebe-Präparaten nach W. P. Filatow zur Normalisierung der Geschlechtsfunktion der Kühe.)** Uč. zap. Kazansk. vet. in-ta **85** (1962) S. 178 bis 179. — Aus: Referativnyj žurnal Moskva. Živontovodstvo, veterinarija **1963** Nr. 4.58.99. S. 11. 1765.

3-64/08-0053 Kaliner, Georg. **Messungen am Endometrium des Rindes im Oestrum und späten Postoestrum.** Zbl. Veterinärmed., R. A **10** (1963) Nr. 5. S. 430-439. — 2 Abb., 2 Tab., 2 Lit. Zus. in Engl., Franz., Span. 1765.

3-64/08-0054 Eichner, Harry. **Messungen am Endometrium des Rindes im mittleren Postoestrum und späten Interoestrum.** Zbl. Veterinärmed., R. A **10** (1963) Nr. 6. S. 485-498. — 2 Abb., 2 Tab., 16 Lit. Zus. in Engl., Franz., Span. 1765.

3-64/08-0055 Mesnil du Buisson, Francois du und Rombauts, Pierre. Effet d'autotransplants utérins sur le cycle oestrien de la truie. **(Die Auswirkungen einer Autotransplantation des Uterus auf den ovariellen Zyklus bei der Sau.)** C. R. hebd. Séances Acad. Sci. **256** (1963) Nr. 23. S. 4984-4986. — 2 Tab., 10 Lit.
Es wird eine operative Methode beschrieben, welche den direkten Beweis der Existenz einer reinen endokrinen Verbindung zwischen Uterus und ovariellem Zyklus erbringt. R. Neseni. 1765.

3-64/08-0056 Seerley, R. W., Ray, D. E. und Fritschen, R. D. Estrus synchronization — an experiment which could lead to better timed swine breeding and farrowing. **(Brunstsynchronisation, ein Versuch, der zu einem zeitgerechten Paarungs- und Abferkelrhythmus beim Schwein führen könnte.)** South Dakota Farm Home Res. **14** (1963) Nr. 2. S. 7-9. — 3 Abb.

Um eine Brunstsynchronisation zu erzielen, wurden 6-8 Mon. alten Jungsauen 6-Chlor-6-dehydro-17-acetoxyprogesteron (CAP) und 17-Aethynyloestradiol (ÄÖ) in verschiedenen Dosierungen und über verschieden lange Zeiträume in Einzelfütterung oder parenteral verabreicht. Die Tiere wurden während oder nach der Behandlung geschlachtet und ihre Uteri und Ovarien untersucht. Es zeigte sich, daß durch die Verfütterung von 25 oder 50 mg/Tier/Tag CAP die Brunst unterdrückt werden konnte. Diese, bes. aber höhere Dosen führten häufig zur Bildung von Follikelzysten und zum Auftreten einer stillen Brunst nach Absetzen der Behandlung. Durch gleichzeitige Verfütterung von 1-40 mg ÄÖ pro Tag konnte das Ergebnis nicht wesentlich verbessert werden. Als am günstigsten erwies es sich, 14 oder 20 mg/Tag ÄÖ über 10 Tage und anschließend 10 Tage lang 25 oder 50 mg/Tag CAP zu verabreichen. 68% der Tiere zeigten dann 4-7 Tage nach Behandlungsende einen Oestrus. Eine Beeinträchtigung der Konzeptionsfähigkeit und des embryonalen Überlebens wurde nicht festgestellt. F. Döcke. 1765.

3-64/08-0057 Reichenbächer, Karl. **Messungen am Uterus des nulliparen Schweines im Oestrum und späten Postoestrum.** Zbl. Veterinärmed., R. A 10 (1963) Nr. 6. S. 499-512. — 3 Abb., 2 Tab., 15 Lit. Zus. in Engl., Franz., Span. 1765.

3-64/08-0058 Falconer, I. R. The effect of thyroid deficiency on the oestrous cycle and conception in the ewe. **(Der Einfluß eines Ausfalls der Schilddrüse auf den Brunstzyklus und die Konzeption der Schafe.)** J. Endocrinol. [London] **27** (1963) Nr. 1. S. 119-122. — 4 Tab., 9 Lit.

3-4 Jahre alte Merinoschafe wurden thyreoidektomiert. Auch 1 Jahr nach der Operation konnte keine Beeinflussung des Zyklus ermittelt werden. 3 bzw. 14 Mon. nach der Operation wurde eine Bedeckung der Schafe vorgenommen, ohne daß die Konzeptionsfähigkeit beeinträchtigt war. Die Thyreoidektomie hat daher keinen wesentlichen Einfluß auf den Brunstzyklus und die Konzeption von Schafen. E. Grün. 1765.

3-64/08-0059 Kudláč, Eduard. Synchronizace rije u ovcí. **(Synchronisierung der Brunst bei Schafen.)** Sborník Vysoké Školy zemědělské Brně, Řada B **10(31)** (1962) Nr. 3/4. S. 85-93. — 3 Abb., 2 Tab., 10 Lit. Zus. in Russ., Dtsch.

An 180 Merinolandschafen wollte man eine Synchronisierung der Brunst erreichen und benutzte dazu Serumgonadotropin allein (Serum trächtiger Stuten oder das lyophylisierte Präparat PMSC) oder auch Serumgonadotropin, das vorher mit Luteohormon behandelt wurde. Durch Applikation des Serumgonadotropins allein in Gaben von 8 und 12 ml in der Mitte der Decksaison wurde eine Synchronisierung nicht erreicht. Dagegen erzielte man den erwünschten Effekt bei Schafen, die 7 Tage lang eine tägl. Gabe von 10 mg synthetischen Progesterons erhielten. Nach der Unterbrechung dieser Applikation reagierten die Schafe auf das PMS so, als ob sie sich am Ende der lutealen, evtl. am Beginn der follikularen Phase des Geschlechtszyklus befänden, und die Brunst stellte sich bei allen im Laufe von 5 Tagen ein. Mit der Steigerung der Gabe von Serumgonadotropin wurde auch die Brunstdauer länger. Der Zustand der Geschlechtsorgane wurde systematisch nach der Schlachtung derjenigen Schafe untersucht, die keine Brunst mehr zeigten. Es stellte sich heraus daß mit der näherrückenden Decksaison die Zahl solcher Schafe zunimmt, bei denen die Ovulation ohne äußerlich erkennbare Brunst verläuft. ČSSR/ÚVTI. 1765.

3-64/08-0060 Harper, M. J. K.; Cambridge, Univ. Ovulation in the rabbit: The time of follicular rupture and expulsion of the eggs, in relation to injection of luteinizing hormone. **(Ovulation beim Kaninchen: Zeitpunkt der Follikelrupturation und Eiabgabe in Beziehung zur Injektion von Luteinisierungs-**

hormon.) J. Endocrinol. [London] **26** (1963) Nr. 3. S. 307-316. — 2 Abb., 4 Tab., 18 Lit.

Zur Aufklärung zeitlicher Beziehungen zwischen Injektion von Luteinisierungshormon und Follikelrupturation, Ovulation sowie Eizellentransport wurden 55 brünstige Kaninchen zwischen 9 Std., 52 Min. und 14 Std., 30 Min. nach i. v. Injektion eines LH-Präparates getötet und seziert. 10 Std. p.i. waren keine, nach 10,5—10,75 Std. 50% und nach 14 Std. 100% der Follikel geplatzt. Die Eizellen befanden sich 10,5-11,5 Std. p. i. zu 17% entweder noch innerhalb des geplatzten Follikels oder auf der Oberfläche der Ovarien; nach 11,5-13 Std. wurden hier nur noch 3,6-5,9% angetroffen. Ab 13 Std. p. i. befanden sich alle gefundenen Eizellen in den Eileitern. Diese Befunde lassen darauf schließen, daß nicht alle Eizellen z. Z. der Follikelöffnung ausgestoßen werden und daß zwischen dem Platzen der Follikel und dem Eintreten der Eizellen in die Tuben einige Zeit vergeht. W. Rommel. 1765.

3-64/08-0061 Danov, D. Izsledvanija vŭrchu spermogramata na bici ot 18- do 24-mesečna vŭzrast. **(Untersuchungen über das Spermiogramm von Bullen im Alter von 18-24 Monaten.)** Naučni trudove. Visš selskostopanski institut „Georgi Dimitrov". Zootechničeski fakultet, Sofija **13** (1963) S. 423 bis 437. — 1 Tab., 32 Lit.

Die Untersuchungen des Spermiogramms von Jungbullen im Alter von 18 bis 24 Mon. haben gezeigt, daß die Beweglichkeit der Spermien, ihre Widerstandsfähigkeit, der Anteil an pathol. Formen und der pH-Wert des Spermas im Alter ab 18 Mon. in den Grenzen der Norm liegen. Bez. der anderen Kennziffern des Spermiogramms, der Lebensdauer der Spermien und des Fructosegehaltes im Sperma wurde festgestellt, daß eine Normalisierung ungefähr im Alter von 19 Mon. eintritt. Die Ejakulatmenge, die Anzahl der Spermien in 1 ml und im gesamten Ejakulat sowie der Fructolyseindex normalisieren sich ungefähr im Alter von 20 Mon. Das Sperma der Versuchsbullen wird vom Alter von 20 Mon. an als normal angesehen. Es wird die Vermutung ausgesprochen, daß die niedrigeren Kennziffern des Spermiogramms von 18-19 Mon. alten Jungbullen dadurch bedingt sind, daß die Tiere bis zu 18 Mon. kein Sperma lieferten. Um Sperma guter Qualität bereits im Alter von 18 Mon. zu erhalten, empfiehlt es sich, für die zukünftigen Zuchtbullen möglichst früh eine maßvolle Geschlechtsbeanspruchung einzuführen.
NRB/ZSNTI, übersetzt v. Ch. Eshkowa. 1775.

3-64/08-0062 Stoev, P., Dojčeva, M. und Lalkov, E. Otnosno promenite v spermoprodukcijata na goveždi razplodnici v zavisimost ot temperaturata na kožata na tjaloto i na skrotuma. **(Über die Veränderungen der Spermaproduktion beim Bullen in Abhängigkeit von der Temperatur der Körperhaut und des Skrotums.)** Naučni trudove. Visš selskostopanski institut „Georgi Dimitrov". Zootechničeski fakultet, Sofija **13** (1963) S. 269-278. — 1 Abb., 1 Tab., 8 Lit.

Es wurde festgestellt, daß Veränderungen der Temperatur der Körperhaut, der Haut des Hodensacks und der Samenstränge mit Veränderungen der durchschnittl. Tagestemperatur und der Luftfeuchtigkeit verbunden sind. Diese Veränderungen kommen klarer in den Schwankungen der Temperatur der Körperhaut als bei der Haut des Skrotums zum Ausdruck. Die Temperatur der Haut des Körpers und des Hodensacks ist immer niedriger als die innere Körpertemperatur. Bei der Verringerung des Unterschiedes zwischen der inneren Körpertemperatur und der Temperatur der Haut wird der Anteil an toten Spermien kleiner. Eine plötzliche, starke Veränderung des Unterschiedes zwischen der Körpertemperatur und der Temperatur der Haut und des Hodensackes ist mit einer Verringerung der Ejakulatmenge verbunden.
NRB/ZSNTI, übersetzt v. Ch. Eshkowa. 1775.

3-64/08-0063 Stojanov, T. Vlijanie na polovija režim vŭrchu spermoprodukcijata na pŭlnovŭzrastni bici. **(Der Einfluß der Geschlechtsbeanspruchung auf die Spermaproduktion bei ausgewachsenen Bullen.)** Izvestija na Instituta po životnovŭdstvo „Georgi Dimitrov" — Kostinbrod, Sofija **17** (1963) S. 149 bis 156. — 5 Tab., 9 Lit. Zus. in Russ., Engl.

Fünf Bullen des Sofioter Braunviehs im Alter von 7-8 Jahren wurden bei normaler Fütterung gehalten. Im Laufe von 2 Mon. wurde 2mal wöchentl. von ihnen Sperma gewonnen; während des folgenden Mon. wurde alle 2 Tage Sperma entnommen, im Laufe der dritten 43 tägigen Periode 2mal wöchentl. Die Ergebnisse (in der Reihenfolge der 3 Perioden) waren folgende: Menge der erhaltenen Ejakulate 83, 76 und 53 ml; durchschnittl. Ejakulatvolumen 7,28, 6,63 und 6,42 ml; Menge der Spermien in 1 ml 943, 973 und 1121 Mill., Lebensfähigkeit 69,9, 91,2 und 84,0 Min., Resistenz 58510000, 57053000 und 60160000; Geschlechtsaktivität 3,79, 4,17 und 3,45 Min.

NRB/ZSNTI, übersetzt v. Ch. Eshkowa. 1775.

3-64/08-0064 Aminov, R. M. Vlijanie različnych režimov izpol'zovanija bykov-proizvoditelej na nekotorye pokazateli kačestva ich semeni. **(Der Einfluß verschiedener Einsatzbedingungen für Zuchtbullen auf einige Qualitätsmerkmale ihres Spermas.)** Naučn. tr. Kievsk. opytn. st. životnovodstva **1963** Nr. 9. S. 86-91. — 13 Lit. Aus: Referativnyj žurnal Moskva. Životnovodstvo, veterinarija **1963** Nr. 24.58.97. S. 14.

Zuchtbullen (Simmentaler) verschiedenen Alters (von 1,5-8 Jahren) wurden in 2 Gruppen von jeweils 10 Tieren eingeteilt. Von den Bullen der 1. Gruppe nahm man Sperma 3mal, von den Bullen der 2. Gruppe einmal in der Woche. Bei den Jungbullen (1,5-2,5 Jahre) beobachtete man bei intensiver Spermaentnahme eine unbedeutende Verringerung der Konzentration und der Lebensfähigkeit der Spermien. Bei den ausgewachsenen Bullen dieser Gruppe blieben Konzentration und Lebensfähigkeit auf dem früheren Niveau oder erhöhten sich etwas. Bei weniger intensiven Einsatzbedingungen der ausgewachsenen Bullen wurde eine gewisse Verminderung der Spermaqualität beobachtet.

übersetzt v. N. Kuhlberg. 1775.

3-64/08-0065 Bereznev, A.; Dubrowizy, Gebiet Moskau, Unions-Inst. für. Tierzuchtforsch. Podgotovka bykov-proizvoditelej pered vzjatiem semeni. **(Vorbereitung der Zuchtbullen vor der Samenentnahme.)** Moločnoe i mjasnoe skotovodstvo, Moskva 8 (1963) Nr. 6. S. 56-57. — 2 Tab.

An Hand von Blutuntersuchungen bei Bullen wurden Zusammenhänge zwischen dem Oxytocingehalt und dem sexuellen Erregungsgrad festgestellt. Gleiche Beziehungen bestanden zwischen Oxytocingehalt im Blut und der ausgeschiedenen Spermamenge. Der Versuch wurde an 24 Bullen von 4 verschiedenen Rassen durchgeführt. Es wurden 2 Gruppen zu je 12 Tieren gebildet, von denen die eine 1 Mon. lang als Versuchsgruppe, die andere als Kontrollgruppe diente. An den Bullen der Versuchsgruppe wurde vor der Samenentnahme 5 Min. lang Hodenmassage, „Zurückhalten" vom Sprung für 4-5 Min. und Blindsprünge zur Verstärkung des Oxytocinreflexes durchgeführt. Die Anwendung aller Maßnahmen im Komplex erhöhte das Ejakulatsvolumen um das 1,5fache und die Gesamtzahl der ejakulierten Spermien um das 2fache. Die im Befruchtungsergebnis zum Ausdruck kommende Spermaqualität verbesserte sich ebenfalls. Von 135 mit Sperma von Versuchsbullen besamten Kühen wurden 65,7% tragend nach EB. Noch nach Abschluß des Versuches hielt die erhöhte Spermaleistung für 1-2 Mon. an. Vom jeweiligen Nerventyp der Bullen hängt es ab, ob eine, zwei oder alle drei Komponenten zur Vorbereitung der Bullen für die Samenentnahme angewendet werden können.

I. Tschinkel. 1775.

3-64/08-0066 Gančev, T. Opit za povlijavane na spermoprodukcijata i oploditelnata sposobnost na bici črez tŭkanna emulsia po Filatov. **(Versuch**

zur Beeinflussung der Spermaproduktion und Befruchtungsfähigkeit von Bullen durch Gewebeemulsionen nach Filatow.) Izvestija na Naučnoizsledovatelskija institut po biologija i patologija na razmnožavaneto na selskostopanskite životni, Sofija **2** (1962) S. 101–106. – 1 Abb., 1 Tab., 4 Lit. Zus. in Russ., Engl.
In Abständen von 10 Tagen injizierte Vf. 4 annähernd ausgeglichenen Bullen 3mal s.c. je 40 cm^3 Kalbshirn-Gewebeemulsion nach Filatow und stellte fest, daß die Samenproduktion und die Befruchtungsfähigkeit von Bullen mittleren Alters und normaler Geschlechtstätigkeit dadurch nicht beeinflußt wurden. G. Radew. 1775.

3-64/08-0067 Bereznev, A. P. Oksitocin – stimuljator semjavydelenija u bykov. **(Oxytocin, ein Stimulator für die Samenausscheidung bei Bullen.)** Vestnik sel'skochozjajstvennoj nauki, Moskva 8 (1963) Nr. 8. S. 91-95. – 3 Abb., 1 Tab., 4 Lit. Zus. in Engl., Franz., Dtsch.
Unter normalen Bedingungen sind die Geschlechtserregung und die Absonderung des Oxytocins aus der Neurohypophyse eng miteinander verbunden. Die Oxytocinkonzentration im Blut des Bullen ist vom Grad der Geschlechtserregung abhängig, wie das im Versuch nachgewiesen wird. Oxytocin verstärkt die Kontraktion der glatten Muskulatur der spermaführenden Geschlechtsteile, stimuliert das Auffüllen der Samenleiterampullen mit Sperma und vergrößert die Menge des Ejakulats. Bei der Spermagewinnung in der KB kann das Oxytocin größere Bedeutung gewinnen. W. Strack. 1775.

3-64/08-0068 Melin, Per und Kihlström, Jan Erik; Uppsala, Sweden, Univ. of Uppsala, Inst. of Zoophysiol. Influence of oxytocin on sexual behavior in male rabbits. **(Der Einfluß von Oxytocin auf das Sexualverhalten männlicher Kaninchen.)** Endocrinology **73** (1963) Nr. 4. S. 433-435. – 1 Tab., 13 Lit.
9 männl. geschlechtsreife Kaninchen erhielten jeweils um 14 h 0,15; 0,30 oder 0,60 IE/kg Lgw. eines gereinigten Hypophysenhinterlappen-Extraktes mit vorwiegend oxytocischer Aktivität oder physiol. NaCl-Lösung i. v. injiziert. Zur Bestimmung des Sexualverhaltens wurde zunächst ein Ejakulat mittels künstlicher Vagina in Gegenwart einer Häsin gewonnen. Die Zahl der anschließend innerhalb von 30 Min. erfolgenden Kopulationen mit der gleichen Häsin sowie die Reaktionszeit bis zur 1. Ejakulation dienten als Gradmesser der sexuellen Aktivität. Der männl. Sexualzyklus wurde mittels der tägl. Schwankungen im Ejakulatvol. erfaßt. Es zeigte sich, daß die Oxytocinverabreichung, unabhängig von der Dosis, die Reaktionszeit verkürzte und die Zahl der Ejakulationen erhöhte ($P < 0,001$ bzw. $< 0,025$). Zwischen den verschiedenen Phasen des männl. Sexualzyklus bestand kein deutlicher Unterschied. F. Döcke. 1778.

3-64/08-0069 Aminov, R. M. Ob onanirovanii bykov-proizvoditelej. Soobšč. 1-e. **(Über das Onanieren der Zuchtbullen. 1. Mitt.)** Naučn. tr. Kievsk. opytn. st. životnovodstva **9** (1963) S. 92-94. – Aus: Referativnyj žurnal Moskva. Životnovodstvo, veterinarija **1963** Nr. 24.58.95. S. 13.
Es wurde festgestellt, daß von 58 Zuchtbullen der KB-Station Teresino und 60 Bullen der Station Browary entspr. 84 und 60% onanierten. Diese Erscheinung wurde hauptsächlich bei jungen Bullen beobachtet. Die meisten onanierenden Bullen sonderten Sperma guter Qualität ab. Es ist schwer, die Bullen von dieser Angewohnheit abzubringen, die Arbeit an der Feststellung ihrer Ursachen wird fortgesetzt. übersetzt v. N. Kuhlberg. 1778.

3-64/08-0070 Son, Ja. P., Tapil'skij, I. A., Ljachov, V. V. und Lednev, P. I.; Taschkent, Inst. für Tierzuchtforsch. der Usbek. SSR. Sroki ovuljacii i prodolžitel'nost' pereživaemosti živčikov v polovych putjach korov. **(Die Ovulationstermine und die Lebensdauer der Spermien in den Geschlechtsorganen der Kühe.)** Životnovodstvo, Moskva **25** (1963) Nr. 6. S. 79-81. – 4 Tab.

Von Juni-Sept. 1962 wurden auf der Alimkenter Maststation (Gebiet Taschkent. Versuche mit 50 klinisch gesunden, güsten Kühen im Alter von 2-8 Jahren durchgeführt. Sie ergaben, daß die Ovulation bei Kühen 17-40 Std. nach Beginn der Brunst einsetzt. Spermien wurden 4-20 Std. nach der Besamung in den Geschlechtsorganen aller Kühe gefunden; sie wiesen bis zu 35 Std. eine gute Aktivität auf. Die Besamung oder das natürliche Decken werden am besten in der 2. Hälfte der Brunst, d.h. 8-14 Std. nach ihrem Beginn, vorgenommen. Eine 2. Besamung soll zweckmäßigerweise dann erfolgen, wenn bei einer Kuh die Brunst 10-12 Std. nach der 1. Besamung noch andauert. Bei einem anderen Versuch erhielten Kühe, bei denen 2-3 Mon. keine Brunst aufgetreten war, eine s.c. Injektion PMS in Höhe von 10 IE/kg Lgw. Danach kam es bei 67% der Tiere 2-5 Tage später zu Brunsterscheinungen. B. Schenk. 1785.

3-64/08-0071 Bujwid, J. Wpływ konsystencji śluzu maciczno-pochwogego na skuteczność zacielania sie krów. **(Der Einfluß der Schleimkonsistenz der Scheide und Gebärmutter auf den Erfolg des Tragendwerdens der Kühe.)** Przegląd Hodowlany **31** (1963) Nr. 1. S. 22-23. — 4 Abb., 5 Tab.
Sowjetische Wissenschaftler haben untersucht, in welchem Grade die Konsistenz des Scheiden- und Gebärmutterschleimes, die sich in Abhängigkeit vom Brunststadium ändert, den Erfolg der Befruchtung beeinflußt. Die Untersuchung erfolgte mit Hilfe des Viskosimeters und eines Elastometers. Aus den beigefügten Tab. geht hervor, daß sich eine gesteigerte Viskosität und Elastizität des Schleimes negativ auf die Befruchtung der Kühe auswirkt. Die Bestimmung des Brunstbeginns ist also für den Erfolg der Besamung von grundsätzlicher Bedeutung. Es ist zweckmäßig, die Besamungstechniker über den Einfluß der Schleimkonsistenz auf den Befruchtungserfolg bei Kühen zu unterrichten und mit ihnen praktische Übungen anzustellen.
PRL/CBR, übersetzt v. R. Hüffer. 1785.

3-64/08-0072 Ostrowski, Jorge E. B. Relaciones entra la fertilidad de los animals domesticos y su nutricion mineral. **(Beziehungen zwischen der Fruchtbarkeit der Haustiere und ihrer Mineralstoffernährung.)** Gac. veterin. [Buenos Aires] **25** (1963) Nr. 157. S. 351-365. 1790.

3-64/08-0073 Alderman, G. Mineral nutrition and reproduction in cattle. **(Mineralstoffzufuhr und die Fortpflanzung beim Rind.)** Veterin. Rec. **75** (1963) Nr. 40. S. 1015-1018. — 2 Tab., 21 Lit. 1790.

3-64/08-0074 Moule, G. R. Postpubertal nutrition and reproduction by the male. **(Ernährung und Fortpflanzung geschlechtsreifer männlicher Zuchttiere.)** Austral. veterin. J. **39** (1963) Nr. 8. S. 299-304. — Ausführliches Übersichtsreferat. 1793.

3-64/08-0075 Bratanov, K., Popivanov, R., Vŭlčanov, V. und Dikov, B. Imunobiologija na bezplodieto. **(Immunobiologie der Unfruchtbarkeit.)** Izvestija na Naučnoizsledovatelskija institut po biologija i patologija na razmnožavaneto na selskostopanskite životni, Sofija **2** (1966) S. 5-33. — 126 Lit. Zus. in Russ., Engl. 1795.

3-64/08-0076 Prachov, R. Proučvanija vŭrchu estralnite i postestralnite metroragii pri kravite. I. Razprostranenie na metroragiite u nas i zaplodjaemostta pri kravivte. **(Untersuchungen über die oestralen und postoestralen Metrorrhagien bei Kühen. 1. Mitt. Verbreitung der Metrorrhagien in Bulgarien und die Kuhbefruchtungsfähigkeit.)** Izvestija na Naučnoizsledovatelskija institut po biologija i patologija na razmnožavaneto na selskostopanskite životni, Sofija **2** (1962) S. 43-56. — 2 Abb., 5 Tab., 15 Lit. Zus. in Russ., Engl. 1797.

3-64/08-0077 Prachov, R. Proučvanija vŭrchu estralnite i postestralnite metroragii pri kravite. II. Pričini ot alimentarno estestvo i sredstva za lekuvane na metroragii. **(Untersuchungen über die oestralen und postoestralen**

Metrorrhagien bei Kühen. 2. Mitt. Ursachen alimentärer Natur und Heilmittel gegen die Metrorrhagien.) Izvestija na Naučnoizsledovatelskija institut po biologija i patologija na razmnožavaneto na selskostopanskite životni, Sofija **3** (1962) S. 43-56. — 4 Tab., 9 Lit. Zus. in Russ., Engl. 1797.

3-64/08-0078 Prachov, R. und Mateeva, M. Proučvanija vŭrchu estralnite i postestralnite metroragii pri kravite. III. Opiti za lekuvane na metroragiite črez autochemoterapija. **(Untersuchungen über die oestralen und postoestralen Metrorrhagien bei Kühen. 3. Mitt. Versuche zur Heilung der Metrorrhagien mittels der Autohämotherapie.)** Izvestija na Naučnoizsledovatelskija institut po biologija i patologija na razmnožavaneto na selskostopanskite životni, Sofija **3** (1962) S. 57-61. — 1 Tab., 3 Lit. Zus. in Russ., Engl. 1797.

3-64/08-0079 Prachow, R., Belew, N., Nedjakow, N. und Russew, E. **Behandlung der postöstralen Metrorrhagien bei Kühen durch Bluttransfusion.** Wiener tierärztl. Mschr. **50** (1963) Nr. 9. S. 812-817. — 1 Tab., 5 Lit.

In Bulgarien sind in den letzten Jahren gehäuft blutige Ausflüsse während oder öfter einige Tage nach der Brunst beobachtet worden. Die Fruchtbarkeit bei metrorrhagischen Tieren ist deutlich niedriger. Vff. untersuchten die Wirkung der Transfusion von Eigenblut sowie von Blut trächtiger und nicht trächtiger Kühe und der Infusion speziell hergestellter Lösungen (100 ml 5%ige Natrium-salicylicum-Lsg. + 100 ml 5%ige Natrium-citrium-Lsg. + 100 g entwässerte Glukose gelöst in 300 ml Wasser) auf die Metrorrhagien und bes. auf die Fruchtbarkeitsleistung. Unbehandelte Tiere mit Brunstblutungen dienten als Kontrolle. Alle Versuchs- und Kontrolltiere wurden während 24 Std. 4mal tief zervikal besamt. Durch eine einmalige Transfusion von Blut mit vernichteter Blutgruppenzugehörigkeit konnte die Fruchtbarkeit bei den Versuchstieren gegenüber den Kontrolltieren um das Doppelte erhöht werden. Der Erstbefruchtungshundertsatz betrug bei den Kühen 80%, bei den Färsen 72,7%. Spätestens beim 3. Oestrus hatten alle Kühe und Färsen konzipiert. Der Besamungskoeffizient betrug bei den Versuchtieren mit Bluttransfusion 1,3, bei den Kontrolltieren dagegen 2,7. Ein Unterschied in der Wirkung zwischen Blut trächtiger und nicht trächtiger Kühe wurde nicht beobachtet. Die mit Natrium-citricum- und Natrium-salicylicum-Lösungen behandelten Tiere waren in der Fruchtbarkeit zwar besser als die Kontrolltiere, aber wesentlich schlechter als die mit Blut behandelten Tiere. Obwohl die Bluttransfusion wirksam und gefahrlos ist, bereitet ihre Anwendung in der Praxis meist Schwierigkeiten (Zeitaufwand, Hilfspersonal etc.). J. Wollrab. 1797.

3-64/08-0080 Dawson, F. L. M. Uterine pathology in bovine infertility. **(Uteruspathologie und Unfruchtbarkeit beim Rind.)** J. Reproduct. Fertility **5** (1963) Nr. 3. S. 397–407. 1797.

3-64/08-0081 Lieux, Pierre. Anestrus and infertility in the mare. **(Brunstlosigkeit und Unfruchtbarkeit bei der Stute.)** Mod. veterin. Pract. **43** (1962) Nr. 10. S. 52–55. — 6 Abb. 1797.

3-64/08-0082 Bouters, R. Experimentele onderzoekingen over de degeneratieve invloed van een entero-virus op het spermaepitheel van stieren. **(Experimentelle Untersuchungen über die degenerative Wirkung eines Entero-Virus auf das Samenepithel beim Bullen.)** Meded. Veeartsenijschool Rijksuniv. Gent **7** (1963) Nr. 4. S. 1–140. 1798.

3-64/08-0083 Georgiev, G., Zagorski, D. und Sertev, M. Opiti za povišavane na zaplodjaemostta pri kravite. **(Versuche zur Steigerung der Befruchtungsfähigkeit bei Kühen.)** Izvestija na Naučnoizsledovatelskija institut po biologija i patologija na razmnožavaneto na selskostopanskite životni, Sofija **2** (1962) S. 135-140. — 2 Tab., 10 Lit. Zus. in Russ., Engl.

40 cm³ Kalbshirn-Gewebeemulsion verabfolgten Vff. s.c. an 238 Kühe in der Zeit der ersten Besamung nach der Geburt oder am 10. Tage nach der Besamung. Im Vergleich zur Befruchtungsfähigkeit der nichtbehandelten Tiere stieg die der Versuchskühe um 13,3% an. G. Radew. 1800.

3-64/08-0084 Hancock, J. L.; Edinburgh, A.R.C. Animal Breeding Res. Organization. Survival in vitro of sheep eggs. **(Das Überleben von Schafeiern in vitro.)** Animal Product. **5** (1963) Nr. 3. S. 237–243. – 2 Abb., 5 Tab., 9 Lit.

Es fanden Welsh-Mountain und Schwarzkopfschafe Verwendung. Die Spendertiere, die mit fertilen Böcken zusammengehalten wurden, erhielten ebenso wie die mit vasektomierten Böcken gepaarten Empfänger eine Gonadotropinbehandlung zur Zyklussynchronisation. Die gewonnenen Eizellen wurden entweder nach höchstens 5stündiger (37 °C) (**I**) oder nach 24- bis 48stündiger (in präpariertem Schafserum bei Zimmertemperatur) Aufbewahrung (**II**) transplantiert oder sie wurden in einem spez. Medium (nach Whitten modifizierte Krebs-Ringer-Lösung) bei 37 °C für 24–48 Std. in vitro kultiviert und z.T. anschließend transplantiert (**III**). Die Uteri der Empfänger wurden nach 25–30 Tagen auf Embryonen untersucht. In der Gr. **I** hatten sich 15 von 42, in der Gr. **II** 11 von 23 und in der Gr. **III** 3 von 15 übertragenen Eiern zu Embryonen entwickelt. Das geringe Überleben der Eizellen in Gr. **I** kann nicht erklärt werden. Bei den 3 für 24 Std. in vitro kultivierten Eizellen hatte sich die Zahl der Blastomeren etwa verdoppelt.

F. Döcke. 1814.

3-64/08-0085 Adamesteanu, I. Efficacité des implantations d'os utilisées comme stimulant de la croissance et comme agent thérapeutique pour combattre certaines maladies des animaux. **(Die Wirkung von Knochenimplantationen als Wachstumsstimulans und Therapeuticum zur Bekämpfung bestimmter Tierkrankheiten.)** Recueil Méd. vétérin. **138** (1962) Nr. 10. S. 869–881. – 19 Lit. Zus. in Engl., Span.

Die s.c. Implantationen von Knochensubstanz üben auf den Organismus eine stimulative Wirkung aus. Der wachstumssteigernde Effekt und die Erhöhung der Gewichtszunahmen sind hierbei bei Kälbern, Rindern, Schweinen und Zuchtsauen besser als bei der Anwendung anderer Drogen. Im 1. Mon. ist die Gewichtszunahme junger Tiere größer als später. Durch die Knochenimplantationen werden die Abwehrkräfte des Organismus junger Tiere gesteigert, und der Behandlung kommt eine therapeutische Bedeutung zu. Die Wachstumsbeschleunigung mit Hilfe von Transplantationen wird als eine sichere und wirtschaftliche Methode angesehen. H. Busse. 1816

3-64/08-0086 Kapur, I. S. Cross breeding with yak. **(Kreuzungen mit dem Yak.)** Indian veterin. J. **39** (1962) Nr. 12. S. 664–667. – 2 Abb. 1820.

3-64/08-0087 Nel, J. W. Sheep hybrids from a mouflon ram and ewes of South African breeds. **(Schafhybriden von einem Muffelbock und Mutterschafen südafrikanischer Rassen.)** South African J. Sci. **58** (1962) Nr. 10. S. 299–300. – 1 Abb., 1 Tab., 3 Lit.

Ovis ammon musimon, das Mufflon, wird als Vorfahre einiger europäischer Schafrassen angesehen. Das Mufflon paart sich auch mit Hausschafen, und die Nachkommen sind fruchtbar. Für afrikanische Schafrassen wurde dieses Problem durch Anpaarung eines Muffelbockes an Muttertiere verschiedener Rassen überprüft. Bei den Mufflon-Dorper-Kreuzungen wogen die Bocklämmer ∅ 6,66–8,94 lb., die Zibbenlämmer 7,41–9,50 lb., ein Mufflon-Van-Rooy-Persianerlamm (Bocklamm) wog 8,47 lb., das Zibbenlamm 7,09 lb. und ein Mufflon-Döhne-Merinobocklamm 8,41 lb. Bei den Kreuzungsprodukten mit allen 3 südafrikanischen Schafrassen lag die Trächtigkeitsdauer zwischen 148 und 154 Tagen. Im Körperbau ähnelten die Lämmer dem Vater, sie sind langbeinig, haben lanzettförmige Ohren und sind sehr lebhaft. Das Fell der Lämmer ist haarig und das Haar leicht gekräuselt. Über Körpermaße, Gewichtsentwicklung und Verhaltensweise der Tiere wird zu einem späteren Zeitpunkt berichtet. H. Busse. 1820.

3-64/08-0088 Banik, U. K. und Pincus, Gregory. Effect of steroidal anti-progestins on implantation of fertilized eggs of rats and mice. **(Die Wirkung von steroidalen Antiprogestinen auf die Implantation befruchteter Eier bei Ratten und Mäusen.)** Proc. Soc. exp. Biol. Med. **111** (1962) Nr. 3. S. 595-602. — 3 Abb., 4 Tab., 31 Lit.
Vff. prüften 9 verschiedene steroidale Substanzen auf ihren Einfluß im Hinblick auf den Eintritt der Trächtigkeit und die Wurfgröße bei Ratten und Mäusen. H. Gürtler. 1830.

3-64/08-0089 Winkler, Horst. **Die Auswirkungen experimenteller Veränderungen des Mineral- und Wasserhaushaltes trächtiger Ratten auf Föten und Fruchtwasser.** Wiss. Z. Friedrich-Schiller-Univ. Jena/Thür., math.-naturwiss. R. **11** (1962) Nr. 3. S. 345-350. — 5 Abb., 4 Tab. 1830.

3-64/08-0090 Jelínek, R. Proliferace v centrálním nervovém systému kuřecích zárodků. I. Doba trvání mitosy v germinální zoně míchy od 2. do 6. dne zárodečného vývoje. **(Die Proliferation [Gewebe-Neubildung] im zentralen Nervensystem von Hühnerembryonen. 1. Mitt. Dauer der Mitose in der Rückenmark-Keimzone vom 2.-6. Tag der Keimentwicklung [Inkubation].)** Českoslov. Morfol. **7** (1959) Nr. 2. S. 163-173. — 3 Abb., 36 Lit. Zus. in Russ., Engl. ČSSR/ÚVTI. 1840.

3-64/08-0091 Jelínek, R. Proliferace v centrálním nervovém systému kuřecích zárodků. II. Mitotická aktivita v míše mezi 2.-6. dnem zárodečného vývoje. **(Die Profileration [Gewebe-Neubildung] im zentralen Nervensystem von Hühnerembryonen. 2. Mitt. Die mitotische Aktivität im Rückenmark zwischen dem 2.-6. Tag der embryonalen Entwicklung.)** Českoslov. Morfol. **9** (1961) S. 46-54. — 1. Mitt. vgl. vorst. Titel. ČSSR/ÚVTI. 1480.

3-64/08-0092 Friebová, Z. und Jelínek, R. Proliferace v centrálním nervovém systému kuřecích zárodků. III. Mitotická aktivita v mozkových váčcích mezi 2.-6. dnem inkubace. **(Die Proliferation [Gewebe-Neubildung] im zentralen Nervensystem von Hühnerembryonen. 3. Mitt. Mitotische Aktivität in den Gehirnventrikeln zwischen dem 2.-6. Inkubationstag.)** Českoslov. Morfol. **11** (1963) Nr. 3. S. 229-236. — 3 Abb., 1 Tab., 22 Lit. Zus. in Russ., Engl. — 2. Mitt. vgl. vorst. Titel. ČSSR/ÚVTI. 1840.

3-64/08-0093 Hillman, Nina W. und Niu, M. C. Chick cephalogenesis. I. The effect of RNA on early cephalic development. **(Die Schädelentwicklung beim Küken. 1. Mitt. Der Einfluß von RNS auf die frühe Entwicklung des Schädels.)** Proc. nat. Acad. Sci. USA **50** (1963) Nr. 3. S. 486-403. — 7 Abb., 15 Lit. 1840.

3-64/08-0094 Lakshmi, M. S. und Mulkerkar, Leela. Paper chromatographic study of the role of sulphur-containing amino acids in the process of induction in the chick embryo. **(Papierchromatographische Untersuchungen über die Rolle schwefelhaltiger Aminosäuren im Verlaufe der Entwicklung im Hühnerembryo.)** Experientia [Basel] **19** (1963) Nr. 3. S. 155-156. — 11 Lit. 1840.

3-64/08-0095 Leighton, Joseph, Merkow, Leonhard und Locker, Michael. Alteration in size of the heart of late chick embryos after incubation at varied temperatures. **(Änderungen in der Herzgröße abgestorbener Hühnerembryonen nach Bebrütung mit verschieden hohen Temperaturen.)** Nature [London] **201** (1964) Nr. 4915. S. 198-199. — 1 Abb. 1840.

3-64/08-0096 Grundboeck, M. Obraz krwi obwodowej i szpiku u zarodka kury. **(Das periphere Blutbild und das Knochenmark des Hühnerembryos.)** Roczniki Nauk rolniczych, Ser. E 8 (1963) Nr. 1. S. 105-127. — 76 Abb., 5 Tab., 19 Lit. PRL/CBR. 1840.

3-64/08-0097 Abbott, U. K. und Craig, R. M. The laboratory preparation of normal avian embryos. **(Die Präparierung normaler Vogelembryonen im Labor.)** Poultry Sci. **42** (1963) Nr. 2. S. 429-437. 1840.

3-64/08-0098 Berchtold, M. **Frühembryonaler Fruchttod beim Rind.** Berliner Münchener tierärztl. Wschr. **74** (1961) Nr. 21. S. 420-423. 1844.

3-64/08-0099 Marinov, P. und Čilev, D. Proučvanija vŭrchu abortite po ovcete. **(Untersuchungen über Schafaborte.)** Izvestija na Naučnoizsledovatelskija institut po biologija i patologija na razmnožavaneto na selskostopanskite životni, Sofija **2** (1962) S. 141-150. — 5 Tab., 11 Lit. Zus. in Russ., Engl. 1844.

3-64/08-0100 Gillette, D. Dale und Holm, Louis. Prepartum to postpartum uterine and abdominal contractions in cows. **(Die vor- und nachgeburtlichen Kontraktionen des Uterus und des Abdomens bei Rindern.)** Amer. J. Physiol. **204** (1963) Nr. 6. S. 1115-1121. — 8 Abb., 2 Tab., 7 Lit. 1850.

3-64/08-0101 Konermann, H. **Prüfung und Beurteilung des HK-Geburtshelfers.** Dtsch. tierärztl. Wschr. **70** (1963) Nr. 17. S. 491-492.
In einer Stellungnahme zur Arbeit von Hortig „Mechanische Geburtshelfer" (Dtsch. tierärztl. Wschr. **70** [1963] S. 490.) lehnt Vf. die Anwendung mechanischer Geburtshelfer — gleich welcher Konstruktion — als Kunstfehler ab, wofür folgende Gründe angegeben werden: 1. Gefahr der Anwendung solcher Geräte auch bei per vias naturales nicht entwicklungsfähigen Früchten. 2. Einsatz nicht oder nur schwer zu beurteilender Zugkräfte, die über das normale Maß hinausgehen. 3. Erhöhte Gefahren für Muttertier und Frucht durch erhebliche Zugkräfte, die häufig Totalverluste oder zumindest eine Verminderung der weiteren Fruchtbarkeit und Wirtschaftlichkeit des Geburtstieres bedingen. Auch die Anwendung mechanischer Geburtshelfer durch Tierärzte ist nicht vertretbar. J. Wollrab. 1850.

3-64/08-0102 Zelikovskaja, Z. Z. und Turevskij, A. A. Ėmbriogenez žirovoj tkani moločnoj železy krupnogo rogatogo skota. **(Die Embryogenese des Fettgewebes der Milchdrüse beim Rind.)** Archiv anatomii, gistol. i ėmbriol. **43** (1962) Nr. 9. S. 76-80. — Zus. in Engl. Aus: Referativnyj žurnal Moskva. Životnovodstvo, veterinarija **1963** Nr. 7.58.101. S. 13. 1862.

3-64/08-0103 Koval'skij, V. V. und Šumkova, I. A.; Dubrowizy, Gebiet Moskau, Unions-Inst. für Tierzuchtforsch. Adaptivnye izmenenija fosfataz moloka i moločnych želez korov. **(Adaptive Veränderungen der Phosphatase der Milch und des Kuheuters.)** Doklady Akademii nauk SSSR, Moskva **152(31)** (1963) Nr. 6. S. 1467-1470. — 2 Abb., 2 Tab., 22 Lit.
Für die Untersuchungen der Milchphosphatasen wurden 3 Gruppen von Kühen verwendet (1. Milchertrag 4500-5000 l; 2. Milchleistung 3000 l; 3. Milchertrag 5000-8000 l). Festgestellt wurden die Aktivitäten in der Milch und in Extraktionsgeweben unter Verwendung des Veronal-Acetat-Puffers nach Michaelis bei folgenden pH-Werten: 3,20; 4,13; 5,30; 6,90; 8,30; 9,20 und 9,64. Die Ergebnisse (Aktivitäten) werden in Phenoleinheiten (PE) ausgedrückt. Die Definition der PE ist angegeben. Die Vff. stellten eine große individuelle Unbeständigkeit in der Milchphosphatasenaktivität fest, die von anderen Forschern bestätigt worden ist. So wurden z. B. in einem gleichen 24stündigen Rhythmus bei einem Milchertrag von 20 l im gleichen Laktationsstadium die Aktivitäten von alkalischer Phosphatase (pH 9,64) in der Milch

von 3 Kühen festgestellt und die Aktivitäten 24,8; 61,2 und 32,8 PE erhalten. Für die o. a. pH-Werte sind die Aktivitäten tabellarisch und graphisch aufgezeigt. G. Rothe. 1862.

3-64/08-0104 Domašneva, L. V. O krovenosnych sosudach vymeni ovcy. **(Über die Blutgefäße des Euters von Schafen.)** Tr. Alma-Atinsk. zoovet. in-ta **12** (1961) S. 462-465. — Aus: Referativnyj žurnal Moskva. Životnovodstvo, veterinarija **1963** Nr. 7.58.145. S. 18. 1862.

3-64/08-0105 Bitman, Joel, Cecil, Helene C., Gilliam, D. R. und Wrenn, T. R. Chemical composition of sheep mammary gland. **(Die chemische Zusammensetzung der Schafmilchdrüse.)** J. Dairy Sci. **46** (1963) Nr. 9. S. 941 bis 946. — 1 Abb., 1 Tab., 33 Lit.
Die chem. Zusammensetzung von nichtlaktierenden Milchdrüsen wurde bei jungen und erwachsenen Schafen unter verschiedenen hormonellen Bedingungen untersucht. Die chem. Zusammensetzung wurde im Drüsengewebe von verschiedenen Zyklusphasen und ovariektomierten Schafen bestimmt. Der endokrine Status hatte nur einen geringen Einfluß auf die Bestandteile, aber signifikante Unterschiede in der Zusammensetzung wurden zwischen jungen und erwachsenen Schafen gefunden. Die Drüsen von alten Tieren waren um 50% größer als von jungen, der Wassergehalt war um 4% höher und die Fettmenge bei den jungen Tieren wesentlich größer (27% gegen 12% des Gesamtdrüsengewebes). R. Neseni. 1862.

3-64/08-0106 Bucciolini, Maria Gaia; Firenze, Univ., Ist. Anatomico. Studio al microscopio elettronico delle fasi del ciclo secretorio dell'epitelio della ghiandola mammaria in allattamento. **(Elektronenmikroskopische Studie über die Phasen des sekretorischen Zyklus des Milchdrüsenepithels in der Laktation.)** Arch. ital. Anatom. Embriol. **67** (1962) Nr. 2. S. 177-198.
Vf. unterscheidet 2 Arten der Milchsekretion, die spontane und die induzierte. Aus dem Stadium der Ruhe, das genau morphol. beschrieben wird (kleine, platte, wellenförmig begrenzte Zellen mit zahlreichen, verschieden großen Mikrovilli an der freien Oberfläche, Ergastoplasma und Golgiapparat undeutlich, keine Protein- und Lipoideinschlüsse, zahlreiche kleine, rundliche Mitochondrien), entwickelt sich das Stadium der Sekretherstellung innerhalb der Zelle. Die Zelle wächst an, Fetttröpfchen und Proteinkörnchen treten auf, die man auch in den Hohlräumen des Golgiapparats finden kann. Im weiteren Verlauf werden die Fett- und Proteineinschlüsse zahlreicher, sie sammeln sich unter der freien Zelloberfläche, deren Mikrovilli verschwinden. Das Ergastoplasma vermehrt sich, die Mitochondrien sind dünn und unregelmäßig geformt, wie vom Sekret erdrückt. In der Kernhaut tritt der anular complex hervor. Das nun folgende Stadium der Sekretionsausschüttung läßt die Zellen — nach Abgabe des Sekrets — zusammensinken und platt werden (Ruhestadium). Mikrovilli treten an der freien Oberfläche wieder auf, die durch den Sekretaustritt nicht verletzt und nicht unterbrochen ist. Nach der Sekretabgabe ist kein Sekret(rest) mehr in der Zelle vorzufinden, was Vf. als Zeichen einer bes. Sekretionsform, der Diacrinie, auffaßt.
T. Koch. 1864.

3-64/08-0107 Peeters, G., Cocquyt, G. und Moor, A. de; Gand, Belgique, Univ., École de Méd. Vétérin. L'écoulement de la lymphe de la glande mammaire chez la vache laitière. **(Die Lymphsekretion in der Milchdrüse der Milchkuh.)** Ann. Endocrinol. [Paris] **24** (1963) Nr. 4. S. 717-718.
Vff. haben bei 10 in Laktation befindlichen Milchkühen an der einen Euterhälfte Lymphgefäßfisteln angelegt. Die tägl. Milchleistung dieser Tiere lag zwischen 10 und 17 l. 0-15 ml Lymphe flossen je Min. unter normalen Bedingungen durch die Fistelöffnung. Infolge der Koagulation der Lymphe

konnten sich die Beobachtungen auf nicht mehr als 10 Tage erstrecken. Beim Melkakt kam es zu einer deutlich gesteigerten Lymphsekretion, die 8-16 Min. anhielt. Eine Waschung des Euters mit warmem Wasser von 40 °C führte ebenfalls zur vermehrten Lymphabgabe. H. Busse. 1864.

3-64/08-0108 Rasmussen, Folke; Copenhagen, Roy. Veterin. Agric. Coll. The mammary blood flow in the goat as measured by antipyrine absorption. **(Die Blutdurchströmung des Euters bei Ziegen, gemessen durch Absorption von Antipyrin.)** Acta veterin. scand. 4 (1963) Nr. 3. S. 271-280. — 2 Abb., 3 Tab., 8 Lit.

Die Versuche haben gezeigt, daß die Konzentration von Antipyrin in der A. pudenda ext. und in der V. jugularis nach intramammärer Applikation identisch war. Bei der stehenden, nicht anästhesierten Ziege war die Antipyrinkonzentration in der V. jugularis und V. pudenda ext. identisch, während sie in der V. abdominalis ext. stets höher war. Der Blutabfluß aus der Milchdrüse scheint somit beim stehenden multiparen Tier ausschließlich auf dem Wege der V. abdominalis ext. zu geschehen. Daher läßt sich die Konzentrationsdifferenz für Blut, das zur Drüse und von derselben fließt, mit Hilfe von Blutproben aus der V. jugularis bzw. aus der V. abdominalis ext. bestimmen. Da man gleichzeitig die absorbierte Antipyrinmenge berechnen kann, ist es möglich, den venösen Abfluß aus der Milchdrüse zu bestimmen. Mit der beschriebenen Methode wurde gezeigt, daß die Blutdurchströmung bei laktierenden Ziegen von 20-90 ml/Min. pro 100 g Milchdrüsengewebe und bei unfruchtbaren Ziegen von 16-46 ml/Min. pro 100 g Gewebe variiert.

R. Neseni. 1864.

3-64/08-0109 Tindal, John S., Beyer, Carlos und Sawyer, Charles H. Milk ejection reflex and maintenance of lactation in the rabbit. **(Der Milchabgabereflex und die Erhaltung der Laktation beim Kaninchen.)** Endocrinology 72 (1963) Nr. 5. S. 720-724. — 1 Abb., 21 Lit.

Ausgehend von der Tatsache, daß die Aufrechterhaltung der Laktation abhängig ist von der Aktivität des neuro-endokrinen Reflexes, der wiederum ausgelöst wird durch den Saugakt, sollte der neuro-humorale Mechanismus am Kaninchen näher untersucht werden. Laktierende Kaninchen wurden tief narkotisiert, und die Jungen ließ man nur während dieser Zeit saugen. Oxytocininjektionen halfen bei der Milchabgabe. Die durch Oxytocin hervorgerufene tägl. Milchmenge ist sowohl bei den Muttertieren, die unter Anaestesie standen, als auch bei denjenigen ohne Anaesthesie oder exogen zugeführtes Oxytocin gleich hoch. In Zusammenfassung und Schlußfolgerungen stellen Vff. fest, daß die Erhaltung der Laktation durch verschiedene Faktoren beeinflußt wird. W. Richter/Kleinmachnow. 1864.

3-64/08-0110 Kullander, Stig. Studies on the hormonal control of the milk-ejection activity in lactating rabbits. **(Untersuchungen über die hormonale Kontrolle der Milchejektions-Aktivität beim laktierenden Kaninchen.)** Acta endocrinol. [Copenhagen] 44 (1963) Nr. 2. S. 313-324. — 9 Abb., 29 Lit.

Die Untersuchungen wurden durchgeführt, um die Wirkung von Oxytocin und synthetischem Lysin-Vasopressin auf die Milchausscheidung der laktierenden Milchdrüsen von Kaninchen zu prüfen. Beide Drogen wurden zusammen, und zwar i.v. verabreicht, ausgenommen einige Fälle, in denen Oxytocin allein i.v. injiziert wurde. Abhängig von der Empfindlichkeit der Milchdrüse und der Menge des verabreichten Oxytocins führte dieses Hormon zu einer verlängerten tonischen Steigerung des Milchdruckes oder zu einer rhythmischen Reihe von Drucksteigerungen. Beide Reaktionen können merkbar durch die Simultanverabreichung von Vasopressin in Mengen von 1:4 der Oxytocinmenge entgegengesetzt auftreten. Nach Zurückziehung des Vasopressins hat die Originalwirkung des Oxytocins auf den Milchdrüsendruck in geringerem Maße wieder begonnen. Dosen von Vasopressin im Verhältnis 1:1000-1:5 oder

Kochsalzlösung haben eine geringe oder gar keine Wirkung auf das Ganze. Die i.v. Verabreichung von Adrenalin bedingt eine vorübergehende Suppression auf die Wirkung der Oxytocininfusion. Dies war aber kein Beweis, daß Vasopressin diese Wirkung steigert. Die Befunde werden diskutiert in Verbindung mit klinischen Befunden über die Störung der Milchhergabe durch verschiedene Stress-Situationen. Vasopressin wie Adrenalin wirken lösend auf die Freigabe während des Stresses. R. Neseni. 1864.

3-64/08-0111 Grosvenor, Clark E. I^{131} accumulation by the lactating rat mammary gland. **(^{131}J-Akkumulation durch die laktierende Rattenmilchdrüse.)** Amer. J. Physiol. **204** (1963) Nr. 5. S. 856–860. — 3 Abb., 2 Tab., 31 Lit. 1864.

3-64/08-0112 Mielke, H. und Brabant, W. **Laktogenese und Galaktopoese beim Rind ohne Saug-, Melk- oder andere exogene, zur Milchejektion führende Euterreize.** Arch. exp. Veterinärmed. **17** (1963) Nr. 4. S. 909–919. — 2 Abb., 37 Lit.
Aus den Versuchsergebnissen wird geschlußfolgert, daß die Melk- und Saugreize beim Rind, ebenso wie schon beim Schaf und der Ziege festgestellt, keinerlei Einwirkungen auf die Lactogenese und Galactopoese haben. Weiter wird hervorgehoben, daß Melken und Saugen lediglich Bedeutung für die abs. Euterentleerung haben. W. Richter/Kleinmachnow. 1866.

3-64/08-0113 Denamur, Robert. Croissance mammaire et lactogenèse induites par la prolactine chez la lapine en gestation. **(Mammawachstum und induzierte Lactogenese durch Prolactin beim trächtigen Kaninchen.)** C.R. hebd. Séances Acad. Sci. **257** (1963) Nr. 8. S. 1548–1551. — 2 Tab., 10 Lit.
Injiziertes Prolactin besitzt eine beträchtliche mammogene Wirksamkeit auf das trächtige Kaninchen. Die Sekretion des Prolactins während der ersten 20 Tage der Trächtigkeit ist jedoch gering und steigt erst gegen Ende derselben an. Es ist das einzige Hormon, welches am Ende einer Scheinträchtigkeit ein Mammawachstum induziert, das mit dem vom Ende der Trächtigkeit vergleichbar ist. Die Aufnahmefähigkeit der Milchdrüse für das Prolactin variiert mit dem Trächtigkeitsstadium. R. Neseni. 1866.

3-64/08-0114 Kočenov, D. A. Vlijanie različnych srokov kastracii na rost i mjasnye kačestva molodnjaka krupnogo rogatogo skota. **(Der Einfluß verschiedener Kastrationszeiten auf das Wachstum und die Fleischqualität der Jungrinder.)** Trudy Vsesojuznogo naučno-issledovatel'skogo instituta životnovodstva, Moskva **24** (1962) S. 49-58. — 1 Abb., 7 Tab., 4 Lit. 1870.

3-64/08-0115 Kadilov, E. V. und Ovsepjan, A. A. Nekotorye dannye o gistologičeskom stroenii glavnych i dobavočnych želez barančikov pri različnych metodach kastracii. **(Einige Angaben über die histologische Struktur der Hoden und Nebenhoden von jungen Schafböcken bei verschiedenen Methoden der Kastration.)** Izv. M-vo proiz-va i zagotovok s.-ch. produktov ArmSSR **1962** Nr. 8. S. 97–104. — Orig.: armen., Ausz.: russ. Aus: Referativnyj žurnal Moskva. Životnovodstvo, veterinarija **1963** Nr. 7.58.168. S. 21. 1870.

3-64/08-0116 Bellani, Luigi. Il contributo dell'amministrazione sanitaria all'affermazione ed allo sviluppo della fecondazione artificialle in Italia. **(Der Beitrag der Gesundheitsverwaltung zum Erfolg und zur Entwicklung der KB in Italien.)** Zootecn. e Veterin. **18** (1963) Nr. 5/6. S. 220–233. — 11 Lit.
Unter Anführung der einzelnen Gesetze, Verordnungen und ministeriellen Rundschreiben betr. die Sterilität der Rinder und die KB werden die Verwaltungsmaßnahmen auf diesem Gebiet durch die Ministerien des Innern, für Gesundheitswesen und für Landwirtschaft und Forsten sowie des Minsterrates in chronologischer Reihenfolge inhaltlich erläutert. Eine Aufstellung der 23 Gesetzesquellen beschließt die Ausführungen. K. Reinhardt. 1881.

3-64/08-0117 Scapacciona, Mario. Aspetti zootecnici ed economici della riproduzione animale e della fecondazione artificiale. **(Wirtschaftliche und tierzüchterische Gesichtspunkte zur tierischen Erzeugung und zur KB.)** Zootecn. e Veterin. **18** (1963) Nr. 5/6. S. 212-219.
Vf. gibt einen Rückblick über die Entwicklung der Tierzucht und bes. der KB in Italien, die beispielgebend für viele andere Länder war. Dabei nehmen die bes. tierzüchterischen Fragen hinsichtlich Leistungssteigerung der italienischen Rinderrassen und Selektion der Vatertiere einen breiten Raum ein, ebenso die organisatorische Entwicklung der KB in einzelnen Provinzen des Landes und ihre Bedeutung für Wirtschaft und Export. K. Reinhardt. 1881.

3-64/08-0118 Rothe, K.; Berlin, Humboldt-Univ., Veterinärmed. Fak. **Stand und Anwendungsmöglichkeiten der künstlichen Besamung beim Schwein.** Mh. Veterinärmed. **18** (1963) Sonderh. Nr. 1. S. 47-51. — 3 Abb.
Das Problem der Samengewinnung ist nahezu als gelöst zu betrachten. Beträchtliche Schwierigkeiten bereitet die Konservierung des Eberspermas, wahrscheinlich infolge des hohen Anteiles der Sekrete der accessorischen Geschlechtsdrüsen. Zur Zeit beträgt die Verwendungsdauer des Ebersamens nur bis 8 Std. Eine Verlängerung der Befruchtungsfähigkeit des Spermas wird ebenso wie beim Rind nur über die Abkühlung zu erreichen sein. In einem vom Vf. entwickelten Isolierkasten gelang es, die Abkühlgeschwindigkeit auf 4 °C von 6 auf 16 Std. zu verlängern. Die Konservierungsresultate sind ermutigend, ob die Verbesserung der Konservierungstechnik auf die Befruchtungsergebnisse einen günstigen Einfluß hat, ist nachzuprüfen. Für den Spermatransport wurde ein Thermosbehälter mit Eisbehälterraum im Deckel entwickelt, der eine langsame Abkühlung des Samens beim Transport zuläßt. Die Schwierigkeiten bei der Feststellung des optimalen Besamungszeitpunktes bei der Sau werden geschildert. Durch Anwendung von Probierebern oder Durchführung des „Reittestes“ zur Auslösung des Duldungsreflexes können sie überwunden werden. Die besten Befruchtungsergebnisse werden in Großbeständen erzielt, wo das frische Sperma ohne Transport an mit Ebern probierten Sauen versamt wird. Die züchterischen und zuchthygienischen Vorteile der Schweinebesamung werden eingehend behandelt. H. Busse. 1881.

3-64/08-0119 Schäfer, W. **Untersuchungen über die Anwendung der künstlichen Besamung des Pferdes in der Deutschen Demokratischen Republik.** Tierzucht **17** (1963) Nr. 9. S. 422-424. — 2 Abb., 3 Tab.
Die Weiterentwicklung der KB beim Pferd vollzieht sich international, wobei entspr. wissenschaftliche Arbeiten in der SU, den USA, in Griechenland, Ungarn, China, der ČSSR, in Kanada, Japan, Brasilien und Australien durchgeführt werden. In Griechenland und China kommt sie bereits zur praktischen Anwendung. In der DDR wurden die ersten Untersuchungen 1961 unter Praxisbedingungen vorgenommen, wobei eine verbesserte Gummivagina zur Anwendung kam. Bei 3 untersuchten Hengsten zeigte das Sperma einen ausgeglichenen pH-Wert, wogegen Ejakulatsvolumen, Spermakonzentration, Vorwärtsbewegung, Gesamtzahl an Spermien im Ejakulat und Lebensdauer stark variierten. 3 verschiedene Verdünner kamen zur Anwendung, denen Penicillin und Streptomycin zugefügt wurden. Halteproben mit einer Aufbewahrungstemperatur von +4 °C zeigten jedoch ein schnelles und rel. gleichmäßiges Absinken der sich vorwärtsbewegenden Spermien. Bei 48 Stuten wurde die Fernbesamung mit Entfernungen bis 180 km durchgeführt. Das Sperma war nicht älter als max. 8 Std. und wurde nicht gekühlt. Die Besamungsdosis schwankte zwischen 20 und 100 ml. 46% der fernbesamten Stuten wurden trächtig. H. J. Schwark. 1881.

3-64/08-0120 Tiefenbach, B. **Die künstliche Besamung beim Pferd.** Tierzüchter **15** (1963) Nr. 13. S. 465-466. 1881.

3-64/08-0121 Conradi, H. **Ein Beitrag zur Steigerung des Besamungserfolges beim Rind.** Mh. Veterinärmed. **18** (1963) Nr. 18. S. 688-694.

Die Hauptursachen vorzeitiger Merzungen von Rindern sind in Unfruchtbarkeit und mangelhafter Fruchtbarkeitsleistung zu suchen. Eine Leistungssteigerung der Rinderbestände kann deshalb nur über die Bekämpfung der die Fruchtbarkeitslage nachteilig beeinflussenden Momente erreicht werden. Eine bes. Bedeutung kommt dabei den zuchthygienischen Erhebungen in den Beständen zu, da nur hier der tatsächliche Erfolg bzw. Mißerfolg einer ganzen Organisation an der Fruchtbarkeitslage der Herde ermittelt werden kann. — Zusammenfassend lassen sich 3 Faktoren nennen, die einen erheblichen Einfluß auf den Befruchtungserfolg haben: die Konzeptionsbereitschaft der Rinder, die sachgerechte Insemination und die Spermaqualität. — Die hohe Konzeptionsbereitschaft der brünstigen Tiere ist zu 80% umweltbedingten und zu 20% erblichen Einflüssen unterworfen. Daraus ist ersichtlich, daß u. a. der Ernährung der Tiere eine bes. Aufmerksamkeit beizumessen ist. Neben der quantitativen Zusammensetzung müssen auch qualitative Werte wie die Mineralstoffütterung, das Vitaminangebot und das Eiweiß-Stärke-Verhältnis Berücksichtigung finden. So führen Mangelernährungen zu Stoffwechselstörungen und damit zu Konstitutionsschwächung. Eine Kuh mit geringer Milchleistung wird diese bald einstellen, während Hochleistungstiere gewöhnlich den Milchfluß auf Kosten des Körpers aufrechterhalten. Mangellagen führen über Störungen im vegetativen Funktionskreis zur Beeinflussung des germinativen Funktionskreises, wodurch die Fruchtbarkeit gemindert wird oder erlischt, bevor Einflüsse auf die Milchleistung sichtbar werden. Die Geschlechtsorgane und deren Funktion sind somit der empfindlichere Indikator für bestehende Mangelzustände als die Milchleistung. Als bes. Störungen sind z. B. Eierstockszysten, embryonaler Frühtod, symptomloses Umrindern u. ä. zu nennen. Eine weitere wichtige Frage ist die Haltung und Pflege der Tiere. Dabei steht die Brunstbeobachtung im Vordergrund. Menschliche Unzulänglichkeiten können dabei die Wirtschaftlichkeit eines gesamten Bestandes in Frage stellen. Ebenso verhält es sich mit der Dokumentation. Eine zuverlässige Kennzeichnung und Buchführung ist die Voraussetzung für ein gutes Funktionieren eines Großbetriebes. — Die Technik der Insemination ist nicht nur von den erlernten Handgriffen anläßlich eines Kursus abhängig, sondern es bedarf eines bes. Einfühlungsvermögens und einer gewissen Geschicklichkeit, wie die unterschiedlichen Fruchtbarkeitsquoten einzelner Techniker auf der gleichen Station beweisen. Aus diesem Grunde müssen technische, taktische und biol. Fehlerquellen mit den Besamungstechnikern gemeinsam mit Besamungstierärzten besprochen werden. — Die Tätigkeit der Besamungsstation ist auf die Produktion möglichst guten Spermas ausgerichtet. Die regelmäßige tierärztliche Gesundheitsüberwachung der Besamungsbullen, die Ernährung und individuelle Behandlung der Bullen, strenge Maßstäbe zur Beurteilung des Spermas (TGL), die Selektion der Bullen auf Fruchtbarkeit und Gesundheit sind Maßnahmen, die auf eine gute Spermaqualität Einfluß nehmen. W. Busch. 1881.

3-64/08-0122 Aehnelt, E. und Hahn, J. **Zur Prüfung der Geschlechtsgesundheit von Besamungsbullen mittels Probebesamung und Färsenübertragungsversuch.** Tierärztl. Umschau **17** (1962) Nr. 11. S. 373-377.

Trotz sorgfältiger mikrobiol. Untersuchungen von Sperma und Praeputialspülproben von Besamungsbullen können Geschlechtsinfektionserreger, bes. Vibrionen und Trichomonaden, durch die Besamung übertragen werden. Es werden deshalb Probebesamungen gefordert. Dafür gibt es 3 Möglichkeiten: 1. Die Besamung von mindestens 20 geschlechtsgesunden Färsen mit anschließender klinischer und mikrobiol. Prüfung. 2. Übertragung an einer Prüffärse. 3. vereinfachte Probebesamung an 50 klinisch ausgesuchten Tieren.

In Deutschland hat sich die 3. Methode durchgesetzt. Bei Neueinstellungen von Besamungsbullen sollen die Probebesamungen nach 3maliger Untersuchung von Sperma- und Vorhautspülproben erfolgen. Das verwendete Sperma soll 0-3 Tage alt, wenig verdünnt (1 + 2) und ohne keimhemmende Zusätze sein. Der Einsatz von mindestens 3 Ejakulaten wird gefordert. 30-50% der ausgewählten weibl. Tiere sollen Färsen sein. Die Herkunftsbestände müssen eine ungestörte Fruchtbarkeit aufweisen (Erstbesamungsergebnis 60%). Der Anteil der nach Erstbesamung innerhalb 6 Wochen umrindernden Tiere darf bei unverdächtigen Bullen höchstens 35%, der Anteil nicht tragender Tiere (rectale Untersuchung) höchstens 40% betragen. Die nichttragenden Tiere müssen einer sorgfältigen Untersuchung unterzogen werden. K. Rothe. 1881.

3-64/08-0123 Beseth, Lars; Oslo, Veterin. Coll. of Norway. Biological testing of the toxicity of rubber used in artificial vaginas with boar semen. **(Biologische Untersuchung der Toxizität des Gummis künstlicher Vaginen mit Ebersperma.)** Nord. Veterinärmed. **14** (1962) Nr. 11. S. 689-701. – 16 Lit. Nach einer Literaturübersicht werden eigene Untersuchungen mitgeteilt. Mittels biol. Versuche wurde festgestellt, daß Latexgummi der inneren Schläuche und Tuben auf Sperma sehr toxisch wirken kann, was bes. bei Aufbewahrung des Samens der Fall ist. Ebersperma war empfindlicher als Bullensperma. Reines Latex und die benutzten Grundmischungen sowie Konservierungsmittel waren ohne Einfluß. 20 Vulcasit-Stoffe zeigten durchweg toxischen Einfluß auf Ebersperma. Zur Entgiftung ergab 96%iger Alkohol das beste Resultat; 2%ige Soda verbesserte gewisse Typen, destilliertes Wasser war ohne Wirkung. Keines der angewandten Entgiftungsmittel verbesserte die stark toxischen Gummivarietäten so weit, daß sie für die künstliche Vagina für Eber brauchbar waren. Ebersperma eignet sich für biol. Teste gut, da die Samenmenge groß und dieses Sperma gegenüber der toxischen Substanz so empfindlich ist, daß es bessere Reaktionen als Bullensperma gibt. E. Lehnert. 1885.

3-64/08-0124 Pantjuchova, O. I. Vlijanie obrabotki prepuciev baranovproizvoditelej na bakterial'nuju zagrjaznennost' semeni. **(Der Einfluß der Behandlung der Vorhaut bei Zuchtschafböcken auf die bakterielle Verschmutzung des Spermas.)** Naučnye trudy. Kievskaja opytnaja stancija životnovodstva 8 (1962) S. 54-57. – Aus: Referativnyj žurnal Moskva. Životnovodstvo, veterinarija **1963** Nr. 1.58.144. S. 22. 1885.

3-64/08-0125 Döcke, F. und Tüngler, H. **Beziehungen zwischen elektrophysikalisch bestimmter Spermienaktivität und der Fruchtbarkeit von Bullensperma.** Zuchthyg., Fortpflanzungsstör. Besam. Haustiere **7** (1963) Nr. 5. S. 293-297.
Die Autoren haben 1960 eine elektrophysikalische Methode zur objektiven Messung der Spermienaktivität beschrieben. In der vorliegenden Arbeit prüfen sie, welche Beziehungen zwischen den Meßgrößen und der Befruchtungsfähigkeit des Spermas besteht. Untersucht wurden 83 Ejakulate von 21 Bullen mit einer durchschnittl. Spermienkonzentration von 1,276 ± 0,289 Mill./mm^3 und einer Anfangsbeweglichkeit von 76%. 0,1 ml unverdünntes Sperma wurden in die bereits früher beschriebene Apparatur eingebracht und frisch sowie nach 1- und 2stündiger Inkubation bei 37 °C gemessen. Mit dem Sperma wurden 2719 Erst- und Zweitbesamungen 24-36 Std. nach der Gewinnung durchgeführt. Die Fruchtbarkeit betrug 64,71 ±5,39% NR (90-120 Tage). Die durchschnittl. Frequenz der Ausschläge und die durchschnittl. Amplitudenhöhe sinken mit zunehmender Inkubationsdauer. Beide Meßgrößen, nach 2stündiger Inkubation registriert, ergeben eine gute Fruchtbarkeitsprognose für den Bullen und, mit etwas geringerer Sicherheit, auch für das einzelne Ejakulat. Chr. Wolff. 1886.

3-64/08-0126 Kuciel, J. und Pravda, D. Stanovení koncentrace spermií kančího ejakulátu pomocí fotokolorimetru. **(Bestimmung der Spermienkonzentration des Eberejakulates mit Hilfe eines Photocolorimeters.)** Veterinářství **13** (1963) Nr. 7. S. 302-304. — 1 Abb., 1 Tab.

Es wurde das Zweizellen-Photocolorimeter tschechoslowakischer Herkunft eingesetzt. Man benutzte einen gelben Filter, zylindrische Küvetten (5 × 1,75 cm) und 5%ige Verdünnung des frisch gewonnenen Ejakulats in physiol. Lösung. Die Genauigkeit der Methode wurde mit Hilfe der Bürkerschen Kammer überprüft. Zur Umrechnung der Durchlässigkeitszahl wurde auf Grund der durchgeführten Untersuchungen eine bes. Tab. ausgearbeitet, die veröffentlicht ist. Diese Methode arbeitet rascher und eignet sich für Untersuchungen des Ejakulates von gesunden Zuchtebern. ČSSR/ÚVTI. 1886.

3-64/08-0127 Bratanov, K., Popov, I. und Dikov, V. Izsledvanija vŭrchu sŭdŭržanieto na RNK i DNK v spermata na bicite. **(Untersuchungen über den RNS- und DNS-Gehalt im Bullensperma.)** Izvestija na Naučnoizsledovatelskija institut po biologija i patologija na razmnožavaneto na selskostopanskite životni, Sofija **3** (1962) S. 5-10. — 1 Abb., 3 Tab., 5 Lit. Zus. in Russ., Engl.

Vff. stellten fest, daß das Spermaplasma keine RNS und DNS enthält. Die RNS- und DNS-Menge in den Bullenspermien hängt von der Jahreszeit ab. Im Sommer, wenn die Bullen ein abwechslungsreiches und vitamin- wie auch mineralstoffreiches Futter erhalten und länger in Bewegung sind, lagen die RNS- und DNS-Mengen bei 37,98 mg% bzw. 15,74 mg%. Bei der spärlicheren Fütterung und unzureichenden Bewegung im Winter sank die RNS- und DNS-Menge auf 12,24 bzw. 10,12 mg%. In allen Fällen wurde festgestellt, daß die RNS-Menge höher war, wobei das Verhältnis im Sommer wesentlich günstiger für die RNS lag (2,41 gegenüber 1,20 im Winter). Diese Angaben zeigen, daß sich die verschiedenen Einflüsse auf den Organismus viel empfindlicher auf den RNS- als auf den DNS-Gehalt in den Spermien auswirken. Vff. fanden, daß der RNS-Gehalt im Sperma i. allg. zwischen 3,30 und 9,50 mg% und der der DNS zwischen 4,85 und 9,00 mg% schwankt. Bei Durchspülung der Spermien betragen diese Werte für die RNS 13,40 und 34,80 und für die DNS 7,05 und 18,75 mg%. G. Radew. 1887.

3-64/08-0128 Eapen, K. J. und Raza Nasir, M. M. Deoxy-ribo-nucleic acid in relation to semen volume and motility in Hariana bull semen. **(Beziehungen des Desoxyribonucleinsäuregehaltes zu Ejakulationsvolumen und Spermienmotilität bei Sperma von Hariana-Bullen.)** Indian veterin J. **40** (1963) Nr. 9. S. 559-560.

54 Ejakulate von 5 Hariana-Jungbullen, die wöchentl. 2mal abgesamt wurden, enthielten 3,49 ± 0,29 mg DNS je ml. Zwischen dem DNS-Gehalt und dem Ejakulatsvolumen konnte eine signifikante Korrelation ermittelt werden. Zur Spermienmotilität bestanden dagegen keine Beziehungen. W. Schäfer. 1887.

3-64/08-0129 Lodge, J. R., Graves, C. N. und Salisbury, G. W.; Urbana, Univ. of Illinois. Carbon dioxide in prevention of the deleterious dilution effect on metabolism and motility of mammalian spermatozoa. **(Die Verhinderung des schädlichen Verdünnungseffektes auf Stoffwechsel und Beweglichkeit von Säugetierspermien durch Kohlendioxyd.)** Proc. Soc. exp. Biol. Med. **113** (1963) Nr. 4. S. 824-827. — 1 Tab., 18 Lit.

Nach einer früher beschriebenen Methode (Graves und Salisbury, J. Dairy Sci. **42** [1959] S. 1237.) wurden Bullenspermien gewonnen, die weitgehend Nebenhodenspermien glichen. Nach einmaligem Waschen wurden mittels physiol. NaCl-Lösung von jeder Spermaprobe 3 Verdünnungen hergestellt, so daß insgesamt 12 Verdünnungen mit 1-8 × 10^8 Spermien pro ml resultierten. Der anaerobe Stoffwechsel wurde in einem Citrat-Bicarbonatverdünner unter Zugabe von N_2 allein oder eines N_2-CO_2-Gemisches untersucht. Die Ergebnisse zeigten, daß CO_2 die mit einer hohen Verdünnungsrate verbundene Stoffwechsel- und Motilitätshemmung herabsetzt. Wahrscheinlich können also die Ejakulate bei Verwendung eines CO_2-Verdünners stärker verdünnt werden als bisher üblich ist. F. Döcke. 1887.

3-64/08-0130 Josifov, K. Sravnitelni biochimični proučvanija na spermata pri njakoi selskostopanski životni. I. Izsledvane aktivnostta na sukcinoksidazata v spermatozoidite na koč, bik, nerez i žrebec. **(Vergleichende biochemische Spermauntersuchungen bei einigen landwirtschaftlichen Tieren. 1. Mitt. Untersuchung der Succinoxydase-Aktivität in den Spermien von Bock, Bulle, Eber und Hengst.)** Izvestija na Naučnoizsledovatelskija institut po biologija i patologija na razmnožavaneto na selskostopanskite životni, Sofija 2 (1962) S. 63 bis 69. — 2 Tab., 17 Lit. Zus. in Russ., Engl.

Vf. stellte fest, daß die Succinoxydase-Aktivität durch die Arteigenheiten des Spermas und die Spermazellen bedingt wird. Die Enzymaktivität der Spermien lag beim Bock an erster (146 μl), beim Bullen an zweiter (131 μl), beim Eber an dritter (120,4 μl) und beim Hengst an letzter Stelle (117 μl). Vf. nimmt an, daß die Unterschiede auch auf einen verschieden hohen Prozentsatz toter Samenfäden im Ejakulat zurückgeführt werden können. G. Radew. 1887.

3-64/08-0131 Josifov, K. Sravnitelni biochimični proučvanija na spermata pri njakoi selskostopanski životni. II. Izsledvanija vŭrchu sudŭržanieto na aminokiselinite v prjasna i sŭchranjavana sperma ot koč, bik, nerez i žrebec. **(Vergleichende biochemische Spermauntersuchungen bei einigen landwirtschaftlichen Tieren. 2. Mitt. Untersuchungen über den Aminosäuregehalt im frischen und aufbewahrten Sperma aus Bock, Bulle, Eber und Hengst.)** Izvestija na Naučnoizsledovatelskija institut po biologija i patologija na razmnožavaneto na selskostopanskite životni, Sofija 2 (1962) S. 71-79. — 4 Abb., 13 Lit. Zus. in Russ., Engl. — 1. Mitt. vgl. vorst. Ref.

Vf. hat vergleichende chromatographische Untersuchungen über die qualitative Zusammensetzung der Aminosäuren im Samen von Bock, Bulle, Eber und Hengst durchgeführt und keinerlei Artunterschiede beobachtet. Er wies nach, daß in bei 37 °C aufbewahrtem, unverdünntem Sperma innerhalb von 5 Std. keine qualitativen Veränderungen in der Zusammensetzung der Aminosäuren eintreten. G. Radew. 1887.

3-64/08-0132 Josifov, K. Sravnitelni biochimični proučvanija na spermata pri njakoi selskostopanski životni. III. Izsledvane aktivnostta na sukcindechidrogenazata v spermatozoidite na koč, bik, nerez i žrebec. **(Vergleichende biochemische Spermauntersuchungen bei einigen landwirtschaftlichen Tieren. 3. Mitt. Untersuchung der Succindehydrogenase-Aktivität in den Samenfäden von Bock, Bulle, Eber und Hengst.)** Izvestija na Naučnoizsledovatelskija institut po biologija i patologija na razmnožavaneto na selskostopanskite životni, Sofija 2 (1962) S. 81-85. — 7 Lit. Zus. in Russ., Engl. — 2. Mitt. vgl. vorst. Ref.

Vf. stellte fest, daß die Succindehydrogenase-Aktivität am stärksten in den Spermien vom Bock (151,6) ist, es folgen Bulle (120,4), Eber (112,7) und Hengst. Die Unterschiede beruhen wahrscheinlich auf Besonderheiten in den Atmungsprozessen der Spermien bei den einzelnen Zuchttieren sowie auf dem unterschiedlichen Prozentgehalt an toten Spermien in ihren Ejakulaten. G. Radew. 1887.

3-64/08-0133 Eapen, K. J. und Raza Nasir, M. M. Acid and alkaline phosphatase activity in relation to sperm concentration, initial motility, ascorbic acid, initial fructose and fructolysis index in Hariana bull semen. **(Saure und alkalische Phosphataseaktivität in Beziehung zur Spermakonzentration,**

Anfangsbeweglichkeit, Ascorbinsäure, Anfangsfructose- und Fructolyseindex im Samen von Hariana-Bullen.) Indian veterin. J. **40** (1963) Nr. 7. S. 431-434. – 2 Tab., 9 Lit.
Von 9 Bullen wurden 2mal wöchentl. insgesamt 48 Ejakulate untersucht. Alle Untersuchungen wurden gleich nach der Samenentnahme durchgeführt. Die saure Phosphatase beträgt 349 ± 19, die alkalische Phosphatase 600 ± 28 (ausgedrückt in King-Armstrong-Einheiten), die Anfangsfructose 730 ± 35 mg/100 ml und Ascorbinsäure 209 ± 17 mg/100 ml. Es konnten enge Beziehungen zwischen saurer und alkalischer Phosphatase festgestellt werden und eine signifikante Beziehung zwischen Anfangsfructose und Ascorbinsäure.
G. Becker. 1887.

3-64/08-0134 Postavnaja, V. I. Dejstvie bakteriostatičeskich veščestv na intensivnost' fruktoliza v semeni bykov. **(Die Wirkung bakteriostatischer Stoffe auf die Fructolyse-Intensität im Bullensperma.)** Naučn. tr. Kievsk. opytn. st. životnovodstva **9** (1963) S. 53-56. – Aus: Referativnyj žurnal Moskva. Životnovodstvo, veterinarija **1963** Nr. 24.58.98. S. 14.
Die Intensität der Fructolyse im Sperma von 39 Bullen verschiedener Rassen wurde bestimmt. Die Intensität des Fructose-Abbaus in mit Citrat-Puffer verdünntem Sperma war höher als in Sperma, zu dessen Verdünnung man Eidotter-Citrat verwendet hatte, und als in unverdünntem Sperma. Penicillin übte auf die Fructolyse im Sperma keinen Einfluß aus; Streptomycin (100000 IE auf 100 ml Verdünner) und weißes Streptocid (240-300 ml auf 100 ml) setzten den Fructolyse-Index entspr. um 38 bzw. 15-20% herab. Die komplexe Anwendung von Antibiotica und Streptocid verringerte die Fructolyse-Intensität um 25%.
übersetzt v. N. Kuhlberg. 1887.

3-64/08-0135 Lodge, J. R., Salisbury, G. W. und Graves, C. N.; Urbana, Univ. of Illinois. Effect of CO_2 on anaerobic glycolysis of unwashed, once- and twice-washed spermatozoa from the same semen samples. **(Die Wirkung von CO_2 auf die anaerobe Glykolyse ungewaschener sowie ein- und zweimal gewaschener Spermien der gleichen Spermaproben.)** Proc. Soc. exp. Biol. Med. **113** (1963) Nr. 4. S. 827-830. – 1 Tab., 12 Lit.
Bullenejakulate wurden in 3 Teile aufgeteilt, von denen jeweils einer gar nicht, der 2. einmal und der 3. zweimal mit einer früher beschriebenen (Nakabayaski und Salisbury, vgl. LZ. Abt. III **5** [1960] Nr. 5. S. 720.) physiol. Lösung gewaschen wurden. Anschließend erfolgte eine 4stündige Inkubation der Spermaproben bei 37 °C im IVT-Verdünner, wobei die Flaschen mit reinem N_2, reinem CO_2 oder mit N_2 unter Zusatz von 5 oder 25% CO_2 begast wurden. Die Stoffwechselaktivität der Spermien wurde nach der Methode von Salisbury u. Mitarb. (vgl. LZ. Abt. III **7** [1962] Nr. 10. S. 2026) bestimmt. Es zeigte sich, daß ein minimaler CO_2-Partialdruck für den Ablauf der glykolytischen Prozesse erforderlich ist, die die Energie für die Spermienbewegung liefern. Durch 2maliges Waschen wird so viel CO_2 entfernt, daß ein Ersatz von außen für verdünntes Sperma erforderlich ist. F. Döcke. 1887.

3-64/08-0136 Rothschild, Lord. Anaerobic fructolysis, lactic acid and heat production of bull spermatozoa. **(Anaerobe Fructolyse, Milchsäure- und Wärmeproduktion von Bullenspermien.)** Proc. Roy. Soc. Edinburgh, Sect. B **159** (1964) Nr. 975. S. 291-296.
Nach der Samengewinnung werden die Dichte und der Prozentsatz toter Spermien ermittelt. Die Untersuchungen werden an gewaschenen Spermien vorgenommen. Als Verdünnerlösung verwendet man ein Gemisch aus KCl, $MgSO_4$, Na_2HPO_4, Fructose und Rinderplasmaalbumin. Nach der Verdünnung wird das Sperma nochmals einer 3maligen Waschung mit der gleichen Verdünnerflüssigkeit unterzogen. Der Fructoseverbrauch liegt im Schnitt 19,5% höher als die Milchsäurebildung. Vergleicht man aber die beim Abbauprozeß der Fructose entstandene Milchsäure und Wärme mit der anaeroben Spermienwärme-

produktion, besteht eine durchschnittl. Differenz von 9,7%. Somit erscheinen also im Durchschnitt 19,5% der abgebauten Fructose nicht als Milchsäure. Diese 19,5% produzieren aber nur 9,2% mehr Wärme als die, die beim Umsatz der 80,5% Fructose in Milchsäure erzeugt wird. Die Schlußfolgerungen, die man aus diesen Resultaten ziehen kann, werden im Zusammenhang mit den anaeroben Stoffwechselvorgängen bei Bullensperma diskutiert. K. Rothe. 1887.

3-64/08-0137 Cermák, O. Změny v metabolismu býčích spermií během působení vyšších teplot. **(Veränderungen des Stoffwechsels von Bullenspermien während der Einwirkung höherer Temperaturen.)** Živočišná Výroba **8(36)** (1963) Nr. 7. S. 409-416. — 5 Tab., 12 Lit. Zus. in Russ., Engl.
Zu den Versuchen wurde Sperma von 16 Besamungsbullen mit einer Fruchtbarkeit von 59,7% Trächtigkeit nach Erstbesamung benutzt. Es wurde der Stoffwechsel der 5 Std. lang einer Temperatur von 38 °C ausgesetzten Spermien untersucht. Dabei wurde festgestellt, daß die Fähigkeit der Spermien, Fructose zu metabolieren, mit der Länge der Temperaturexpositionszeit abnahm. Nach dem Niveau des Stoffwechsels kann man annehmen, daß die Spermien zu ihrer Ernährung auch Eiweißstoffe ausnutzen können und daß der Übergang zur autotrophen Ernährung in der Zeit erfolgt, da die metabolischen Prozesse durch die ungünstigen Einwirkungen der Umwelt eingeschränkt werden. ČSSR/ÚVTI. 1887.

3-64/08-0138 Makow, D. und Grice, H. Influence of radio frequency heating on sperm. **(Die Wirkung der „Funkfrequenzheizung" auf das Sperma.)** Nature [London] **200** (1963) Nr. 4911. S. 1120-1121.
An Hand der Untersuchungen sollte die Einwirkung der „Funkfrequenzheizung" (häufig angewendet bei der Diathermie) auf die Spermien im Geschlechtskanal des weibl. Kaninchens unmittelbar nach der Begattung ermittelt werden. Zu diesem Zweck wurde eine mit einem Plastikmantel versehene Metallsonde in die Vagina eingeführt, während der Hinterleib des Versuchstieres auf einer Kisselektrode ruhte. Beide Elektroden waren an einen Diathermie-Generator angeschlossen. Die so erzeugten Temperaturen lagen bei 43,2-45 °C. Während die Befruchtungsergebnisse bei den Versuchstieren wesentlich unter den bei den Kontrolltieren erzielten lagen, wurde die durchschnittl. Wurfstärke durch die Behandlung nicht herabgesetzt. Die Entwicklung der von den Versuchstieren geborenen Jungen verlief normal. W. Schäfer. 1887.

3-64/08-0139 Edwards, R. G. und Valentine, R. C.; London, Nat. Inst. for Med. Res. Cytochemical demonstration of succinic dehydrogenase in intact rabbit spermatozoa. **(Cytochemische Darstellung von Brenztraubensäure-Dehydrogenase in intakten Kaninchenspermien.)** Exp. Cell Res. **31** (1963) Nr. 3. S. 508-516. — 2 Abb., 3 Tab., 20 Lit.
Gewaschene Nebenhoden- und ejakulierte Kaninchenspermien wurden in einem Puffer suspendiert und dann mit einem Medium von beschriebener Zusammensetzung gemischt, das mit Hilfe des Tetrazoliumsalzes Nitro-BT (NBT) die Brenztraubensäure-Dehydrogenase darstellt. Zu verschiedenen Zeitpunkten der Inkubation wurden lebende Spermien entnommen und licht-, phasenkontrast- sowie elektronenmikroskopisch untersucht. Außerdem wurde der Einfluß von NBT auf die Spermienbeweglichkeit ermittelt. Enthielt das Inkubationsmedium Na-Succinat, wiesen die Spermienmitochondrien nach 10 Min. Einlagerungen von NBT-Formazan auf, deren Dichte bei weiterer Inkubation zunahm und die mit einem Abfall der Spermienbeweglichkeit verbunden waren. Bei fehlendem Succinat oder Zusatz von Malonat zum Medium war die Menge des abgelagerten Formazan geringer. F. Döcke. 1887.

3-64/08-0140 Bedford, J. M.; London, Roy. Veterin. Coll. Changes in the electrophoretic properties of rabbit spermatozoa during passage through the

epididymis. **(Veränderungen in den elektrophoretischen Eigenschaften von Kaninchenspermien während des Transports durch den Nebenhoden.)** Nature [London] **200** (1963) Nr. 4912. S. 1178-1180. — 2 Abb., 2 Tab., 21 Lit.
Ejakulierte sowie aus dem Samenleiter oder aus dem Nebenhodenschwanz entnommene Säugetierspermien zeigen eine starke Tendenz zur Kopf-an-Kopf-Agglutination, wenn sie in homologem, erhitztem Serum oder in isotonischen Medien suspendiert werden, die freie Elektrolyte enthalten. Bei Spermien aus dem Nebenhodenkopf tritt diese Agglutination nur selten ein, und Vf. nahm deshalb an, daß die Fähigkeit zur Autoagglutination wichtige Oberflächenveränderungen während der Spermienreifung im Nebenhoden widerspiegelt. Er führte Versuche mit Kaninchenspermien durch, die aus der Kopf-, Körper- und Schwanzregion des Nebenhodens gewonnen, in 0,145 M NaCl-Lösung suspendiert und in eine Mikroelektrophorese-Kammer verbracht wurden. Die Messungen der elektrophoretischen Mobilität erfolgten bei + 4 °C, 50 V und 1 mA. Während sich Spermien aus dem Nebenhodenkopf vorwiegend mit dem Kopf auf die Anode einstellten, bewegten sich aus dem Nebenhodenschwanz gewonnene Spermien mit dem Schwanz voran zur Anode. Corpus-Spermien nahmen eine Mittelstellung ein. Die Netto-Oberflächenladung der Nebenhodenspermien verlagert sich also vom Kopf zum Schwanz und ist wahrscheinlich für das unterschiedliche Agglutinationsverhalten verantwortlich.
F. Döcke. 1887.

3-64/08-0141 Swanson, E. W. und Boyd, L. J. Factors effecting coiled-tail spermatozoa in the bull. **(Faktoren, die gewundene Schwänze bei Bullenspermatozoen verursachen.)** Amer. J. veterin. Res. **23** (1962) Nr. 93. S. 300 bis 309. — 7 Abb., 6 Tab., 19 Lit. 1889.

3-64/08-0142 Marx, D. **Akrosomdefekte im Sperma eines vierjährigen Ebers.** Züchtungskunde **35** (1963) Nr. 8. S. 376-379. — 1 Tab., 10 Lit. Zus. in Russ., Engl., Franz.
Aus der Literatur werden Fälle von Unfruchtbarkeit und Zuchtuntauglichkeit bei Jungebern zitiert, deren Spermien in den untersuchten Ejakulaten zu 70-100% Akrosomdefekte (Akrosompersistenz) und z.T. Plasmatropfen aufwiesen. Histol. und klinische Untersuchungen zeigten keine Abweichungen von der Norm. Die eigenen Untersuchungen beziehen sich auf einen veredelten Landschweineber holländischer Herkunft mit bisher befriedigenden Deckleistungen. Nach Ankauf des Tieres sanken dessen Befruchtungsergebnisse merklich ab, von 15 gedeckten Tieren wurden 4 tragend. Die nichttragenden Tiere wurden später von anderen Ebern befruchtet. Bei der Kastration des Ebers wurde das aus den Hoden gewonnene Sperma getrennt nach Hoden mikroskopisch untersucht. Nach dem Spermiogramm waren Dichte und initiale Motilität des Spermas gut. Die Anzahl der morphol. veränderten Spermien lag dagegen mit 79% und 74% sehr hoch. 65% bzw. 54% der Spermien wiesen Akrosompersistenz auf. Gehäuftes Auftreten von Protoplasmatröpfchen an den Spermien wurde nicht beobachtet. Da hier im Gegensatz zu den in der Literatur beschriebenen Fällen die schlechte Befruchtungsfähigkeit erst nach mehrjähriger Deckzeit einsetzte, wird auf eine erworbene Störung der Spermiogenese geschlossen.
I. Tschinkel. 1889.

3-64/08-0143 Wolff, Christa. **In-vitro-Versuche zur Konservierung von Bullensperma.** Zuchthyg., Fortpflanzungsstör. Besam. Haustiere **7** (1963) Nr. 5. S. 304-317.
In vitro wurde an 20 Ejakulaten ein Ascorbinsäure-Verdünner (nach Senegačnik) mit dem modifizierten japanischen Seminan-Verdünner verglichen. Die Ejakulate hatten eine durchschnittl. Vorwärtsbewegung von 71%. Bei Kühlschranklagerung unterschritten die Spermien im Seminan-Verdünner eher die 50%V-Grenze, lebten aber länger als die Spermien im Ascorbinsäure-Verdünner. Bei beiden Verdünnern verschlechterten sich die Resultate mit

zunehmender Verdünnung. Signifikante Korrelationen ergaben sich für die Spermienbeweglichkeit in den einzelnen Ejakulaten zwischen Brut- und Kühlschrankergebnissen. Nach 5stündiger Inkubation bei 37 °C erwies sich die Milch-Eidotter-Kontrolle den beiden untersuchten Verdünnern überlegen. Die Anwendbarkeit des dem Seminan-Verdünner überlegenen Ascorbinsäure-Verdünners in der Praxis wird diskutiert. Chr. Wolff. 1891.

3-64/08-0144 Bergfeld, Jost. **Vergleichender Besamungsversuch bei Rindern mit vier unterschiedlichen Spermakonservierungsmitteln (4 °C).** Zuchthyg., Fortpflanzungsstör. Besam. Haustiere 7 (1963) Nr. 5. S. 282-292.
An Hand von Trächtigkeitsergebnissen wurden ein CO_2-Verdünner (EZ-CO_2), ein Magermilch-Glycerin-Verdünner (MG), ein Eidotter-Citrat-Verdünner (EZ) und ein Zitronensäure-Eidotter-Citrat-Verdünner(EZZ) miteinander verglichen. Die verwendeten 260 Ejakulate von 10 Bullen besaßen eine Anfangsbewegung von über 50% V. Die 3386 Erst- bis Viertbesamungen wurden von 3 Inseminatoren durchgeführt. In den Halteproben nahm die Vorwärtsbewegung vom 1.-10. Tag kontinuierlich von ca. 65% auf ca. 30% ab, der MG lag stets niedriger. Er wies auch eine niedrigere Bewegungsintensität auf. Die durchschnittl. Trächtigkeit nach Besamung mit 1 Tag altem Sperma lag im Durchschnitt aller Gruppen bei 62% und mit 4 Tage altem Sperma bei 43%. Die Trächtigkeitsraten sanken beim MG und beim EZ mit zunehmendem Spermaalter, sie unterschieden sich nicht signifikant bei 2- und 3tägigem Einsatz für den EZZ und den EZ-CO_2. Am 1. Tag nach der Verdünnung war der EZ (67,7% Trächtigkeiten) signifikant besser als der EZZ (53,2%). Da der EZ am wirksamsten zu sein scheint, wird seine Anwendung für die Praxis empfohlen, bes. da er leicht herzustellen und zu handhaben ist. Chr. Wolff. 1891.

3-64/08-0145 Bonadonna, Telesforo. Osservazioni sulla preparazione del mestrui per la diluizione del materiale spermatico di Bos taurus con l'impiego dell' acqua minerale naturale. **(Über die Zubereitung des Verdünners für Bullensperma unter Verwendung von natürlichem Mineralwasser.)** Zootecn. e Veterin. 18 (1963) Nr. 5/6. S. 173-176. — 17 Lit.
An Hand der Literatur und eigener Versuche setzt sich Vf. mit dem Problem der Verwendungsmöglichkeit von Mineralwasser als Spermaverdünner auseinander. Das von ihm verwendete natürliche Mineralwasser „Loro Recoaro" (aus staatlicher Quelle) hatte offenbar günstige Eigenschaften hinsichtlich des pH, des Gehalts an gelösten Gasen (CO_2 und N) und an Spurenelementen (interessierende Einzelheiten s. Orig.). K. Reinhardt. 1891.

3-64/08-0146 Venkov, T. Opiti za namaljavane količestvoto na žŭltŭka v spermorazreditelja za bik. **(Versuche zur Herabsetzung des Eidotterzusatzes im Spermaverdünner bei Bullen.)** Izvestija na Naučnoizsledovatelskija institut po biologija i patologija na razmnožavaneto na selskostopanskite životni, Sofija 2 (1962) S. 111-116. — 3 Tab., 5 Lit. Zus. in Russ., Engl.
Die längste Überlebensdauer und Beweglichkeit wiesen die Spermien in einem 10% Eigelb enthaltenden Glukose-Eidotter-Citrat-Verdünner auf (1:10 und 1:15 verdünnt). Eine wesentliche Herabsetzung des Prozentsatzes beweglicher Spermien und Auftreten von Agglutination wurde bei 20% Eidotter im Verdünner beobachtet. Die Befruchtungsfähigkeit war bei 10% Eigelb nach 24-48 Std. Aufbewahrung 8,8% bzw. 12,2% höher als bei 20% Eigelb im Verdünner. G. Radew. 1891.

3-64/08-0147 Kale, S. N. Preservation of buffalo semen in milk and some milk containing dilutors. **(Aufbewahrung von Büffelsamen in Milch und einigen Milch enthaltenden Verdünnern.)** Indian veterin. J. 40 (1963) Nr. 7. S. 425-430. — 6 Tab., 21 Lit.
Von 6 Bullen wurde der 2mal wöchentl. gewonnene Samen vergleichsweise in 5 verschiedenen Verdünnern (1. Milch-, 2. Glukose-Milch-Eidotter-, 3. Glukose-

Milch-Carbonat-, 4. Milch-Eidotter- und 5. Milch-Eidotter-Citrat-Verdünner) aufbewahrt. Die Verdünnung betrug 1:10. Sperma mit einer Beweglichkeit von weniger als 70% wurde nicht verwendet. Der verdünnte Samen wurde bis zur Beweglichkeitsabnahme auf unter 40% alle 24 Std. untersucht. Innerhalb der einzelnen Verdünner konnten keine Unterschiede in der Aufbewahrungskapazität festgestellt werden. Bei den 3 Milchverdünnern war eine Beweglichkeit von über 40% in jedem Fall länger als 3 Tage zu beobachten, so daß diese Verdünner als Ersatz für die Eiverdünner verwendet werden können. Bei den Milchverdünnern 2 und 3 konnte die genügende Beweglichkeit sogar über 5,42 bzw. 5,17 Tage beobachtet werden. G. Becker. 1891.

3-64/08-0148 Pustelnik, J. und Oberman, E. Rozrzedzalnik mleczno-żołtkowy czy Illini. **(Der Milch-Eigelb-Verdünner im Vergleich zum Illini-Verfahren bei Spermaaufbewahrung.)** Przegląd hodowlany **31** (1963) Nr. 2/3. S. 27-29. — 1 Abb., 2 Tab.
Aus den erzielten Ergebnissen wurden folgende Schlußfolgerungen gezogen: 1. Die verlängerte Verwendungsfähigkeit des nach dem Illini-Verfahren konservierten Samens gleicht nicht die Verluste in Form höherer Umrinderungszahlen gegenüber dem Milch-Eigelb-Verdünner aus. 2. Samen, der nach dem Illini-Verfahren konserviert wurde, ist gegen Temperaturveränderungen empfindlicher. PRL/CBR, übersetzt v. O. Kasperl. 1891.

3-64/08-0149 Georgiev, G. Zamestvane na glikozata v njakoi spermorazrediteli za koč s obiknovena zachar. **(Zuckereinsatz als Glukoseersatz in einigen Bockspermaverdünnern.)** Izvestija na Naučnoizsledovatelskija institut po biologija i patologija na razmnožavaneto na selskostopanskite životni, Sofija **2** (1962) S. 87-94. — 6 Tab., 12 Lit. Zus. in Russ., Engl. 1891.

3-64/08-0150 Nedjalkov, K. Vŭrchu preživjaemostta na opredelen broj spermatozoidi v 1% raztvor na natriev chlorid pri 39 °C. **(Zur Überlebensfähigkeit einer gewissen Anzahl von Spermien bei 39 °C in 1%iger Natriumchloridlösung.)** Izvestija na Naučnoizsledovatelskija institut po biologija i patologija na razmnožavaneto na selskostopanskite životni, Sofija **2** (1962) S. 107-110. — 1 Tab., 2 Lit. Zus. in Russ., Engl.
Die Überlebensfähigkeit einer bestimmten Spermienanzahl (20 Mill.) in 1 cm^3 1%iger Natriumchloridlösung bei 39 °C schwankt im Mittel von 56 bis 95 Min. und ändert sich mit der Steigerung des Verdünnungsgrades nicht. G. Radew. 1891.

3-64/08-0151 Bratanov, K., Dikov, V. und Popova, Ju. Vŭrchu njakoi aglutinacionni javlenija u goveždite spermatozoidi pri razrežpdane s žŭltŭčni razrediteli i konserviraneto im s antibiotici. **(Über Agglutinationserscheinungen von Bullenspermien bei der Verdünnung mit Eidotterverdünnern und Antibioticakonservierung.)** Izvestija na Naučnoizsledovatelskija institut po biologija i patologija na razmnožavaneto na selskostopanskite životni, Sofija **3** (1962) S. 11-18. — 2 Tab., 13 Lit. Zus. in Russ., Engl.
Bei ihren Versuchen an 30 Ejakulaten aus 10 Bullen stellten Vff. fest, daß bei Spermien aus mit 20% Eidotter enthaltendem Verdünner versetztem und 5 Tage lang bei 0 °C aufbewahrtem Bullensperma keine Agglutinationserscheinungen eintreten. Bei Verwendung von 1,5 und 10% Eidotter enthaltenden Verdünnungsmitteln wurde jedoch in einzelnen Fällen Agglutination beobachtet. Auch bei Spermakonservierung mit Antibiotica bzw. Penicillin und Streptomycin (in Konzentration von über 5000 IE/ml) beobachteten Vff. Agglutinationserscheinungen. G. Radew. 1891.

3-64/08-0152 Marinov, P. Proučvane na vlijanieto na penicilina i streptomicina vŭrchu goveždite spermatozoidi, sŭchranjavani pri chladilna temperata. **(Studien über den Einfluß des Penicillins und Streptomycins auf die unter Kühlschranktemperatur aufbewahrten Bullenspermien.)** Izvestija na Naučnoizsledovatelskija institut po biologija i patologija na razmnožavaneto na selskostopanskite životni, Sofija **3** (1962) S. 33-42. – 1 Abb., 3 Tab., 9 Lit. Zus. in Russ., Engl. 1891.

3-64/08-0153 Sharma, S. C., Singh, Sartaj und Desai, R. N. The utility of the various antibiotics and sulpha drugs in bovine semen. **(Die Wirkung verschiedener Antibiotica und Sulfonamide auf Bullensperma.)** Indian veterin. J. **39** (1962) Nr. 12. S. 648-656. 1891.

3-64/08-0154 Fischer, A. und Thier, L. **Ein Konservierungsverfahren für Rindersamen nach französischem Vorbild.** Tierärztl. Umschau **18** (1963) Nr. 9. S. 473-481.
Die Abänderungen zu den anderen üblichen Verfahren betreffen den Verdünner, die Art der Abkühlung, die Kühlung, die Aufbewahrung, den Versand und die Inseminationstechnik. Als Verdünner findet Laiciphos Verwendung. Nach dieser veränderten Methodik wurden bisher 200 000 EB durchgeführt. Der EB-Erfolg liegt bei 70% (60-90 Tage NR). Der Samen ist 4-5 Tage einsatzfähig. Die Befruchtungsrate fällt tägl. nur sehr geringgradig ab. Die erzielte EB-Erfolg bei 4500 eingesetzten Portionen Tiefgefriersperma bewegt sich in ähnlichen Grenzen wie beim Frischsperma. Nach Meinung der Vff. bietet dieses französische Verfahren Vorteile, die sich neben einem hohen Besamungserfolg auch in einer hygienischen Verarbeitungs- und Aufbewahrungsmöglichkeit des Spermas ausdrücken. W. Busch. 1892.

3-64/08-0155 Ließ, J. und Grove, D. **Beitrag zur Inaktivierung von Ebersamen durch Begasung des unverdünnten Ejakulates mit Kohlendioxyd.** Dtsch. tierärztl. Wschr. **70** (1963) Nr. 15/16. S. 433-437.
Vor der Durchsprudelung des unverdünnten Spermas mit CO_2 werden diesem pro ml 250 IE Penicillin und 250 μg Dihydrostreptomycinsulfat zugesetzt. Die CO_2-Einleitung dauert ⌀ 4-5 Min. Bei entspr. vorsichtiger Zugabe von CO_2 ist die Schaumbildung gering. Der End-pH-Wert beträgt ca. 6,4. Dann erfolgt die Abfüllung in 30 ml Ampullen. Die zugeschmolzenen Ampullen werden bei + 18 °C stehend aufbewahrt. Die Kontrolle erfolgt 24; 48; 72 bzw. 48; 72 und 96 Std. nach dem Abfüllen. Der Inhalt der Ampulle wird in einen Erlenmeyerkolben gegossen und der Samen in einem Wasserbad von 40 °C unter manuellem Schwenken erwärmt und reaktiviert. Die Reaktivierungszeit beträgt ca. 20 Min. Außerdem wird eine Weiterverdünnung des reaktivierten Spermas mit einem Natriumcitratverdünner versucht. Nach einer Lagerungsdauer von 72 Std. besitzen noch 70-80% der Spermien eine gute Bewegungsaktivität. Allerdings ist der Anteil vorwärtsbeweglicher Spermien stark vermindert und der der sich am Ort bewegenden Spermien stark erhöht. Bei Zugabe von Natriumcitratverdünner nach der Reaktivierung erhöht sich der Anteil vorwärtsbeweglicher Spermien. Besamungsversuche sollen folgen. K. Rothe. 1892.

3-64/08-0156 Smirnov, I. V. und Postavnaja, V. I. Ob optimal'noj temperature chranenija semeni bykov-proizvoditelej v gljukozo-citratno-želtočnom razbavitele. **(Über die optimale Temperatur der Aufbewahrung des Bullenspermas in einem Glukose-Eidotter-Citrat-Verdünner.)** Naučyne trudy. Kievskaja opytnaja stancija životnovodstva 8 (1962) S. 38-41. – Aus: Referativnyj žurnal Moskva. Životnovodstvo, veterinarija **1963** Nr. 4.58.115. S. 13.
Von 11 Bullen der Simmentaler Rasse gewann man Sperma, das mit Glukose-Eidotter-Citrat verdünnt (nach schneller und langsamer Abkühlung) bei 0, 5, 10 und 15 °C aufbewahrt wurde. Bei langsamer Abkühlung bis auf 0° ließen sich Aktivität und Resistenz der Spermien bedeutend besser erhalten als bei schneller Abkühlung. Bessere Merkmale hatte das bei 5 °C, etwas schlechtere das bei 10 °C aufbewahrte Sperma, während bei 15 °C gehaltene Spermien nach 5-7 Tagen abstarben. Die Autoren empfehlen, die Änderung (Sperma bei

5 °C und nicht bei 0 °C aufzubewahren) in die geltende Instruktion für die künstliche Besamung der Rinder aufzunehmen.
übersetzt v. N. Kuhlberg. 1892.

3-64/08-0157 Milovanov, V. K. und Sytina, M. V. Sochranenie semeni byka pri komnatnoj temperature v bikarbonatno-fosfatnoj srede. **(Die Aufbewahrung des Bullensamens bei Zimmertemperatur im Bikarbonat-Phosphat-Medium.)** Trudy Vsesojuznogo naučno-issledovatel'skogo instituta životnovodstva, Moskva **24** (1962) S. 269-278. — Aus: Referativnyj žurnal Moskva. Životnovodstvo, veterinarija **1963** Nr. **4**.58.114. S. 13.
Die Aufbewahrung des Bullensamens im Bikarbonat-Phosphat-Verdünner bei Zimmertemperatur ist bequem und zuverlässig. Sie erlaubt eine 20- bis 30-fache Verdünnung des Spermas ohne Minderung seiner Befruchtungsfähigkeit. Ausführlich sind das Herstellungsverfahren und die Wechselwirkung der Komponenten beschrieben. übersetzt v. N. Kuhlberg. 1892.

3-64/08-0158 Postavnaja, V. I. Oplodotvorjaemost' korov pri osemenenii ich semenem, chranennym v bikarbonatno-fosfatnoj srede. **(Die Befruchtungsfähigkeit der Kühe bei Besamung mit im Bikarbonat-Phosphat-Medium aufbewahrtem Samen.)** Naučnye trudy. Kievskaja opytnaja stancija životnovodstva 8 (1962) S. 42-45. — Aus: Referativnyj žurnal Moskva. Životnovodstvo, veterinarija **1963** Nr. 4.58.107. S. 12.
Die Befruchtung der Kühe, die mit diesem Sperma besamt wurden, war nicht geringer, in einigen Wirtschaften sogar höher als bei Verwendung von Sperma, das in einem Verdünner aus Glukose-Eidotter-Citrat bei 0 °C **3** Tage lang aufbewahrt wurde. übersetzt v. N. Kuhlberg. 1892.

3-64/08-0159 Kalev, G. Vlijanieto na izvlek ot žlezi s vŭtrešna sekrecija vŭrchu preživjaemostta na goveždi spermatozoidi. **(Einfluß der Auszüge aus Drüsen mit innerer Sekretion auf die Überlebensdauer von Rinderspermien.)** Izvestija na Naučnoizsledovatelskija institut po biologija i patologija na razmnožavaneto na selskostopanskite životni, Sofija **3** (1963) S. 27-31. — 1 Tab., 3 Lit. Zus. in Russ., Engl. 1892.

3-64/08-0160 Kuprijanova, L. P. Nekotorye voprosy dlitel'nogo chranenija semeni barana. **(Fragen der langdauernden Aufbewahrung von Schafbocksperma.)** Trudy Vsesojuznogo naučno-issledovatel'skogo instituta životnovodstva, Moskva **24** (1962) S. 279-285. — 1 Abb., 2 Tab. 1892.

3-64/08-0161 Chabibulin, I. Ch.; Dubrowizy, Gebiet Moskau, Unions-Inst. für Tierzuchtforsch. Opyt sochranenija semeni barana pri pljusovoj temperature. **(Versuch der Aufbewahrung von Schafbocksperma bei Plustemperaturen.)** Ovcevodstvo, Moskva **9** (1963) Nr. 7. S. 28-29. — 1 Tab.
In den südlichen Gebieten der Sowjetunion ist die Beschaffung und Aufbewahrung der notwendigen Eisbestände für die Konservierung von Sperma nicht immer möglich. Es wurde eine Methode zur Aufbewahrung von Bocksperma ohne Abkühlung unter Verwendung von Zitronensäure entwickelt. Das Sperma wurde mit einem Mittel folgender Zusammensetzung verdünnt: 100 ml aqua dest., 2,57 g zitronensaures Na, 0,104 g Zitronensäure, 0,300 g weißes Streptomycin, 100000 IE kristallisiertes Penicillin, 100000 IE schwefelsaures Streptomycin und 10 ml Eigelb. Das Verdünnungsverhältnis war **1**:**3**-**4**. Das Sperma wurde bei + 7° bis + 20 °C aufbewahrt. Die Untersuchung ergab, daß die Aktivität der Samenzellen in den ersten **4** Aufbewahrungstagen höher war als in abgekühltem Sperma, aber danach schneller sank. Die Befruchtungsfähigkeit war bei dem Versuchssperma genauso wie bei dem Kontrollsperma (abgekühlt auf 0 °C) und betrug 67,2 bzw. 67,9%. Wachstum und Entwicklung der Lämmer waren gleich. Die Befruchtungsfähigkeit des Spermas, das bei + 7° bis + 20 °C zwei Tage aufbewahrt wurde, lag unter Hochgebirgsbedingungen im Sommer bei ∅ 74% mit Schwankungen von 61-82%, die im wesentlichen von der Organisation der Besamung abhängen. K. Witt. 1892.

3-64/08-0162 Plaan, O. Ja. und Frorip, G. V. Sterilizacija termosov i transportnych jaščikov na stancijach iskusstvennogo osemenenija. **(Die Sterilisation von Thermosgeräten und Transportkisten in den Besamungsstationen.)** Veterinarija, Moskva **40** (1963) Nr. 6. S. 75-76. – 1 Abb. 1892.

3-64/08-0163 Romanowski, W., Herrler, H. und Marré, H. **Praktische Erfahrungen und Probleme des Einsatzes von Tiefgefriersperma in der Rinderbesamung.** Zuchthyg., Fortpflanzungsstör. Besam. Haustiere **7** (1963) Nr. 5. S. 273–281.

Nach Besprechung der Vorteile des Tiefgefrierverfahrens wurden eigene Erfahrungen mitgeteilt. Von Dez. bis Juli wurden pro Monat 10-12 Ejakulate je Bulle gewonnen. Nur Ejakulate mit mindestens 80% V wurden eingefroren. Die industriell hergestellten Tiefkühlverdünner I und Spermasol-Milch-Verdünner wurden verwendet. Verdünnungsgrad meist 1+9, Vorverdünnung bei 22 °C, glycerinisierte Nachverdünnung bei 5 °C, 16- bis 20stündige Äquilibrierung. Weitere Einzelheiten der halbautomatischen Kühlung, der Lagerung, des Versandes und des Wiederauftauens wurden dargelegt. Das für den Routinebetrieb gut geeignete Sperma eignete sich i. allg. auch zum Einfrieren. Unmittelbar nach dem Auftauen war der Citratverdünner geringgradig besser, bei Trächtigkeitsuntersuchungen 6% schlechter als der Spermasol-Milch-Verdünner. Bei 6260 EB in den letzten 4 Jahren ergab das Tiefgefriersperma eine Trächtigkeit von 52,4% gegenüber 59,6% des Frischspermas der gleichen Bullen. TG-Sperma verlangt sorgsame Pflege und exakte Inseminatoren. Chr. Wolff. 1893.

3-64/08-0164 Fox, Richard R. und Burdick, James F.: Bar Harbor, Me., Jackson Lab. Preservation of rabbit spermatozoa: Ethylene glycol vs glycerol for frozen semen. **(Konservierung von Kaninchenspermien: Aethylenglykol statt Glycerin für Tiefkühlsperma.)** Proc. Soc. exp. Biol. Med. **113** (1963) Nr. 4. S. 853-856. – 3 Tab., 19 Lit.

Kaninchenejakulate, die wenigstens 50% lebende Spermien enthielten, wurden mit einem modifizierten Eidotter-Citratverdünner vorverdünnt und langsam auf 5 °C abgekühlt. Glycerin (G) oder Aethylenglykol (ÄG) wurde entweder fraktioniert bei 5 °C mit dem Zweitverdünner in einer Konzentration von 16% oder bei 37 °C in einer Konzentration von 8% dem Erstverdünner zugesetzt. Nach 5-oder 8ständiger Äquilibrierung wurde das Sperma auf –90 °C abgekühlt und 2 Tage oder 3 Mon. aufbewahrt. Nach dem Auftauen erfolgte eine weitere Verdünnung, um den G- oder ÄG-Anteil auf 4% zu reduzieren. Nach Zusatz von ÄG lag die Zahl der überlebenden und beweglichen Spermien signifikant höher als bei Verwendung von G. Die Zugabe des ÄG bei 37 °C ist günstiger als die bei 5 °C. Die Endkonzentration von 8% G oder ÄG wirkt sich im Vergleich zu einer Konzentration von 4% schädlich auf die Spermienbeweglichkeit im aufgetauten Sperma aus. F. Döcke. 1893.

3-64/08-0165 Pytasz, Marian, Chełmońska, Bronisława und Bzowska, Barbara. Wpływ zamrażania na niektóre substancje azotowe nasienia kura domowego. **(Der Einfluß des Gefrierens auf einige N-haltige Komponenten des Hahnenspermas.)** Zeszyty naukowe wyższej Szkoły rolniczej Wrocławiu, Weteryn. **11** (1962) Nr. 42. S. 263-271. – 2 Tab., 10 Lit. Zus. in Russ., Engl. PRL/CBR. 1893.

3-64/08-0166 Georgiev, G. Izkustveno osemenjavane na ovce i kozi opredelen obem i broj spermatozoidi v edna doza. **(Künstliche Schaf- und Ziegenbesamung mit Dosen von bestimmtem Volumen und bestimmter Spermienanzahl.)** Izvestija na Naučnoizsledovatelskija institut po biologija i patologija na razmnožavaneto na selskostopanskite životni, Sofija **2** (1962) S. 95-100. – 2 Tab., 7 Lit Zus. in Russ., Engl. 1895.

3-64/08-0167 **Iskusstvennoe osemenenie sel'skochozjajstvennych životnych.** (Künstliche Besamung der landwirtschaftlichen Nutztiere.) Hrsg: Naučno-issledovatel'skij inst. životnovodstva Lesostepi i Polesja. Charkov: Charkovskoe knižnoe izd. 1963. (182 S.) 8°. (1963 A 1600)

3-64/08-0168 *Baiburcian, A. A.* **Ein neues Kastrationsverfahren zur Steigerung der Produktivität der landwirtschaftlichen Nutztiere.** Nach e. Rohübers. neu bearb. von Teubner. Leipzig-Markkleeberg: Ständiges Neuererzentrum d. sozialist. Landw. d. DDR. 1963. (47 S.) 8°. (DA 1645)

3-64/08-0169 *Broehl, Winfried.* **Ein Beitrag zur Haftung des Tierarztes bei der Kastration und Sterilisation der landwirtschaftlichen Nutztiere.** Diss. Veterinärmed. Fak. Berlin. 1963. (129 S.) 4°. (Diss. 9402)

3-64/08-0170 *Meroz, Michael.* **Entwicklung und Bedeutung der künstlichen Besamung des Rindes in Israel.** Diss. Veterinärmed. Fak. Bern. 1962. (46 S.) 8°. (Diss. 9037)

E. ZÜCHTUNG

3-64/08-0171 Smirnov, O. K. Opredelenie tipov konstitucii krupnogo rogatopo skota po metodike prof. Kolesnika N.N. **(Bestimmung der Konstitutionstypen bei Rindern nach der Methode von Prof. N.N. Kolesnik.)** Uč. žap. Mordovsk. un-t. **1962** Nr. 22. S. 84-93. — Aus: Referativny žurnal Moskva. Životnovodstvo, veterinarija **1963** Nr. 16.58.97. S. 14.

Bei der von Kolesnik vorgeschlagenen Methodik wird versucht, die Konstitution in Zahlen auszudrücken, die es ermöglichen, das Vorhandensein einer groben znd zarten, einer kräftigen und leichten Konstitution mit großer Genauigkeit festzustellen. Bei den Tieren werden 8 Körpermaße berücksichtigt: Widerristhöhe, Rumpflänge, Brustumfang, Röhrbeinumfang, Beckenlänge, Kopflänge, Brustbreite und Beckenbreite. Auf dieser Grundlage werden 6 Indices aufgestellt, die für den einen oder den anderen Typ kennzeichnend sind. Z. B. werden folgende Indices zur Bestimmung eines groben oder zarten Körperbaues empfohlen:

$$\frac{\text{Röhrbeinumfang} \times 100}{\text{Widerristhöhe}}; \quad \frac{\text{Beckenlänge} \times 100}{\text{Rumpflänge}}; \quad \frac{\text{Kopflänge} \times 100}{\text{Rumpflänge}}.$$

Je größer ein Index ist, um so gröber ist die Konstitution. Die Methodik hat eine große Bedeutung für die Verallgemeinerung der Charakteristik der Konstitutionstypen, und zwar sowohl in der Rinderzucht als auch in der Pferde- und Schafzucht wie auch in anderen Zweigen der Tierzucht.

übersetzt v. I. Posdirca. 1940.

3-64/08-0172 Willer, S.; Berlin, Humboldt-Univ., Inst. für Tierzucht und Tierernährungslehre. **Allgemeines Adaptationssystem und Konstitution von Haustieren.** Mh. Veterinärmed. **18** (1963) Nr. 16. S. 616-618.

Die Befunde sprechen dafür, daß die Messung der Thorntestaktivität wegen der intraindividuellen Schwankungen der Eosinophilenzahl keine direkte Aussage über die Höhe der Milch- und Mastleistung zuläßt. Die Werte der 17-Ketosteroidkonzentration im Blut ergaben mit den Milchleistungsmerkmalen Korrelationskoeffizienten um $r = 0{,}65$, jedoch nur, wenn zur Auswertung Mittelwerte herangezogen wurden, die die Einzelwerte eines längeren Untersuchungszeitraumes zusammenfaßten. Auffällig war, daß zwischen der NNR-Funktion und den Milchleistungsmerkmalen geringerer Heritabilität, wie Milchmengen- oder FCM-Leistung hochgesicherte Korrelationen bestanden, während zu Merkmalen höherer Heritabilität, wie dem prozentualen Fettgehalt der Milch, keine Korrelationen bestanden. Das sprach für eine bedeutende konditionelle Beeinflussung der NNR-Funktion. Die Befunde der Untersuchungen über die Zusammenhänge zwischen NNR-Funktionen und Mastleistung bestätigen diese Auffassung. Weder die Körpergewichtszunahmen noch die Nährstoffverwertung standen zur NNR-Funktion der Tiere in einer Korrelation. Eine solche Beziehung bestand aber für den konditionellen Faktor des Eiweiß-Stärkewertverhältnis. Bei der Deckung des Nährstoffbedarfes war die Funktionsreserve der NNR sowohl bei Jungbullen mit schlechten Gewichtszunahmen und geringer Nährstoffverwertung als auch bei Tieren mit guten Zunahmen und guter Nährstoffverwertung ausreichend. Nach den bisherigen Untersuchungen ist von der Höhe der NNR-Basalsekretion oder Thorntestaktivität ein Rückschluß auf die konstitutionelle Komponente der Leistung unserer Haustiere nicht möglich. H. Busse. 1940.

3-64/08-0173 Morgan, Walter. Crippled Plymouth Rock chickens. **(Krüppelhafte Plymouth-Rock-Hühner. Eine geschlechtsbedingte kongenitale Beinanomalie.)** J. Heredity **54** (1963) Nr. 3. S. 116-120. — 1 Abb., 3 Tab., 17 Lit.
In einem seit 1944 gehaltenen Hühnerstamm von Barred Plymouth Rock trat 1949 eine Farbmutation des Gefieders auf; bei diesen Light Bars genannten Tieren schlüpften 1956 erstmals Küken mit verkrüppelten Beinen. Diese permanente, genetisch bedingte kongenitale Anomalie der sonst normalen Tiere kann ein- oder beidseitig auftreten und ist z.Z. des Schlüpfens sichtbar. — Während der letzten 7 Jahre schlüpften 140 Küken mit Bein-Dislokationen, davon waren 105 (= 75%) Männchen. Z. Z. des Schlüpfens zeigen die belasteten Küken normale Vitalität und Größe, wachsen aber — durch die Schwierigkeiten bei der Nahrungssuche bedingt — langsamer heran als ihre normalen Geschwister. Keines der Krüppeltiere konnte zur Weiterzucht verwendet werden. H. Freye. 1950.

3-64/08-0174 Sittmann, K.; Davis, Univ. of California. Note on the double cervix condition in cattle. **(Bemerkungen zur doppelten Cervix-Bildung beim Rind.)** J. Heredity **54** (1963) Nr. 3. S. 112. 115. 120. — 3 Tab., 7 Lit.
Die Ergebnisse einer früheren genetischen Analyse des Erbganges des Gens für doppelte Cervix-Bildung bei 2 Herden von Rindern werden einer neuerlichen Überprüfung unterzogen. Dabei werden die Original-Daten der früheren Publikation unter Verwendung zweier Methoden zur Korrektur für kleine Familien, die aus der Humangenetik bekannt sind, neu bearbeitet. — Die Ergebnisse dieser vorliegenden Untersuchung, mit der neuen statistischen Methode gewonnen, unterstützen die frühere Annahme eines rezessiven Erbganges dieses Gens. H. Freye. 1950.

3-64/08-0175 *Rice, Victor Arthur.* **Hodowla i doskonalenie zwierząt gospodarskich.** (Züchtung und Entwicklung landwirtschaftlicher Nutztiere.) Warszawa: Państw. wyd. roln. i leśne. 1963. (588 S.) 8°. (1963 A 1563)

3-64/08-0176 **Soustava plemenářske práce, kontroly a řízeni provozu ve velkokapacitním chovu prasat specializovanem pro odchov užitkových selat.** (System der züchterischen Arbeit, Kontrollen und Leistung der auf die Aufzucht von Gebrauchsferkeln spezialisierten Groß-Schweinehaltung.) Praha. 1963. (28 S.) 8° = Metodiky pro zaváděni vysledku vyzkumu do praxe Nr. 24. (SR 2716, 24)

G. ÖKOLOGIE EINSCHLIESSLICH HALTUNG UND PFLEGE

3-64/08-0177 Bonsma, J. C. **Betrachtungen über das Tier und seine Umwelt.** Züchtungskunde **35** (1963) Nr. 9/10. S. 404–411. — Zus. in Russ., Engl., Franz.
Vf. bespricht die Umwelteinflüsse auf die tierische Produktion und bezieht sich dabei stark auf die Verhältnisse in Südafrika. Gegen hohe Temperatur sind Rinder i. allg. empfindlicher als gegen niedrige, sofern ausreichend gefüttert wird. Dabei verträgt das Zebu-Rind hohe Temperaturen sehr gut und niedrige schlechter als europäische Rinderrassen. Wegen des heißen Klimas auf der Versuchsstation in Mara im nördl. Transvaal haben die Bonsmara-Rinder mehr Blut von einheimischen als von europäischen Rassen. Zum Schutz der Tiere vor Sonnenstrahlen mit Licht unterschiedlicher Wellenlänge müssen Bäume oder Schutzdächer vorhanden sein. Der Einfluß der Lichtstrahlen auf die Hypophyse bewirkt den Haarwechsel der Tiere. Bei abnehmender Tageslänge wird das Haar länger und die Tiere entwickeln ihr Winterkleid, bei zunehmender Tageslänge wird das Haar glatt. Tiere, die ihr Winterkleid leicht abwerfen und glatthaarig werden, sind anpassungsfähig und auch in heißem Klima fruchtbar. In Mara wurde eine glatthaarige Hereford-Herde durch Selektion von Tieren gezüchtet, die schon bei einem Unterschied von 3 Std.

zwischen dem längsten und kürzesten Tag ihr Haar wechselten. Diese Rinder wechselten am Äquator ihr Haarkleid niemals. Höhenrinder, wie das Braunvieh, haben einen viel höheren Erythrocytengehalt, so daß sie auch mehr O_2 aus der dünnen Höhenluft absorbieren können. Afrikanische Rinder hatten bei Untersuchungen in Messina von verschiedenen Rinderrassen den höchsten Gehalt an Erythrocyten. Gegen die kalten Winterwinde in den Höhenlagen des Hochfeldes in Transvaal müssen die Tiere geschützt werden, sonst verlieren sie schnell an Gewicht. Gute Ernährung ist auch ein wesentlicher Vorbeugungsfaktor gegen Krankheiten. In Gegenden mit viel Regen und hoher Luftfeuchtigkeit findet man kleines Vieh, weil es den Überschuß an Wärme durch Verdampfung von Wasser durch die Lungen abgeben muß; auch bei hohen Temperaturen und viel Niederschlag ist das Vieh klein. Die einzelnen Faktoren stehen in Wechselwirkung zueinander. B. Schenk. 2165.

3-64/08-0178 Lacassagne, L. und Jasquet, J.-P.; Jouy-en-Josas, Centre Nat. de Rech. Zootechn. Élevage de poulettes en lumière constante de six heures. Son action sur la croissance, la maturité secuelle, le poids de l'oeuf et le pourcentage d'oeufs à double jaune en début de ponte. **(Kükenaufzucht bei konstant 6 Std. Licht. Der Einfluß auf Wachstum, Geschlechtsreife, Eigewicht und Anteil an Doppeleiern zu Beginn der Legeperiode.)** Ann. Zootechnie **12** (1963) Nr. 3. S. 159-172. — 4 Abb., 7 Tab., 15 Lit.
Vff. verteilten 464 Hennenküken (Rhodeländer × Wyandotten) aus Dezemberschlupf zufällig auf 4 Gruppen und zogen davon 2 Gruppen bei natürlichem Licht auf, die beiden anderen bei tägl. 6 Std. künstlichem Licht. Nach 22 Wochen wurde in den Versuchsgruppen die Beleuchtung wöchentl. um 15 Min. verlängert. Die eingeschränkte Beleuchtung verzögerte die Legereife um 35 Tage (von 135 auf 170) und verminderte den Futterverzehr und das Wachstum bes. von der 12. Woche an. Bezogen auf den Eintritt der Geschlechtsreife waren die Gruppengewichte gleich. Die beiden Gruppen mit verzögerter Geschlechtsreife legten anfänglich schwerere Eier (42 bzw. 38 g statt 35 g), aber bei gleichem Alter waren die Eigewichte in allen Gruppen gleich. Die bei natürlichem Licht aufgezogenen Hennen legten in den ersten 3 Mon. erheblich mehr Doppeleier als die anderen (13,3% bzw. 12,7%). A. Schaaf. 2170.

3-64/08-0179 Berman, A., Amir, S. und Volcani, R. The relationship between the rate of heat production and the level of milk production in a subtropical climate. **(Die Beziehung zwischen der Wärmeproduktionsrate und der Milchmenge unter subtropischen Bedingungen.)** Austral. J. agric. Res. **14** (1963) Nr. 6. S. 874-881. — 2 Abb., 2 Tab., 26 Lit. 2180.

3-64/08-0180 Machsudov, S. K izučeniju teljat v uslovijach vysokoj temperatury. **(Die Untersuchung von Kälbern unter hohen Umwelttemperaturen.)** Naučn. tr. Taškentsk. un-t **1962** Nr. 204. S. 25-32. — Aus: Referativnyj žurnal Moskva. Životnovodstvo, veterinarija **1963** Nr. 17.58.82. S. 10.
Dauernde Haltung 2jähriger Färsen in der Sonne rief eine stärkere Wärmeerzeugung, kurzfristige Überhitzung bei 35,6-37,2 °C eine geringfügige Verringerung der Wärmeerzeugung hervor. Somit ist bei gut akklimatisierten Färsen eine zweite chem. Wärmeregulierung (Herabsetzung des Stoffwechsels, die der Überhitzung vorausgeht) zu beobachten. Bei der 12. Wiederholung einer 2stündigen Überhitzung der Färsen wurden bedingte Reflexe auf die Wärmeregulierung „auf den Ort" und „auf die Zeit" der Überhitzung festgestellt. Diese Reflexe erloschen nach 7-9 Tagen, wenn die Färsen wieder ständig im Schatten gehalten wurden. übersetzt v. Th. C. Boetticher. 2180.

3-64/08-0181 Azarnia, Cyrus; Gießen, Univ., Inst. für Tierzucht und Haustiergenetik. **Über die Auswirkung kurzzeitiger Temperaturbelastungen auf Körpertemperaturen, Mast- und Schlachtleistungen sowie einige physiologische Meßwerte bei Schweinen.** Diss. Gießen **1963** 75 S. — 24 Abb., 1 Tab., 36 Lit.

Die Untersuchungen wurden im Mastabschnitt 40-110 kg an 36 Mastschweinen durchgeführt, von denen 24 Vollgeschwister und 12 Halbgeschwister waren, und zwar je zur Hälfte ♂ und ♀ Tiere. Durch Aufstallung der Versuchstiere in einer Klimakammer wurde die Temperatur des Stalles in der Wärmegruppe 10 °C über der Stalltemperatur und in der Kältegruppe 10 °C unter der Stalltemperatur der Vergleichstiere gehalten. Bei Winter-Sommermast waren die Differenzen der Hauttemperatur in der Wärmegruppe, bei Sommer-Wintermast in der Kältegruppe am größten. In allen Versuchen waren die Zunahmen und die Futterverwertung in der Wärmegruppe besser als in der Kältegruppe. Bei den Tieren der Kältegruppe ließ sich eine Tendenz zu höheren, in den Wärmegruppen zu niedrigeren Albuminwerten des Blutes erkennen. Die β-Globulinwerte verhielten sich umgekehrt. Hb-Gehalt, spez. Leitfähigkeit des Blutes, Blutzuckergehalt und pH-Werte waren in den Versuchsgruppen höher als in den Vergleichsgruppen. Hieraus wird auf eine Beeinflussung des Stoffwechsels durch die Temperaturbelastung geschlossen.
J. K. Hinrichsen. 2180.

3-64/08-0182 Stepušin, A. E. Vyraščivanie porosjat v domikach s ėlektričeskim obogrevom. **(Aufzucht von Ferkeln in elektrisch beheizten Hütten.)** Veterinarija, Moskva **41** (1964) Nr. 1. S. 102-103. — 1 Abb.
Vf. beschreibt die Bauweise von elektrisch beheizten Ferkelhütten mit 1-3 Buchten. Am besten geeignet und ökonomisch sind die Hütten mit 3 Buchten. Zum Erwärmen werden 109 bis 150-W-Birnen (bei starker Kälte 300-W-Birnen) und zur besseren Wärmeausnutzung Reflektoren verwendet. Mit zunehmendem Wachstum der Ferkel wird der Abstand zwischen Fußboden und Birnen vergrößert. Nach 60 Tagen werden die Tiere in ungeheizte Ställe gebracht. Zum Einstreuen dient Stroh oder Sägemehl. Bei der Ferkelaufzucht in diesen Hütten werden Erkältungskrankheiten weitgehend vermieden, die Tiere allmählich abgehärtet, ihre Zunahmen im Vergleich mit anderen Methoden um 11 bis 40% erhöht und die Einstreumengen reduziert. I. Montag. 2180.

3-64/08-0183 Webster, M. E. D. und Johnson, K. G. Distribution temperature in the skin of sheep exposed to moderate environments. **(Bestimmung der Hauttemperatur bei Schafen, die mäßigen Umweltbedingungen ausgesetzt waren.)** Nature [London] **201** (1964) Nr. 4915. S. 208-209. — 1 Abb., 1 Tab. 2180.

3-64/08-0184 Hirsch, K. und Exner, G. **Freßgitter und Anbindevorrichtungen für Kühe.** Wiss.-techn. Fortschr. Landwirtsch. **4** (1963) Nr. 11. S. 514-518.
Freßgitter oder Anbindevorrichtungen für Kühe, die eine funktionelle Einheit mit den jeweiligen Tierständen bilden, beeinflussen die Sauberhaltung der Standflächen und den Arbeitsaufwand beim Entmisten, Füttern und Melken. Der Langstand, der nur noch in Abkalbeställen eingerichtet wird, verlangt ein Holz- oder Stahlfreßgitter, das die Kühe am Einsteigen in die Krippe hindert. Für den Mittellangstand sind Freßgitter aus leichten, versetzbaren Elementen, die unabhängig von den Krippen und Standplatten ohne zusätzliche Stemm- und Maurerarbeiten montierbar sind, mit Sicherheitsabkettvorrichtung für den Katastrophenfall und Vorrichtungen für den Einbau von Tränkbecken und melktechnische Anlagen zu fordern. Diese Bedingungen erfüllt ein industriell hergestelltes, mechanisch zu betätigendes Stahlscherenfreßgitter. Für kurzstände haben sich als Anbindevorrichtung die Grabnerkette und der Halsrahmen bewährt, von denen letzterer das gruppenweise Festlegen und Lösen der Kühe zuläßt und deshalb zu bevorzugen ist. Für das zeitweise Festlegen in Weidemelkanlagen und Laufställen eignen sich Selbstfangfreßgitter und Kugelfangvorrichtungen. K. Pilz. 2265.

3-64/08-0185 Kuznecova, M. V. und Chlebnikov, I. K.; West-Sibir. Zweigstelle der Akad. für Bauwes. und Architektur der UdSSR. Stroitel'stvo i rekonstrukcija ferm dlja otkorma svinej v Zapadnoj Sibiri. **(Der Bau und die Rekonstruktion von Schweinemastfarmen in Westsibirien.)** Životnovodstvo, Moskva **25** (1963) Nr. 7. S. 83-88. — 3 Abb.

Die Grundrißgestaltung der Farmen soll auf dem Prinzip der Kompakt- und Sektionsbebauung (Verringerung der Transportwege innerhalb der Farmen, schrittweise Erhöhung des Fassungsvermögens der Farmen) mit Trennung von Freß- und Liegeplätzen beruhen. Ein Beispiel dafür ist die Schweinemastfarm im Moschkower Sowchos (Gebiet Nowosibirsk), die aus einer Futterküche besteht, an die sich der Freßplatz in Form eines 6 m langen Korridors anschließt. An diesen Freßplatz sind schachbrettartig 4 Liegeplätze für je 1250 Mastschweine aus polygonalen Stahlbetonbögen angebaut worden; zwischen den Liegeplätzen befinden sich die von 3 Seiten windgeschützten, befestigten Ausläufe. Die Wände des Freßplatzes bestehen aus Ziegelmauerwerk, die Decken aus Stahlbetonplatten. Der Betonfußboden hat in der Mitte eine 20 cm hohe Stufe für die Vakuumfutterautomaten, während sich die Selbsttränken an den Außenwänden befinden. Die Schweine gelangen über die Ausläufe und bei schlechtem Wetter direkt vom Liegeplatz zum Freßplatz. Die Futterpaste, deren Zubereitung und Verteilung fast völlig mechanisiert ist, gelangt mit Hilfe einer Pumpe durch Rohre von 150 mm Dmr. in die Futterautomaten. Die Entmistung erfolgt mit einer Kratzerkettenanlage. Bei dieser Grundrißgestaltung können alle mit der Fütterung, dem Tränken und der Entmistung verbunden Arbeiten unter einem Dach zusammengefaßt und vollmechanisiert werden. Außerdem kann die Großgruppenhaltung mit freiem Auslauf angewendet werden. Bei der Rekonstruktion von Farmen müssen deren Grundriß- und Raumlösung sowie die anzuwendenden Mechanisierungsmittel berücksichtigt werden. B. Schenk. 2275.

3-64/08-0186 Mal'cev, G. D. Ėffektivnost' krupnogruppovogo soderžanija ot-emyšej. **(Der ökonomische Nutzen bei der Großgruppenhaltung von Absatzferkeln.)** Svinovodstvo, Moskva **9** (1964) Nr. 1. S. 11-14. — 2 Abb., 2 Tab.

Seit Sept. 1961 wird im Lehrbetrieb des Asow-Schwarzmeer-Inst. für Mechanisier. und Elektrifizier. ein vollmechanisierter Schweinestall für die Großgruppenhaltung von Absatzferkeln (2-4 Mon. alt) untersucht. Dieser Stall von 66,5 m Länge und 7 m Breite, der für 1200-1500 Ferkel vorgesehen ist, besteht aus 3 Abteilungen, in denen die Tiere nach Alter und Entwicklung (I für Tiere, die während der Mast zurückbleiben, II für 2-3 Mon. und III für 3-4 Mon. alte Tiere) eingestallt werden. Über den ganzen Stall zieht sich in 2 m Breite der Futterplatz mit Gruppentrögen und Selbsttränken. Eine Heizanlage und Ventilatoren sorgen für optimale Lufttemperatur und -feuchtigkeit. Die Verteilung des Futters erfolgt mit Futterwagen, die Entmistung mit Schleppschaufeln. Die Zunahmen je Tier und Tag betrugen ⌀ 222 g, die Ferkelverluste 4-5%. — Außer der Technologie wird auch der Tagesablauf in diesem Stall ausführlich beschrieben. Bei einem Vergleich von Arbeitsaufwand, Kosten und Futterverbrauch gegenüber der alten Methode zeigte sich der neue Stall mit Vollmechanisierung in allen Kennziffern überlegen.
I. Scholz/Dummerstorf. 2275.

3-64/08-0187 Sobeska, K. Pomieszczenia inwentarskie z podłogą rusztową. **(Viehställe mit Rostböden.)** Budownictwo wiejskie **15** (1963) Nr. 6. S. 12-13. — 6 Abb., 3 Tab.

Ställe mit Spaltenfußböden eignen sich für Schafe, Ziegen, Mastvieh, Milchkühe Schweine und unbeschlagene Pferde. Diese Böden können über die ganze Stallfläche oder einen Teil gelegt werden. Es werden dabei Holz-, Beton- oder Stahlroste verwendet. Der Kot fällt durch die Schlitze zwischen den Sprossen in die Kotrinne. Um das Hindurchfallen zu erleichtern, müssen sich die Latten nach unten verjüngen. Das beste Material ist Stahlbeton, weil er die erforderliche Stallhygiene erleichtet. Ferner ist auf eine entspr. Besatzdichte je 1 m

Nutzfläche zu achten, bes. bei Schweinen, denn falls die je Tier entfallende Fläche zu groß ist, verringert sich der Zuwachs. Der angesammelte Kot wird mittels Wasser in bes. Sammelbecken fortgeschwemmt. Ställe mit Spaltenfußböden müssen gut beheizt und ventiliert werden, was eine Verringerung des Arbeitsaufwandes beim Reinigen der Tiere und Roste ermöglicht. Das Halten der Tiere auf dem harten Spaltenfußboden kräftigt die Hufe. Die Baukosten für solche Ställe sind wesentlich höher als bei den traditionellen Ställen mit freien Ständen und Tiefstreu, diese Mehrkosten werden jedoch durch Verringerung des Aufwandes bei der tägl. Betreuung der Tiere wieder ausgeglichen.
PRL/CBR, übersetzt v. R. Hüffer. 2275.

3-64/08-0188 Downey, L. A. Slatted floor pen for pigs. **(Schweineboxen mit Spaltenfußböden.)** J. Agric. [Melbourne] **61** (1963) Nr. 3. S. 104-108. — 8 Abb.
Beschrieben wird ein einseitig offener Schweinestall mit 2 Boxen, der nur geringe Baukosten verursacht und dessen Bewirtschaftung arbeitssparend ist. Die Boxen haben eine Größe von 12 × 8 ft. und sind zur Unterbringung von 14 Mast- bzw. 20 Baconschweinen geeignet. Jede Bucht ist in einen 12 × 5 ft. großen Freß- und Schlafplatz sowie einen 12 × 3 ft. großen, mit Spaltenrosten überdeckten Kotplatz eingeteilt. Der betonierte Freß- und Schlafplatz wird nicht eingestreut und enthält keine Futterkrippe. Trockenfutter wird auf dem Betonboden entlang der Vorderwand verabreicht. Wasser, Molke, Mager- und Buttermilch erhalten die Tiere über automatische Tränken. Gegen die Gerinnung wird der Milch Formalin zugesetzt.' Der Spaltenrost besitzt 1 in. breite Schlitze, durch welche der Kot in die darunter befindliche vertiefte Kotrinne gelangt. Von dort wird er mit Wasser weggespült.
J. Strecke. 2275.

3-64/08-0189 Pätzold, H., Stottmeister, W. und Basedow, L.; Groß-Lüsewitz, Inst. für Pflanzenzücht. der Dtsch. Akad. der Landwirtsch.-Wiss. zu Berlin. **Ganzjährige Stallhaltung oder sommerlicher Weidegang beim Milchvieh?** Int. Z. Landwirtsch. [Sofia/Berlin] **1963** Nr. 5. S. 64-69. — 1 Abb.
In Auswertung der wichtigsten Literatur der letzten 150 Jahre stellen Vff. fest, daß die Stallfütterung (Feldfutterbau) der Weidefütterung (Portionsweide) bes. hinsichtlich Futterfläche/Kuh und Milch-kg sowie Fleischzuwachs pro ha überlegen ist. In der Vergangenheit scheiterte der Feldfutterbau vielfach an den techn. Möglichkeiten, was sich durch Feldhäcksler und techn. Trocknung verändert hat. Um zu einer industriemäßigen Milchproduktion mit ganzjähriger Stallhaltung zu kommen, müssen Wege gesucht werden, die die Vorteile des sommerlichen Weideganges: Gesundheit und Fruchtbarkeit (Offenlauf- bzw. Halboffenlaufställe), Einstreueinsparung (Liegeboxen), beste Futterausnutzung (Gruppenrationsfütterung) und geringer Arbeitskräftebedarf (Laufstall mit Melkstand) mit beinhalten. Wichtig ist dabei, daß Größe und Zusammensetzung des Bestandes einen kontinuierlichen Einsatz moderner Technik gewährleisten; daß Futtererzeugung und -konservierung sowie Baugestaltung den Belangen der Tiere und der Technik angepaßt sind und daß die veterinärmedizinischen Vorschriften eingehalten werden. Das Grünland ist für das Jungvieh bestimmt. Es wird eine für den Institutsbetrieb Groß-Lüsewitz geplante Offenlaufstall-Großanlage für ca. 600 Kühe beschrieben: 2 Liegeställe (Liegeboxen, je 12 Stallgruppen von 24 Tieren), an der äußeren Stallängsseite Futterhaus mit Freßplätzen und Krippe (1 Freßplatz für 3 Tiere), Futterverteilungswagenfütterung am breiten Futtertisch, gesamte Trieb-, Freß- und Auslauffläche mit Rosten abgedeckt (unterirdische Kratzerkettenentmistung), Melkkarussell, streng abgegrenzte Arbeit in Spezialistenbereichen. E. Kulpe. 2320.

3-64/08-0190 Kaufhold, J. und Haasmann, S.; Quedlinburg, Harz, Staatl. Tierarztprax. **Auf dem Wege zum optimalen Offenstallkombinat.** Mh. Veterinärmed. **18** (1963) Nr. 15. S. 577-583. — 9 Abb., 15 Lit.

Es wird die bauliche Entwicklung eines Rinderoffenstalles im Kreise Quedlinburg geschildert. Der Umbau der Typenställe zu Liegeställen und die Errichtung eines Freßstalles haben zu entscheidenden Verbesserungen der Bauanlage geführt. Veterinärhygienisch bedeutsam ist die Schaffung eines einwandfreien Abkalbestalles durch Abtrennung von einem nahe am Offenstallkombinat gelegenen Massivstall. Die Abwässer werden durch Kanalisation in Klärgruben abgeleitet. Die Funktionen des Offenstallsystemes sowie der Arbeitsablauf in den Ställen sind eingehend dargestellt. Als Vorschläge zur Komplettierung werden die Verbreiterung des Freßstalles, die Anlage einer entspr. breiten Kotsammelflachgrube sowie die Errichtung eines zweiten, unbefestigten Wechselauslaufes angeregt. Die Arbeit stellt die ökonomischen, arbeitswirtschaftlichen Vorteile für den landwirtsch. Betrieb und die techn. Erleichterungen für den behandelnden Tierarzt in den Vordergrund. Da die tägl. Futterration von Okt.-Apr. je Milchkuh nur ca. 30 kg Silage, 1 kg Getreideschrot, 1,2 kg Heu, 2,0 kg Futterstroh, also neben dem Erhaltungsfutter nur Leistungsfutter für ca. 3-4 kg Milch enthielt, kann über die Zusammenhänge zwischen Offenstallklima, Futterverzehr, Futterverwertung und Leistung nichts konkretes gesagt werden. Von 185 Kühen gaben 30 tägl. 15 l, 40 tägl. 8-9 l, 48 tägl. 2,5-3 l Milch, und 67 stehen trocken. Über Befruchtungserfolge und Zwischenkalbezeit liegen keine Angaben vor. 1960 kam es zum Ausbruch des akuten Verkalbens. Nach dem Umbau haben sich die allg. Gesundheit und die Trächtigkeitsbefunde gebessert. H. Busse. 2320.

3-64/08-0191 Nöring, L. und Himmel, U. **Kotrostaufstallung der Rinder im Offenstall.** Dtsch. Landwirtsch. **14** (1963) Nr. 12. S. 605-608.

In einem Offenstall wurden Kotroste eingebaut, bei denen durch 3-4 cm breite Spalten 40-50% des Kotes und Harnes in einen unter dem Rost befindlichen Kotbunker gelangten, während der Rest auf der Liegefläche und im Auslauf abgesetzt wurde. Je länger die Tiere auf dem Rost im Freßgitter festgehalten werden, um so geringer ist der Streustrohbedarf, der je Kuh und Tag im Durchschnitt der Aufstallungsperiode 3,8 kg betrug. Länger als 2 Std. je Futterzeit sollten die Tiere nicht im Freßgitter festgehalten werden. Die Entleerung des Kotbunkers hat nach 3-4 Mon. zu erfolgen, damit der CO_2-Gehalt die Luftverhältnisse nicht über die zulässige Grenze beeinträchtigt. K. Pilz. 2320.

3-64/08-0192 Thöns, H. **Intensive Weidewirtschaft in rindviehstarken Großbetrieben. XVII. Erste Erfahrungen mit einer neuartigen Selbstfangvorrichtung für Kühe.** Tierzucht **17** (1963) Nr. 7. Grünland/Feldfutter **4** S. 28-30. — 4 Abb., 2 Lit. Vorhergehende Mitt. vgl. LZ. Abt. III 8 (1963) Nr. 11. S. 2255 u. 2256.

An die von Weiland entwickelten verschiedenfarbigen, 85 cm langen Kunststoffhalsbänder wurde eine 30 cm lange Kette mit Fangkugel angebracht. Die hochklappbare Fangvorrichtung besteht aus Leitbügel, Fangschlitz, Drehriegel und Entriegelungsgestänge mit Entriegelungsfinger. Sie ist für Melkstände geeignet, in denen die Kühe während des Melkens stehen, und ermöglicht sowohl ein geschlossenes Abbinden der Gruppe als auch das Herauslassen eines Einzeltieres. Die Eingewöhnungszeit dauerte ca. 2 Tage. In Zukunft sollte die Fangvorrichtung über der Krippe und nicht zu tief angebracht sein. Je Tierplatz werden 26,6 kg Stahl benötigt; die Kosten von insgesamt DM 53,45 je Tierplatz sind rel. günstig. E. Buhtz. 2355.

3-64/08-0193 Kreuz, E. **Grundsätze der Bewirtschaftung von Abwassergrünland.** Tierzucht **17** (1963) Nr. 11. Grünland/Feldfutter **4** S. 49-53.

Trockene Sandböden mit Bodenwertzahlen unter 20 bei weniger als 500 mm Jahresniederschlägen bringen bei Bewässerung mit Haushalts- und z. T. gewerblichem Abwasser der Großstädte, das in Kläranlagen grobmechanisch durch 2stündiges Absetzen in Absatzbecken gereinigt wird, Grünlanderträge von 3000-7000 StE/ha. Da Abwasser Keime enthält, ist zur Vermeidung von Infektionen der Weidetiere nach der Ausbringung des Abwassers eine 14tägige Karenzzeit notwendig. Außerdem sollten sich wegen der Infektionsgefahr auf den Koppeln keine Tränkstellen befinden. K. Pilz. 2410.

3-64/08-0194 Hart, Samuel A. Fowl fecal facts. **(Probleme über Geflügelkot.)** Wld. Poultry Sci. J. **14** (1963) Nr. 4. S. 262-272. — 9 Abb., 4 Tab., 10 Lit. 2410.

3-64/08-0195 Taiganides, E. Paul. Anaerobic digestion of poultry manure. **(Anaerobe Verdauung von Geflügelkot.)** Wld. Poultry Sci. J. **14** (1963) Nr. 4. S. 252-261. 2410.

3-64/08-0196 Anonym. **Arbeitsverfahren bei der Milchviehhaltung in Laufställen.** Tier-Ernähr. **14** (1963) Nr. 12. S. 143-145.
Formen der Laufstallhaltung: 1. Einraumstall (Tiefstall, 7-9 m^2/GV; 10-12 kg Einstreu/GV), für Jungvieh. 2. Zweiraumlaufstall (Freßplatz 2 m^2/GV, Liegeplatz 5 m^2/GV; 5-6 kg Einstreu/GV, bei Spaltenboden 4 kg). 3. Mehrraumlaufstall (Liegeplatz 4-5 m^2/GV, Freßplatz- und Auslauffläche 8-10 m^2/GV; 4 kg Einstreu/GV). 4. Boxenlaufstall (Einzelliegeplätze 200 × 120 cm, 0,5-1,0 kg Einstreu/GV; bei Kombination mit Spaltenboden Wärmedämmung erforderlich). 5. Spaltenbodenlaufstall (ohne Einstreu, muß wärmegedämmt sein). Arbeits- und Kapitalbedarf: 1. Melken (Melkstand mit Einzeldurchtrieb/10 Kühe, bei Gruppenmelkstand/10-15 Kühe eine Melkbucht), bei 80 Kühen: einreihiger Tandemmelkstand, 3 Buchten, Kannenbatterie = 9,0 AKmin/Kuh und Tag, DM 6500/GV bis Fischgrätenmelkstand 2 × 4 Buchten, Milchtank, halbautomatische Kraftfutterzuteilung = 5,4 AKmin, DM 14750. 2. Entmisten: Front- und Hecklader, auch Greifer. 3. Füttern: Gabel bzw. Futterwagen 3,3 AKmin, DM 250 bis Obenentnahmefräse und Verteilerschnecke 0,3-0,9 AKmin, DM 9600. Beim Füttern sind Arbeitszeiteinsparungen durch hohen Mechanisierungsgrad gegenüber gut durchdachten Handarbeitsverfahren rel. gering. Der Gesamtarbeitsbedarf der angeführten Laufstallformen schwankt zwischen 8,1 und 18,5 AKmin; er fällt mit zunehmender Bestandsgröße stark ab. Ab 30 Tiere sind Laufställe arbeits- und kostenmäßig im Vorteil. E. Kulpe. 2425.

3-64/08-0197 König, Adolf; Kiel, Univ., Inst. für Landwirtsch. Maschinenwes. **Neue Wege zur Mechanisierung der Innenwirtschaft.** Schriftenr. landwirtsch. Fak. Univ.-Kiel **1963** Nr. 32. S. 45-61.
Auf die Landflucht (BRD = tägl. ca. 500 Personen) und den Vorsprung der Feldwirtschaft (91% der gesamten Mechanisierungskosten) eingehend, wird eine stärkere Rationalisierung und Mechanisierung der Hofwirtschaft gefordert. Vf. warnt vor dem Fehler „bloßer Mechanisierung". Es muß von der arbeits- und betriebswirtschaftlichen Organisation und Planung aller Wirtschaftsgebäude ausgegangen werden. Dem Zusammenwirken von Praxis, Wissenschaft und Industrie kommt bes. Bedeutung zu. Da es eine allgemeingültige Bestlösung nicht gibt, werden einige Leitsätze dargelegt: 1. Güter so wenig wie möglich bewegen (Transportwegeverkürzung, Selbstfütterung, Fischgrätenmelkstand); 2. größere Mengen einmal statt kleinere Mengen öfter bewegen (Beachten auch kürzester Wege); 3. fortlaufenden Güterfluß mittels selbsttätiger, ohne Aufsicht arbeitender Maschinen anstreben (Milchleitungen: Euter-Kühlung-Tank); 4. Verdichtung der Transportgüter (Häckseln, Pressen, Brikettieren). Dem Offenstall (Mehrraumlaufhof, Mehrzweckhallen-Prinzip) wird neuerdings im Interesse der Baukosten, Arbeitswirtschaft, Tiergesundheit, Milchhygiene und Anpassungsfähigkeit wieder mehr Beachtung geschenkt. Die angeblich nicht durchführbare Futterrationierung wird durch die individuelle Kraftfutterzuteilung im Melkstand entkräftet; somit ist eine rationelle und ausreichende Fütterung selbst überdurchschnittlicher Leistungs-

tiere im Offenlaufstall möglich. Bei entspr. durchdachter Zuordnung der einzelnen Gebäudeteile einer Anlage kann ein Viehpfleger ohne überlastet zu werden, ca. 60 Kühe betreuen und melken. Auf die Mechanisierungsmöglichkeiten des Entmistens, bes. auf die verschiedenen Flüssigmistverfahren wird eingegangen. Hinsichtlich des Fütterns ist möglichst eine Hauptfutterart (gehäckselte, vorgewelkte Silage bester Qualität) anzustreben. Führt man nicht die Selbstfütterung durch, werden bei Flachsilos Frontlader, Flachsilofräsen und Verteilungswagen eingesetzt. Bei Hochsilos ab 150 m^3 sind Unterfräsen von Vorteil (Harvestore). Vollmechanisierung im Anbindestall ist sehr kostspielig; Schub- und Kettenförderer sind frostempfindlicher und störanfälliger als Schnecken. Heu wird überwiegend von Hand gefüttert; eine gewisse Mechanisierung bildet das Heuturmverfahren. E. Kulpe. 2425.

3-64/08-0198 Matusevič, V. F.; Dubrowizy, Gebiet Moskau, Unions-Inst. für Tierzuchtforsch. Zoogigieničeskie priemy vyraščivanija teljat s ispol'zovaniem novych ustanovok dlja vypojki i soderžanija ich. **(Die zoohygienischen Methoden der Kälberaufzucht unter Anwendung neuer Vorrichtungen für das Tränken und die Haltung.)** Životnovodstvo, Moskva **25** (1963) Nr. 7. S. 64-68. — 3 Abb.

Vf. beschreibt die Neukonstruktion einer Universaltränke aus Kapron, die die Form einer Scheibe mit einer schüsselförmigen Vertiefung an einer und einem 6 cm langen hervorstehenden Rohr an der anderen Seite hat. Auf den schüsselförmigen Teil wird ein Gummisauger aufgesetzt, während auf das Rohr die 50-60 cm lange, zum Milchbehälter führende Milchleitung aufgesteckt wird. Die Tränke wird entweder so an der Innenseite der Kälberwiege befestigt, daß nur der Sauger innen liegt, oder sie wird vollständig außen angebracht. Wenn die Milch ausgesaugt ist, wird der Milchbehälter mit Wasser gefüllt, so daß die Kälber ständig trinken können. Die Universaltränken können auch in Gruppenboxen verwendet werden. Wenn die Kälber Magermilch erhalten, können sie schon aus Eimern getränkt werden, und zwar in Gruppenboxen mit Fixiervorrichtung. An der Vorderwand der Boxen befindet sich die Fixiervorrichtung für 10 Kälber (Breite der Freßöffnung je 30 cm), die mit einer horizontal gleitenden Leiste geöffnet oder geschlossen wird, an der jede zweite vertikale Leiste der Vorderwand befestigt ist. An einer Seitenwand der Boxe befindet sich der Futtertrog. Im Auslauf können Futterplätze mit Gruppen-Fixiervorrichtungen benutzt werden.
B. Schenk. 2425.

3-64/08-0199 Chripun, Ja. T. Mechanizirovannyj krupnogruppovoj otkorm svinej. **(Die mechanisierte Schweinemast in Großgruppen.)** Svinovodstvo, Moskva **17** (1963) Nr. 6. S. 21-23.

Im Kolchos „Rossija" (Gebiet Saporoshje) ist eine Schweinemaststation errichtet worden, in der die Schweinepfleger nur den Transport der Futtermittel durch die Futterleitungen, die Füllung der Vakuum-Futterautomaten, die Schwemmentmistung und den Zustand der Aggregate zu überwachen brauchen. Die Maststation umfaßt 6 Schweineställe von 10 m Breite und 102 m Länge für je 1600-2000 Schweine, in denen pro Jahr 35000-40000 Schweine gemästet werden können. Die Ställe sind in Liegeplatz und Freß- und Dunggang, von dem Schlupflöcher zum Auslauf führen, eingeteilt. Die Vakuumfutterautomaten werden von der Futterküche aus durch Futterleitungen mit Futtermischungen aus verpilztem Kraftfutter, Zuckerrüben und Maiskolbensilage beschickt. Trotzdem der Komplex noch nicht fertigsgetellt ist, betragen die Tagungsdurchschnittszunahmen schon 400 g/Tier.
B. Schenk. 2425.

3-64/08-0200 Bogusławski, F., Sołtan, M. und Bartosik, A. Mechanizacja przygotowania pasz w chlewniach. **(Mechanisierung der Futterbereitung in Ställen.)** Przegląd Hodowlany **31** (1963) Nr. 2/3. S. 3-6. — 7 Abb.

Ein techn. Schema für die Futterzubereitung wird erläutert. Die Hackfrüchte gelangen mittels eines Bandförderers zur Spülanlage. Rüben werden zerkleinert und in Transportwagen verladen. Kartoffeln kommen aus der Spülanlage direkt in den Dämpf- und Quetschapparat und anschließend in Mischer und Transportwagen. Ölkuchen wird zerkleinert. Das Futtergetreide gelangt in die Schrotmühle, sodann in Mischer, Magnetapparat und in provisorische Lager oder in spez. Sammelbehälter, von wo es auf den Mischer verteilt und mit Dämpfkartoffeln gemischt wird. Die neuesten Maschinentypen zur Futterbereitung werden beschrieben, und zwar ein transportabler Häcksler mit einer Vorrichtung, welche die gemähte Grünmasse mittels eines Druckrades und Bandförderer anhebt, und die Gräserschicht den Häckselmessern zuführt. Ferner ein in Inowroclaw produzierter Schmutzabscheider und Zerkleinerer für Rüben, Leistung 5 t/Std. Unter den Zerkleinerern gelten als neuzeitlichste und leistungsfähigste die Schlegelzerkleinerer. Abschließend werden mechanische Mischanlagen behandelt.

PRL/CBR, übersetzt v. R. Hüffer. 2425.

3-64/08-0201 Krisjuk, V. I. und Lapšin, V. M. Mechanizacija rabot pri kormlenii ovec silosom. **(Mechanisierte Silagefütterung.)** Ovcevodstvo, Moskva **10** (1964) Nr. 1. S. 38-39.

Es wurden spez. Futterraufen für Schafe entwickelt. Für die mechanisierte Futterverteilung waren die alten Raufen ungeeignet (Verluste: 20% der tägl. Ration). Die Raufen sind aus Holz in der Art eines Futterkastens (Breite 36 cm, Länge 250 cm; Vorderwand 30 cm, Rückwand 50 cm). An den Enden des Kastens ist an zwei Metallträgern (80 cm) ein aufklappbares Draht- oder Holzgitter befestigt (40 × 250 cm). Die Raufen sind nebeneinander mit der Vorderwand zum Freßplatz aufgestellt und bilden rundherum eine Abgrenzung des Freßplatzes. Die Silage wird an der Rückwand angefahren. Dabei wird das Gitter über die Vorderwand geklappt und gleichzeitig der Zugang zum Futter für Schafe versperrt. Die höheren Kosten werden durch das Minimum an Futterverlusten gedeckt.

M. Giske/Dummerstorf. 2425.

3-64/08-0202 Lepasalu, P.; Tartu, Estn. Forsch.-Inst. für Tierzucht und Veterinärmed. Poluavtomatičeskij kovš (skreper) dlja udalenija navoza iz svinarnika. **(Eine halbautomatische Schleppschaufel für das Entmisten der Schweineställe.)** Svinovodstvo, Moskva **17** (1963) Nr. 6. S. 42–46. – 8 Abb.

Diese Schleppschaufel wurde vom o. g. Inst. konstruiert. Zur Vervollkommnung des Steuerungsmechanismus sind ein Spezialumschalter und ein Mechanismus zum automatischen Anhalten der Schleppschaufel über der Dunggrube und am Ende des Schweinestalles entwickelt worden. Die Schleppschaufel ist seit 1962 im Sowchos „Kjuti“ im Einsatz. Im Futterverteilungs- und Dunggang ist eine 100 cm breite und 15 cm tiefe betonierte Kotrinne angelegt und bis zu der am Ende des Gebäudes angebauten Dunggrube verlängert worden. Die Seitenwände der Kotrinne wurden mit Metallschienen verlängert, auf denen die Schleppschaufel beim Kippen und Entleeren aufliegt. Die Schleppschaufel wird an Stahlseilen gezogen, die automatisch gespannt werden, und von einem 1,7-kW-E-Motor angetrieben. Das Arbeitsprinzip und die Steuerung werden detailliert erläutert. B. Schenk. 2425.

3-64/08-0203 Kononov, B. V. und Ul'janov, Ju. A. Vibracionnyj kormorazdatčik. **(Vibrations-Futterverteiler.)** Pticevodstvo, Moskva **1963** Nr. 6. S. 26-27. — 2 Abb.

Der Vibrations-Futterverteiler ist einfach in der Konstruktion und eignet sich für die Verabreichung von Trocken- und Weichfutter. Aus einem Futterbehälter mit vertikaler Welle, an der sich Rührstöcke befinden, gelangt das Futter durch Klappen in die Vibrationströge. Diese Tröge sind auf elastischen Stützelementen (Federn aus dreischichtigem Sperrholz) befestigt. Angetrieben werden die Vibrationströge durch einen E-Motor über eine Welle, auf der sich 2 Exzenter befinden, die die Drehbewegung in eine Hin- und Herbewegung umsetzen. H. Pingel. 2425.

3-64/08-0204 Anonym. **Flüssiggas, eine neuzeitliche Wärmequelle.** Geflügelhof [Zollikofen-Bern] **27** (1964) Nr. 8. S. 131-133. — 6 Abb. Hinweise auf Flüssigkeit-Infrarotstrahler auf Propangas-Basis. 2425.

3-64/08-0205 Golub, I. A. Oborudovanie dlja ul'trafioletovogo oblučenija jaic. **(Anlage für die ultraviolette Bestrahlung der Eier.)** Pticevodstvo, Moskva **1963** Nr. 10. S. 30-31. — 2 Abb. 2425.

3-64/08-0206 *Marx, F.* und *Finzel, R.* **Empfehlungen zur Vergütung der Arbeit nach dem erzielten Endprodukt in den Viehwirtschaftsbrigaden der landwirtschaftlichen Produktionsgenossenschaften.** Berlin: Minist. f. Landw., Erfassung u. Forstwirtschaft d. DDR. 1961. (47 S.) 8°. (DA 1640)

3-64/08-0207 *Morris, W. H. M.* **Slatted floors and free-stalls for cattle.** A review of British and Norwegian developments. Lafayette, Indiana: Purdue Univ. 1963. (11 S.) 4° = Research-Progress-Report, Agricultural Experiment Station No. 71. (SR 3201, 71)

3-64/08-0208 *Stern, László* und *Széchényi, Árpád.* **Sertéshizlalás önetetéssel.** Schweinemast durch selbsttätige Futtervorrichtungen.) Budapest: Mezőgazd. kiadó. 1963. (100 S.) 8°. (1964 A 58)

3-64/08-0209 **Akklimatizacija životnych v SSSR. Materialy konferencii po akklimatizacii životnych v SSSR. (10-15 maja 1963 g., g. Frunze.)** (Akklimatisation der Tiere in der UdSSR. Materialien der Konferenz über Akklimatisation der Tiere in der UdSSR. 10.-15. Mai 1963.) Hrsg.: Zoologičeskij inst. Akad. nauk SSSR. Alma-Ata: Izd. Akad. nauk Kazachskoj SSR. 1963. (369 S.) 8°. (1963 A 1580)

3-64/08-0210 **Neuregelung der Prämienbestimmungen in den Volkseigenen Gütern und Volkseigenen Betrieben (K) Mast von Schlachtvieh.** Leipzig-Markkleeberg: Ständiges Neuererzentrum d. sozialist. Landw. d. DDR. 1963. (32 S.) 8°. (DA 1630)

3-64/08-0211 **Zur Vergütung leitender Kader der LPG Typ III nach den erzielten Produktionsergebnissen.** Muster für einen Weidevertrag. — Konzentration der tierischen Produktion durch zweckmäßige Nutzung von Altbauten in der LPG „Junge Welt" Altgeringswalde, Kreis Rochlitz. Karl-Marx-Stadt: Inst. für Landwirtsch. 1963. (31 S.) 8° = Schriftenreihe des Instituts zur Einführung des wissenschaftlich-technischen Fortschritts.

H. NUTZUNG UND QUALITÄT TIERISCHER ERZEUGNISSE

3-64/08-0212 Hafftter, A. C. **Konservierung von Lebensmitteln durch ionisierende Strahlen.** Schweiz. landwirtsch. Forsch. **3** (1964) Nr. 1. S. 109-120. — 2 Tab., 41 Lit. 2505.

3-64/08-0213 Dudani, A. T. und Iya, K. K. Les problèmes posés par l'utilisation du lait de bufflesse. **(Auftauchende Fragen bei Verwendung von Büffelmilch.)** Fédération int. Laiterie, Bull. annu. [Bruxelles] **1963** Nr. 5. S. 4-11. — 12 Lit. 2511.

3-64/08-0214 Steinberg, M. P. Simplification of method for calculating the weight per gallon of fluid dairy products. **(Vereinfachung der Methode zum Berechnen des Gewichts flüssiger Milchprodukte in Gallonen.)** J. Dairy Sci. **46** (1963) Nr. 9. S. 997-998. — 1 Tab. 2511.

3-64/08-0215 Šaličev, Jak., Grigorov, Ch. und Goranov, N. Proučvanija vŭrchu sŭstava i svojstvata na bivolskoto mljako. **(Zusammensetzung und Eigenschaften der Büffelmilch.)** Izv. N.-i. in-t životnovŭdstvo **1962** Nr. 15. S. 127-142. — Orig.: bulg., Ausz.: russ., dtsch. Aus: Referativnyj žurnal Moskva. Životnovodstvo, veterinarija **1963** Nr. 17.58.120. S. 15.
Die Milch von 17 Büffelkühen wurde 1 Laktation lang untersucht. Die Zusammensetzung des Morgen- und Abendgemelkes ist fast gleich. Mit Ausnahme des Milchzuckers ist der prozentuale Gehalt aller Bestandteile höher als in der Kuhmilch; gegen Ende der Laktation erhöht er sich etwas. Der Caseingehalt beträgt ca. 80% des Gesamteiweißes, der Albumin- und Globulingehalt 16% und der Gehalt des NPN 3-4% vom Gesamt-N. Büffelmilch

enthält: 0,18% Ca, 0,137% P, 0,0433% Na, 0,0917%K, 0,055% Cl und 0,0019‰ Fe, ca. 0,354 mg/l Vit. A, 0,038 mg/l Carotin und 13,505 mg/l Vit. C. übersetzt v. Th. C. Boetticher. 2512.

3-64/08-0216 Leonhard, I. Badania składników mleka koziego w świetle ich przydatności dla oceny wartości użytkowej. II. Zależność i zmienność kwalifikatywnych składników mleka. **(Untersuchung der Bestandteile der Ziegenmilch auf ihren Nutzwert. 2. Mitt. Die Abhängigkeit und Variabilität der qualitativen Bestandteile der Milch.)** Roczniki Nauk rolniczych, Ser. B 82 (1963) Nr. 1. S. 146-168. – 4 Tab., 29 Lit.

Im 2. Teil der mit Ziegenmilch angestellten Untersuchungen wurde die wechselseitige Abhängigkeit sowie die Variabilität der untersuchten Bestandteile bestimmt. Die Abhängigkeit zwischen den Hauptbestandteilen der Ziegenmilch erwies sich als die gleiche wie sie auch bei der Kuhmilch auftritt. Trotz der festgestellten Korrelationen kann man jedoch solche feststellen, die von den allg. Regeln abweichen. Die größte Variabilität trat bei der durchschnittl. tägl. Milchleistung auf, die geringste im Gehalt an Tr.-Subst. und Lactose. Die erhaltenen Wertzahlen für Eiweiß und Fett sowie der Verlauf ihres Gehaltes in der Milch weisen auf einen mangelnden Gleichlauf der Veränderungen zwischen diesen Bestandteilen hin. Es ist daher notwendig, die Milch nicht nur auf den Fettgehalt, sondern auch auf den Gehalt an Eiweiß zu untersuchen. Es hat sich ergeben, daß die Beurteilung des Nutzwertes der Milch auf Grund derjenigen Bestandteile erfolgen muß, die als individuelle Eigenschaften der Tiere eine gewisse Stabilität aufweisen, wie Eiweiß, Lactose und Tr.-Subst. Die Bestimmung anderer Bestandteile hat traditionelle und industrielle Bedeutung. PRL/CBR, übersetzt v. R. Hüffer. 2512.

3-64/08-0217 Kern, Renate, Wildbrett, Gerhard und Kiermeier, Friedrich. **Abhängigkeit der Peroxydase-Aktivität in Milch vom Sexualzyklus beim Rind.** Z. Naturforsch. 18b (1963) Nr. 12. S. 1082-1084.

Die Peroxydase-Aktivität in der Milch nicht-trächtiger Kühe unterliegt periodisch bedingten Schwankungen, die bei trächtigen Tieren nicht auftreten. Diese Schwankungen stehen in zeitlichem Zusammenhang mit dem Brunstzyklus. Ähnlich wie die äußerlich feststellbaren Zeichen der Brunst, die individuell bedingt stärker oder schwächer hervortreten, steigt auch die Aktivität der Peroxydase in Milch während der Brunst bei den einzelnen Tieren verschieden stark an. Diese Aktivitätserhöhung setzt sich über den Zeitpunkt der offensichtlichen Brunstdauer hinweg fort und sinkt erst nach stattgefundener Ovulation im Verlauf weniger Tage wieder auf den Normalwert zurück. R. Neseni. 2512.

3-64/08-0218 Demarquilly, C. (unter techn. Mitarb. von Engrand, Marie-Claire, Cristofini, J.-F., Manis, Y., Marquis, B. und Turc, J.-C.). Influence de la nature du pâturage sur la production laitière et la composition du lait. **(Der Einfluß der Art der Weide auf die Milchleistung und die Zusammensetzung der Milch.)** Ann. Zootechn. 12 (1963) Nr. 2. S. 69-104. – 7 Abb., 14 Tab., 37 Lit. Zus. in Engl.

Die vorliegende Arbeit berichtet über 4jährige Beobachtungen auf 2 Stationen über den Einfluß der Weide auf die Zusammensetzung der Milch. Die Milchmenge und der Fettgehalt einer bestimmten, auf Weide befindlichen oder im Stall mit Grünfutter ernährten Anzahl von Kühen wurden tägl. bestimmt. Folgende Veränderungen wurden festgestellt: Der Verzehr von Knaulgras oder Luzerne führte zu einem Rückgang in der Milchmenge und einem Anstieg der Fettprozente. Die Aufnahme von Weidelgras, Wiesenschwingel, Wiesenlieschgras oder Weißklee steigerte die Milchmenge und senkte den Fettgehalt. Diese durch die aufgenommene Gräserart verursachten Schwankungen wurden bisher noch nicht beobachtet. Auf Grund der vorhandenen Kenntnisse muß angenommen werden, daß die Variationen in der Energieversorgung

und die Veränderungen in den im Pansen ablaufenden fermentativen Prozessen von der Zusammensetzung der Weidepflanzen beeinflußt werden. Hierauf könnten dann auch die Variationen in der Milchmenge, in der Fettmenge und dem Butterfettgehalt beruhen. Die Mitwirkung stimulierender und hemmender Faktoren ist ebenfalls nicht auszuschließen.
H. Busse. 2512.

3-64/08-0219 Armstrong, Marvin D. und Yates, Kerin N. Free amino acids in milk. **(Freie Aminosäuren in Milch.)** Proc. Soc. exp. Biol. Med. **113** (1963) Nr. 3. S. 680-683.
Mit der automatischen Methode zur Aminosäurebestimmung von Spackman, Stein und Moore werden in Frauenmilch, -blutserum und -harn und in Kuhmilch folgende Stoffe quantitativ bestimmt: Phosphoäthanolamin, Taurin, Harnstoff, Oxyprolin, Asparaginsäure, Threonin, Serin, Glutamin + Asparagin, Prolin, Glutaminsäure, Citrullin, Glycin, Alanin, α-Aminobuttersäure, Valin, Cystin, Methionin, Isoleucin, Leucin, Tyrosin, Phenylalanin, β-Aminoisobuttersäure, Ornithin, Äthanolamin, Lysin, 1-Methylhistidin, Histidin, 3-Methylhistidin und Arginin. β-Aminoisobuttersäure und die Methylhistidine sind in Frauen- und Kuhmilch nicht enthalten, Citrullin in Frauenmilch nicht und in Kuhmilch nur in Spuren. In Kuhmilch werden fernerhin drei noch nicht identifizierte Substanzen gefunden; die erste erscheint im Eluat der 50-cm-Säule 7 ml vor Phenylalanin und Tyrosin, die zweite 18 ml vor Ornithin und die dritte zusammen mit Lysin. J. Müller. 2512.

3-64/08-0220 Kyrkjebo, Arne und Hagen, Olav. Penicillinutskillelse i melk efter jurbehandling. **(Penicillinausscheidung in die Milch nach der Euterbehandlung.)** Medlemsbl. norske Veterinaerforen. **15** (1963) Nr. 9. S. 226-233. — 1 Abb., 5 Lit. 2512.

3-64/08-0221 Patton, Stuart und McCarthy, R. D. Structure and synthesis of milk fat. IV. Role of the mammary gland with special reference to the cholesterol esters. **(Struktur und Synthese des Milchfettes. 4. Mitt. Die Rolle der Milchdrüse unter besonderer Berücksichtigung der Cholesterinester.** J. Dairy Sci. **46** (1963) Nr. 5. S. 396-400. — 3. Mitt. vgl. LZ. Abt. III 8 (1963) Nr. 8. S. 1697.
Der Umfang der Lipoidsynthese innerhalb der Milchdrüse ist noch unbekannt. Ziel dieser Untersuchung war es deshalb, eine bessere Definition über den Lipoidstoffwechsel der Milchdrüse zu geben und dabei zu unterscheiden, welche Komponenten aus Depotstoffen des Körpers herrühren. Durch intramammare Infusion markierter und nicht markierter Fettsäuren wurde bewiesen, daß Cholesterinester, Glyceride und Phospholipoide der Milch alle aus Fettsäuren der Milchdrüse gebildet werden. Aus dieser und anderen Untersuchungen vermuten Vff., daß die meisten, wenn nicht sogar alle Esterlipoide der Milch aus einem allg. Fettsäurepool innerhalb der Milchdrüse synthetisiert werden. Die Cholesterinester der Milch scheinen eine bemerkenswert aktive Stoffwechselrolle zu spielen. Bei zweifach markierten und nicht markierten Infusaten ging die Aufnahme durch die Cholesterinesterfraktion intensiver und schneller vonstatten als durch Glyceride oder Phospholipoide. Im einzelnen werden einige Angaben über die Zusammensetzung der Cholesterinester der Milch wiedergegeben. W. Gimmler. 2512.

3-64/08-0222 Patton, Stuart und McCarthy, R. D. Structure and synthesis of milk fat. V. A postulated sequence of events from analyses of mammary tissue lipids. **(Struktur und Synthese des Milchfettes. 5. Mitt. Eine postulierte Ereignisfolge aus Analysen der Lipoide des Milchdrüsengewebes.)** J. Dairy Sci. **46** (1963) Nr. 9. S. 916-921. — 4. Mitt. vgl. vorst. Ref.
Zur weiteren Ermittlung der Struktur und Synthese des Milchfettes wurden die Lipoide des Milchdrüsengewebes von 2 laktierenden Ziegen und Kühen

analysiert. Im Vergleich der Zusammensetzung mit den Milchlipoiden waren die Eutergewebelipoide in allen Lipoidklassen bis auf die Triglyceride anteilmäßig stark vertreten. Die Untersuchungen konzentrierten sich auf die Fettsäurezusammengsetzung der Di- und Triglyceride des Drüsengewebes und des Milchfettes, um über die Zwischenstufen der Triglyceride und die Fettkügelchenbildung Klarheit zu schaffen. Namhafte Mengen Diglyceride (2-6%) in den Lipoiden des Drüsengewebes haben die 1,2-Konfiguration. Diese Diglyceride haben geringe Mengen kurzkettige Fettsäuren (bes. Butyrat) im Gegensatz zu den Triglyceriden des Gewebes und Milchfettes. Vermutlich sind sie eher Zwischenstufen der Triglyceridbildung als Artefakte der Lipolyse. Eine Betrachtung des Butyratspiegels in den verschiedenen Glyceridfraktionen läßt vermuten, daß Butyrat hauptsächlich nur mit einem Mol pro Mol Triglycerid enthalten ist und daß seine Inkorporation ein vollständiger Schritt der Triglyceridbildung darstellt. Die Milchdrüsenlipoide scheinen im Aufbau befindliche Milchlipoide zu sein. Unter diesem Gesichtspunkt ist eine weitere Verfeinerung der Konzeption der Milchfettsynthese möglich.

W. Gimmler. 2512.

3-64/08-0223 Day, E. A. und Papaioannou, S. E. Irradiation-induced changes in milk fat. **(Strahleninduzierte Veränderungen im Milchfett.)** J. Dairy Sci. **46** (1963) Nr. 11. S. 1201-1206. — 1 Abb., 3 Tab., 25 Lit. 2512.

3-64/08-0224 Drux, A. und Bauer, H. J. **Beitrag zur Bestimmung des Eiweißgehaltes der Milch durch Formoltitration. 1. Mitt.** Nahrung 8 (1964) Nr. 1. S. 99-103. — 3 Tab., 17 Lit. Zus. in Russ., Engl. 2512.

3-64/08-0225 Aparicio Ruiz, Daniel. Contribución al estudio bioquímico de las proteínas lácteas. I. Examen electroforético sobre papel de las seroproteínas de leche de cabra de raza granadina. **(Beitrag zur biochemischen Untersuchung des Milchproteins. 1. Mitt. Untersuchung der Serumproteine der Ziegenmilch der Granadina-Rasse mit Hilfe der Papierelektrophorese.)** Arch. Zootecn. [Córdoba] **12** (1963) Nr. 45. S. 3-26. 2512.

3-64/08-0226 Erb, R. E., Ashworth, U. S., Manus, L. J. und Golding, N. S.; Pullman, Washington State Univ. Estimating solids-not-fat and protein in milk from different sources using percentage milk fat, protein, and solids-not-fat. **(Die Schätzung von SNF und Protein in Milch aus verschiedenen Quellen unter Verwendung des analytisch ermittelten prozentischen Milchfettgehaltes, des Gehaltes an Protein und SNF.)** J. Dairy Sci. **46** (1963) Nr. 11. S. 1217-1227.

Zum Vergleich der rel. Genauigkeit bei der indirekten Schätzung des Protein- und SNF-Gehaltes wurden die Hauptkomponenten der Milch analytisch bestimmt. Die Untersuchungen stützen sich auf 2842 monatl. Routineuntersuchungen der Milch von Guernsey-, Holstein- und Jerseykühen, 960 halbmonatliche Sammelproben von 40 Herden und 718 Tankmilchproben von 64 weiteren Herden des 2tägigen Untersuchungsrhythmus. Die Milchfettkonzentration und der gravimetrisch ermittelte SNF-Gehalt wurden mit dem indirekt bestimmten prozentischen Proteingehalt verglichen. Die Standardabweichung der monatl. Proben einzelner Kühe, der Laktationsdurchschnitte und der 2tägigen Sammelmilch der Herden betrugen jeweils 0,32%, 0,16% und 0,17% beim Milchfett und 0,29%, 0,14% und 0,15% für SNF. Die Korrelation und die Regressionsgleichungen dieser Untersuchungen wurden mit den Daten anderer Autoren verglichen. Bei der Interpretation der Werte aus der Literatur sollte mehr Aufmerksamkeit der Rasse, der Herkunft der Milch und der Länge der Sammelperiode gewidmet werden. W. Gimmler. 2512.

3-64/08-0227 Erb, R. E. und Manus, L. J. Estimating solids-not-fat in herd milk using the plastic bead method of Golding. **(Bestimmung der fett-**

freien Trockenmasse in Herdenmilch mit Hilfe der Plastikperlen-Methode von Golding.) J. Dairy Sci. **46** (1963) Nr. 12. S. 1373-1379. — 4 Tab., 25 Lit. 2512.

3-64/08-0228 Goulden, J. D. S. Determination of S.N.F. in milk and unsweetened condensed milk from refractive index measurements. **(Bestimmung der fettfreien Trockenmasse in Milch und ungezuckerter kondensierter Milch nach der Refraktionszahl-Messung.)** J. Dairy Res. **30** (1963) Nr. 3. S. 411-417. — 1 Abb., 4 Tab., 9 Lit. 2512.

3-64/08-0229 Bills, D. D., Khatri, L. L. und Day, E. A. Method for the determination of the free fatty acid of milk fat. **(Methode zur Bestimmung der freien Fettsäuren in Milchfett.)** J. Dairy Sci. **46** (1963) Nr. 12. S. 1342-1347. — 2 Abb., 3 Tab., 13 Lit. 2512.

3-64/08-0230 Zeman, I. und Pokorný, J. **Bestimmung der Spurenfettsäuren des Milchfetts.** Nahrung **8** (1964) Nr. 1. S. 70-79. — 4 Tab., 33 Lit. —, nach Zus.
Die Analyse komplizierter Fettsäuremischungen, z. B. Milchlipide, wird durch eine Vorfraktionierung mittels Harnstoffaddukten verbessert, bes. nach Entfernung gesättigter Fettsäuren aus dem Gemisch. Die Ermittlung der Zusammensetzung der einzelnen Fraktionen erfolgt durch eine Kombination der Gaschromatographie und Spektrophotometrie. An einigen Beispielen wird gezeigt, daß durch diese Methodik verschiedene ungeradzahlige, verzweigte bzw. niedermolekulare Fettsäuren sowie verschiedene trans-Polyenfettsäuren besser identifiziert und genauer bestimmt werden kann. 2512.

3-64/08-0231 Ntailianas, H. A. und Whitney, R. McL. Direct complexometric determination of the calcium and magnesium in milk (eriochromeblack T method). **(Unmittelbare komplexometrische Bestimmung von Kalk und Magnesium in Milch [Eriochromschwarz-T-Methode].)** J. Dairy Sci. **46** (1963) Nr. 12. S. 1335-1341. — 7 Tab., 14 Lit. 2512.

3-64/08-0232 Nageswararao, G. und Blobel, H. Determination of chloride in milk. **(Bestimmung von Chlorid in Milch.)** J. Dairy Sci. **46** (1963) Nr. 12. S. 1426-1427. — 1 Abb., 1 Tab., 8 Lit. 2512.

3-64/08-0233 Sasago, K., Wilson, H. K. und Herreid, E. O. Determination of sulfhydryl and disulfide groups in milk by the p-chloromercuribenzoate-dithizone method. **(Bestimmung der Sulfhydryl- und Disulfid-Gruppen in der Milch mit Hilfe der p-chloromercuribenzoat-dithizon-Methode.)** J. Dairy Sci. **46** (1963) Nr. 12. S. 1348-1351. — 5 Abb., 4 Tab., 15 Lit. 2512.

3-64/08-0234 Kosikowski, F. V. Induced and natural inhibitory behavior of milk and significance to antibiotic disc assay testing. **(Induziertes und natürliches Hemmverhalten der Milch und die Beziehungen zum Antibiotica-Scheibentestverfahren.)** J. Dairy Sci. **46** (1963) Nr. 2. S. 95-101. 2512.

3-64/08-0235 Srivastava, A. S. DDT residues on treated pea vine silage and the cows milk with special reference to the methods for its analysis. **(DDT-Rückstände in der Silage von besprühten Erbsenblättern und in der Kuhmilch unter besonderer Berücksichtigung der Analysenmethoden.)** Proc. nat. Acad. Sci., India, Sect. B **33** (1963) Nr. 2. S. 251-262. — 1 Abb., 6 Tab., 29 Lit.
Es wird ein Überblick über die Bestimmungsmöglichkeiten von DDT gegeben (1 biol. Test, 6 chem. Methoden, 4 volumetrische Methoden, 1 graphimetrische Methode und 2 chem. Methoden für Milch und Fettmaterial). Die Untersuchungen wurden nach der chem. Methode nach Schechter durchgeführt. Besprüht wurden die Erbsenfelder mit 35-40 lb./acre Staub, der unterschiedlich 1-5% DDT enthielt. Die Untersuchungen auf DDT-Rückstände erfolgten:

von frisch besprühtem Erbsenblatt, Erbsenblattsilage und von der Milch der Kühe, die diese Silage erhielten. Die DDT-Rückstände betrugen je nach Erntezeit in frisch gesprühtem Erbsenblatt 2-6 ppm, in Erbsenblattsilage 3,6-13 ppm und in der Milch 0,2 ppm, max. 0,4 ppm. G. Rothe. 2512.

3-64/08-0236 Michon, G. Organisation d'un contrôle de la pollution radioactive du lait cas des radioisotopes de courtes périodes. **(Organisation einer Kontrolle der Radiokontamination der Milch in bezug auf Radioisotope mit kurzer Halbwertszeit.)** Bull. Acad. vétérin. France [N.S.] **36** (1963) Nr. 6. S. 283-285. — 8 Lit.

In den Wochen kurz nach einer Explosion werden gewisse Radionuklide entstehen, die mehr oder weniger über die Luft oder über den radioaktiven Niederschlag in die Nahrung eintreten können. Gerade der Niederschlag kurzlebiger Isotope kann im Gegensatz zu der später sehr homogenen Verteilung langlebiger Spaltprodukte regional großen Schwankungen unterliegen. Vor allem unsere Wiederkäuer, welche große Weideflächen abgrasen, sind gefährdet. Allerdings werden nur bestimmte Elemente inkorporiert, wobei für den Hygieniker J und Ba von Interesse sind. Bis 3% der tägl. aufgenommenen Menge von Radiojod können in der Milch gemessen werden, während es beim Ba nur 0,01% sind. Unter normalen Verhältnissen beträgt die max. zulässige Dosis für die Schilddrüse von Kleinkindern 1,5 rem/Jahr. — Somit liegt die MZK für Kinder im Alter von 1 Mon. bei 150 pc ^{131}J/l und für Erwachsene bei 7500 pc ^{131}J/l Milch. Da die Aufnahme kontinuierlich erfolgt, wird die Aktivität für 4 Mon. berechnet und sollte für Kinder im Alter von 6 Mon. 12000 pc und für Erwachsene 200000 pc ^{131}J nicht übersteigen. — Der Kontrollplan sollte folgende Punkte beinhalten: 1. Genügend zahlreiche Entnahmestellen zur Ermittlung der Ungleichheit der geographischen Verteilung. 2. Eine hinreichend häufige Probeentnahme (alle 24 Std.), um vor sehr schneller Kontamination und Kontamination mit kurzlebigen Isotopen gesichert zu sein. 3. Ein System für wirkungsvolle und schnelle Messung. 4. Dauernde Kontrolle an einigen bestimmten Punkten, um im Fall der Gefahr sofort Alarm zu geben. M. Worseck. 2512.

3-64/08-0237 Merrill, E. P. Measurement of the bacteriological quality of milk by direct microscopic examination of membrane filters. **(Messung der bakteriologischen Milchqualität durch unmittelbare mikroskopische Untersuchung der Membranfilter.)** J. Dairy Sci. **46** (1963) Nr. 11. S. 1283–1285. — 2 Tab., 6 Lit. 2514.

3-64/08-0238 Cersovsky, H. und Neubert, S. **Die Weidezentrale mit Rohrmelkanlage für 120 Kühe — in milchwirtschaftlicher Sicht betrachtet.** Tierzucht **17** (1963) Nr. 11. S. 502–506.

In einer Weidezentrale für 120 Kühe ist ein mit Freßfanggitter und Reihenstand für 38 Kühe ausgestatteter Melkraum errichtet, an den sich ein Maschinen, raum, ein Geräte- und Kraftfutterraum und eine Milchverladerampe anschließen. Die Anlage ist mit einer Impulsa-Rohrmelk- und einer Milchkühlanlage MKA 300 L ausgerüstet. Nach der manuellen Reinigung und Desinfetion der Milchleitungen, Milchhähne und Kühler sowie der Reinigung der Melkzeuge entspr. der „Reinigungs- und Desinfektionsvorschrift–Rohrmelkanlage" wurden keine oder weniger als 5 Keime/cm^2 an den mit Milch in Berührung kommenden Teilen nachgewiesen. Die Mechanisierung der Reinigung und Desinfektion ist anzustreben. Der Gesamtkeimgehalt der ermolkenen Milch lag mit ⌀ 4288 Keimen/ml unter den Forderungen des Standards für Milch mit zugesicherten Eigenschaften. Mit einer mittleren Temperatur der gekühlten Milch von 11,7 °C genügte der Kühleffekt der Anlage MKA 300 L nicht. Von einem Melker wurde mit 3 Melkzeugen eine Leistung von 16 Kühen/AKh und 83,6 kg Milch/AKh erreicht. K. Pilz. 2516.

3-64/08-0239 Dobrowolski, W. Podstawowe zasady bodowy urządzeń do chłodzenia mleka. **(Die wichtigsten Grundsätze beim Bau von Einrichtungen für die Milchkühlung.)** Przegląd mleczarski **11** (1963) Nr. 3. S. 24-28. — 7 Abb., 5 Tab., 12 Lit.
Frisch ermolkene Milch hat die natürliche Fähigkeit, eine Zeitlang die Entwicklung der Bakterien zu hemmen. Diese Zeit kann durch Abkühlung der Milch verlängert werden. Auch die Hygiene der Milchgewinnung übt einen Einfluß aus. Für die Praxis wurde eine Methode entwickelt, die ein schnelles Orientieren ermöglicht, wieweit die ermolkene Milch abgekühlt werden soll. Kühlanlagen in Stallnähe und Anlagen für das Ausgießen der Milch müssen das Abkühlen der Milch ermöglichen, damit sie bei niedriger Temperatur bis zur Übernahme durch die Molkerei gelagert werden kann. Diese Bedingungen kann die Sammelkühlanlage erfüllen. Unterschieden werden 2 verschiedene Anlagen: Stallkühl- und Abfüllanlagen bei mehrmaliger Milchabnahme im Laufe des Tages; Anlagen für die einmalige Milchabnahme im Laufe des Tages. Die am meisten verwendeten Kühlanlagen haben ein Fassungsvermögen über 500 l. Die Abkühlung der Milch in diesen Anlagen erfolgt mittels Wasser.
PRL/CBR, übersetzt v. O. Kasperl. 2516.

3-64/08-0240 Wilson, C. D. Man, machines and mastitis. **(Menschen, Maschinen und Mastitis.)** Veterin. Rec. **75** (1963) Nr. 49. S. 1311-1317. — 28 Lit.
Alle Faktoren, die von wesentlichem Einfluß auf die maschinelle Milchgewinnung sind, werden diskutiert, bes. die wichtigsten Punkte in der Arbeitsweise der Melkmaschine mit den häufigsten Fehlerquellen. Seit dem letzten Krieg sind Staphylokokken die häufigsten Euterentzündungserreger geworden, ohne daß die Zahl der Streptokokkenmastitiden in der Antibiotica-Ära wesentlich zurückgegangen ist. Vf. macht den verstärkten Einsatz der Melkmaschinen für den Anstieg der Staphylokokkenmastitiden verantwortlich. Es werden weiter der Einfluß des Vakuums, der Pulsfrequenz und des Melkzeuges auf die Eutergesundheit diskutiert. Die Art und Beschaffenheit des Melkstrumpfes ist für das Mastitisgeschehen von großer Bedeutung. Schließlich werden die Aufgaben des Melkpersonals umrissen; ein grober und häufiger Fehler ist das Blindmelken. Die Euterwaschung kurz vor dem Ansetzen der Melkzeuge ist eine wichtige Voraussetzung für max. Milchertrag. W. Kötsche. 2516.

3-64/08-0241 Phillips, D. S. M. Effect of pulsator ratio on milking rate. **(Der Einfluß des Sog-Druck-Verhältnisses auf die Melkgeschwindigkeit.)** New Zealand J. Agric. **107** (1963) Nr. 5. S. 397-401. — 16 Abb., 3 Tab.
Die Arbeit gibt einen Überblick über die in der Versuchsstation Ruakura mit Hilfe des dort entwickelten Pulswechselschreibers erzielten Ergebnisse in der Erforschung des Einflusses des Sog-Druck-Verhältnisses auf die Eutergesundheit. Man fand, daß der gebremste 50/50 Pulswechsel als der Eutergesundheit am zuträglichsten am besten zu empfehlen sei. Es wird betont, daß ältere Versuche gezeigt hatten, daß die Melkgeschwindigkeit letzten Endes nicht so sehr vom Sog-Druck-Verhältnis als bes. von der Behandlung und dem Wohlbefinden der Kühe beim Melken selbst abhängig ist. Eine verminderte Druckphase trotz der günstigen Beeinflussung der Melkgeschwindigkeit hat folgende Nachteile: 1. ungünstige Auswirkung auf die späteren Melkzeiten bei zu langem Hängenlassen und das bes. bei Färsen, 2. leichtes Eintreten des Pulsflatterns, was die Kuh ungünstig beeinflußt. Dehnbarkeit und Elastizität des Zitzenschließmuskels beeinflussen den Melkeffekt und die Ansteckungsfähigkeit des Euters. Schmiegsamkeit und Elastizität des Zitzengummis sind für den Erfolg der Sog-Druck-Einwirkung auf die Zitze von Bedeutung. Messungen des Einflusses der Bremsung der Übergänge vom Sog zum Druck und umgekehrt bei einem Verhältnis von 50/50 und 60/40 ergaben, daß bei einem Verhältnis von 50/50 das Hinaufkriechen der Melkbecher an der Zitze weniger stark auf-

tritt und damit eine Schädigung der Eutergesundheit und des Wohlbefindens der Kuh beim Melken verringert wird. Da die Melkbecher meist in der Praxis zu lange am Euter verbleiben, ist dies von größter Bedeutung. Die Versuche wurden alle mit Kühen durchgeführt, die zu Beginn der Laktation standen, gegen Ende derselben wirkt sich das Einsaugen der Zitzen in die Melkbecher viel stärker aus. H. Senger. 2516.

3-64/08-0242 Dimov, S. Proučvane vŭzmožnostite za mašinno doene na ovcete. **(Untersuchung der Möglichkeiten für maschinelles Melken der Schafe.)** Izvestija na Instituta po mechanizacija i elektrifikacija na selskoto stopanstvo, Sofija **4** (1963) S. 83-96. — 9 Abb., 3 Tab., 5 Lit.
Vorläufige Versuche zum Maschinenmelken wurden an einer umgebauten Versuchsmelkanlage durchgeführt. Mit Hilfe dieser Anlage wurde der Melkprozeß bestimmt — seine Dauer und die Menge der ermolkenen Milch. Die Versuche dienten zur Ausarbeitung einer geeigneten Konstruktion der Melkbecher, wobei zu diesem Zweck zahlreiche Eutermessungen an Schafen erfolgten, die in Variationskurven ausgedrückt wurden.
NRB/ZSNTI, übersetzt v. Ch. Eshkowa. 2516.

3-64/08-0243 Astrup, H. N. Oxidized flavor in milk and the xanthine oxidase inhibitor. **(Oxydationsgeschmack der Milch und der Xanthin-Oxydase-Inhibitor.)** J. Dairy Sci. **46** (1963) Nr. 12. S. 1425. — 1 Tab., 3 Lit. 2516.

3-64/08-0244 Foot, A. S.; Reading, Shinfield, Nat. Inst. for Res. in Dairying. Dairy husbandry. **(Milchwirtschaft.)** J. Roy. agric. Soc. England **123** (1962) S. 168-180.
Übersichtsreferat. Vf. behandelt eine Reihe von Problemen, die für die Steigerung der Milchproduktion von Bedeutung sind. So u.a., wieviel Besamungen mit Sperma eines getesteten bzw. im Test befindlichen Bullen jährl. durchgeführt werden sollen oder die Häufigkeit der Milchleistungsprüfungen. Einen breiten Raum nehmen die richtige Fütterung bes. während der Trockenperiode und das Futteraufnahmevermögen ein. Vorliegende Ergebnisse der Literatur über die Beeinflussung der Milchzusammensetzung durch die FFS sind angeführt: C_2-Säure erhöht Fett%, Lactose- und Proteingehalt sowie die Milchleistung, C_3-Säure verursacht einen Rückgang der Fettprozente und eine Zunahme des Protein- und SNF-Gehaltes. — Bei Weidegang verengt sich das C_2/C_3-Verhältnis. — Für die Weideleistung ist die Besatzdichte von großer Wichtigkeit. Es bestehen enge Wechselbeziehungen zwischen Besatzdichte und Weidemethode. — Schließlich weist Vf. auf ein günstiges Melkintervall hin, das 14 Std. nicht überschreiten sollte. Beziehungen zwischen Anrüsten und Verzögerung des Melkaktes werden angegeben. B. Piatkowski. 2518.

3-64/08-0245 Schön, L.; Kulmbach, Inst. für Fleischerzeug. **Fleischqualitätsprobleme.** Tierzüchter **15** (1963) Nr. 16. S. 575-578. — 14 Abb. Zus. in Engl., Franz., Span.
Für die Abschätzung des Schlachtwertes sind a) Mengenkriterien und b) Merkmale der Beschaffenheit von Fleisch- und Fettgewebe von Bedeutung. Zu den Mengenkriterien zählen: Anteil der einzelnen Teilstücke am Schlachtkörper, Anteil der hochbezahlten muskelfleischreichen Teilstücke, Gewebeanteil am Schlachtkörper und in den Teilstücken, Fleisch-Fett- und Fleisch-Knochen-Verhältnis. Beschaffenheitsmerkmale sind: Wasserbindung des Fleisches, Farbe und Konsistenz des Fleisches und Fettgewebes, Marmorierung, Zartheit und Saftigkeit des Fleisches sowie Aroma bzw. Geschmack des Fleisches und Fettgewebes. Weitere wertbestimmende Merkmale sind: Bindegewebsgehalt, pH-Wert, Aminosäurenzusammensetzung des Muskeleiweißes, Peroxydzahl des Fettgewebes usw. Die Wandlung zur Fleischvermarktung bahnt sich an, deshalb wird Schwergewicht auf die Entwicklung von Methoden zur Erfassung des Schlachtwertes am Schlachtkörper gelegt. Es mangelt noch an Methoden,

die im praktischen Vermarktungsvorgang eingefügt werden, um den Schlachtwert zu bestimmen. Die Standardisierung des Rohmaterials in den Handelsklassen ist noch ungenügend, z.B. variierte bei Färsen der Handelsklasse A der Bratenfleischanteil zwischen 33 und 40%, während die Variation bei Schweinen noch größer ist. Diese Variation in den wertbestimmenden Merkmalen der Schlachtkörper bietet große Möglichkeiten der Anpassung an die Wünsche der Bedarfsträger, wozu jedoch noch ein preislicher Anreiz fehlt. Die tatsächlichen Verbraucherwünsche sowohl bez. äußeren Eindruckes als auch Geschmack des Fleisches sollten in Erfahrung gebracht werden. Auch die Fütterung und Haltung sind Faktoren, die den Schlachtwert maßgeblich mit beeinflussen. O. Siegl. 2524.

3-64/08-0246 Kirton, A. H., Gnaedinger, R. H. und Pearson, A. M.; East Lansing, Michigan Agric. Exp. Stat. Relationship of potassium and sodium content to the composition of pigs. **(Beziehungen zwischen dem Kalium- sowie Natriumgehalt und der Zusammensetzung der Schweine.)** J. Animal Sci. **22** (1963) Nr. 4. S. 904-910. — 7 Tab., 24 Lit.

Die Untersuchungen wurden an 24 Schweinen beiderlei Geschlechtes, mit einem Lgw. von 181-220 lb. geschlachtet, durchgeführt. Die Schweine wurden wie üblich nach der Schlachtung gebrüht und entborstet, wodurch zweifellos bereits Spuren von K und N verlorengingen. Von jedem Tier wurden getrennt aufbewahrt: a) Schlachtkörper einschließlich Haut, b) Borsten einschließlich Schuppen und Sehnen, c) Kopf einschließlich Zunge, d) Magen, e) übrige Organe, wie Leber, Lunge, Lüftröhre, Herz, Nieren und Milz, f) Magen- und Eingeweide-Inhaltsstoffe und g) Blut. Diese Proben wurden bis zur Durchführung der Analysen eingefroren. Die Gewichte der einzelnen Anteile wurden festgestellt und betrugen, bezogen auf das Lgw.: Schlachtkörper 77%, Blut 3,8%, Kopf einschließlich Zunge 5,1% usw. In einer weiteren Tab. ist der Gehalt des Schlachtkörpers bzw. Fleisches an Wasser, Äther-Extrakt, Protein und Asche aufgeführt. Weitere Tab. enthalten den K- und Na-Gehalt der untersuchten Körperkomponenten. Bei der weiteren Auswertung des Materials wurden die Beziehungen zwischen dem Gehalt an K bzw. Na u.a. Schlachtkörpermerkmalen untersucht. Folgende mit $P < 0{,}01$ gesicherten Korrelationen werden mitgeteilt: Prozentanteil im gefrorenen Schlachtkörper an Wasser: Prozentanteil an K = $r = 0{,}87$, an Äther-Extrakt: Prozentanteil an K = $r = -0{,}88$, an Rohprotein: Prozentanteil an K = $r = 0{,}78$, an Wasser: Prozentanteil an Na = $r = 0{,}58$, an Äther-Extrakt: Prozentanteil an Na = $r = -0{,}62$, an Rohprotein: Prozentanteil an Na = $r = 0{,}57$. Weitere Korrelations- und Regressionswerte sind angegeben. O. Siegl. 2526.

3-64/08-0247 Cotterill, O. J., Cunningham, F. E. und Funk, E. M. Effect of chemical additives on yolk-contaminated liquid egg white. **(Der Einfluß chemischer Zusätze auf mit Eigelb durchsetztes flüssiges Eiweiß.)** Poultry Sci. **42** (1963) Nr. 5. S. 1049-1057. — 5 Abb. 2535.

3-64/08-0248 Organisation and structure of the milk markets in O. E. C. D. member countries. Paris: Organisation for Economic Co-Operation and Development. (547 S.) 16 × 23 cm = OECD Documentation in Agriculture and Food 55. F 20. Das Werk gibt einen umfassenden Überblick über die Milchwirtschaft in 18 Mitgliedsländern der OECD auf Grund von Berichten zu dem internationalen Seminar über die Organisation und Struktur der Milchwirtschaft vom 6.-10. 11. 1961 in Kiel (vgl. LZ. Abt. III 8 [1963] Nr. 10. S. 2056.). Den Berichten über die einzelnen Länder ist ein allg. Rechenschaftsbericht vorangestellt, der sich mit den bisherigen Verbesserungen und der strukturellen Rationalisierung der Milchwirtschaft und Milchindustrie in diesen Ländern befaßt. Ein Anhang enthält die Beschlüsse und Empfehlungen, die das internationale Seminar gegeben hatte. Die milchwirtschaftlichen Verhältnisse in den einzelnen Ländern werden gesondert nach einer einheitlichen Systematik geschildert. Aufschlußreiche Tabellen ermöglichen einen schnellen und klaren Überblick. Jede Länderbeschreibung schließt wie der Rechenschaftsbericht mit einer Literaturübersicht ab, die zur Ausarbeitung der Berichte verwendet wurde. H. Senger.

3-64/08-0249 *Plommet, M. P.* **Pathologie de la production du lait.** 1. Diagnostic bactériologique des infections de la mamelle de la vache. 1962. Paris: Centre national de la recherche scientifique. 1962. 8°. (SR 3177, 9, 1)
3-64/08-0250 *Plommet, M. P.* **Pathologie de la production du lait.** Paris: Centre national de la recherche scientifique 1962. 8° = Les cahiers techniques du centre national de coordination des études et recherches sur la nutrition et l'alimentation. 9. (SR 3177, 9, 1)
3-64/08-0251 Unter d. Red. v. *Savel'ev, I. K.* **Technologija proizvodstva mjasa pticy.** (Technologie der Geflügelfleischproduktion.) Moskva: Izd. sel'skochozjajst. lit., žurnalov i plakatov. 1963. (102 S.) 8°. (1963 A 1634)
3-64/08-0252 *Ullrich, Gerhard.* **Untersuchungen über die Ausrüstung des Fischgrätenmelkstandes mit doppeltem Melkzeugsatz und die Beseitigung der Wartezeiten im Vorwartehof.** Diss. Landwirtsch. Fak. Meißen. 1963. (176, 23 S.) 4°. (Diss. 9491)
3-64/08-0253 **Die Steigerung der Rindfleischproduktion in den Ländern der EWG.** Untersuchung über die technischen Möglichkeiten und die wirtschaftlichen Bedingungen. Brüssel. 1961. (215 S.) 4° = Studien. Reihe Landwirtschaft 5. (1963 B 258)

I. INHALTSSTOFFE TIERISCHER ERZEUGNISSE

3-64/08-0254 Lück, Hans und Pavlik, Alfons; München, Dtsch. Forsch.-Anst. für Lebensmittelchem. **Veränderungen der freien Aminosäuren in Schaleneiern während der Lagerung.** Z. Lebensmittel-Unters. u. -Forsch. **123** (1963) Nr. 4. S. 282-293. – 2 Abb., 6 Tab., 71 Lit.
Zur Extraktion der freien Aminosäuren werden 25 g Eiklar oder 2 g Eigelb in 50 ml H_2O suspendiert, in einem Eisbad gekühlt und mit dem 4fachen Vol. Aceton enteiweißt. Der Eiweiß- und Salzniederschlag wird nach 60 Min. abzentrifugiert und der Rückstand mit kaltem Aceton-HCl-Gemisch (1 Teil 0,1 n HCl und 4 Teile Aceton) nachgewaschen. Der nach dem Einengen im Vakuum erhaltene Rückstand (bei Eigelb ist eine Extraktion der Lipide mit Petroläther nötig) wird mit 0,2 n HCl aufgenommen. Die Konzentration von 16 Aminosäuren der so erhaltenen Lösung wird durch Säulenchromatographie nach Moore und Stein bestimmt. Der Gehalt an freien Aminosäuren im Eiklar nimmt während der Lagerung sowohl in kühlgelagerten (4 °C) als auch in haushaltsmäßig in „Garantol" eingelegten Eiern stark zu. Die Zunahme ist in erster Linie auf eine Diffusion der Aminosäuren vom Eigelb ins Eiklar zurückzuführen, da eine stärkere Proteolyse im Eiklar während der Lagerung nicht nachweisbar ist. Die Gesamtaminosäurekonzentration beträgt bei 2–3 Tage alten Eiern bis zu 4 μmol/g Tr.-Subst. und steigt nach 6 Monaten z. T. auf über 20 μmol an. Die Gesamtkonzentration an freien Aminosäuren im Eigelb ändert sich während der Lagerzeit nur wenig und liegt im Bereich von 40–60 μmol/g Tr.-Subst. Für eine Altersbestimmung von Eiern durch Ermittlung des Gehaltes an freien Aminosäuren im Eiklar bedarf es weiterer Untersuchungen über den Einfluß des Futters, der Befruchtung, der Jahreszeit und der Hühnerrassen. F. Kreienbring. 2560.

3-64/08-0255 *Gropp, Jürgen.* **Über die Einlagerung von Strontium in den Dotter des Hühnereis.** Diss. Veterinärmed. Fak. München. 1962. (36 S.) 8°. (Diss. 9360)

K. TIERPSYCHOLOGIE

3-64/08-0256 Broadhurst, P. L. und Jinks, J. L. The inheritance of mammalian behavior re-examined. **(Die Vererbung des Verhaltens von Säugern erneut geprüft.)** J. Heredity **54** (1963) Nr. 4. S. 170-176. 2610.

3-64/08-0257 Gilbert, A. B. und Wood, D. G. M.; Edinburgh, King's Buildings, Poultry Res. Centre. Some peripheral factors controlling the nesting behaviour of the domestic hen. **(Einige periphere Faktoren, die das Verhalten der Henne beim Aufsuchen des Nestes bestimmen.)** J. Physiol. [London] **169** (1963) Nr. 1. S. 53P-54P.
Haushennen legen ihre Eier in Serien, wobei sich die Aufeinanderfolge von Ei zu Ei tägl. verkürzt, bis eine Legepause („lag") von 24 und mehr Stunden die Serie unterbricht. Beim Aufsuchen des Nestes zeigen sie ein typisches Verhalten, das vor dem Legen von den Umweltbedingungen abhängt, nämlich Äußern von Unruhe, dann Inspizieren mehrerer Nester und schließlich Betre-

ten eines Nestes sowie Legen, Verlassen des Nestes und Wiederaufsuchen der Gefährten. Vff. boten Hennen im Einzelversuch 5–10 Nester und prüften 1. die Zeitspanne zwischen Inspektion und Betreten, 2. die Anzahl der untersuchten Nester und 3. die Zeitspanne zwischen dem Eintritt in das Nest und dem Legen des Eies. 1 und 3 stehen in Beziehung zur Legepause. Verkürzte sich die Eifolge innerhalb einer Serie, nahm die Zeitspanne 2 um 26,75 Min. zu und 3 um 35,55 Min., verglichen mit dem Verhalten beim voraufgegangenen Ei. Im umgekehrten Falle nahm der Zeitraum 2 um 139 Min., 3 um 26,75 Min. ab. Trotzdem gehen vom Ovar keine Reize aus, die das Verhalten bestimmen: Je zwei Hennen, die künstlich zum Ablegen schalenloser Eier gezwungen wurden, behielten eben so ihr Normalverhalten wie andere, deren Eier sich nach Verschluß des Infundibulums in der Bauchhöhle ansammelten oder noch andere, denen der Ovidukt gänzlich entfernt war.
C. Engelmann. 2610.

3-64/08-0258 Karapetjan, S. K. und Aršakjan, A. V.; Orbeli-Inst. für Physiol. der Akad. der Wiss. der Armen. SSR. Izmenenie uslovnoreflektornoj dejatel'nosti u domašnich ptic pri narušenii ustanovivšegosja stereotipy soderžanija. **(Die Veränderung der bedingt-reflektorischen Lebensvorgänge bei Geflügel als Folge veränderter Haltungsbedingungen.)** Doklady Akademii nauk SSSR, Moskva **153(31)** (1963) Nr. 1. S. 237–239. — 4 Abb., 1 Tab., 7 Lit.
Vff. untersuchten den Einfluß veränderter Umweltbedingungen auf das gesamte bedingtreflektorische Verhalten bei legenden Hennen an Hand des bedingten Nahrungsbewegungsreflexes. Nachdem sich bei den Versuchshennen in Volieren bedingte Reflexe der Nahrungsbewegung herausgebildet hatten, wurden diese in Einzelkäfige umgesetzt. In den ersten 2 Tagen veränderte sich die Reflexgröße kaum, nach dem 4. Tag betrug der Reflex noch 85%, am 5. Tag 75%, am 6. Tag 67%, am 7. Tag 62%, am 8. Tag 50%, am 9. Tag 42%, am 11. Tag 37% (Maximum), danach erlischt der hemmende Einfluß der fremden Umwelt allmählich, ab 22. Tag ist der bedingte Nahrungsbewegungsreflex völlig wiederhergestellt. Veränderte Haltungsbedingungen widerspiegeln sich stark in den bedingtreflektorischen Lebensvorgängen bei Geflügel, sie zerstören die Korrelation zwischen der Hemmung der Reproduktion und der Aktivität der bedingtreflektorischen Lebensvorgänge, wobei dem Abklingen der Reproduktion eine Schwächung der bedingtreflektorischen Lebensvorgänge vorausgeht. G. Hahn. 2610.

3-64/08-0259 Fabricius, Eric und Jansson, Ann-Mari. Laboratory observations on the reproductive behaviour of the pigeon (Columba livia) during the pre-incubation phase of the breeding cycle. **(Laboratoriumsbeobachtungen über das Fortpflanzungsverhalten der Felsentaube [Columba livia] während der Vorbrutperiode des Brutzyklus.)** Animal Behaviour **11** (1963) Nr. 4. S. 534 bis 547. — 15 Abb., 4 Tab., 17 Lit. 2610.

L. MASSNAHMEN ZUR FÖRDERUNG DER TIERZUCHT

3-64/08-0260 Anoym. **Leitsätze für die zukünftige tierzüchterische Beratung.** Tierzüchter **15** (1963) Nr. 23. S. 853–854. 2667.

3-64/08-261 Théret, Marcel. La semaine de l'agriculture de Paris en 1963. **(Die Woche für Landwirtschaft in Paris im Jahre 1963.)** Recueil Méd. vétérin. **139** (1963) Nr. 6. S. 475–489. — 8 Tab.
Mehr als in den Jahren zuvor hatte die Ausstellung internationalen Charakter. Bes. bei Rindern repräsentierten die ausgestellten Tiere die Länder des Gemeinsamen Marktes. Bei der Besichtigung der Schau tauchten unwillkürlich die Erinnerungen an die großen Ausstellungen der Vergangenheit auf, so an die des Jahres 1900, die zur Entwicklung der Schwarzbunten Friesenrasse und des Nordfranzösischen Kaltblutpferdes den Auftakt gab. H. Busse. 2687.

SPEZIELLE GROSSTIERZUCHT

A. ALLGEMEINES

3-64/08-0262 Vorob'ev, G. I. Proizvodstvo mjasa — na potok. **(Fleischerzeugung im Fließbandverfahren.)** Životnovodstvo, Moskva **25** (1963) Nr. 9. S. 10–16.
Vf. demonstriert die Leistungen der Viehwirtschaft des Kubangebietes an Hand der Halbjahresplanerfüllung und erläutert die Bedeutung einer kontinuierlichen Schlachtviehablieferung. Dabei wird bes. auf die Verbesserung der Futtergrundlage durch erhöhten Winterzwischenfruchtanbau hingewiesen. Als wissenschaftlich-technischer Fortschritt in der Viehzucht werden die Tourenabferkelungen im Jan./Febr. und Mai/Juni als Voraussetzung für erfolgreiche Großgruppenmast empfohlen. — Die Hochgebirgsweiden werden für die Jungrindervormast ausgenutzt, die Endmast erfolgt auf Schnitzelbasis in den in der Nähe von Zuckerfabriken errichteten Rindermastanlagen. Zur Verbesserung der Schlachtqualität wird das einheimische Rote Steppenvieh mit Fleischrassen gekreuzt. — Große Bedeutung für die Fleischversorgung haben die spezialisierten Mastbetriebe und Maststationen. Vom Vf. werden Leistungen führender Betriebe angeführt. G. Bernert. 3001.

3-64/08-0263 Gricaj, L. I.; Ukrain. Inst. für Ökonomie und Org. der Landwirtsch. Ėkonomičeskoe preimuščestvo specializirovannych otkormočnych chozjajstv. **(Der wirtschaftliche Vorteil spezialisierter Mastbetriebe.)** Životnovodstvo, Moskva **25** (1963) Nr. 6. S. 63–68. — 4 Abb., 2 Tab.
Der Kolchos ,,Sarja kommunisma" (Gebiet Poltawa) hat sich darauf spezialisiert, mit wirtschaftseigenen Futtermitteln billiges Schweine- und Rindfleisch zu erzeugen. Die benötigten Ferkel und Kälber werden zu etwas höheren Preisen als den staatl. Aufkaufpreisen in anderen Kolchosen gekauft. Die Schweinemast in großen Gruppen dauert 98 Tage; 1961 betrugen die Tagesdurchschnittszunahmen 495 g, das sind 100% mehr als in den übrigen Kolchosen des Bezirks. Die Mast wird mit feuchten gedämpften Futtermitteln vorgenommen, die in der mechanisierten Futterküche zubereitet werden. Im Sommer erhalten die Schweine neben dem Kraftfutter noch Grünfutter (Erbsen), im Herbst und Winter Zuckerrüben mit Luzerne- oder Erbsenstrohmehl. Der Futteraufwand betrug 5,44 dt FE/dt Zunahme, in den anderen Kolchosen 8 — 10 FE. Die Selbstkosten für 1 dt Schweinefleisch lagen bei Rbl. 66,5 (in den übrigen Kolchosen bei Rbl. 90,2). Für die Erzeugung von 1 dt Schweinefleisch wurden 1961 dank der Spezialisierung 4,9 Tagewerke gegenüber 12,6 in den übrigen Kolchosen benötigt; 1962 sank der Arbeitsaufwand auf 3,7 Tagewerke. Die Einnahmen aus der Viehwirtschaft machten 1962 75% des Gewinns (d. h. Rbl. 209000) des Betriebes aus.
B. Schenk. 3001.

3-64/08-0264 Wallmen, A. und Peglow, E. **Erfahrungen und Methoden aus der LPG des Typ I in Radis bei der Entwicklung der tierischen Produktion.** Tierzucht **18** (1964) Nr. 2. S. 64–66. — 7 Tab. 3001.

3-64/08-0265 Boguschewski, H. **Aufbau und Entwicklung des VEG Bretsch-Priemern, Kreis Osterburg zum Tierzuchtgut.** Tierzucht **18** (1964) Nr. 2. S. 72–75. — 2 Abb., 4 Tab. 3001.

3-64/08-0266 Schäfer, H. **Voraussetzungen zur Förderung der Tierzucht und Tierhaltung in afrikanischen Ländern.** Tierzüchter **15** (1963) Nr. 13. S. 466–467. 3001.

3-64/08-0267 Past, E. **Nordafrikanische Zuchttierrassen.** Tierärztl. Umschau **18** (1963) Nr. 12. S. 653–656.
In der Gegend von Thibar in Tunesien wurden 1897 die bodenständigen Kühe mit Bullen aus Sizilien gekreuzt. Die Nachkommen aus diesen Kreuzungen

waren gegen Piroplasmose nicht resistent und wiesen Formmängel auf. Auch die später mit Charollais-Bullen erzeugten Kreuzungstiere waren piroplasmoseanfällig und litten stark unter Hitze. Dagegen waren die Kreuzungstiere von Charollais-Kühen mit Zebu-Bullen widerstands- und anpassungsfähig. Von 1920-27 wurde ein Bulle eingesetzt, dessen Eltern eine Zebu-Charollais-Kreuzungskuh und ein Bulle der Montbiliard-Rasse waren. Dieser Spitzenbulle wurde mit Zebu-Halbblut-Kreuzlingen gepaart. Die Nachkommen sind anpassungs- und widerstandsfähig und zeichnen sich durch Fleischfülle, Milchergiebigkeit und Leichtmelkbarkeit aus. Die durchschnittl. Milchleistung der Herde der ordenseigenen Domäne St. Joseph beträgt 3000 l. – Es wird weiterhin die Erzüchtung des Schwarzen Thibar-Schafes geschildert.
K. Pilz. 3001

B. PFERDE

3-64/08-0268 Spighi, Garibaldi. La ippicoltura in Toscana, Umbria e Lazio il derivato bretone e lo stallone avelignese. **(Die Pferdezucht in Italien.)** Agricoltura [Roma] **12** (1963) Nr. 11. S. 23–82. – 55 Abb., 4 Tab.
Der Beitrag vermittelt einen ausführlichen Überblick über die Pferdezucht in den verschiedenen Gebieten Italiens. Abb. zeigen Vertreter der verschiedenen Rassen. Auch die Esel und Maulesel im Gebiet von Martina Franca (Tarent) finden Erwähnung. 3015.

3-64/08-0269 Čaškin, I., Enikeev, R. und Prodaj, O. Doncaki Priissykkul'ja. **(Die Donpferde von Issyk-Kul.)** Konevodstvo i konnyj sport, Moskva **33(108)** (1963) Nr. 8. S. 8–13. – 9 Abb., 3 Tab.
Das Gestüt von Issyk-Kul ist das Zuchtzentrum der Donpferde in den östlichen Gebieten der Sowjetunion. Die Donpferde vertragen das trockene, kontinentale Klima gut und sind für die Herdenhaltung geeignet. Zur Verbesserung ihrer Sporteigenschaften muß die Rasse vervollkommnet werden. Es ist eine Bluteinspritzung von Englischem Vollblut vorgesehen. Bes. Wert wird auf die Erhöhung der Schnelligkeit und der Arbeitsleistung, aber auch auf stärkeren Knochenbau, feste Konstitution und Widerstandsfähigkeit gelegt. Die Pferde werden in Herden gehalten, was die volle Entwicklung der Jungtiere, die Erhaltung der Widerstandsfähigkeit und der guten Anpassungsfähigkeit an die Herden-Weidehaltung gewährleistet. Für die Aufzucht großer Pferde mit besten Leistungseigenschaften ist eine Zufütterung von 2–3 kg Kraftfutter pro Tier und Tag in der Säugeperiode auf den Gebirgsweiden notwendig: Vom 1. Lebensjahr bis zum Beginn des Trainings bleiben die Jungpferde auf den Gebirgsweiden und erhalten 3–4 kg Kraftfutter pro Tier und Tag. Zur Erhöhung der Rentabilität der Produktion von Donpferden müssen jährl. 100 Tiere im Alter von 1,5 Jahren zum Training aufgestellt werden können, davon 65 Hengste und 35 Stuten. K. Witt. 3170.

3-64/08-0270 Chachula, Jerzy. Studia nad pogrubionym koniem roboczym w Sztumskim ośrodku hodowlanym. **(Studien über das verstärkte Arbeitspferd im Zuchtgebiet von Sztum.)** Roczniki Nauk rolniczych, Ser. D **105** (1963) S. 3-89. – 11 Abb., 45 Tab., 78 Lit. Zus. in Russ., Engl. 3170.

3-64/08-0271 Cardinet, George H., Fowler, Murray E. und Tyler, Walter S. The effects of training, exercise, and tying-up on serum transaminase activities in the horse. **(Der Einfluß von Training, einer besonderen Belastung und von Myositis auf die Serum-Transaminase-Aktivitäten beim Pferd.)** Amer. J. veterin. Res. **24** (1963) Nr. 102. S. 980-984. – 1 Abb., 5 Tab., 10 Lit. Zus. in Interlingua.
Bei Rennpferden, die in einem strengen Training auf ein Hindernisrennen vorbereitet wurden, ermittelten die Autoren am 29., 43., 68., 84. und 100. Tag des Trainings die SGOT-Aktivität im Serum. Ferner wurde bei einer Reihe

von Pferden, die einem Ausdauertest (bestehend aus Zugprüfung, Galopp- und Hindernisrennen im Wechsel mit Ruhe) unterzogen wurden, vor und nach der Belastung die SGOT-Aktivität bestimmt. Schließlich untersuchten die Autoren die SGOT-Aktivität bei Pferden, welche sich infolge der Trainingsbelastung eine Myositis zugezogen oder während des Rennens einen Unfall erlitten hatten. Im Vergleich zu untrainierten Pferden (151 ± 18 Sigma-Frankel-E/ml Serum) tritt bei trainierten Tieren mit der Dauer des Trainings eine signifikante Steigerung der SGOT-Aktivität ein (am 100. Tag 230 ± 28 E/ml). Ebenso ist nach Beendigung des Ausdauertests ein Anstieg der SGOT-Aktivität festzustellen, der um so größer ist, je höher bereits der Ausgangswert vor der Belastung gelegen hat. Diese Steigerung war bes. hoch bei Pferden mit Myositis (von 780 ± 366 auf 6540 ± 5924 E/ml), während Unfälle während des Rennens ohne signifikanten Einfluß auf die SGOT-Aktivität waren. Interessant ist die Beobachtung, daß die Tiere mit der geringsten SGOT-Aktivität vor Antritt des Ausdauertests später die Erstplazierten des Rennens geworden sind(!). E. Grün. 3350.

3-64/08-0272 *Patten, John Wesley.* **The light horse breeds. Their origin, characteristics, and principal uses.** New York: Barnes. 1960. (225 S. m. Abb.) 4°. (1963 B 254)

3-64/08-0273 *Pruski, Witold, Grabowski, Jan* und *Schuch, Stanisław.* **Hodowla koni.** (Pferdezucht. Bd. 2.) Warszawa: Państw. wyd. roln. i leśne. 1963. (666 S.) 8°. (1963) A 1577,2)

C. RINDER

3-64/08-0274 Mel'der, A. Soveršenstvuem plemennuju rabotu. **(Zur Verbesserung der Zuchtarbeit.)** Moločnoe i mjasnoe skotovodstvo, Moskva 9 (1964) Nr. 2. S. 1–4. — 1 Abb.
In der Estnischen SSR sind hauptsächlich die Estnische Schwarzbunte Rasse und die Estnische Rote Rinderrasse verbreitet. Diese Rassen zeichnen sich durch hohe Milchleistung sowie hohen Fettgehalt aus. Als Hauptziel der Zuchtarbeit gilt die Verbesserung der Milchleistung einschließlich der Steigerung des Anteils der wertvollen Milchinhaltsstoffe wie Fett und Eiweiß. Außerdem ist man bestrebt, bei der Selektion solche Tiere zu bevorzugen, die eine ausgeglichene Laktationskurve besitzen, ebenso wie auch die Intensität der Milchhergabe berücksichtigt wird. Der Übergang zum 2maligen Melken wird vorgeschlagen, um das Melkpersonal zu entlasten und Möglichkeiten für den Übergang zum 7-Stundentag zu schaffen. Die Organisation der Zuchtarbeit in der Estnischen SSR wird erläutert. Es wird, neben der Bonitierung von Einzeltieren, das züchterische Niveau ganzer Herden nach einem spez. Schema beurteilt, was den Wettbewerb zwischen den einzelnen Zuchtbetrieben anspornt. Außerdem wird der Käufer eines Zuchttieres hierdurch über die allg. Bedingungen und den Leistungsstand der Herde informiert, in der das Tier aufwuchs. — Der Nachkommenschaftsprüfung der Zuchtbullen wird große Aufmerksamkeit geschenkt. An 1000 Kühen welche unter gleichen Bedingungen gehalten werden, können jährl. 50 Bullen geprüft werden. H. Schwiderski/Dummerstorf. 3410.

3-64/08-0275 Anonym. **Vergütung nach dem Endprodukt und Zusatzvergütung in der Rinderhaltung.** Dtsch. Landwirtsch. **15** (1964) Nr. 2. S. 92–96. — 3 Tab. 3410.

3-64/08-0276 Dietrich, H. und Eisold, S. **Vorschläge zur Entwicklung von Kooperationsbeziehungen in der Rinderhaltung im Bezirk Magdeburg.** Ratgeber sozialist. Landwirtsch. **1964** Nr. 3. S. 1–10. — 18 Tab. 3410.

3-64/08-0277 Dietsch, R. **Kooperationsbeziehungen bei der Rinderhaltung — Hinweise und Erfahrungen aus der LPG „Alm am Inselsberg" Brotterode.** Wiss.-techn. Fortschr. Landwirtsch. **4** (1963) Nr. 11. S. 490–492. — 3 Abb., 3 Lit. 3410.

3-64/08-0278 Joshi, S. C. Breeding and exploitation of buffaloes in various regions of India. **(Zucht und Nutzung von Büffeln in verschiedenen Gebieten Indiens.)** Zootecn. e Veterin. **18** (1963) Nr. 5/6. S. 253–256.

Indien besitzt von allen Ländern die größte Zahl von Büffeln. Vom gesamten Milchvieh des Landes machen sie 30% aus, liefern aber 55,9% der Gesamtmilch (1956). Die wichtigsten Rassen sind Murrah, Jafrabadi und Nili. Die Regierung legte 3 wichtige Programme zur schnellen Verbesserung des Leistungsvermögens und der tatsächlichen Leistungen fest. Nach einem Zuchtprogramm werden 1. in Gebieten ohne Rassetierbestand Verdrängungskreuzungen, 2. in bergigen Gebieten und Gegenden mit hohen Niederschlägen Gebrauchskreuzungen vorgenommen. Der KB kommt infolge der geringen Zahl von Zuchtbullen mit bekannter Abstammung große Bedeutung zu. Spezielle Verdünner mußten für das Büffelsperma gefunden werden. Am günstigsten ist Glukose-Natrium-Bikarbonat-Sulphamethazin. Das 2. wichtige Programm sieht die planmäßige Errichtung sog. Schlüsseldörfer mit Zuchtzentren von 2-5000 Rindern und Büffeln vor. Hier stehen der Anwendung der KB keine psychologischen Hemmungen seitens der Dorfbevölkerung entgegen. Ein weiterer Plan wird z. Z. verwirklicht, der eine Massenkastration aller minderwertigen Bullen und eine Sterilisierung schlechter weibl. Tiere vorsieht. Die Nutzung der Büffel besteht, neben der Verwendung als Arbeitstiere, vor allem in der Gewinnung der Milch. Der Fleischverbrauch hat geringe Bedeutung, alle anderen Nebenprodukte, wie Häute, Knochen, Hufe, Hörner, werden verarbeitet. K. Damm. 3426.

3-64/08-0279 Singh, Amrik. The breeds of Indian buffaloes and criteria of selection. **(Die indischen Büffelrassen und die Kriterien ihrer Selektion.)** Zootecn. e Veterin. **18** (1963) Nr. 5/6. S. 272-277. – 2 Abb., 1 Tab., 3 Lit.

In der indischen Landwirtschaft stehen die männl. Tiere bei Büffeln und Rindern in ihrer Bedeutung weit über den Kühen. Der Milchertrag je Büffelkuh und Jahr liegt knapp unter 500 kg. 19,2% der Tiere liefern weniger als 1 kg, 18,8% mehr als 2 kg je Tag. 1961 gab es 23 Mill. zuchtfähige Büffel. Hauptsächlich dienen die weibl. Tiere als Milchlieferanten, aus Milch wird Ghee (Butterfett) gewonnen. Der Fettgehalt liegt zwischen 6 und 9%. Die männl. Tiere werden als unentbehrliche Zugtiere auf dem Acker und für schwere, langsame Transportarbeiten eingesetzt. Das Fleisch wird von den 50 Mill. Moslems im Lande verzehrt. Von 7 klar abgegrenzten Rassen werden die wichtigsten Körpermaße angegeben. Die Murrah-Rasse ist die bekannteste und bedeutendste, bes. in staatlichen und Militärfarmen gibt es durchgezüchtete Herden. Der Milchertrag liegt bei ∅ 1500 kg in 300 Tagen. Die Nili-Rasse weist die höchsten Milchleistungen auf, in 250 Tagen werden ∅ 1750 kg erzielt. Weitere Beschreibungen werden von den Rassen Surti, Jafrabadi, Mehsana, Nagpuri und Bhadawari gegeben, die neben Leistungsangaben Mitteilungen über Farbe und Verbreitungsgebiet umfassen. K. Damm. 3426.

3-64/08-0280 Phillips, Ralph W. World distribution of the major types of cattle. **(Verbreitung der bedeutendsten Rinderrassen in der Welt.)** J. Heredity **52** (1961) Nr. 5. S. 207–213. – 2 Abb., 11 Lit.

Vf. hat in sehr übersichtlicher Form die Originalzuchtgebiete der bedeutendsten Rinderrassen im Weltmaßstab zusammengestellt. Er betont, daß die Übersicht nicht ganz vollkommen sei, aber als Grundlage für weitergehende Untersuchungen anderer Wissenschaftler aufgefaßt werden kann.
D. Stolzenburg. **3442.**

3-64/08-0281 Anonym. Dyskusja nad stanem, możliwościami i potrzebami hodowli bydła polskiego szerwonego. **(Diskussion über den Stand, die Möglichkeiten und die Erfordernisse der polnischen Rotviehzucht.)** Przegląd Hodowlany **31** (1963) Nr. 1. S. 1–6. – 2 Tab.

Behandelt werden die auf einer Beratung gehaltenen Referate, welche den gegenwärtigen Stand und die Möglichkeiten für eine weitere Entwicklung der polnischen Rotviehzucht zum Gegenstand hatten. Die Zuchtarbeit müßte jetzt auf die Schaffung eines kombinierten Fleisch-Milch- sowie eines Milch-Fleischleistungstyps ausgerichtet werden unter Beachtung des Eiweißgehaltes der Milch. Die Frage der Kreuzung mit Dänischem Rotvieh und Jerseys wurde angesprochen. Es folgen Angaben über den gegenwärtigen Stand der Rotviehzüchtung in Polen, die 8 Zuchtzentren, die Zahl der Tiere, die unter Leistungskontrolle stehen und in die Herdbücher eingetragen sind, sowie über den Bedarf an Bullen. Der Wert der Züchtung wird hervorgehoben und gefordert, das Polnische Rotvieh reinrassig zu erhalten (durchschnittl. Milchleistung 1960: 2551 kg Milch mit 3,87% Fett). Eine starke Blutzuführung durch Dänisches Rotvieh und das Jerseyrind wäre zweckmäßig. Die Züchtung von Kreuzungstieren mit 3/4 Blutanteil der veredelnden Rasse ist anzustreben, und erst die so erhaltenen Kreuzungstypen sollten untereinander vermehrt werden. PRL/CBR, übersetzt v. R. Hüffer. 3480.

3-64/08-0282 Chwalibóg, T. Pilne zadanie ulepszenia bydła polskiego czerwonego. **(Die wichtige Aufgabe der Verbesserung des Polnischen Rotviehs.)** Przegląd Hodowlany. **31** (1963) Nr. 1. S. 10–12.
Hauptbedingung für die Verbesserung des Polnischen Rotviehs ist die Erzeugung einer genügenden Anzahl hochwertiger Bullen. Ihre Züchtung ist die Hauptaufgabe des Herdbuchverbandes. Auf 11560 eingetragene Kühe entfallen kaum 1250 Bullen, also ca. 10,5%. Auf Anweisung des Verbandes werden zum Decken in Zuchtbetrieben ausschließlich dänische Bullen verwendet. Im Wettbewerb mit importierten guten dänischen Tieren und ihrer Nachkommenschaft wird das Polnische Rotvieh, das mühevoller Zuchtarbeit und Auslese bedarf, die Konkurrenz nicht aushalten und verdrängt werden. Kreuzungen oder die Zuführung von veredelndem Blut sind daher ohne gleichzeitige Zuchtarbeit am Polnischen Rotvieh nicht möglich. Um den Wert der Bestände rasch zu steigern, hält Vf. es für zweckmäßig, die besten Kühe und Färsen durch Aufkauf bei Einzelbauern und auch in Staatsgütern in einigen Zuchtbetrieben zu konzentrieren. Mit der Beurteilung der Bullen müßte so rasch wie möglich begonnen werden. Falls ein Teil der Bestände rein erhalten bleiben soll, müßten 1. der prozentuale Anteil dieser Rinder an der Herdbuchzucht sowie die Linienzugehörigkeit der Bullen festgestellt, 2. eine Methodik für die Zuchtarbeit zur Verbesserung der Linien entwickelt und 3. die Richtlinien für die Züchtung des Polnischen Rotviehs sowie die Kreuzung von Polnischem mit Dänischem Rotvieh festgelegt werden.
PRL/CBR, übersetzt v. R. Hüffer. 3480.

3-64/08-0283 Ljubimov, L. T. Tagil'skaja poroda skota i ee potencial'nye vozmožnosti soveršenstvovanija. **(Das Tagil-Rind und Möglichkeiten seiner Vervollkommnung.)** Životnovodstvo, Moskva 25 (1963) Nr. 9. S. 43–49. — 1 Abb., 7 Tab.
Vf. charakterisiert das Tagil-Rind als wertvolle einheimische Rasse des Uralgebietes und Sibiriens. Hervorgehoben wird die lange Nutzungsdauer bei anhaltender hoher Leistung. Von 1157 Kühen mit einer Jahresleistung von 4000 bis über 9000 kg hatten 711 einen Fettgehalt von über 4% (∅ 4,21% und 194,7 kg Milchfett). Höchste Leistung zeigten 2 Kühe in 8,5 Laktationen mit 9169 kg, 4,16% und 381,4 kg Fett. Obwohl reiner Milchleistungstyp zeigen die Bullen gute Fleischleistung, bedingt durch stark ausgeprägten Geschlechtsdimorphismus im Zusammenhang mit dem Fütterungstyp bei der Aufzucht. Es folgt eine ausführliche Darstellung der zahlen- und leistungsmäßigen Entwicklung der Rasse. Die breit angelegte Einkreuzung von Ostfriesen zeigte keine positiven Ergebnisse und hinderte die Entwicklung und Vervollkommnung der Rasse beträchtlich. Als wichtigste Maßnahmen zur Verbesserung

der Zuchtarbeit werden vorgeschlagen: Rassenbereinigung, Konzentration des reinrassigen Bestandes sowie Schaffung zentraler Aufzuchtbetriebe.
G. Bernert. 3480.

3-64/08-0284 Singh, Amrik. Breeds of Indian cattle and criteria of their selection. **(Die indischen Rinderrassen und Kriterien ihrer Selektion.)** Zootecn. e Veterin. **18** (1963) Nr. 5/6. S. 264–271. — 4 Abb., 3 Lit.
1961 verfügte Indien über folgende Viehbestände: 176 Mill. Rinder (Zebus); 51 Mill. Büffel; 6 Mill. Pferde; 95 Mill. Schafe und Ziegen und 100 Mill. Stck. Geflügel. Die durchschnittl. Milchleistung beträgt ca. 180 l bei den Kühen und 480 l pro Jahr bei den Büffelkühen. Es wird geschätzt, daß 94,3% der Kühe und 19,2% der Büffelkühe weniger als 1 l je Tag geben. Der Milchkonsum liegt bei ∅ 150 cm^3/Tag und Kopf. In Indien werden 200 Mill. ha nur mit tierischen Zugkräften bewirtschaftet (70 Mill. Arbeitstiere). Die Viehwirtschaft erbrachte 1950/51 $^1/_4$ des Nationaleinkommens. Der Fleisch verzehr ist abhängig von der Religion. Es gibt 25 Rinderrassen (Zebus) und 7 Büffelrassen. Sie werden in 3 Rassengruppen eingeteilt: Milchrassen, Arbeitsrassen und Zweinutzungsrassen. Von allen wichtigen Rassen werden Exterieurangaben gemacht und die Leistungen kurz beschrieben.
K. Damm. 3490.

3-64/08-0285 Montsma, G. A preliminary report on the production characters of three types of cattle in Ghana. **(Ein vorläufiger Bericht über die Leistungseigenschaften dreier Rinderrassen in Ghana.)** Netherl. J. agric. Sci. **11** (1963) Nr. 5. S. 364-377. — 7 Abb., 2 Tab., 16 Lit.
In Ghana gibt es ca. 0,5 Mill. Rinder. 75% davon leben nördlich des 9. Breitengrades. Jährl. werden 100000 Schlachtrinder importiert. Es werden Klimaangaben gemacht. Der jährl. Niederschlag schwankt zwischen 17 und 47 in., das Mittel beträgt 26 in. Die Leistungsermittlungen über die 3 Rassen Westafrikanisches Shorthorn, N'Dama und Sokoto Gudali wurden in einer Versuchsfarm angestellt. Die beiden erstgenannten gehören zum taurinen Typ, letztere stammt vom Zebu ab. Das Lgw. von der Geburt bis zum Alter von mehr als 2,5 Jahren wurde ermittelt, die rel. Wachstumsrate wird in Prozent des Geburtsgewichts angegeben. Die Milchleistung wurde mit und ohne Kraftfuttergabe an die Kühe ermittelt, die Kälber wurden vor und nach dem Säugen gewogen. Die Milchleistungen (lb.) betrugen in 26-Wochen-Laktationen (I ohne, II mit Kraftfutter): N'Dama I = 1015, II = 1594; W. A. Shorthorn I = 846, II = 1724; Sokoto Gudali I = 1330; II = 2599. Da die Tiere rel. klein und leicht sind, sollten die Leistungen auf das Körpergewicht bezogen werden. Die Fruchtbarkeit ist niedrig. Im Distrikt Nord-Gonja kalben die Kühe einmal in 2 Jahren, in N. W.-Ashanti kalben jährl. 30–35%. Die Zuchtbenutzung der Färsen richtet sich nach deren Gewicht. Es werden Angaben über den Zahnwechsel gemacht. Die Umweltverhältnisse werden als die z. Z. leistungsbegrenzenden Faktoren angesehen. K. Damm. 3490.

3-64/08-0286 Scholz, F. **Wie steht es um die Entwicklung der Milchleistungsprüfungen?** Tierzüchter **15** (1963) Nr. 17. S. 629-630. — 1 Abb. 3520.

3-64/08-0287 Winnigstedt. **Die Zusammenarbeit der Zuchtverbände, der Besamungs- und Milchleistungsprüfungsorganisationen.** Tierzüchter **14** (1962) Nr. 14. S. 519–521. 3520.

3-64/08-0288 Bradbury, C. J. und Maclean, T. N. Association dairy herd test report 1962-63. **(Verbandsmilchleistungsprüfungen 1962/63 in Victoria, Australien.)** J. Agric. [Melbourne] **62** (1964) Nr. 1. S. 9–12. — 3 Abb., 1 Tab. 3520.

3-64/08-0289 Guyer, Paul Q. und Lucas, Leo E. Beef herd improvement with record of performance. **(Züchterische Verbesserung in Fleischrinder-**

herden durch Leistungsprüfung.) Univ. Nebraska, Coll. Agric., agric. Exp. Stat., Circ. **1963** Nr. 289. S. 1–27. — 23 Abb.
Dem Farmer Nebraskas, der seine Flächen oft nur durch Beweidung mit Mastrindern nutzen kann, werden Hinweise zur zielstrebigen züchterischen Arbeit, bei der Leistungsprüfungen die Voraussetzung sind, gegeben. Folgende Daten sollten in allen Herden ermittelt werden: Geburtsdatum, Körperzustand beim Absetzen (Punktbewertung), Absatzgewicht, Körperzustand der Jährlinge (Punktbewertung), Jährlingsgewichte, Fruchtbarkeit der Kühe und Bullen. Die Bedeutung und Verwendungsmöglichkeiten dieser Angaben werden geschildert. Die Heritabilität der Merkmale wird wie folgt angegeben: Absatzgewicht 30%, Aufzuchtleistung der Kühe 40%, Körperzustand beim Absetzen 25%, Jährlingsgewicht 45% und Körperzustand der Jährlinge 40%. Für die Herdbuch- und Gebrauchszuchten werden die einzelnen Arbeitsgänge, ihre Termine, die Führung der Zuchtbücher, die Anwendung des Punktsystems zur Körperbeurteilung usw. erläutert.
K. Damm. 3528.

3-64/08-0290 Helmsing, J. S., Laird jun., R. und Walker-Love, J. Commercial beef recording. **(Leistungsprüfung in der Rindermast.)** Scott. Agric. **43** (1963) Nr. 2. S. 89–95. — 4 Tab.
Über die Durchführung von Leistungsprüfungen bei der Rindermast in den Farmen bestehen noch keine endgültigen Vorstellungen. Seit 1959 werden daher in Zusammenarbeit mit vielen Farmern Erhebungen durchgeführt, um ein Schema für solche Leistungsprüfungen zu erarbeiten. Vorliegende Arbeit faßt die Prüfungsergebnisse der Stallfutterperiode Okt. 1961–April 1962 zusammen. In 27 Betrieben wurden 600 Masttiere (508 Bullen), die in 51 Stallgruppen gehalten wurden und im Okt. 18–24 Mon. alt waren, überprüft. Ermittelt wurden die tägl. Zunahmen, der Futterverzehr und die Futterkosten. Beim Futterverzehr wurden die Mengen der verschiedenen Futtermittel und der Verbrauch an verd. E. und StE festgestellt. Die durchschnittl. tägl. Zunahmen betrugen 1,60 lb., schwanken aber in den Durchschnitten der 51 Gruppen zwischen 0,92 und 3,80 lb. Bei der Berechnung der Futterkosten wurde das wirtschaftseigene Futter mit einheitlichen Preisen bewertet. Der Einfluß des Stalles kann nicht direkt erfaßt werden, es wurden die Stallfläche und Troglänge je Tier ermittelt (⌀ 64,1 sq.ft. und 2,34 ft.). K. Damm. 3528.

3-64/08-0291 Bürgi, P. **Zur Methodik der Melkbarkeitsprüfung.** Schr. schweiz. Verein. Tierzucht **1963** Nr. 31. S. 19–31. — 6 Abb., 2 Tab., 6 Lit.
Es wird auf die praktische Durchführung von Melkbarkeitsuntersuchungen eingegangen. Das größte Minutengemelk ist weniger beeinflußbar als das durchschnittl. Minutengemelk, auch die Viertelverteilung besitzt geringe Fehlermöglichkeit. Ein genügend sicheres Resultat geben 2–4 Messungen je Kuh und Laktation, wobei zur Vermeidung von Melkstörungen das betriebsübliche Melkaggregat verwendet werden sollte. Die Intensität des Milchflusses ist außer von der Milchmenge von zahlreichen unkontrollierbaren Faktoren abhängig, deshalb erscheint ein grobes Notensystem für zweckmäßig, um die wirklich Schlechten und die wirklich Besten zu kennzeichnen. Im Laktationsablauf und mit zunehmendem Alter verändert sich die Melkgeschwindigkeit, so daß die Vergleichbarkeit der Untersuchungen beachtet werden muß. Der Handmelker kann die Melkeignung der Euter für die Maschine nicht ermitteln.
H. Fiedler. 3546.

3-64/08-0292 Nedava, V. E. Ocenka bykov-proizvoditelej po pokazateljam oplaty korma molokom u ich dočerej. **(Die Bewertung der Zuchtbullen nach dem Futteraufwand in der Milchproduktion der Töchter.)** Naučnye trudy. Kievskaja opytnaja stancija životnovodstva 8 (1962) S. 20–23. — Aus: Referativnyj žurnal Moskva. Životnovodstvo, veterinarija **1963** Nr. 4. 58. 44. S. 5.

Der Autor empfiehlt, bei der Nachkommenschaftsprüfung der Bullen in den Zuchtbetrieben auch bei der Milchleistung die Futterverwertung zu berücksichtigen. übersetzt v. N. Kuhlberg. 3550.

3-64/08-0293 Hahn, H. **Zuchteliten gesucht und gefunden!** Tierzucht 17 (1963) Nr. 11. S. 490–496.
Vf. berichtet über die Ergebnisse der 1962 und 1963 im Bez. Magdeburg durchgeführten Bullennachzuchtüberprüfungen, Kuhfamilienprämiierungen und Anerkennungen der Elite-Tiere. Von 22 prämiierten Bullen erhielten sieben I. und vier IIa-Preise. Unter diesen 11 Bullen waren 6 Besamungsbullen, von denen auch der beste Vererber, der Bulle „Granit", gestellt wurde, dessen Töchter eine Leistung von 3718 kg Milch mit 4,04% Fett hatten. Von 32 prämiierten Kuhfamilien erhielten zehn I. und sieben IIa-Preise. Die sozialist. Großbetriebe bieten die Möglichkeit, die Kuhfamilienzucht als Hauptmethode zu entwickeln. Die Anerkennung als Elite (II)-Tiere erhielten 9 Bullen und 44 Kühe. Das Elitezeichen (I) konnte nicht vergeben werden. K. Pilz. 3560.

3-64/08-0294 Brauer, H. **Bullennachzuchtbesichtigungen und Kuhfamilienprämiierungen 1961 und 1962 im Bereich der Tierzuchtinspektion Neubrandenburg.** Tierzucht 18 (1964) Nr. 2. S. 79–83. — 4 Abb., 2 Tab. 3560.

3-64/08-0295 Jollans, J. L., Will, I. und Abakah, J. K. Observations on dwarf cattle in the Northern Savannah zone of Ghana. **(Beobachtungen über Zwergwuchs beim Rind in der nördlichen Savannenzone Ghanas.)** West African J. biol. Chem. 5 (1961) Nr. 1. S. 2–21. 3595.

3-64/08-0296 Teschner, R. **Über die Verwendung der Kälber.** Tierzüchter 15 (1963) Nr. 15. S. 541–543. — 3 Abb. 3604.

3-64/08-0297 Breitenstein, K.-G. und Fiedler, H. **Zur Organisation der Linienzucht beim Deutschen Fleckvieh.** Tierzucht 17 (1963) Nr. 9. S. 404 bis 407.
Beim Fleckvieh soll in der DDR die Linienzucht mit 7 Linien erfolgen, in denen der Vatertierbestand zusammengefaßt wird, obwohl nicht alle Bullen verwandt sind, sondern erst im Laufe der Durchführung der Linienzucht verwandt werden. Bei der Zuordnung der Bullen zu den einzelnen Linien werden die Verwandtschaftsverhältnisse, die gleichmäßige Verteilung hinsichtlich der Qualität sowie ihr derzeitiger Standort berücksichtigt. Die Zuordnung der weiblichenTiere zu den Linien erfolgt nach dem territorialen und verwandtschaftlichen Prinzip. Die Bullenmütter werden innerhalb der Linien gezüchtet. Durch systematische Nachkommenschaftsprüfungen werden Passereffekte ermittelt, die in der Landeszucht beim Rotationseinsatz der Bullen ausgenutzt werden. K. Pilz. 3606.

3-64/08-0298 Leuthold, G. **Ergebnisse aus dem Jerseykreuzungsprogramm der Deutschen Demokratischen Republik. 1. Mitt. Die Mastleistung von F_1-Bullen aus der Kreuzung Jersey × Schwarzbuntes Niederungsrind.** Tierzucht 17 (1963) Nr. 9. S. 398–402.
Bei der Einkreuzung von dänischen Jerseybullen in Gebrauchsherden des schwarzbunten Rindes ist die Verwertung der männl. F_1-Tiere als Schlachtkälber infolge deren geringen Geburtsgewichtes und schlechter Einstufung bei der Lebendvermarktung unrentabel. In einem Mastversuch mit 12 F_1-Bullenkälbern und 16 Vergleichstieren des Schwarzbunten Rindes wurde geprüft, ob den Kreuzungsbetrieben die Mast von F_1-Bullen zu empfehlen ist. Die F_1-Tiere hatten sowohl bei einem Mastendgewicht von 300 als auch 400 kg eine um 8% niedrigere Masttagszunahme als die Vergleichstiere. Ihre Mastzeit dauerte bei 300 kg Endgewicht 15,5% und bei 400 kg 13,7% länger. Ihre Nährstoffverwertung war bei beiden Mastendgewichten im StW. um ca. 12%

und bei verd. Rohprotein um ca. 9% schlechter. Das Rindfleischaufkommen ist in Kreuzungsbetrieben über höhere Endgewichte bei schwarzbunten Mastbullen zu decken. K. Pilz. 3606.

3-64/08-0299 Edgar, D. G. und Clayton, D. G. Detecting heat in cows. **(Brunstfeststellung bei Kühen.)** New Zealand J. Agric. **107** (1963) Nr. 4. S. 285. – 2 Abb.
Die in Australien entwickelte Methode zur Feststellung brünstiger Rinder besteht darin, daß an der Unterseite eines Kopfhalfters für Bullen oder geeignete Kühe mittels einer Metallklammer ein Farbstift befestigt wird. Der Stift sollte möglichst nahe am Maul angebracht werden. Bespringt der Bulle ein weibl. Rind, hinterläßt der Stift in den meisten Fällen Farbstriche auf dem Rücken oder an der Seite der Kuh. Die Farbe des Stiftes sollte im Abstand von ca. 3 Wochen gewechselt werden. F. Döcke. 3608.

3-64/08-0300 Birjukova, E. S. Vlijanie urovnja kormlenija korov pri raznom vozraste pervogo otela na ich moločnuju produktivnost'. **(Der Einfluß der Fütterung auf die Milchleistung von Kühen mit unterschiedlichem Erstkalbealter.)** Naučnye trudy. Kievskaja opytnaja stancija životnovodstva 8 (1962) S. 71–78. – Aus: Referativnyj žurnal Moskva. Životnovodstvo, veterinarija **1963** Nr. 4.58.128. S. 14–15.
Färsen der Simmentaler und der Weißköpfigen Ukrainischen Rasse wurden von der Geburt bis zur ersten Kalbung mit nährstoffmäßig unterschiedlichen Futterrationen aufgezogen. Nach Ansicht des Vf. sind die Kühe der Simmentaler Rasse zweckmäßigerweise bei mäßigem Fütterungsniveau aufzuziehen und im Alter von 20–22 Mon. zu paaren, die Kühe des Weißköpfigen Ukrainischen Rindes als frühreife Rasse im früheren Alter, d. h. bereits mit 18 Mon. zuzulassen. übersetzt v. N. Kuhlberg. 3608.

3-64/08-0301 Sakala, J. Optimální doba připušťania kráv po porodu. **(Die optimale Deckzeit der Kühe nach dem Abkalben.)** Živočišná Výroba 8(36) (1963) Nr. 7. S. 399–408. – 5 Tab., 20 Lit. Zus. in Russ., Dtsch.
An insgesamt 7530 Kühen wurden die Beziehungen zwischen der Zeit der ersten Zulassung nach dem Abkalben und der Befruchtungsfähigkeit bei unterschiedlicher Fütterung und in verschiedenen Jahresperioden untersucht. Von den innerhalb 30 Tagen nach dem Abkalben besamten Kühen wurden 49,3% trächtig, d. s. nur 8,6–8,9% weniger als bei den innerhalb 30–60 und 60–90 Tagen nach dem Abkalben besamten Kühen. Mit der Verschlechterung der Ernährung verschlechterte sich gleichlaufend auch der Prozentsatz der befruchteten Kühe. Die größte Anzahl der rechtzeitig zugelassenen Kühe entfiel auf die Mon. Mai–Aug. Die geringste Anzahl trächtig gewordener Kühe wurde bei den im Sept.–Dez. abgekalbten festgestellt. Die größte Anzahl trächtig gewordener Kühe entfiel auf die im Mai–Aug. abgekalbte Gruppe. Die Jahreszeit beeinflußte die Konzeption der Kühe in den einzelnen Gruppen im Zusammenhang mit der Belegzeit nach dem Abkalben nicht. ČSSR/ÚVTI. 3608.

3-64/08-0302 Dinkel, C. A., Minyard, J. A. und Ray, D. E. Effects of season of breeding on reproductive and weaning performance of beef cattle grazing seleniferous range. **(Der Einfluß des Bedeckungstermins auf die Fruchtbarkeit und die Aufzuchtleistungen von Fleischrindern, die auf selenhaltigem Gelände weiden.)** J. Animal Sci. **22** (1963) Nr. 4. S. 1043–1045. – 1 Tab., 7 Lit.
Ein Selengehalt im Weidegras von mehr als 10^{-5} Teilen der Gesamtration wirkt sich auf Fleischrinder schädlich aus. Die Auswirkungen auf die Fruchtbarkeit scheinen bes. bedeutsam und wurden daher über 5 Jahre, beginnend 1957, in einer Versuchsstation untersucht. Der Gruppe der früh zu bedeckenden Tiere wurde der Bulle am 1. Mai jedes Jahres, der später zu bedeckenden

Gruppe am 18. Juli für die Dauer von 10 Wochen, mit einer Woche Unterbrechung zur Erholung des Bullen, zugeteilt. Die Kälber bleiben mit ihren Müttern bis Ende Okt. auf der Weide, sie werden dann gewogen und hinsichtlich Entwicklung, Kondition und Wirkungserscheinungen des Selen bonitiert. Grundsätzlich zeigte sich eine Überlegenheit in den Leistungen der früh bedeckten Tiere und ihrer Kälber. Insgesamt wurden 152 Kühe bedeckt. In den frühen Gruppen kalbten 60%, in den späten 37,7%, die entspr. Aufzuchtleistungen waren 52,0% bzw. 32,4%. In der Gewichtsentwicklung, der Kondition und den äußerlichen Selenauswirkungen zeigten sich keine Unterschiede. K. Damm. 3608.

3-64/08-0303 Cicardi, Valentino und Magnani, Gerolamo. Ricerche sul comportamento stagionale della fertilita bovina. **(Untersuchungen über das jahreszeitliche Verhalten der Fruchtbarkeit des Rindes.)** Zootecn. e Veterin. **18** (1963) Nr. 5/6. S. 234-243. — 19 Lit.
Über einen Zeitraum von 3 Jahren (1958/60) werden an 2000 schwarzbunten in der Mailänder Tiefebene gezüchteten Milchkühen Untersuchungen durchgeführt. In der Zeit von Anfang Dez. bis Ende Juli fand in allen 3 Jahren eine gleichlaufende Entwicklung der Fruchtbarkeit statt, während im Zeitraum Aug.-Nov. von Jahr zu Jahr ein abweichender Verlauf beobachtet wurde. Bes. erscheint der 3jährige Durchschnitt des Fruchtbarkeitsindex höher für den 2monatigen Zeitabschnitt April-Mai (1,13) und Dez.-Jan. (1,1), während sich für Juni-Juli mit 0,8 und für Aug.-Sept. mit 0,86 Tiefpunkte abzeichnen. Aus den erhaltenen Ergebnissen schließen Vff., daß eine jahreszeitlich bedingte Einwirkung auf die Fruchtbarkeit beim Rind besteht. Von den zahlreichen in Betracht gezogenen Faktoren ist es vor allem die Fütterung, die auf die Fruchtbarkeit einwirkt, teilweise kommen aber auch klimatische Einflüsse in Betracht. K. Reinhardt. 3610.

3-64/08-0304 Rensburg, S. W. J. van und La Grange, A. B. The influence of induced high production on reproductive efficiency. **(Der Einfluß einer gesteigerten Milchproduktion auf die Fortpflanzungsleistung.)** J. South African veterin. med. Assoc. **34** (1963) Nr. 3. S. 349-353. — 6 Lit.
Hohe Milchproduktion und eine gute Fruchtbarkeit sind die 2 wichtigsten Eigenschaften einer idealen Milchkuh. Die Erfüllung dieser beiden Funktionen ist abhängig von den genetischen Anlagen für Milchertrag und Fruchtbarkeit einerseits und von einer richtigen Ernährung, guten Pflege und Haltung andererseits. KB und Erbwertermittlung ermöglichen eine bessere Beurteilung des Zuchtwertes der Vatertiere und eine weitere Verbesserung der Leistung durch einsichtsvolle Selektion. K. Reinhardt. 3610.

3-64/08-0305 Becze, Jósef. **Über das Wesen der durch alimentäre Ursachen hervorgerufenen Sterilität und deren Vermeidung bei Rindern.** Wiss. Z. Hochschule LPG Meissen **5** (1962) Nr. 4. S. 471-477. 3610.

3-64/08-0306 Traballezi, Bruno und Capurso, Antonio. Sulle cause de sterilita bovina nel Mezzogiorno. **(Über die Ursachen der Sterilität der Rinder in Süditalien.)** Zootecn. e Veterin. **18** (1963) Nr. 5/6. S. 284-290. — 5 Lit.
Nach Darstellung der bes. Boden- und Wirtschaftsverhältnisse im Süden Italiens geben Vff. einen Überblick über die Ursachen, welche i. allg. zur Unfruchtbarkeit oder endgültigen Sterilität der Rinder führen. Diese Erkrankungen sind entweder ansteckend, wie Trichomoniasis, Brucellose, Genitaltuberkulose und Genitalinfektionen (Pseudomonas, Streptokokken, Staphylokokken) und machen 30-40% aus, oder sie sind Mangelkrankheiten: Unterernährung, A-Hypovitaminosen, Mangel an Spurenelementen oder Mißverhältnis im Ca/P-Gleichgewicht in der Fütterung, worauf zusammen 50-70% entfallen. Schließlich kommen auch noch congenitale Ursachen wie hypodisgenitale Faktoren hinzu (5-7%). K. Reinhardt. 3610.

3-64/08-0307 Donaldson, L. E. Some observations on the fertility of beef cattle in North Queensland. **(Einige Beobachtungen über die Fruchtbarkeit von Mastrindern in North Queensland.)** Austral. veterin. J. **38** (1962) Nr. 9. S. 447-454. — 2 Abb., 8 Tab., 21 Lit. 3610.

3-64/08-0308 Dickinson, A. G. Modification of gestation length in cattle by the type of environment present at the end of pregnancy. **(Änderungen der Trächtigkeitsdauer beim Rind in Abhängigkeit von den Umweltverhältnissen gegen Ende der Tragezeit.)** Animal Product. **3** (1961) Nr. 3. S. 301-305. 3612.

3-64/08-0309 Běhal, P. Je možný individuální připařovací plán v inseminaci? **(Ist ein individueller Anpaarungsplan bei der KB durchführbar?)** Náš Chov **1963** Nr. 8. S. 267-268. — 1 Abb., 2 Tab.
Auf den Besamungsstationen werden ständig jene Bullen angepaart, deren Samen gerade zur Verfügung steht. Bei der Auswahl der Paarungspartner entscheidet demnach in der Regel der Zufall unter Außerachtlassung der Bedürfnisse der Zucht. Die Erfahrungen mit der im Bezirk der Besamungsstation Pelhřimov bei 1100 Kühen versuchsweise eingeführten individuellen Anpaarung unter Benutzung von 4 hervorragenden Bullen zeigten, daß diese fortschrittliche Zuchtmethode weder bei den Besamungstechnikern noch bei den vorher entspr. informierten Züchtern auf Widerstand stieß. Außer der großen züchterischen Bedeutung der individuellen Anpaarung hat diese Zuchtmethode auch den Vorteil, daß das sonst notwendige Intervall von 16 Tagen nach der ersten Besamung nicht eingehalten werden muß, da die Kuh stets mit Sperma desselben Bullen besamt wird. Außerdem ist es nicht nötig, die Besamungsbullen im betr. Besamungsbezirk aller 2 Jahre zu wechseln. Die individuelle Besamung wird zur schnelleren Leistungssteigerung, bes. zur Erhöhung des Milchfettgehaltes wesentlich beitragen. ČSSR/ÚVTI. 3618.

3-64/08-0310 Vollmilchsparende Kälberaufzucht und -mast mit aufgefettetem Kraftfutter und aufgewerteter Trockenmagermilch. Jena, Inst. Tierernähr. Friedrich-Schiller-Univ. Jena Plan-Nr.: 17-05 00 1-33. Abschlußber. (24/2. 1964).
Eine Herabsetzung der Magermilchmenge von 540 l auf 300 l bei einer Vollmilchgabe von 300 l und Einsatz eines hochwertigen Kraftfuttergemisches wirkten sich nicht nachteilig auf die Entwicklung und die Futterverwertung der Tiere aus. Eine weitere Reduzierung der Vollmilchgabe auf 150 l bedingte eine signifikante Minderzunahme von 13% in der Tränkperiode, welche auch bis zum Abschluß des 1. Lebenshalbjahres nicht aufgeholt werden konnte. Die Herabsetzung des prozentualen Fettgehaltes der Tränkvollmilch von 3% auf 2% bzw. 1% bei einer Vollmilchgabe von 200 l und einer Magermilchgabe von 650 l übte keinen nachteiligen Einfluß auf die Entwicklung der Kälber aus. Das Minderangebot an Nährstoffen durch die Vollmilch wurde durch einen erhöhten Verzehr an Kraftfutter, Heu und Trockenschnitzeln ausgeglichen. Als Kraftfutter wurde ein hochverdauliches und energiereiches Kälbermehl verabreicht. 3634.

3-64/08-0311 Fischer, Gerhard; Gießen, Univ., Inst. für Tierzucht und Haustiergenetik. **Die Verzehrleistung, die Futterverwertung und die Milchleistung der Kühe einer Rotviehherde.** Diss. Gießen **1963** 59 S. — 9 Abb., 8 Tab., 50 Lit.
Die Versuche wurden 1961 und 1962 in einer Rotviehherde mit 21 Kühen durchgeführt, die zur Hälfte rein im Höhentyp standen und zur Hälfte dänisches oder Angler Rotviehblut führten. Sie wurden in der Stallfütterungszeit einzeln gefüttert, das nicht gefressene Futter wurde zurückgewogen. Während der Weidezeit wurden die Kühe in gleicher Weise wie während der Stallfütterung wöchentl. gewogen. Die Anzahl der Kauschläge je Min.

auf der Weide wurde mit Hilfe eines Kauschlagzählers festgestellt. Es konnten Zusammenhänge zwischen Verzehrgeschwindigkeit und der Höhe der Futteraufnahme nachgewiesen werden. Tiere mit hoher Saftfutteraufnahme im Winter haben auch eine hohe Aufnahme an Weidegras im Sommer. Der Umfang an der letzten Rippe ist ein guter Indikator für die mengenmäßige Futteraufnahme, die eine wesentliche Voraussetzung der Milchleistung darstellt. Ein unmittelbarer Vergleich ist aber nur bei gleich alten Tieren möglich. Zwischen Verzehrgeschwindigkeit, Futteraufnahme und Futterverwertung ließen sich keine Korrelationen nachweisen. Die Futterverwertung kann durch eine gezielte Leistungsfütterung verbessert werden. Die Melkdauer ist von der Höhe des Minutengemelks, nicht aber von der Menge des Gesamtgemelks abhängig. Der durchschnittl. Anteil der Vorderviertel liegt bei 45% des Gesamtgemelks. Die Melkbarkeit mit Maschine und von Hand steht in signifikanter Korrelation zu den Punktwerten der Euterbeurteilung, während zwischen Exterieurbeurteilung und Leistung keine Beziehung besteht. J. K. Hinrichsen. 3638.

3-64/08-0312 Nicolicin, Sv., Feredean, T., Oţel, V. und Petrache, E. Cercetări privind alimentaţia şi folosirea taurilo de reproducţie de la centrele de însămînţări artificiale. **(Untersuchungen über Fütterung und Nutzung der Zuchtbullen von Besamungsstationen.)** Lucrările ştiinţ. Inst. Cercetări zootehn. **20** (1962) S. 215-235. – 9 Tab., 16 Lit. Zus. in Russ., Engl., Franz., Dtsch.
Die Steigerung des Proteingehaltes der Futterrationen für Zuchtbullen (adulte mit 14-16 Ejakulaten monatl., d. h. 1 Doppelejakulat aller 4 Tage und junge mit monatl. 7-8 Ejakulaten, d. h. 1 Ejakulat aller 4 Tage) von 90-100 auf 140-145 g verd. Rohprotein/1 FE verbesserte die Spermaqualität bez. des Ejakulatvolumens um 32%, der Beweglichkeit um 2,4% und der Samendichte um 17%. Es konnte nachgewiesen werden, daß Eiweiß tierischer Herkunft in der Ernährung von Zuchtbullen unersetzlich ist. Alter und Rasse der Zuchtbullen sowie die Jahreszeit wiesen keine Beziehung zum Einfluß der Ernährung auf die Spermaqualität auf. Dafür haben einige Futtermittel (wie *Pannicum miliaceum* und bes. Grünfutter) einen vorteilhaften Einfluß auf die Sameneigenschaften (um 26% größeres Ejakulatvolumen, um 3,6 bzw. 1,2% bessere Samenbeweglichkeit und um 4,4 bzw. 8,6% bessere Spermadichte). Es wird empfohlen, die Futterrationen für Zuchtbullen zu 60-65% aus Kraftfutter, 20-35% aus Silage und 5-10% aus Wurzelfrüchten zusammenzustellen; Eiweiß tierischer Herkunft soll 3-7% des Futterwertes in FE ausgedrückt ausmachen. R. Petrovszky. 3644.

3-64/08-0313 Esaulov, P. A. Perspektivy razvitija mjasnogo skotovodstva. **(Perspektiven in der Fleischviehzüchtung.)** Životnovodstvo, Moskva **26** (1964) Nr. 2. S. 1-6.
Die Fleischproduktion hat sich in den letzten 10 Jahren in der SU fast verdoppelt und betrug 10,5 Mill. t im Jahre 1963. Trotzdem können die Bedürfnisse der Bevölkerung noch nicht im notwendigen Umfang befriedigt werden. – Die Produktion von Rind- und Kalbfleisch läßt sich auf Grund der biol. Besonderheiten dieser Tierart sehr ökonomisch gestalten. Nebenprodukte der Getreide- und Zuckerproduktion fallen in der SU jährl. zu Mill. t an. Sie müssen die Grundlage für die Winterfütterung der Mastrinder bilden, während im Sommer die Weide das billigste Futter liefert. So kommt man in der Rindermast auf den geringsten Kraftfutterverbrauch je 1 kg Gewichtszunahme. Als weiteres Positivum der Rindermast wird der geringe AK-Bedarf angegeben, was bes. wichtig für die Neulandgebiete ist, wo nicht genügend Arbeitskräfte vorhanden sind. – Weiter werden verschiedene Fragen der Rindermast unter den Bedingungen der SU besprochen. Es wird empfohlen, spezialisierte Mastrassen zu halten, die Kälber 7-8 Mon. bei den Müttern zu lassen und dann intensiv bis zum Alter von 11-13 Mon. zu mästen, wobei

ein Endgewicht von 270-300 kg erreicht werden soll. Als 2. Variante wird die Überwinterung der 7-8 Mon. alten Absatzkälber vorgeschlagen, um sie in der folgenden Weideperiode auf 320-380 kg aufzumästen.
H. Schwiderski/Dummerstorf. 3652.

3-64/08-0314 Sablin, V. Načinajut s pachoty, končajut s dačej mjasa. **(Von den Pflugarbeiten bis zum Schlachtviehverkauf.)** Moločnoe i mjasnoe skotovodstvo, Moskva **9** (1964) Nr. 2. S. 15-18. — 3 Abb.

Im Staatsgut „Nowoselki", Rjasaner Gebiet, wurde ein Betriebsteil auf Jungrindermast spezialisiert. 32 AK erhielten die Aufgabe, die Futterbereitstellung und Mast von 1026 Jungbullen zu sichern. Dazu wurde der notwendige Maschinen- und Gebäudefonds bereitgestellt. Der Brigade gehören 10 Traktoristen, 11 Tierzüchter und 7 im Feldbau beschäftigte Mitglieder an. Die Lohnberechnung erfolgt nach dem Endprodukt, und zwar kommen je 1 dt Gewichtszuwachs Rbl. 22,50 zur Auszahlung. Durch die günstige Form der Entlohnung wird die Zusammenarbeit zwischen den Brigademitgliedern stimuliert. In der Spezialbrigade für Jungviehmast betrug der Arbeitsaufwand je 1 dt Zuwachs 3,6 AK-Tage, während im Durchschnitt der Sowchose 7,8 AK-Tage benötigt wurden. Durch eine bessere Mechanisierung der Futterverteilung wäre es möglich, noch 3 AK einzusparen, wodurch der AKh-Aufwand noch weiter gesenkt werden könnte.
H. Schwiderski/Dummerstorf. 3652.

3-64/08-0315 Eschenbrenner, G. H.; Gießen, Univ., Inst. für Tierzucht und Haustiergenetik. **Untersuchungen über die Aufzucht und Mast von Jungbullen.** Diss. Gießen **1963** 58 S. — 5 Abb., 18 Tab., 25 Lit.

Die Versuche wurden 1956-60 mit 37 in Oldenburg zugekauften ♂ schwarzbunten Kälbern durchgeführt, die nach Aufzucht mit verschieden hohen Vollmilchgaben bis zu Gewichten über 400 kg gemästet wurden. Die Gewichte bei Beginn der Aufzucht und die Vollmilchmenge sind für die Körperentwicklung während der Mast ohne Bedeutung. Die durchschnittl. Tageszunahmen im Gewichtsabschnitt 280-320 kg betrugen 1150 g. Zwischen Nährstoffaufnahme einerseits und Zunahmen und Nährstoffverwertung andererseits bestehen signifikante Beziehungen. Verschieden hohe Nährstoffgaben, gestaffelt nach StE und basierend auf dem Lgw. wurden in ihrer Wirkung miteinander verglichen. Die höchsten Zunahmen, aber die schlechteste Nährstoffverwertung, wurden bei stärksten Futtergaben (1% des Lgw. und >900 StE) erzielt, die niedrigsten Zunahmen bei der besten Nährstoffverwertung bei 1% + 500 StE. Als optimal wird der Bereich zwischen 1% + 500-800 StE nachgewiesen. J. K. Hinrichsen. 3652.

3-64/08-0316 Berezovoj, A. S. Vlijanie različnych sistem vyraščivanija i otkorma byčkov černo-pestroj porody na ich mjasnye kačestva. **(Der Einfluß verschiedener Aufzucht- und Mastsysteme von Jungbullen der Schwarzbunten Rasse auf ihre Fleischeigenschaften.)** V sb.: Biol. osnovy povyšenija mjasn. kačestv s.-ch. životnych, Kiev **1962** S. 80-87. — Aus: Referativnyj žurnal Moskva. Životnovodstvo, veterinarija **1963** Nr. 5. 58. 79. S. 10.

Die Jungbullen, die bei einem ununterbrochen hohen Fütterungsniveau aufgezogen wurden, hatten im Alter von 18 Mon. ein Lgw. von 529,3 kg, d. h. 244,3 kg Mehrgewicht gegenüber Bullen, die bis zu 12 Mon. bei niedrigem Fütterungsniveau und in der nachfolgenden Periode bei mäßiger Fütterung aufgezogen wurden. Von allen Aufzucht- und Mastsystemen war das mäßig intensive am wirksamsten, bei welchem die Kälber bis zum Alter von 6 Mon. intensiv aufgezogen wurden; im Laufe der nachfolgenden 6 Mon. gab man ihnen billiges Rauhfutter, vom Alter von 1 Jahr an setzte man der Ration Kraft- und Saftfutter zu. Bei diesem System wogen die Bullen im Alter von 18 Mon. 400-450 kg. Die Schlachtausbeute aller Versuchsbullen betrug (in %):

reines Fleisch 69-71,2, Fett 7-10, Knochen 18,3-19. Nach den Geschmackseigenschaften erhielt das Fleisch der Bullen, die bei hohem Fütterungsniveau aufgezogen wurden, die höchste Bewertung. Die Selbstkosten für 1 dt Fleisch waren am geringsten bei der mäßig intensiven Fütterung, am höchsten bei niedrigem Fütterungsniveau. Nach Meinung des Autors soll bei beliebigem Aufzucht- und Mastsystem zur Fleischgewinnung die Fütterung des Jungviehs in den ersten 6 Mon. nur intensiv sein.
übersetzt v. N. Kuhlberg. 3652.

3-64/08-0317 Anonym. **Die Milchleistung des Pinzgauer Rindes 1961.** Mitt. Pinzgauer Rinderzüchter **1962** Nr. 51. 2 S. — 3 Abb.
14,6% des österreichischen Rinderbestandes im Jahre 1959 waren Pinzgauer (337 000 Rinder, davon 173 000 Kühe). Am 31. 12. 1961 wurden 5295 Betriebe mit 35 531 ganzjährig kontrollierten Kühen (20,5% aller Kühe) leistungsgeprüft. 63,8% aller ganzjährig kontrollierten Kühe waren Herdbuchtiere. Die kontrollierten Kühe gaben ∅ 3253 kg Milch mit 3,97% und 129 kg Fett, die Herdbuchkühe 3524 — 4,03 — 142. 59% der kontrollierten Kühe wurden gealpt, 40% sogar auf Hochalmen. Die gealpten Tieren brachten 377 kg weniger Milch und 14 kg weniger Fett. E. Höpler. 3662.

3-64/08-0318 Dohy, J. und Dunay, A. A relativ tejtermelés vizsgálata magyartarka teheneken. **(Prüfung der relativen Milchleistung an Ungarischen Fleckviehkühen.)** Állatenyésztés [Tierzucht] **12** (1963) Nr. 2. S. 129-135. — Aus: Ung. Agrar-Rdsch. **1964** Nr. 1.
Die rel. Milchleistung der Ungarischen Fleckviehkühe war bei Tieren mit einem Brustumfang von 181–190 cm bzw. einem Lgw. von 550-600 kg am günstigsten. 3662.

3-64/08-0319 Walker, D. E. K. und Pos, H. G.; Ruakura Animal Res. Stat. Milk production in beef heifers. **(Die Milchleistung von Färsen der Fleischrassen.)** New Zealand J. Agric. **107** (1963) Nr. 4. S. 277-280. — 5 Abb., 2 Tab.
In Erkenntnis der Tatsache, daß das Wachstum der Kälber wesentlich von der Milchleistung der Muttertiere abhängt, wurden mittels Kälberwägungen vor und nach dem Saugen die Milchleistungen ermittelt. Die reinen Aberdeen Angus erbrachten geringere Milchleistungen und Kälbergewichte als die Kreuzungen dieser Rasse mit Hereford, Friesian und Jersey. Aus der Milchaufnahme der Kälber in Prozent ihres Lgw. wird der Schluß gezogen, daß die Milchleistung nur bis zur 12. Lebenswoche entscheidend ist. Entspr. Folgerungen hinsichtlich des früheren Absetzens und der Fütterung der Muttertiere werden gezogen. K. H. Voigtländer. 3662.

3-64/08-0320 Popescu, Fr., Rusu, S., Florescu, St. und Tacu, A. Caracterele funcţiei digestive la rasa simmental comparativ cu rasa sură de stepă în raport cu nivelul producţiei de lapte şi cu structura raţiilor. **(Vergleichende Untersuchung der Verdauungsfunktion beim Simmentaler- und Grauen Steppenvieh und ihre Relation zur Milchleistung und Zusammensetzung der Futterrationen.)** Lucrările ştiinţ. Inst. Cercetări zootehn. **20** (1962) S. 179-213. — 14 Abb., 15 Tab., 4 Lit. Zus. in Russ., Engl., Franz., Dtsch.
Die Untersuchungen erfolgten in der für die Simmentalerzucht als ungeeignet betrachteten Donauebene. Trotzdem wies das einheimische Graue Steppenrind (GS) (Lgw. ∅ 465 und 485kg, Milchleistung 3440 und 2382 l) einen im Vergleich zum Körpergewicht um 3-9% höheren Futterverbrauch als das Simmentalerrind (S) (Lgw. ∅ 622 und 675 kg, Milchleistung ∅ 6118 und 4405 l) auf. Beim S beträgt der durchschnittl. Futterverbrauch im Vergleich zum GS 125% und die Milchleistung 175%, wodurch eindeutig die wirtschaftliche Überlegenheit des S festgelegt wird. Die Ergebnisse der Arbeit beruhen auf zahlreichen

Untersuchungen bez. der max. verbrauchten Futtermengen, Charakteristiken des Kauens, Wiederkauens und der Pansenbewegungen sowie der zeitlichen Aufteilung der verschiedenen Funktionen im Verlauf von 24 Std.
R. Petrovszky. 3662.

3-64/08-0321 Politov, S. N. O zavisimosti kratnosti doenija i moločnoj produktivnosti i žirnosti moloka u korov. **(Über den Zusammenhang zwischen der Melkhäufigkeit und der Milchleistung sowie dem Milchfettgehalt bei Kühen.)** Životnovodstvo, Moskva **25** (1963) Nr. 6. S. 83-85. — 1 Tab.
Im Sowchos „Woskressenskoje“ (Gebiet Moskau) wurden alle abkalbenden Kühe (aus einer schwarzbunten Herde mit einer jährl. Milchleistung von 5000-5500 kg und einem Milchfettgehalt von ⌀ 3,7%) abwechselnd auf das 2malige (mit einem Intervall von 12 Std.) und 3malige Melken umgestellt. Dabei wurden bei Erstkalbenden bei 2maligem Melken hohe Milchleistungen (4000-5000 kg) bei rel. stabilem Fettgehalt erzielt. Bei Umstellung auf 3maliges Melken (in der 2. Laktation) zeigte sich die gesetzmäßige Tendenz zur weiteren Erhöhung der Milchleistung ohne wesentliche Veränderung des Milchfettgehaltes. Bei jungen Kühen, Kühen in mittlerem Alter und älteren Kühen war bei beiden Umstellungen die gleiche Tendenz zu verzeichnen. Das zeigt, daß die Umstellung von Hochleistungskühen und weniger leistungsfähigen Kühen von 3maligem auf 2maliges Melken und umgekehrt bei Einhaltung der entspr. Fütterungs- und Haltungsbedingungen nicht zur Senkung der Milchleistung oder des Milchfettgehaltes führt. B. Schenk. 3662.

3-64/08-0322 Heever, L. W. van den und McFarlane, I. S. The udder in high production. **(Das Euter bei hoher Milchleistung.)** J. South African veterin. med. Assoc. **34** (1963) Nr. 3. S. 355-361. — 29 Lit.
Die hauptsächlichsten Faktoren, welche das Euter beeinflussen und zu den verschiedenen Schädigungen führen, werden aufgezählt und einzeln erörtert, so die Melkmethoden, die Dauer der Melkperiode, Zustand der Zitzenmündung und des Milchgangsystems, die Bakterienflora der Umgebung und die Immunität der Kühe gegen die gewöhnlichen Mastitiserreger. Die Probleme der Mastitis mit allen mittelbaren und unmittelbaren Faktoren, bes. auch das maschinelle Melken, bedürfen noch weiterer Erforschung, weil unsere Kenntnisse über eine Reihe dieser Faktoren noch unvollkommen sind.
K. Reinhardt. 3662.

3-64/08-0323 Gheorghiu, A., Constantinescu, O. und Gondoș, G. Calitatea grăsimii din laptele de vacă în funcție de regimul alimentăr. **(Eigenschaften des Milchfettes in Abhängigkeit von der Ernährung.)** Lucrările științ. Inst. Cercetări zootehn. **20** (1962) S. 247-265. — 7 Abb., 3 Tab., 22 Lit. Zus. in Russ., Engl., Franz., Dtsch.
Sowohl mengenmäßig als auch qualitativ ist das Milchfett von der Güte und Menge des verabreichten Futters und der vorangegangenen Ernährung abhängig. Es werden eine Reihe von positiven und negativen Beispielen gegeben und deren Einfluß auf die Fettqualität in allen Einzelheiten besprochen. Die Peroxidzahl, die nach einer 8stündigen Aufbewahrung der Fette bei 102 °C bestimmt wurde, erwies, daß die beste Widerstandsfähigkeit gegenüber dem Ranzigwerden im Sommer durch natürliche Weide sowie Verfütterung von Sudangras und Grünmais (0,20-0,34) und im Winter von Leguminosenheu und Maissilage, Kleesilage oder Futterrüben (0,48-0,69) erzielt werden kann.
R. Petrovszky. 3662.

3-64/08-0324 Hahlbrock, D. **Rinder für den Markt.** Tierzüchter **15** (1963) Nr. 16. S. 581-584. — 5 Abb. 3664.

3-64/08-0325 Curto, G. M. und Olivetti, A. Contributo alla conoscenza della resa alla macellazione dei vitolloni Chianino-Maremmani. **(Beitrag zur**

Kenntnis des Ausschlachtungsgrades bei Chiana-Maremma-Kälbern.) Zootecn. e Veterin. 18 (1963) Nr. 5/6. S. 244-252. — 2 Lit.

Bei 23 Chiana-Maremma-Kälbern wurde ein Schlachtgewicht von 55% des Lgw. erzielt. Tab. zeigen das Gewicht der einzelnen Organe von 2 Fütterungsgruppen zu je 10 Kälbern. Das Ergebnis stimmt im wesentlichen mit dem bei gut gemästeten Tieren von Schweizer Braunvieh oder Holstein-Friesen erzielten überein, während die spez. italienischen Fleischrinderschläge aus der Romagna, aus Piemont und Friaul einen Ausschlachtungsgrad von 60% des Lgw. erreichen können. K. Reinhardt. 3664.

3-64/08-0326 Meeser, G. **Einfluß der maschinellen Melkmethoden auf die Verbreitung von Mastitiden.** Mh. Veterinärmed. 15 (1964) Nr. 2. S. 61-64. — 2 Tab., 5 Lit.

9199 Kühe aus 26 Betrieben wurden auf Eutergesundheit untersucht. Davon zeigten 3107 (33,7%) Mastitiden, darunter 2300 (24,9%) Galtmastitis. Der volkswirtschaftliche Schaden durch Mastitiden wird unter Zugrundelegung einer Erhebung in 14 Betrieben für die DDR mit 317000 t Milchverlust oder 170 Mill. DM errechnet. In 18 Betrieben mit unterschiedlichen Methoden der Milchgewinnung wurde die Frage geprüft, ob das Maschinenmelken vom veterinärhygienischen Standpunkt aus zu vertreten ist. Bei sachgemäßer Handhabung wiesen die Maschinenmelkbestände keinen höheren Mastitisverseuchungsgrad auf als die Handmelkbetriebe. Voraussetzung jedoch sind ein gut ausgebildetes, interessiertes und zuverlässiges Melkpersonal und ein von vornherein gesunder Tierbestand. In Offenställen mit Fischgrätenmelkstand wurde verschiedentlich eine hohe Mastitisverseuchung gefunden.
W. Kötsche. 3677.

3-64/08-0327 Happel, F. **Die wesentlichen Unterschiede zwischen dem Maschinenmelken und den charakteristischen Merkmalen beim Saugen des Kalbes und die daraus resultierenden Auswirkungen auf Zitze und Euter.** Tierärztl. Umschau 18 (1963) Nr. 11. S. 597-600.

An Hand theoretischer Überlegungen und praktischer Erfahrungen wird festgestellt, daß alle bisherigen technischen Lösungen des maschinellen Melkens unbefriedigend und Ursache für Leistungsminderung und Euterkrankheiten sind. Schuld daran ist nicht die Höhe des bei der Melkmaschine erzeugten Vakuums, sondern dessen ununterbrochenes Einwirken auf die Zitze, was einen Gegensatz zum natürlichen Saugakt des Kalbes darstellt, bei dem der Unterdruck regelmäßig durch atmosphärischen Druck abgelöst wird. Abschließend weist Vf. andeutungsweise auf ein von ihm neu entwickeltes Melkverfahren hin, dem diese Nachteile nicht anhaften. R. Held. 3677.

3-64/08-0328 Bonadonna, Telesforo. Rischio e malattie da lavoro del personale adetto alla mungitura a mano ed a macchina. **(Gefährdung und Berufskrankeiten der beim Hand- und Maschinenmelken Beschäftigten.)** Zootecn. e Veterin. 18 (1963) Nr. 5/6. S. 160-172.

Während in früheren Zeiten bei Melkern ansteckende Krankheiten (Trychophytie, Hauttuberkulose, u. a.), traumatische Läsionen (Melkerknoten), rheumatische Beschwerden und berufsbedingte Körper- und Gliedmaßendeformationen häufig auftraten, tragen das Maschinenmelken sowie die maschinelle Dungbeseitigung und Futterbeförderung zur Erleichterung der schweren Arbeit und Verkürzung der Arbeitszeit nicht unerheblich bei. Dadurch wird der Beruf menschenwürdiger, die Arbeitsfreude wird gehoben, das körperliche Befinden und die geistige Aufgeschlossenheit werden verbessert, und der Beruf bekommt als der eines technisch erfahrenen und geschickten Spezialisten neues Ansehen. K. Reinhardt. 3677.

3-64/08-0329 Dobšínský, O. und Robeš, B. Postup likvidace tuberkulózy skotu v ČSSR. **(Fortschreitende Liquidierung der Rindertuberkulose in der ČSSR.)** Veterinářství 13 (1963) Nr. 7. S. 289-293. — 2 Abb., 8 Tab.

Mit der organisierten Bekämpfung wurde in der Tschechoslowakei 1956 begonnen mit dem Ziel, die Rindertuberkulose bis Ende 1968 zu liquidieren. Die Krankheitshäufigkeit beim Rind ist auf den Staatsgütern am höchsten. Sie betrug dort im Jahre 1962 29,81%, in den LPG 12,95% und im Privatsektor 7,15%. Die Zahl der Tbc-freien landwirtsch. Betriebe erreichte im Jahre 1962 38,24% mit 22,04% des Rinderbestandes. In 5 Kreisen sind die Bestände der sozialistischen Betriebe bereits vollkommen saniert. — Die staatliche Beihilfe beträgt jährl. 130 Mill. Kčs. ČSSR/ÚVTI. 3680.

3-64/08-0330 **Nowe zagadnienia w hodowli bydła.** (Neue Probleme in der Rinderzucht.) Warszawa: Państw. wyd. roln. i leśne. **1963.** (291 S.) 8°. (1964 A 121)

3-64/08-0331 Unter d. Red. v. *Begučev, A. P.* **Peredovoj opyt vosproizvodstva stada krupnogo rogatogo skota.** (Fortschrittliche Erfahrungen bei der Reproduktion des Rindviehbestandes.) Moskva: Izd. Minist. sel'skogo choz. RSFSR. **1963.** (114 S.) 8°. (1963 A 1491)

3-64/08-0332 *Eschenbrenner, Georg Heinrich.* **Untersuchungen über die Aufzucht und Mast von Jungbullen.** Diss. Landwirtsch. Fak. Gießen. 1963. (58 S.) 8°. (Diss. 9452)

3-64/08-0333 *Fischer, Gerhard.* **Die Verzehrleistung, die Futterverwertung und die Milchleistung der Kühe einer Rotviehherde.** Diss. Landwirtsch. Fak. Gießen. 1963. (59 S.) 8°. (Diss. 9463)

3-64/08-0334 *Fischer, Hans.* **Untersuchungen über das Ausmaß der Selektion auf die Jahresmilchleistung in FCM in einem Zuchtverband des bayerischen Fleckviehs.** Diss. Veterinärmed. Fak. München. 1960. (23 S.) 8°. (Diss. 9351)

3-64/08-0335 *Kintzel, Fritz, Esfeld, Gerhard* und *Dammrich, G.* **Ratschläge und Faustzahlen für eine gesunde Kälber- und Jungviehaufzucht.** Leipzig-Markkleeberg: Ständiges Neuererzentrum d. sozialist. Landw. 1963. (48 S.) 8°. (DA 1646)

3-64/08-0336 *Meiner, Erich.* **Vergleichende Untersuchungen über die Milchviehhaltung in vier verschiedenen Aufstallungssystemen innerhalb des VE-Gutes Eisleben.** Diss. Landwirtsch. Fak. Halle-Wittenberg. 1963. (173 S. m. Tab.) 4°. (Diss. 9386, Tab. bd.)

3-64/08-0337 *Obritzhauser, Walter.* **Richtige Kälberaufzucht.** E. betriebswirtschaftl. orientierter Wegweiser f. d. Aufzucht d. Rindes. Wien: Österr. Agrarverl. 1962. (55 S. m. 36 Abb., 6 Tränkplänen u. vielen Futterzusammenstellungen.) 8°. (1963 A 1169)

3-64/08-0338 *Pohl, Walter.* **Vergleichende Untersuchungen über die Entwicklung und den derzeitigen Stand der Milch- und Milchfettleistungen je Kuh und je Hektar im Kreis Bernburg (Saale).** Diss. Landwirtsch. Fak. Halle-Wittenberg. 1963. (138 S. m. Tab.) 4°. (Diss. 9387, Tab. bd.)

3-64/08-0339 *Schmidt, Gerhard.* **Die Abhängigkeit des Schlachterlöses vom Alter und Lebendgewicht bei Fleckviehkühen.** Diss. München. 1962. (30 S.) 8°. (Diss. 9381)

D. SCHWEINE

3-64/08-0340 Klocek, F. Polskie tradycje hodowli trzody bekonowej. **(Polnische Traditionen der Bacon-Schweinezucht.)** Gospodarka Mięsna **15** (1963) Nr. 2/3. S. 9-11. — 4 Abb.

Die Grundlage für die Baconproduktion bilden in Polen das Weiße Edelschwein und das Weiße Schlappohrige Schwein. Die gegenwärtige Rasse des Weißen Edelschweins bildet eine genetische Mischung der Rassen Großes Weißes Englisches Schwein und Weißes Edelschwein. Das brachte einen Ausgleich beider Rassen in Hinblick auf Typ und Leistung. Das Edelschwein repräsentiert den Fleischtyp. Die jungen Mastschweine zeichnet eine schnelle Entwicklung des Fleischgewebes bei später Entwicklung des Fettgewebes aus. In der Zucht dieser Rasse werden gute Ergebnisse erzielt. Die Schlappohrige Rasse ist eine Landrasse, die allmählich durch Selektion und auch Blutauffrischung mit dem Deutschen Edelschwein veredelt wurde. Die Selektion richtete sich auf die Verbesserung der Schlachtlänge, die Verbesserung der Rückenpartie und die Form des Schinkens sowie auf die Reduzierung von Schulterstück und Vorhand. Die Sauen des Schlappohrigen Schweins zeichnen sich durch gute Fruchtbarkeit, hohe Milchleistung, Widerstandsfähigkeit und starke Konstitution aus. Der im Jahre 1954 durchgeführte Import von Schwedischen Bacon-Landschweinen verbesserte den Typ und die Schlachteigenschaften. Das Polnische Weiße Schlappohrige Schwein wurde im Bacontyp gezüchtet und steht dem Edelschwein nicht nach; es beginnt sogar, diese Rasse zu übertreffen.

PRL/CBR, übersetzt v. O. Kasperl. 3710.

3-64/08-0341 Kielanowski, J. und Osińska, Z. Polskie prace badawcze nad produkcją tuczników mięsnych. **(Die polnische Forschungsarbeit über die Produktion von Fleischschweinen.)** Gospodarka Mięsna **15** (1963) Nr. 2/3. S. 6-8. — 1 Abb., 39 Lit.

Eine der ersten Aufgaben nach Beendigung des Krieges war die Entwicklung eines neuen Verfahrens für die Kontrolle der Mastleistung, das den veränderten Anforderungen entsprechen mußte. Dieses neue Verfahren wurde in 3 Stationen — Pawłowice, Kołuda Wielka und Chorzelów — ausgearbeitet und in die Praxis eingeführt. Es liefert eine genaue Charakteristik des Baconschweins und ermöglicht die exakte Schätzung der Fleisch- und Fettmenge in der Schlachthälfte sowie die Charakterisierung des Schinkens und Rückenstücks. Die Mehrzahl der nach dem polnischen Verfahren angestellten Schätzungen ergab eine verhältnismäßig hohe Vererblichkeit der Merkmale. Gegenstand zahlreicher Forschungen war die Qualität des Schweinefleisches. Die Untersuchungen erstreckten sich auf das Große Weiße und das Schlappohrige Schwein (Regeneration und Veredelung) sowie auf das Puławy-Schwein zwecks Ausrichtung auf Fleischleistung, ferner auch auf die neu geschaffene Rasse der Złotnicki-Schweine. PRL/CBR, übersetzt v. R. Hüffer. 3710.

3-64/08-0342 Schaaf, A.; Dummerstorf, Inst. für Tierzuchtforsch. **Der Weg zum Fleischschwein in der Volksrepublik Bulgarien.** Tierzucht **17** (1963) Nr. 12. S. 551-553. — 1 Abb., 3 Tab.

In den letzten Jahren wurden die Schweinebestände stark vergrößert und die Leistungen erheblich gesteigert. Die weißen Schweinerassen sind vorherrschend, die Mangalica und bunten Rassen wurden zurückgedrängt. Das Mastende wurde von ca. 150 kg auf 90 kg im Extrem herabgesetzt. Zur Verbesserung des Schlachtwertes orientiert das Fachministerium auf Gebrauchskreuzungen mit schwedischen Landschweinen. Die Tierzucht wird durch eine Tierzuchthauptinspektion und 28 nachgeordnete Tierzuchtinspektionen angeleitet. Diese Einrichtungen bestehen seit Mai 1962. An die Aufnahme in das Herdbuch sind Mindestbedingungen geknüpft. Die Mast- und Schlachtleistungsprüfung erstreckt sich auf 2,2 Absatzferkel je Wurf und wird von 30-96 kg bei Gruppenhaltung und Automatenfütterung durchgeführt. Die Futtermischung ist während des ganzen Mastabschnittes einheitlich. G. Koch. 3710.

3-64/08-0343 Evans, H. E. **Die Schweinehaltung in Wales und ihre Entwicklung.** Fatis Rev. [Bad Godesberg] **10** (1963). Nr. 3. S. 85-87. 3710.

3-64/08-0344 Owtram, I. H. Pig production in New Zealand-breeding systems and organization. **(Schweineproduktion in Neuseeland. Zuchtsysteme und Organisation.)** New Zealand J. Agric. **106** (1963) Nr. 5. S. 397. 399. 401.

In der Schweinezucht und -haltung Neuseelands wird eine ziemlich klare Abgrenzung zwischen Zucht- und Produktionsbetrieben vorgenommen. Die Herdbuchzucht, welche in den letzten 60 Jahren viel zur Verbesserung der Mast- und Schlachtleistungen beitrug, betreibt Reinzucht, wobei auch In- und Linienzucht zur Anwendung kommen. In den Produktionsbetrieben, die für den Eigenbedarf oder aber auch zum Verkauf an Mastbetriebe Absatzferkel zur Weitermast als Porker- oder Baconschweine erzeugen, wird vorwiegend die Kreuzung benützt, da diese Tiere widerstandsfähiger sind und bessere Aufzucht- und Masteigenschaften aufweisen sollen. Teils wird nur die F_1-Generation angestrebt, teils auch die Anpaarung von reinrassigen Ebern der Ausgangsrassen oder einer 3. Rasse an die F_1-Tiere. Erwähnte Paarungen sind: Berkshire Sau × Large White Eber, (Large White × Berkshire)-Sau × Large White Eber, Tamworth × Berkshire. Die Art der Produktion richtet sich nach der Marktsituation. Auf Vertragsbasis werden meist die Absatzferkel an die Mastbetriebe bereitgestellt. Ziel ist es in der Hauptsache, die über-

schüssige Magermilch und Molke der Milchfarmen über die Schweinehaltung zu verwerten. Dabei ist der Umfang des Schweinebestandes dem jahreszeitlich verschiedenen Milchanfall weitgehend angepaßt. Die Kühe kalben vorwiegend im Juli/Aug. ab, so daß die höchste Milchproduktion von Okt.-Dez. zu verzeichnen ist. Auf 10-12 Milchkühe wird etwa eine Zuchtsau gehalten.
R. Kürbs. 3710.

3-64/08-0345 Kurek, E. Wielkość produkcji żywca trzody chlewnej a kształtowanie się kosztów i nakładów. **(Die Höhe der Produktion an Schweinen [lebend] und die Gestaltung der Kosten und Aufwände.)** Zagadnienia Ekon. rolnej **1963** Nr. 2. S. 97-111. — 10 Tab.
In dem Artikel vergleicht man die durchschnittl. Produktionskosten mit den extremen Kosten, gestützt auf den effektiven Aufwand und die wirklichen Produktionskosten in 243 bäuerlichen Betrieben mit wirtschaftlicher Rechnungsführung. Der 1. Teil enthält eine Analyse der Durchschnittskosten. Angeführt werden u. a. Arbeitsaufwand und Menge des gefütterten Kraftfutters und der Hackfrüchte entspr. der Produktionsgröße. Der 2. Teil des Artikels enthält eine Analyse der extremen Kosten nach der Regressions- und Korrelationsmethode und eine Reihe von Koeffizienten und Indices für die verschiedenen Gebiete des Landes.
PRL/CBR, übersetzt v. O. Kasperl. 3715.

3-64/08-0346 Anders, H. und Krause, O. **Der gegenwärtige Stand und die bisherige Entwicklung der Selbstkosten in der Schweinehaltung.** Tierzucht **17** (1963) Nr. 9. S. 412-414.
An Hand der Ergebnisse der Kostenrechnung von 536 LPG, Typ III, und 442 VEG wird eine Charakteristik über den Stand der Selbstkosten in der Schweinehaltung gegeben und durch Aufzeigen von Reserven die weitere Senkung der Selbstkosten angeregt. Durch geringeren Futteraufwand und Steigerung der Arbeitsproduktivität trat in den VEG eine Senkung der Selbstkosten ein. Im Vergleich zu den VEG sind die Kosten in den LPG höher. Untersuchungsergebnisse zeigen den Einfluß der natürlichen und ökonomischen Standortbedingungen auf die Selbstkosten und welche großen Reserven in der Steigerung der Arbeitsproduktivität liegen. — In VEG wurde bereits ein guter Stand der Arbeitsproduktivität erreicht. H.-G. Schmidt. 3715.

3-64/08-0347 Schoel, Egon. **Ferkelproduktion und -kosten in Mittelbetrieben.** Schweinezucht u. Schweinemast **11** (1963) Nr. 9. S. 194. 196.
Vf. bespricht einen Kostenvergleich der Ferkelproduktion in Großbetrieben (1000 Sauen) und Mittelbetrieben (120 Sauen) in Westdeutschland und findet eine erhebliche Überlegenheit des Mittelbetriebes bereits in Fix-, Lohn- und Futterkosten, die noch dadurch vergrößert wird, daß der Mittelbetrieb 8,2 Ferkel je Wurf gegenüber 7,5 Ferkel des Großbetriebes absetzen konnte. Der Grund dafür wird in der besseren personellen Besetzung des Mittelbetriebes gesehen. A. Schaaf. 3715.

3-64/08-0348 Žáček, J. Změny tělesných tvarů prasat bílého ušlechtilého plemene do 12 měsíců stáři. **(Veränderungen der Körperformen Weißer Edelschweine bis zum Alter von 12 Monaten.)** Živočišná Výroba 8 **(36)** (1963) Nr. 7. S. 417-426. — 7 Abb., 3 Tab., 11 Lit. Zus. in Russ., Dtsch.
Die Körpermaße wurden bei Schweinen aus Zuchtherden und auf den Auktionsmärkten in Böhmen und Mähren festgestellt. In den einzelnen Altersklassen wurden durchschnittl. je 130-150 Schweine gemessen. Es wurde festgestellt, daß sich die Höhe bis zum Brustbein (d. i. die Länge der Vorderbeine) bis zum Alter von 6 Mon. intensiv vergrößert. Von dieser Zeit an verringert sich die Wachstumsintensität der Vorderbeine, und zwar bei Jungsauen schneller als bei Jungebern. Die Höhe bis zum Brustbein und die Brusttiefe in % der Widerristhöhe zeigen, daß bei Schweinen mit fortschreitendem

Alter die Intensität des Höhenwachstums abnimmt, während die Intensität des Tiefenwachstums zunimmt. Aus den Indices des Verhältnisses zwischen Brusttiefe und -umfang und der Körperlänge und zwischen der Körperlänge und der Widerristhöhe läßt sich ableiten, daß sich die Brust intensiver in die Tiefe und vom 8.-9. Lebensmonat des Schweines auch intensiver in die Breite entwickelt. Mit zunehmendem Alter verlangsamt sich rel. der Größenwuchs des Körpers und beschleunigt sich der Längenwuchs. Die Jungsauen sind rel. länger als die Jungeber. Die Feststellung der Körperbau-Indices ermöglicht die Beurteilung der Ausgeglichenheit der Schweineherden.
ČSSR/ÚVTI. 3770.

3-64/08-0349 Vasilev, C. Sravnitelni nabljudenija vŭrchu produktivnostta i ugoitelnata sposobnost na svine ot porodata bŭlgarska bjala i landras. **(Vergleichende Untersuchung der Zuchtleistung und Masteignung von Schweinen der Weißen Bulgarischen Rasse und Landrasse.)** Selskostopanska nauka, Sofija **2** (8) (1963) Nr. 3/4. S. 404-412. — 5 Abb., 8 Tab., 4 Lit.
Die Kontrolle der Zuchteigenschaften von 28 Sauen der Landrasse und 30 Sauen der Weißen Bulgarischen Rasse lieferte folgende Ergebnisse im Durchschnitt von 2 Würfen (Landrasse in Klammern): Ferkel je Wurf 10,76 (11,44), abgesetzte Ferkel mit 60 Tagen 9,13 (10,26), Geburtsgewicht 1,448 (1,455) kg, 30-Tage-Gewicht 6,716 (7,119) kg, 60-Tage-Gewicht 14,849 (15,694) kg. Je 10 kastrierte Jungeber beider Rassen wurden mit einem durchschnittl. Lgw. von 31 (30,5) kg bei gleichen Bedingungen (Kraftfuttergemisch aus Futterautomaten und je 1 Liter Magermilch pro Tier und Tag) bis zu einem Gewicht von 100 kg gemästet. Es wurden folgende Ergebnisse erzielt: Tagesgewichtszunahme ⌀ 681 (651) g, Futteraufwand für 1 kg Zunahme 4,614 (4,416) FE mit 453 (418) g verd. E., Schlachtausbeute 67,84 (66,39)%, Länge der Schlachthälften 84,9 (93,2) cm, Breite der Schlachthälften 17,4 (17,5) cm, durchschnittl. Speckdicke am Kamm 3,43 (3,18) cm.
NRB/ZSNTI, übersetzt v. Ch. Eshkowa. 3815.

3-64/08-0350 Kozlovskij, V. G. Dve sistemy kontrol'nego otkorma svinej v Anglii. **(Zwei Systeme der Kontrollmast von Schweinen in England.)** Svinovosdstvo, Moskva **17** (1963) Nr. 5. S. 44-46. — 3 Tab.
Bei der Einschätzung der Fleischqualität von Zuchtebern werden in England 2 verschiedene Methoden der Kontrollmast angewendet: 1. Kontrollmast zur Beurteilung von Ebern der Bacon-Klasse. Sie wird von 23-91 kg in 2 Perioden (23-55 kg bei 55% Gerste, 25% Weizenkleie, 10% Fischmehl, 5% Luzernemehl und 5% Erdnußmehl; 55-91 kg bei 67,5% Gerste, 25% Weizenkleie, 2,5% Fischmehl und 5% Erdnußmehl) durchgeführt. Die Fütterung erfolgt 2mal tägl. nach Normen. Zur Beurteilung eines Ebers werden die Angaben von 4 Würfen benötigt. Seit 1. Jan. 1963 werden als Beurteilungskennziffern der Prozentsatz von magerem Fleisch am Schlachtkörper, der Futteraufwand/lb. Zunahme, die Rumpfbreite und -länge verwendet. 2. Kontrollmast zur Beurteilung von Ebern der Heavy-Klasse. Sie wird von 23-118 kg in 2 Perioden (23-65 kg bei 37,5% Gerste, 15% Weizenkleie, 25% Weizen, 10% Mais, 7,5% Fischmehl und 5% Erdnuß- oder Sojamehl; 65-118 kg bei 60% Gerste, 32,5% Weizen und 7,5% Erdnuß- oder Sojamehl) vorgenommen. Die Fütterung erfolgt ad libitum. Als Beurteilungskennziffern dienen Schnellwüchsigkeit, Fleischqualität und die Leistung der Töchter nach dem 1. Wurf. Bei der 2. Methode ähneln die Fütterungs- und Haltungsbedingungen stärker der Praxis; außerdem wird der Heavy-Typ in England immer populärer.
B. Schenk. 3820.

3-64/08-0351 Mügge, B.; Bonn, Inst. für Tierzucht. **Vergleichende Untersuchungen der Mastleistung von Schweinen in verschiedenen Prüfungsabschnitten.** Züchtungskunde **35** (1963) Nr. 8. S. 353-362. — 15 Tab., 4 Lit. Zus. in Russ., Engl., Franz.

An Hand der Ergebnisse von 1958 und 1959 der MPA Frankenforst wird die Mastentwicklung von Schweinen im Gewichtsabschnitt 20-100 kg untersucht. Darüber hinaus werden die Vergleichsmöglichkeiten für Mastleistungsergebnisse aus verschiedenen Gewichtsabschnitten geprüft. Zwischen den Mastabschnitten 20-90 kg, 30-100 kg und 40-110 kg bestehen hinsichtlich der Masteigenschaften (Lebensalter, tägl. Zunahme, Futterverwertung und Futteraufnahme) bestimmte Relationen, die durch die Höhe der abs. Zahlen nicht beeinflußt werden. Die Veränderung aller genannten Mastleistungskriterien erfolgt in nahezu gleichen Proportionen. Im Hinblick auf wirtschaftliche und züchterische Vorteile sollte erwogen werden, die deutsche Mastleistungsprüfung in der BRD einheitlich im Gewichtsabschnitt 30-100 kg durchzuführen. G. Koch. 3820.

3-64/08-0352 Larsson, Lennart. Svenska svinavelsföreningens pris. **(Der Preis der schwedischen Schweinezuchtvereinigung.)** Svinskötsel **54** (1964) Nr. 2. S. 49-51. — 1 Tab.

Der Preis wird an den Betrieb vergeben, der in der Mastleistungsprüfung das beste Ergebnis des Prüfungsjahres erzielt hat, wobei in diesem Jahr wenigstens 3 Sauen geprüft sein müssen. Von den Sauen müssen wenigstens 75% im Betrieb geboren sein. Für die einzelnen quantitativen und qualitativen Eigenschaften sind Mindestanforderungen festgelegt. Von den nach der Zahl der geprüften Sauen in Frage kommenden 148 Betrieben haben 61 diese Bedingungen nicht erfüllt. Die höchste Punktzahl erreichte der Züchter Arne Therner, Konungaryd, mit 5 Gruppen, die eine durchschnittl. Futterverwertung von 2,78 FE hatten. J. K. Hinrichsen. 3820.

3-64/08-0353 Weckowicz, E., Kupper, A. und Wypych, W. Porównanie wartości rzeźnej tuczników ras w.b. i b.z. **(Vergleich des Schlachtwertes von Masttieren des Großen Weißen [Edelschwein] und des Weißen Schlappohrigen Schweines [Polnisches Veredeltes Landschwein].)** Przegląd Hodowlany **31** (1963) Nr. 1. S. 16-18. — 6 Tab.

Für 110 kg schwere Masttiere des Großen Weißen und des Weißen Schlappohrigen Schweines war etwa die gleiche Länge des Rumpfmittelstücks kennzeichnend. Die mittlere Rückenspeckdicke war bei beiden Rassen fast die gleiche. Die Eber beider Rassen hatten einen um 0,4 cm stärkeren Speck. Einen weit schwereren Bauchspeck zeigten die Weißen Schlappohrigen, die Eber beider Rassen hatten mehr Bauch als die Sauen. In der Ausgeglichenheit der Schlachtkörper waren die Weißen Schlappohrigen Schweine besser. Ein größeres Vorderstück wiesen die Großen Weißen auf, ein größeres Mittelstück die Weißen Schlappohrigen. Die Weißen Schlappohrigen hatten ein größeres Kotelettauge (Sauen ein weit größeres als Eber). Fleischigere Schinken wurden bei den Masttieren des Großen Weißen Schweines erzielt. Wesentliche Differenzen im Fett-Fleischverhältnis waren zwischen den Rassen nicht festzustellen, dagegen bestand dieser Unterschied zwischen den Geschlechtern zugunsten der Sauen. PRL/CBR, übersetzt v. R. Hüffer. 3825.

3-64/08-0354 Korjažnov, E. V.; Dubrowizy, Gebiet Moskau, Unions-Inst. für Tierzuchtforsch. O mjasnych kačestvach ėstonskoj bekonnoj porody svinej. **(Über die Fleischeigenschaften der Estnischen Baconschweine.)** Svinovodstvo, Moskva **17** (1963) Nr. 5. S. 32-33. — 1 Tab.

Die Estnischen Baconschweine sind gut entwickelte, große Tiere. Die Wurfgröße beträgt ∅ 11,7 Ferkel, die Milchleistung 77 kg. Die Tagesdurchschnittszunahmen betragen nach der Kontrollmast von 248 Läufern 697 g bei einem Futteraufwand von 4,09 FE/kg Zunahme. Diese Leistung ist durch zielgerichtete Selektion entwickelt und gefestigt worden. Um die Fleischeigenschaften zu untersuchen, wurden Kontrollschlachtungen bei 25, 60, 80 und 100 kg vorgenommen; zum Vergleich dienten Läufer der großen Weißen Rasse. Die

Läufer beider Rassen wiesen praktisch die gleiche Schlachtausbeute auf (Gewicht der Knochen und Gesamtgewicht von Fleisch und Fett). Der stärkste Unterschied bestand in bezug auf das Muskel- und Fettgewebe in den Schlachtkörpern. So machte beim Lgw. von 80 kg bei den Estnischen Baconschweinen das Fleisch 73,1% und das Fett 11,8% aus; bei den Großen Weißen waren es 60,1 und 25,7%. Bei der weiteren Entwicklung gleicht sich dieser Unterschied etwas aus. Das zeigt, daß bei der Estnischen Baconrasse die Fettablagerung später beginnt, wobei bis zum Ende der Mast bei den Zunahmen das Muskelgewebe überwiegt; erst bei ca. 100 kg Lgw. sind Fleisch- und Fettmenge gleich. B. Schenk. 3825.

3-64/08-0355 Anonym. **Verbesserung des Schlachtwertes beim Deutschen veredelten Landschwein.** Schweinezucht u. Schweinemast **11** (1963) Nr. 8. S. 176. 178. — 3 Abb.
An den Ergebnissen von 1959-62 wird die Verbesserung des Schlachtwertes bei den DVL herausgestellt. In dieser Zeit erhöhte sich die durchschnittl. Rückenmuskelfläche bei 110 kg Mastendgewicht von 29,9 auf 32,1 cm². Im Jahre 1959 wiesen 23,8% aller Gruppen höhere Rückenmuskelflächenwerte von über 32 cm² auf, im Jahre 1962 waren es bereits 51,3%. Der Anteil kleiner Rückenmuskelflächen unter 28 cm² verminderte sich in der gleichen Zeit von 32,4 auf 8,1% der Gruppen. Eine Rückenspeckdicke von weniger als 3,5 cm wiesen 1959 nur 4,3%, 1962 schon 48,5% der Prüfungsgruppen auf. Rückenspeckdickenwerte von mehr als 4,1 cm waren im Jahre 1959 noch bei 70,1%, im Jahre 1962 lediglich bei 10,1% der Prüfungsgruppen festzustellen. Die durchschnittl. Körperlänge verbesserte sich ebenfalls, und zwar von 95,1 auf 100 cm. 1959 erreichten nur 9,8% der Prüfungsgruppen eine Körperlänge von über 100 cm, im Jahre 1962 waren es bereits 51,8%. Nur $^1/_3$ der Gruppenzahl liegt in der Schlachtlänge noch unter 98 cm. Die gesamten Resultate entstammen 1300 Prüfungsgruppen im Jahre 1959, dagegen 1689 Prüfungsgruppen im Jahre 1962. Insgesamt kommt deutlich der züchterische Fortschritt bei dieser Rasse zum Ausdruck. O. Siegl. 3825.

3-64/08-0356 Glodek, Peter; Göttingen, Univ., Inst. für Tierzucht und Haustiergenetik. **Rückenmuskelfläche und Schlachtkörperlänge bestimmen das Gewicht des Koteletts beim Schwein.** Schweinezucht u. Schweinemast **11** (1963) Nr. 8. S. 168-169. — 3 Tab.
Aus der früheren Literatur war zu entnehmen, daß zwischen Rückenmuskelfläche und Schlachtlänge keine gesicherten Beziehungen bestehen, jedoch beide Eigenschaften das Gewicht des Koteletts beeinflussen, wobei gegenüber der Schlachtlänge die Muskelfläche mit dem Kotelettgewicht enger korreliert zu sein scheint. Diese Fragen untersuchte der Vf. erneut an 536 Schweinen unterschiedlicher Typzugehörigkeit, die von 1955-60 in der MPA Friedland gemästet wurden. In einer Tab. sind in der Reihenfolge Ho (Holländer), R_{Ho}, F_1, R_{DVL} und DVL die Werte für die 3 Kriterien angegeben. Danach vermindert sich in gleicher Richtung die Schlachtlänge von 104,2 auf 95,3 cm sowie das Kotelettgewicht von 4,49 auf 4,18 kg, während sich die Kotelettmuskelfläche von 29,5 auf 30,2 cm² erhöht. Zwischen diesen 3 Leistungsmerkmalen wurden lineare Korrelationen errechnet. Gegenüber der Schlachtlänge hat die Muskelfläche einen erheblich größeren Einfluß auf das Kotelettgewicht. Zwischen Muskelfläche und Kotelettgewicht sind alle Korrelationen ($r = +0,31-0,74$) positiv und hoch signifikant. Die Korrelationen zwischen Schlachtlänge und Kotelettgewicht sind unklar ($r = -0,10$ bis $+0,32$), ebenso die zwischen Schlachtlänge und Muskelfläche ($r = -0,27$ bis $+0,42$). Mit Hilfe partieller Korrelationen wurde diese Frage weiter geprüft. Daraus resultiert, daß die Beziehung zwischen Rückenmuskelfläche und Kotelettgewicht von mittlerer Größe, positiv und hoch gesichert ist. Die partielle Korrelation zwischen Schlachtlänge und Kotelettgewicht ist wesentlich niedriger, aber

ebenfalls positiv und statistisch signifikant. Rückenmuskelfläche und Schlachtlänge müssen gleichermaßen in der Fleischschweinzüchtung berücksichtigt werden. Für die Kombinationszüchtung sind nur solche Tiere einzusetzen, die neben dem angestrebten Typ auch eine gute Rückenmuskelfläche aufweisen. Dabei sind Tiere, die bereits in den deutschen MPA gute Ergebnisse brachten, ausländischen Importtieren vorzuziehen. O. Siegl. 3825.

3-64/08-0357 Siegl, O. **Einfluß der Gruppengröße auf die Mast- und Schlachtleistung von Schweinen.** Dtsch. Landwirtsch. 14 (1963) Nr. 11. S. 558-561. – 1 Abb., 3 Tab., 4 Lit. – nach Zus.

In einem in unserem wissenschaftlichen Stützpunkt VEB für Mast von Schlachtvieh Karl-Marx-Stadt mit insgesamt 284 Tieren der Rasse Deutsches Veredeltes Landschwein durchgeführten Vergleichsversuch wurde der Einfluß der Gruppengröße auf die Mast- und Schlachtleistung geprüft. 4 Gruppen mit I:19, II:36, III:81 und IV:148 Tieren waren im Gewichtsabschnitt von ∅ 50-110 kg gegenübergestellt. Folgende Ergebnisse wurden registriert: 1. Die durchschnittl. Tageszunahmen lagen zwischen 564 und 599 g. 2. Zwischen den Gr. I, II und III ergaben sich nur geringe Abweichungen, während die Gr. IV gegenüber der Standardgruppe I um ca. 30 g signifikant ($P < 0{,}001$) höhere Zunahmen aufwies. 3. Bei Analyse der Zunahmen nach den Anfangsgewichten der Tiere schnitt ebenfalls die Gr. IV am günstigsten ab. 4. Der Gesamtnährstoffverbrauch war bei den Gr. II und III um ca. 5 bzw. 11% höher, dagegen bei der 148 Tiere umfassenden Gruppe IV um 3% niedriger als bei der Standardgruppe I. 5. In der Größe der Kotelettmuskelfläche war die Gr. IV allen anderen signifikant ($P < 0{,}001$) überlegen. 3825.

3-64/08-0358 Hofmann, F. und Peter, W. **Eigenleistungsprüfung bei körfähigen Jungebern durch Speckdickenmessung mit Ultraschall.** Dtsch. Landwirtsch. 14 (1963) Nr. 10. S. 507-512. – 5 Abb., 4 Tab., 24 Lit. – nach Zus.

Die Speckdickenmessung mit Ultraschall ist den anderen Methoden der Schlachtwertbestimmung am lebenden Schwein gesichert überlegen. Ihr Übereinstimmungsgrad zwischen lebendem und geschlachtetem Tier sowie ihre Beziehungen zum Fleisch- und Fettanteil berechtigen zu einer Anwendung in der Selektion nach höherem Fleischbildungsvermögen. Die Speckdickenkombination aus 2 dorsalen und 2 lateralen Maßen stellt das Optimum in bezug auf Genauigkeit der Ablesung, Aussage über den Schlachtwert sowie hinsichtlich des Arbeitsaufwandes beim Messen und Verrechnen der Ergebnisse dar. An insgesamt 960 DVL-, 230 DE- und 405 DS-Jungebern wurden unter Verwendung multipler Regressionen Standardtabellen für die gleichzeitig vom Alter und Lgw. abhängige Lebenstagszunahme und Speckdicke errechnet. Die in ihren Anwendungsmöglichkeiten beschriebenen Standardtabellen können als objektive Grundlage für die züchterische Selektion nach einer Verbesserung der Mast- und Schlachtleistung im Rahmen des anzustrebenden Fleischschweinetyps gelten. 3825.

3-64/08-0359 Kachel, S. **Die Foto-Planimetrie zur Erfassung des Kotelettanschnittes an der geschlachteten Schweinehälfte.** Tierzucht 17 (1963) Nr. 9. S. 414-417. – 4 Abb., 1 Tab., 8 Lit.

Vf. beschreibt eine Methode zur fotografischen Erfassung des Kotelettschnittes zwischen der 13. und 14. Rippe am hängenden Tier mit Hilfe einer Kleinbildkamera (Contax) mit einem fest verbundenen Leichtmetallrahmen und einer Blitzlampe (Elektronenblitzgerät B 70). Die Aufnahme erfolgt in 40 cm Entfernung mit einem Weitwinkelobjektiv (Meyer-Optik 1:4,5) nach Aufsetzen des Rahmens und genauer Einstellung. Ein Tisch mit Vergrößerungsapparat und Spiegel ermöglicht nach genauer Einstellung des vergrößerten Bildnegativs das Planimetrieren des Kotelettschnittes. Eine auf die Fettschicht gelegte Pausfolie mit Nummer dient zur Identifizierung des Kotelettschnittes.

In Zukunft wird eine Registriervorrichtung die Kennzeichnung vereinfachen. Bei gewissenhafter Durchführung ergeben sich Vorteile gegenüber der Kotelettpause. H.-G. Schmidt. 3825.

3-64/08-0360 Hahlbrock. **Schweine werden nach der Qualität der Hälften bezahlt. Das Klassifizierungsschema der Nordfleisch AG.** Schweinezucht u. Schweinemast **11** (1963) Nr. 8. S. 172-173. — 1 Abb. 3825.

3-64/08-0361 Hazel, L. N. Avelsproblem med köttsvin. **(Zuchtprobleme mit Fleischschweinen.)** Svinskötsel **54** (1964) Nr. 1. S. 9-12. — 2 Tab. Schweine haben eine gute Anpassungsfähigkeit an Klima und Futter. Allg. gültige Zuchtziele sind Fruchtbarkeit, Wüchsigkeit, gute Futterverwertung, hoher Fleisch- an Stelle von Fettansatz. Für die wichtigsten Eigenschaften werden Heritabilitätskoeffizienten angegeben. Sie sind von Bedeutung dafür, ob ein Zuchtwahlerfolg besser über die Prüfung von Nachkommen oder von Geschwistern angestrebt werden soll. Bei hoher Heritabilität ist die Eigenleistungsprüfung überlegen, die zugleich den Vorteil hat, daß der Prüfungsraum gut ausgenutzt wird und daß das Generationsintervall verkürzt wird. Die Selektionsintensität ergibt sich aus der Prüfungskapazität. In den USA gibt es 12 Schweinerassen, von denen aber nur 6 Bedeutung haben; dabei hat die Landrasse skandinavischer Herkunft einen Anteil von 10%. Gebrauchstiere und auch Sauen sind in den USA meist Kreuzungen. Mastleistungsprüfungen werden seit 1955 durchgeführt. Die Prüfungskapazität ist gering. Die Zuchtwahl erfolgt nach Wüchsigkeit, Futterverwertung und mechanischer Messung der Speckdicke. In Iowa bestehen die Prüfungsgruppen aus 3 Ebern und einem Borg. Jährl. werden 1100-1200 geprüfte Eber auf Auktionen verkauft bei einem Gesamtbestand von ca. 100000 Ebern und 20 Mill. Schweinen in 100000 Betrieben. Die Mäster arbeiten meist nach dem System der Rotationskreuzung, bei der die 3-Rassenkreuzungen und die 4-Rassenkreuzungen in Fruchtbarkeit und Gewichtsentwicklung den Reinzuchttieren stark überlegen sind. J. K. Hinrichsen. 3830.

3-64/08-0362 Plotnikov, V. K. Povyšat' produktivnye kačestva svinomatok v tovarnych stadach. **(Erhöhung der Leistungen der Sauen in den Gebrauchsherden.)** Svinovodstvo, Moskva **17** (1963) Nr. 5. S. 31-32. — 3 Tab. Um auch in den Gebrauchsfarmen die Leistungen der Sauen zu erhöhen, sollten bei deren Auswahl in die Zuchtherde für die eigene Nachzucht folgende Faktoren berücksichtigt werden: Anzahl der Ferkel im 1. Wurf (je höher sie ist, desto größer sind auch die folgenden Würfe) und Milchleistung der Sauen; Einzelferkelgröße und Ausgeglichenheit des 1. Wurfes; Rumpflänge der Sau (je länger, desto höher die Wurfzahl); Anzahl der Zitzen (je größer die Anzahl der Zitzen, desto höher die Milchleistung). B. Schenk. 3835.

3-64/08-0363 Johansson, Ivar. Avelsåtgärder mot ärftligt betingade defekter hos svin. **(Zuchtmaßnahmen gegen erblich bedingte Schäden bei Schweinen.)** Svinskötsel **53** (1963) Nr. 11. S. 252–254.
Neben den z. Z. der Geburt feststellbaren Schäden gehören auch physiol. und anatomische Defekte, die erst später in Erscheinung treten, zu den angeborenen Schäden. Anlage und Umwelt können bei der Ausbildung von Mißbildungen zusammenwirken. Gene für erblich bedingte Defekte haben oft eine unvollständige Penetranz. Es ergeben sich alle Abstufungen von den Letalfaktoren über die Semiletalfaktoren bis zu den Subvitalfaktoren. Zur Erkennung heterozygoter Anlagenträger können Prüfungspaarungen angesetzt werden. Neben zahlreichen Letaldefekten mit einfacher rezessiver Vererbung gibt es Hemmungsdefekte mit unsicherem Verhalten in der Vererbung sowie Defekte, die ganz auf äußeren Einflüssen beruhen. Die Prüfung von Ebern auf rezessiv letale oder semiletale Anlagen erfolgt durch Inzuchtpaarungen mit mindestens 5 der eigenen Töchter, durch Anpaarung ihrer

Töchter an erkannte Anlagenträger, durch Paarung mit Sauen, die als Anlagenträger erkannt sind. Sauen, die selbst durch chirurgische Eingriffe zu behebende Defekte zeigen, können zur Testpaarung selbst verwendet werden. Im Rahmen der KB sind Testpaarungen nicht notwendig, wenn es sich um Defekte handelt, die innerhalb der betr. Population bereits auftraten. Wichtig ist aber die Erfassung der auftretenden Defekte bei den Ferkeln bis zum Alter von 3 Wochen. Subvitalanlagen, die mit den angeführten Methoden nicht erfaßt werden können, stellen eine größere Gefahrenquelle dar als Letal- und Semiletaldefekte. Bei ihrer Bekämpfung kann eine systematische Untersuchung der Eber in Zuchtbeständen wertvoll sein.

J. K. Hinrichsen. 3865.

3-64/08-0364 Kaiser, H. **Die Kennzeichnung der Schweine in großen Beständen.** Wiss.-techn. Fortschr. Landwirtsch. 4 (1963) Nr. 12. S. 543-546.
Um eine genaue Kontrolle über den Produktionsablauf zu haben, müssen in Großbeständen verbesserte Methoden der Kennzeichnung und Dokumentation angewendet werden als bisher. Ausgehend von den Erfahrungen einiger LPG wird eine Kennzeichnung der Sauen mit Ohrmarken durchgeführt. Die Methode wird im einzelnen beschrieben. Des weiteren werden Vorschläge zu einer einfachen und doch wirksamen Dokumentation in den Zuchtbeständen unterbreitet. Ein System unterschiedlicher Kennzeichnungsformen für verschiedene Produktionsebenen — Herdbuchzucht, Vermehrungszucht, Läuferlieferbetrieb, Gebrauchszucht und Kernsauenbestände innerhalb der Zuchtbestände — wird erläutert und zur Diskussion gestellt. Diese Kennzeichnungsformen erlauben ein schnelles und leichtes Erkennen der Tiere, sind einfach in der Handhabung und markieren die Mastschweine und zuchtuntauglichen Tiere zur Unterscheidung von den Zuchttieren bes. deutlich.

G. Möbius. 3902.

3-64/08-0365 Schumm, H. R. und Frederich, W. **Grundsätze des Aufbaus und der Reproduktion leistungsfähiger Sauenbestände unter Berücksichtigung der Linienzucht.** Wiss.-techn. Fortschr. Landwirtsch. 4 (1963) Nr. 12. S. 538-540. — 2 Abb., 2 Tab.
Zur Steigerung der Produktion ist nicht nur die Verbesserung der Umwelt, sondern auch ein züchterischer Fortschritt notwendig. Zur Konsolidierung wertvoller Eigenschaften in der Herdbuch- und Gebrauchszucht wird die Linienzucht empfohlen. Die Eigenschaften sollen innerhalb der einzelnen Linien erblich gefestigt sein und sich von denen anderer unterscheiden. Als Mittel zur Festigung der Eigenschaften wird die Selektion nach den Ergebnissen der Nachkommenschaftsprüfung angesehen. Durch Linienkombination in Großbeständen der Gebrauchszuchten kann eine Leistungssteigerung entstehen. Um die Voraussetzungen zur Linienkombination zu schaffen, ist es erforderlich, die Gebrauchszuchten mit bestimmten Sauenfamilien und Eberlinien auszustatten. Das sollen die Vermehrungszuchten tun, die ihrerseits ihr Zuchtmaterial von den Herdbuchzuchten beziehen. Um eine strenge Selektion nach der Leistung durchführen zu können und das Leistungsniveau der Gebrauchszuchten zu heben, ist ein 2jähriger Sauenumtrieb durchzuführen. Im Verlaufe der Aufzucht der zur Ergänzung der gemerzten Sauen notwendigen Jungsauen entstehen Abgänge bis zu 50%, so daß ca. 100 weibl. Absatzferkel auf 100 Sauen jährl. aufgestellt werden müssen. Jungsauen erzeugen die Ferkel billiger als Altsauen, weil sie noch Gewichtszuwachs haben und damit einen Teil der Kosten decken. Sie bringen im 1. Wurf zwar etwas geringere Zuchtleistungen, jedoch nicht so niedrige, wie allg. angenommen wird.

G. Möbius. 3904.

3-64/08-0366 Anonym. **Empfehlungen für die Reproduktion des gesamten Sauenbestandes der DDR in einem Zeitraum bis zu etwa 3 Jahren.** Tierzucht 17 (1963) Nr. 12. S. 541-544. — 1 Tab.

Die Notwendigkeit der Reproduktion der Sauenbestände ergibt sich aus der unbefriedigenden Produktivität der gehaltenen Sauen. Der Neuaufbau der Sauenbestände sollte über das leistungsfähige Sauenmaterial der Herdbuchbestände, über neuanzuerkennende Zuchtläuferlieferbetriebe (ZLLB) und aus dem reinrassigen Teil des Sauenbestandes in jedem Betrieb erfolgen. Es wird ein Beispiel für die richtige Sauenergänzung angegeben. An die zur Zucht vorgesehenen Tiere werden Mindestanforderungen gestellt. Zur planmäßigen Reproduktion ist die Kooperation in Form von Direktbeziehungen zwischen Herdbuchzuchten, ZLLB, LPG und VEG unumgänglich. Der Anteil der qualifizierten Schweinepfleger ist noch zu gering und muß in den nächsten Jahren erweitert werden. Die Leitung der Reproduktion des Sauenbestandes erfolgt durch die Produktionsleitungen der Bezirkslandwirtschaftsräte in Zusammenarbeit mit den Tierzuchtinspektionen der VVB Tierzucht und den Veterinäruntersuchungs- und Tiergesundheitsämtern. G. Koch. 3904.

3-64/08-0367 Anonym. **Empfehlungen für die Reproduktion des gesamten Sauenbestandes der DDR in einem Zeitraum bis zu etwa 3 Jahren.** Dtsch. Landwirtsch. **14** (1963) Nr. 11. S. 555-558. — 1 Tab. 3904.

3-64/08-0368 Keinert, K. **Die Einführung einer planmäßigen, kontinuierlichen Reproduktion des Sauenbestandes in der LPG „Rotes Banner" Trinwillershagen.** Wiss.-techn. Fortschr. Landwirtsch. **4** (1963) Nr. 12. S. 541 bis 542. — 2 Tab. 3904.

3-64/08-0369 Ritze, W. **Die Bedeutung spezieller Zuchtläufer-Lieferbetriebe zur Verbesserung unserer Sauenbestände.** Wiss.-techn. Fortschr. Landwirtsch. **4** (1963) Nr. 12. S. 549-550.
Die Produktion in großen Produktionseinheiten verlangt eine andere Organisation als in bäuerlichen Betrieben. Eine der Hauptursachen für geringe Produktivität der Sauenbestände ist das Fehlen einer organisierten Reproduktion. Um innerhalb von 2-3 Jahren in allen Betrieben reinrassige hochproduktive Sauenbestände aufbauen zu können, wie es der Ministerratsbeschluß vorsieht, müssen Selektionen nach wirtschaftlichen Leistungen vorgenommen werden. Nicht jeder Betrieb ist jedoch in der Lage, die zur Ergänzung der gemerzten Sauen notwendige Zahl Jungsauen in bester Qualität selbst nachzuziehen. Deshalb wird eine weitere Spezialisierung von Läuferlieferbetrieben zu Zuchtläuferlieferbetrieben notwendig, die weibl. Zuchtläufer mit Abstammungsnachweis an Gebrauchszuchten verkaufen. Die Zuchtläuferlieferbetriebe müssen ihrerseits von den Herdbuchbetrieben Sauen zukaufen, um die Qualität ihrer Sauenbestände zu verbessern. Damit werden die Zuchtläuferlieferbetriebe zum Bindeglied zwischen Herdbuch- und Gebrauchszucht und ermöglichen eine schnelle Verbesserung der Sauenbestände in den Betrieben. Es werden Beispiele einer solchen Organisation genannt und Hinweise für die Gestaltung der Kooperationsbeziehungen gegeben. G. Möbius. 3904.

3-64/08-0370 Schumm, H. R. **Grundsätzliche Fragen der industriemäßigen Produktionsmethoden in der Schweinehaltung.** Wiss.-techn. Fortschr. Landwirtsch. **4** (1963) Nr. 12. S. 529-534. — 1 Abb.
In einigen Betrieben bestehen Ansätze für eine industriemäßige Schweinefleischproduktion auf der Grundlage des Welthöchststandes in der Mechanisierung, im Stallbau und der Leitung und Organisation der Produktion. Ziel ist in jedem Fall eine hohe Produktion mit geringen Kosten. Industriemäßige Produktion setzt Großbestände voraus, die durch eine gewisse Spezialisierung erreicht werden können. Nur in Großbeständen lohnt der Einsatz der Technik. Anzustrebende Bestandsgrößen werden genannt. Die Spezialisierung der Betriebe hat sich nach dem Standort zu richten. Dabei spielt die Preisgestaltung eine große Rolle. Herdbuchzuchten, Zuchtläuferlieferbetriebe, Mastläuferlieferbetriebe und Mastbetriebe haben sich bereits entwickelt. In

den Betrieben muß eine Spezialisierung der Arbeitskräfte auf bestimmte Produktionsabschnitte und Nutzungsgruppen erfolgen. Zur Steigerung der Arbeitsproduktivität sind feststehende Produktionsverfahren und Maschinensysteme einzuführen. Die Perspektive der Mechanisierung wird aufgezeigt, die Anwendung geeigneter Stalltypen empfohlen, und für die Leitung und Organisation der Produktion werden Hinweise gegeben, die bes. die Kontinuität der Produktion, die Kontrolle und Dokumentation betreffen. Folgende Grundlagen für die Einführung industriemäßiger Produktionsmethoden sind sofort zu schaffen: Befähigung der Menschen und ihre Qualifikation, Hygiene in den Ställen, leistungsfähige Futterwirtschaft und ausgeglichenes leistungsfähiges Tiermaterial. G. Möbius. 3904.

3-64/08-0371 Schremmer, H. **Die Organisation der Schweinehaltung in großen Produktionseinheiten im Hinblick auf eine industriemäßige, kontinuierliche Produktion.** Wiss.-techn. Fortschr. Landwirtsch. **4** (1963) Nr. 12. S. 534-538. — 6 Tab.
Sauenbestand, Ferkelproduktion und Schlachtschweineausstoß sind in den Betrieben großen Schwankungen unterworfen. Die Organisation der Produktion entspricht vielfach nicht den Erfordernissen der sozialist. Großproduktion, sondern ist vom Kleinbetrieb übernommen. Um diese Situation zu überwinden, werden Vorschläge für eine zweckmäßige Bestandseinteilung, einen kontinuierlichen Produktionsablauf, eine gute Arbeitsorganisation und eine wirksame Produktionskontrolle unterbreitet. Folgende Produktionsabschnitte werden genannt: tragende Sauen, Aufzucht der Ferkel, Läuferproduktion, Mast. Die Kontinuität der Produktion ist eine wichtige Voraussetzung für die Einführung industriemäßiger Produktionsmethoden. Langfristige Zuchtplanung und periodenweises Abferkeln ermöglichen eine gleichmäßige Produktion. Die Bedeutung des periodenweisen Abferkelns auch für die Läuferproduktion und Mast wird am Beispiel einer LPG gezeigt. Die Arbeitsorganisation sollte sich nach den Produktionsabschnitten richten. Entspr. wird der Tierbestand in Nutzungsgruppen unterteilt und in jeder Nutzungsgruppe das Arbeitsmaß festgelegt. Eine Spezialisierung nach Arbeitsarten ist noch nicht angebracht, eine Kombination der Spezialisierung nach Nutzungsgruppen und Arbeitsarten ist am zweckmäßigsten. Für die Produktionskontrolle in den einzelnen Produktionsabschnitten werden Merkmale vorgeschlagen.
G. Möbius. 3904.

3-64/08-0372 Dietrich, H., Wallas, P. und Thiele, W. **Mehr Ferkel durch die Einführung des periodischen Abferkelns in der LPG „Heinrich Heine" Wörmlitz.** Wiss.-techn. Fortschr. Landwirtsch. **4** (1963) Nr. 12. S. 546-549. — 2 Abb., 5 Tab. 3904.

3-64/08-0373 Belogub, D. K.; Charkow, Forsch.-Inst. für Tierzucht des Waldsteppen- und Polessje-Gebietes der Ukrain. SSR. Predvaritel'nye rezultaty raboty po vyvedeniju inbrednych chrjakov dlja skreščivanija. **(Vorläufige Ergebnisse der Arbeit zur Züchtung von Inzuchtebern zu Kreuzungszwecken.)** Svinovodstvo, Moskva **17** (1963) Nr. 5. S. 28-31. — 6 Tab.
Bei der Inzucht von Schweinen der Großen Weißen Rasse war die Fruchtbarkeit der Sauen etwas niedriger als bei der Reinzucht. Vitalität und Wachstumsenergie der Ferkel bis zum Alter von 4 Mon. wiesen jedoch keinen Unterschied auf. Bei der Aufzucht der zur Auffüllung der Zuchtherde bestimmten Tiere blieben die Inzuchttiere jedoch zurück (Durchschnittsgewicht der Jungsauen mit 9 Mon. — 109,7 kg, d. h. 28,7 kg weniger als bei Reinzucht). Bei der Paarung von Inzuchtsauen mit nicht verwandten Ebern standen Wurfgröße und Milchleistung den Reinzuchttieren nicht nach, aber die Nachkommen der ersteren wiesen eine geringe Wachstumsintensität auf. Bei einem anderen Versuch wiesen die Inzuchtsauen beim 1. Wurf eine niedrigere Wurfgröße und niedrigere Milchleistungen auf, während das Durchschnittsgewicht

ihrer Ferkel mit 2 und 4 Mon. höher war als bei den Kontrolltieren. Die Aufzucht von Inzuchtebern ist schwieriger als die von Inzuchtsauen. Bei verschiedenen Eliteebern trat nach 1,5-2 Jahren eine Schwächung der Konstitution ein. Bei der Paarung ingezüchteter und reingezüchteter Eber der Großen Weißen Rasse mit Sauen der Mirgoroder Rasse war der Erfolg weitestgehend von der Qualität der einzelnen Eber abhängig. Die Leistungen der Mirgoroder Sauen waren bei Reinzucht und Kreuzung im wesentlichen gleich. Bei der Paarung mit Inzuchtebern der Großen Weißen Rasse wiesen die Nachkommen in der Mast jedoch eine geringere Wachstumsenergie auf. B. Schenk. 3906.

3-64/08-0374 Varnavskij, A. N.; Dubrowizy, Gebiet Moskau, Unions-Inst. für Tierzuchtforsch. Povyšenie oplodotvorjaemosti i plodovitosti svinomatok. **(Erhöhung der Befruchtung und der Fruchtbarkeit der Sauen.)** Svinovodstvo, Moskva **17** (1963) Nr. 9. S. 38-39. — 1 Abb., 3 Tab.
Vf. untersuchte den Einfluß aseptischen Samens im Vergleich mit dem nach der üblichen Methode gewonnenen bei der KB von Sauen. Im Versuch standen neben 8 im natürlichen Deckakt befruchteten Sauen je 46 mit aseptischem und unbehandeltem Samen befruchteten. Je zur Hälfte wurden die Sauen am 3. Tag für die Ermittlung der Befruchtung und am 30. Tag für die Feststellung der noch lebenden Embryonen geschlachtet. Der Versuch mit aseptischem Samen ergab 21,5% höhere Befruchtung am 3. Tag und 53,3% mehr lebende Embryonen am 30. Tag gegenüber der Kontrollgruppe. Ein Teil der Sauen (23) kamen zum Abferkeln. Die aseptisch besamten Sauen hatten 7-16 Ferkel, die der Kontrollgruppe 1-11 Ferkel. Im Mittel wurden von der Versuchsgruppe 2,6 Ferkel mehr erzielt. W. Strack. 3918.

3-64/08-0375 Jahn, S. **Rationelle Fütterung der Schweine.** Wiss.-techn. Fortschr. Landwirtsch. **4** (1963) Nr. 12. S. 569-570. — 2 Tab. 3931.

3-64/08-0376 Tanev, V. Efekt ot ugojavane na svine, chraneni sŭs suchi koncentrirani smeski v avtochranilki. **(Der Nutzeffekt der Schweinemast bei Verfütterung von Trockenkraftfuttergemischen aus Futterautomaten.)** Naučni trudove. Visš selskostopanski institut „Vasil Kolarov". Agronomičeski fakultet, Plovdiv **12** (1963) Nr. 1. S. 179-189. — 2 Abb., 5 Tab., 11 Lit.
In 2 Versuchen mit 2 Gruppen von Mastferkeln der Bulgarischen Weißen Rasse wurde jeweils der Nutzeffekt einer Verfütterung von Trockenkraftfutter aus Futterautomaten und feucht-krümeligem Kraftfutter in beliebiger Menge verglichen. Außerdem erhielten die Ferkel noch geringe Mengen Saftfutter. Die durchschnittl. tägl. Gewichtszunahme und die Futterverwertung waren bei den Gruppen, die das Trockenkraftfuttergemenge aus den Automaten erhielten, etwas günstiger; allerdings war auch der Fettansatz bei diesen Gruppen etwas stärker. NRB/ZSNTI, übersetzt v. K. Brust. 3954.

3-64/08-0377 **Trocken- und Naßfütterung bei der Schweineschnellmast unter den Bedingungen der Großbuchtenhaltung.** Jena, Inst. Tierernähr. Friedrich-Schiller-Univ. Jena Plan-Nr.: 17-0500 1-30. Abschlußber. (24/2. 1964).
Es wurden 2 Automatenfütterungsversuche mit Schweinemastfertigfutter durchgeführt. Im Versuch I wurden die Schweinemastfertigfutter 1; 2 und 3 (entspr. den Gewichtsabschnitten bis 50 kg, 50-70 kg und über 70 kg mit den Eiweißkonzentratanteilen von 15; 9 und 5%) hinsichtlich ihres Rohnährstoffgehaltes und ihres Fütterungserfolges untersucht. Der Versuch wurde mit 7 Gruppen zu je 16 Tieren durchgeführt, wobei 5 Gruppen mittels Trockenfutterautomaten und 2 Gruppen mit der Hand gefüttert wurden. Die Automatengruppen und die Handfütterungsgruppen erzielten für praktische Verhältnisse ausreichende Zunahmen; sie lagen durchschnittl. zwischen 512 und 606 g je Tier und Tag. Hinsichtlich des Futteraufwandes, der bei den Gruppen 4-7 sehr günstig war (Verwertungszahlen unter 300), konnten wesentliche Unterschiede zwischen den Automaten- und Handfütterungs-

gruppen nicht festgestellt werden. Die durch die Trockenfütterung aufgetretene Parakeratose wurde durch Gaben von 500 mg Zinksulfat je Tier und Tag beseitigt. Im Versuch II (3 Gruppen) wurde ein Versuchs-Schweinemastfertigfutter eingesetzt, dessen Eiweißkonzentratanteil für den Gewichtsabschnitt 50-70 kg von 9 auf 6% und für den Gewichtsabschnitt über 70 kg bis Mastende von 5 auf 3% reduziert worden war, und das (für Gruppe III) als weitere Variante einen Zusatz von OTC-Konzentrat enthielt. Die durchschnittl. tägl. Zunahmen betrugen: Gr. I 573 g, Gr. II 509 g, Gr. III 594 g. Die Verwertungszahlen betrugen für die Gruppen I, II und III 335; 329 und 321. Der OTC-Zusatz zur Futterration ermöglicht nach diesem Versuchsergebnis eine Reduzierung des Eiweißfutteranteils im Fertigfutter, da, wie auch in anderen Versuchen nachgewiesen wurde, ein Antibioticumzusatz neben anderen günstigen Einflüssen den Futterverzehr steigert.

A. Schaaf. 3954.

3-64/08-0378 Schulze, W. und Plonait, H. **Die gesundheitlichen Voraussetzungen für die Züchtung und die Mast des Fleischschweines.** Züchtungskunde **35** (1963) Nr. 9/10. S. 454-463. — 4 Abb., 1 Tab.
Am Beispiel der Enzootischen Pneumonie (EP) zeigen Vff., auf welchen Wegen chronische Stallseuchen verbreitet werden und wie wirksame Schutzmaßnahmen beschaffen sein müssen, um in der Fleischerzeugung konkurrenzfähig bleiben zu können. Das Interesse des Ferkelproduzenten an der Bekämpfung der EP ist meist gering, weil unter guten Haltungsbedingungen das Aufzuchtergebnis schlimmstenfalls durch vereinzelte Kümmerer belastet wird. Den Hauptverlust hat der Mäster, der sich selbst bei größter Sorgfalt gegen EP nicht schützen kann. — In einer abschließenden Diskussion über die chronische Lahmheit der Zuchttiere wird die Ausmerzung erblicher Stellungsanomalien als wirksame Vorbeugung angesehen. A. Schaaf. 3985.

3-64/08-0379 Charlesworth, R. P. Disease-free pigs. **(Krankheitsfreie Schweine.)** Agriculture [London] **70** (1963) Nr. 11. S. 516-519. — 2 Abb.
Krankheiten in Schweinebeständen wirken sich nachteilig auf den wirtschaftlichen Erfolg aus. Um sie wirksam zu bekämpfen, ist vielfach ein Neuaufbau des Bestandes mit krankheitsfreien Tieren erforderlich. Krankheitsfreie oder S.P.F.(Specific Pathogen-Free)-Tiere werden durch Hysterektomie gewonnen. Züchter, die sich zum Neuaufbau eines krankheitsfreien Bestandes entschließen, können Ferkel ihrer Sauen bei einer tierärztlich überwachten Organisation krankheitsfrei aufziehen lassen. Hierfür müssen zur Ausführung der Hysterektomie die Sauen 14 Tage vor der Operation der Organisation angeliefert werden. Die dort entbundenen Ferkel werden individuell in Aufzuchtisolatoren in steriler Umgebung mit sterilisierter Nahrung aufgezogen. Im Alter von 6 Wochen wird die sterilisierte Nahrung allmählich durch eine konventionelle Fütterung ersetzt, um die Tiere mit einer wünschenswerten, aber harmlosen Darmflora zu besiedeln. Vor Abgabe an die Farmen werden die Schweine zusätzlich gegen die wichtigsten Krankheiten vacciniert. Vor Aufstallung der krankheitsfreien, vaccinierten Jungtiere im Herkunftsbestand sind alle alten Schweine zu merzen und gründlichste Stalldesinfektion, verbunden mit anderen hygienischen Maßnahmen, durchzuführen. Sodann ist der krankheitsfreie Bestand vor Infektion zu schützen. Abschließend wird darauf hingewiesen, daß gesunde Schweine allein keinen wirtschaftlichen Erfolg garantieren, wenn zur Zucht ungeeignetes genetisches Material herangezogen wird.

J. Strecke. 3985.

3-64/08-0380 Hamzová, B. Kanibalismus u prasat. **(Kannibalismus bei Schweinen.)** Studijní Inform., Veterinářství **1963** Nr. 3. S. 99-106. — 10 Lit.
Ein zusammenfassender Bericht, der vor allem die Ursachen des Kannibalismus bei Schweinen und die dagegen zu ergreifenden Maßnahmen behandelt. Es wird die Problematik des Ferkelfressens durch Sauen und des Kanniba-

lismus in den Großhaltungen besprochen. Als Ursachen werden die Veränderungen des Lebensmilieus als Folge der Domestikation, Geburtspsychoneurose, körperliche Belastung bei der Geburt, Psychopathie, Eisenmangel, andere Krankheiten, zoohygienische Mängel, Überfüllung der Buchten, Witterungsbedingungen, Ernährung, Verwundungen und verschiedene kombinierte Ursachen angeführt. Die empfohlenen Maßnahmen sind nach den Ursachen geordnet. ČSSR/ÚVTI. 3985.

3-64/08-0381 Wilkens, Chr. **Die Zusammenarbeit von Erzeuger, Versandschlachterei, Herdbuchzucht und Tierzuchtverwaltung führt zum Erfolg.** Schweinezucht u. Schweinemast **11** (1963) Nr. 8. S. 167. 3995.

3-64/08-0382 Eckhoff und Krosegk. **Die Schlachtvieh-Lehrschau in Hamburg 1963.** Schweinezucht u. Schweinemast **11** (1963) Nr. 9. S. 189-191. — 7 Abb. 3995.

3-64/08-0383 *Arnold, Adlai.* **Costs and returns from feeder pigs.** Fayetteville: Univ. of Arkansas. 1963. (14 S.) 8° = University of Arkansas. Bulletin 670. (SR 800, 670)
3-64/08-0384 *Azarnia, Cyrus.* **Über die Auswirkung kurzzeitiger Temperaturbelastungen auf Körpertemperaturen, Mast- und Schlachtleistungen sowie einige physiologische Meßwerte bei Schweinen.** Diss. Landwirtsch. Fak. Gießen. 1963. (75 S.) 8°. (Diss. 9453)
3-64/08-0385 *Burnside, Estelle* and *Rickard, R. C.* **An economic study of pig production in South West England 1961/62.** Newton Abbot: Univ. of Exeter. 1963. (53 S.) 8° = University of Exeter. Department of economics. Report. No. 140. (1963 A 1147)
3-64/08-0386 *Vasilev, Cvetko.* Hrsg.: Akad. na selskostopanskite nauki. **Po vŭprosa za koncentracijata i specializacijata v svinevodstvo. Obzor.** (Zum Problem der Konzentration und Spezialisierung in der Schweinezucht. Überblick.) Sofija. 1962. (47 S.) 8°. (1963 A 904)
3-64/08-0387 *Gehrke, Eduard.* **Der Aufbau der Schweinehaltung und Schweinezucht in Brandenburg nach 1945.** Bd. 3.Diss. Landwirtsch. Berlin. 1954. (25 S. m. Tab.) 4°. (Diss. 9481)
3-64/08-0388 *Juszczak, Jerzy.* **Chow i hodowla trzody chlewnej w wojewodztwie Poznanskim ze szczegolnym uwzglednieniem najwazniejszych powojennych linii krwi swini wielkie blalej.** (Schweinezucht und -haltung in der Woiwodschaft Poznań mit besonderer Berücksichtigung wichtigster Nachkriegsblutlinien des Großen Weißen Schweines.) Kraków. 1962. (130 S.) 4° = Instytut zootechniki. Wydawnictwa własne Nr. 145. (1963 B 236)
3-64/08-0389 *Longbottom, G. A.* **Weaner pig production. The results of different systems of management and quality of farrowing accommodation.** Newton Abbot: Univ. of Exeter. 1963. (20 S.) 8° = University of Exeter. Department of economics. Report. Nr. 142. (1963 A 1146)
3-64/08-0390 *Speisebecher, Georg.* **Aufzuchtstörungen bei Ferkeln und Jungschweinen.** Diss. Veterinärmed. Fak. München. 1962. (118 S.) 8°. (Diss. 9350)

E. SCHAFE

3-64/08-0391 Tejtel'baum, V. A.; Tartu, Estn. Landwirtsch. Akad. O razvitii i koncentracii ovcevodstva v Estonii. **(Über die Entwicklung und Konzentration der Schafzucht in Estland.)** Životnovodstvo, Moskva **25** (1963) Nr. 6. S. 59-63. — 3 Tab.
Trotz der guten Voraussetzungen sind die Möglichkeiten und Perspektiven der Schafzucht in Estland in den letzten Jahren sehr unterschätzt worden, so daß es zu einem rel. und abs. Absinken des gesellschaftlichen Schafbestandes gekommen ist (1962 waren es 20% weniger als 1940). Einer der ernstesten Mängel bei der Organisation der Schafzucht ist, daß in 75% der Kolchose weniger als 100 Schafe gehalten werden. Wenn die Schafzuchtfarmen größer sind, steigen die Arbeitsproduktivität, die Leistungen der Schafe und die Rentabilität, und die Selbstkosten der Produktion sinken. Im Kolchos „M. Chjarm" (Bezirk Tartu), der eine Herde von 184 Schafen besitzt, werden für die Erzeugung von 1 dt Schafwolle und -fleisch 57 und 48% weniger Arbeitszeit sowie 50% weniger Selbstkosten benötigt als durchschnittl. im Bezirk. Kriterium für die Festlegung der Minimalgröße einer Schaffarm ist die vollständige Auslastung der zuständigen Arbeitskraft bei rationeller Arbeitsorganisation sowie das Vorhandensein ausreichender Futterreserven. Unter Berücksichtigung der gegenwärtigen Verhältnisse in Estland ist es am zweckmäßigsten, in den meisten Betrieben Herden von 200-250 Schafen zu bilden und in Betrieben, in denen günstigere Voraussetzungen bestehen, größere

Schaffarmen mit 400-500 Schafen sowie eine kleine Zahl spezialisierter Schafzuchtbetriebe zu schaffen, und zwar in Westestland und im südöstlichen Teil der Republik. B. Schenk. 4010.

3-64/08-0392 Roščupkin, G. A. Pomesnoe polutonkorunnoe ovcevodstvo v gornoj zone Gruzii. **(Mittelfeinwollige Schafe in der Grusinischen Bergzone.)** Ovcevodstvo, Moskva **10** (1964) Nr. 2. S. 7-10. — 7 Abb., 4 Tab.
Schafe mit mittelfeiner Wolle aus der Kreuzung Tuschino-Muttern (grobwollig) mit Feinwoll-Böcken (Kaukasische und Sowjetische Merinos) wurden in 4 für die Schafzucht typischen Orten des Ost-Kaukasus beobachtet. Bei gemeinsamer Haltung mit mittelgrobwolligen Schafen auf Sommer- und Winterweide ohne zusätzliche Beifütterung ergab sich im Gegensatz zu diesen ein geringeres Lgw. Widerstandsfähigkeit, kräftige Konstitution und gut entwickelter Knochenbau sowie ein Schurertrag, der bei Muttern um 0,7-0,9 kg, bei Böcken um 0,9-1,5 kg über dem Durchschnitt der mittelgrobwolligen Schafe lag, waren für mittelfeinwollige Schafe kennzeichnend. Eine Wollcharakteristik ergibt für 71,6-83,9% der Muttern eine durchschnittl. bis überdurchschnittl. Feinheit (8,1-24,3 μm), jedoch mangelhafte Ausgeglichenheit der Stapellänge (10,6-14,2 cm) und geringe Elastizität, hervorgerufen durch mangelhafte Fütterung. M. Giske/Dummerstorf. 4090.

3-64/08-0393 Nawara, W. Podniesienie wartości hodowlanej i użytkowej owiec. **(Steigerung des Zucht- und Nutzwertes der Schafe.)** Przegląd Hodowlany **31** (1963) Nr. 2/3. S. 19-22. — 3 Abb., 1 Tab. PRL/CBR. 4125.

3-64/08-0394 Pattie, W. A. und Donnelly, F. B. Six breed crosses tested for lamb production. **(Die Prüfung von 6 Rassenkreuzungen hinsichtlich der Lämmerproduktion.)** Agric. Gaz. New South Wales **73** (1962) Nr. 10. S. 513—515. 538. — 3 Abb.
Die Paarung von Dorset-Horn-Böcken mit Border Leicester × Merino-Mutterschafen erbrachte weitaus das höchste Gewicht an abgesetzten Lämmern. In der Lämmermast in New South Wales spielt das Gesamtgewicht an vermarkteten Lämmern je angepaartes Mutterschaf die größte Rolle für den erzielbaren Erlös. H. Busse. 4164.

3-64/08-0395 Donald, H. P. Heredity and fertility in sheep. **(Vererbung und Fruchtbarkeit beim Schaf.)** Agriculture [London] **70** (1963) Nr. 12. S. 557-560. — 1 Abb. 4168.

3-64/08-0396 Cannon, D. J. und McConchie, B. J.; Benella, Victoria, Dep. of Agric.; Rochester, Victoria, Dep. of Agric. Reproductive performance of Border Leicester × Merino ewes in Northern Victoria when jointed in the spring. **(Die Fortpflanzungsleistung von Border-Leicester-Merinokreuzungen in Nordvictoria bei Frühjahrspaarung.)** Austral. J. exp. Agric. Animal Husbandry **3** (1963) Nr. 10. S. 232-234. — 3 Tab., 3 Lit.
3,5-5,5 Jahre alte Kreuzungsschafe wurden in 3 Herden vom 4. Okt.-1. Jan. oder vom 18. Okt.-13. Dez. mit fruchtbaren Böcken zusammengebracht. Zu einer Herde wurden vasektomierte Böcke nach und zu einer anderen vor und nach der Paarungszeit für jeweils 2-11 Wochen zugelassen. Bis zum 15. Nov. waren 88-98% der Schafe belegt, und bis zum 11. April hatten 68,5-95,0% gelammt. Die meisten Belegungen waren in allen Herden in der Zeit vom 25. Okt.-1. Nov. erfolgt, so daß der frühere Zulassungstermin in einer Herde keinen wesentlichen Einfluß ausgeübt hatte. F. Döcke. 4168.

3-64/08-0397 Dun, R. B.; Trangie, New South Wales, Dep. of Agric. Recording the lambing performance of ewes under field conditions. **(Die Registrierung des Ablammergebnisses bei Schafen unter Praxisbedingungen.)** Austral. J. exp. Agric. Animal Husbandry **3** (1963) Nr. 10. S. 228-231. — 6 Tab., 2 Lit.

Es werden zunächst Unterscheidungsmerkmale für trockenstehende, laktierende und Schafmuttern, deren Lamm gestorben oder verloren ist, gegeben. Unterschiede zeigen sich im Futterzustand, im leichten Abreißen der Wolle von der Haut, im Auftreten von Blutkrusten auf dem Euter und im Sekret des Euters. An Hand dieser Merkmale ist es möglich, die mit einer Ohrmarke gekennzeichneten Muttern während der Lämmerzeichnung entspr. zu klassifizieren und eine Übersicht über die Fruchtbarkeit in der Herde zu erhalten.
F. Döcke. 4168.

3-64/08-0398 Schmidt, Ludwig. **Neuzeitliche Mastverfahren mit modernen Schafen.** Mitt. dtsch. Landwirtsch.-Ges. **78** (1963) Nr. 43., S. 1353–1354. 1356. — 6 Abb.
Die Produktionswerte der Schafzucht in Westdeutschland betragen 79% an Schaffleisch und 21% an Wolle. Obwohl der Schaffleischverzehr mit 0,3 kg je Kopf und Jahr, das sind 0,5% vom Gesamtfleischverzehr, sehr niedrig liegt, sind die Einfuhren an Schaffleisch ständig gestiegen. Die Schafhalter müssen deshalb versuchen, die Schaffleischqualität zu verbessern. Da bes. das Fleisch von jungen Schafen begehrt ist, sind die bisher bewährten Mastverfahren, die Milchmast und die Wirtschaftslämmermast, anzuwenden. Auch die Hamburger Ausschlachtungsschau hat dieses, wie berichtet wird, bestätigt. An Hand des Bildmaterials werden die geforderten Fleischqualitäten beschrieben. Vf. gibt die Forderungen wieder, die an das Schlachttier, den Schlachtkörper und die Wirtschaftlichkeit der Mast und das Mastverfahren bei Milchlämmer- und Wirtschaftslämmermast zu stellen sind.
W. Altenkirch. 4198.

3-64/08-0399 Tribe, D. E. und Lloyd, A. G. Effect of stocking rate on the efficiency of fat lamb production. **(Der Einfluß der Besatzdichte auf die Ertragsleistung in der Mastlämmerproduktion.)** J. Austral. Inst. agric. Sci. **28** (1962) Nr. 4. S. 274–278. — 1 Abb., 2 Tab., 6 Lit.
Das Untersuchungsmaterial bestand aus Border Leicester × Merino-Kreuzungsmutterschafen, die mit Southdown- oder Dorset-Horn-Böcken gepaart wurden. Die Grasnarbe der Weideflächen bestand überwiegend aus *Lol. perenne* und Weißklee. Bei beiden Weidepflanzen laufen 70% des Wachstums in den Frühjahrsmonaten ab. Mit zunehmender Besatzdichte von 1,0–4,5 auf 9,0 Mutterschafe mit Lämmern je acre verminderten sich die Gewichtszunahmen und die Wolleistung des Einzellammes, die Flächenertragsleistung an Fleisch und Wolle je acre stieg jedoch an. Trotz der zunehmenden Ertragsleistung war die Erzeugung bei einer Besatzdichte von 9,0 Mutterschafen weniger rentabel als bei 4,5 Muttertieren je acre. Dieser Viehbesatz übertraf wiederum die Leistungen bei einer Besatzdichte von nur 1,5 Muttern. Zweifellos können Mäster durch Erhöhung des Viehbesatzes ihr Reineinkommen wesentlich steigern. Sie müssen aber neben den Futterkosten auch das teilweise höhere Risiko in Kauf nehmen. Die Möglichkeiten der Ertragssteigerung durch Erhöhung des Viehbesatzes müssen in ihren ökonomischen Auswirkungen sorgfältig kalkuliert werden, ehe derartige Maßnahmen den Farmern in der Praxis geraten werden. H. Busse. 4198.

3-64/08-0400 Dun, R. B. und Grewal, R. S.; Trangie, New South Wales, Dep. of Agric. A comparison of the productive performance of single and twin born Merino ewes. **(Ein Vergleich der Produktionsleistungen bei einzeln und als Zwilling geborenen Merinoschafen.)** Austral. J. exp. Agric. Animal Husbandry **3** (1963) Nr. 10. S. 235–242. — 5 Tab., 40 Lit.
Allg. wird angenommen, daß aus Zwillingsgeburten stammende Schafe 2–8% weniger Reinwollertrag haben. Vff. prüften die Produktivität von Zwillingsschafen an Peppin-Merinos über einen Zeitraum von 10 Jahren. Die Tiere wurden mit 4 und 18 Mon. gewogen, die Faltenentwicklung wurde nach der Lammschur bestimmt (4,5 Mon.), im 20. Mon. wurden Hautstücke ent-

nommen zwecks Bestimmung des Faserdmr., der Faserdichte und des Faserverhältnisses, und nach 22 Lebensmonaten wurde eine Jahresschur durchgeführt. Der Paarungszeitraum betrug 6 Wochen, und als Fruchtbarkeitsindex wurde die Gesamtzahl geborener Lämmer nach den ersten 2 Belegungen verwendet. In allen geprüften Faktoren bestanden signifikante Unterschiede zwischen den Herden und zwischen den Jahren. Einzellämmer waren den Zwillingslämmern im Absatzgewicht, in der Faltenentwicklung, im Rohwollertrag und im Lgw. nach 18 Mon. signifikant überlegen. Dagegen lag die Fruchtbarkeit der Zwillingsschafe gesichert höher, und im Reinwollertrag sowie in Faserlänge und -dmr. bestanden keine gesicherten Unterschiede. Vff. schlußfolgern, daß aus Zwillingsgeburten stammende Schafe eine höhere Produktivität haben. F. Döcke. 4222.

3-64/08-0401 Ferguson, K. A. The relation between the responses of wool growth and body weight to changes in feed intake. **(Beziehungen zwischen Futteraufnahme und Wollwachstum sowie Körpergewicht.)** Austral. J. biol. Sci. **15** (1962) Nr. 4. S. 720-731. 4222.

3-64/08-0402 Hart, D. S., Bennett, J. W., Hutchinson, J. C. D. und Wodzicka-Tomaszewska, Manika. Reversed photoperiodic seasons and wool growth. **(Jahreszeitliche photoperiodische Umkehrerscheinungen und das Wollwachstum.)** Nature [London] **198** (1963) Nr. 4877. S. 310-311. — 2 Abb.
Bei den Versuchsgruppen waren 2 Maxima im Winter oder im Spätherbst und im Frühjahr zu beobachten. Bei den Untersuchungen von Morris war nur ein Höhepunkt im Rhythmus zu verzeichnen. Zwischen den Proben an der Körpermitte und an der Schulter bestanden keine Unterschiede. Außerdem war der Umkehreffekt durch die jahreszeitlich bedingte photoperiodische Beeinflussung fast nur begrenzte Zeit wirksam, der sich bei Morris über 2 Jahre erstreckte. Wilman und Leeds hatten in England bei Romneymutterschafen Befunde, die sich weder mit denen von Morris noch mit denen der Vff. decken. Die völlig verschiedenen Untersuchungsergebnisse sind auffällig. Temperaturunterschiede und ihre Wechselbeziehungen zur Lichtwirkung sowie die Intensität der Lichtbestrahlung, die rassebedingten Unterschiede in der Sensibilität der Versuchstiere können hierbei eine Rolle gespielt haben. Möglicherweise vermag künstliche Belichtung nicht die notwendige Wirkung zur Umkehr eines bisher bestehenden Rhythmus auszuüben. H. Busse. 4222.

3-64/08-0403 Grigorov, Charalampi, Saliev, Jakim und Goranov, Nikola. Sŭotnošenie meždu mastnite i beltŭčnite veštestva v ovčeto mljako prez vreme na dojnija period. **(Beziehungen zwischen Fett- und Eiweißgehalt in der Schafmilch im Laufe der Laktationsperiode.)** Selskostopanska nauka, Sofija **2** **(8)** (1963) Nr. 2. S. 227-233. — 4 Abb., 7 Lit. Zus. in Russ., Engl.
Das Untersuchungsmaterial über die Zusammensetzung der Milch von 7 Schafrassen sowie Rassengruppen (grobwolligen, mittelfeinwolligen und feinwolligen) wurde ausgewertet und festgestellt, daß die Fettmenge am Ende der Laktationsperiode um 31% höher ist als zu Beginn, die Eiweißmenge entspr. um 24% höher; das Fett-Eiweiß-Verhältnis geht im Laufe der Laktation von 0,84 auf 0,79 zurück; der Korrelationskoeffizient zwischen Fett- und Eiweißgehalt beträgt +0,915, zwischen Fett und Tr.-Subst. +0,828, zwischen Eiweiß und Tr.-Subst. +0,869; das Fett-Eiweiß-Verhältnis sank in der Morgenmilch während der Laktationsperiode von 0,96 bis auf 0,87 ab, in der Mittagsmilch von 0,74 auf 0,69 und in der Abendmilch von 0,82 auf 0,77; am fettreichsten ist die Tr.-Subst. der Mittagsmilch, dann folgt die Abendmilch, und an letzter Stelle steht die Morgenmilch, am eiweißreichsten ist die Tr.-Subst. der Morgenmilch, dann folgt die Abendmilch und schließlich die Mittagsmilch. NRB/ZSNTI, übersetzt v. Th. C. Boetticher. 4226.

SPEZIELLE KLEINTIERZUCHT

C. GEFLÜGEL

3-64/08-0404 Drygajlo, Ja. F. und Botin, G. S. Naši sovety pticevodam. **(Unsere Ratschläge für Geflügelzüchter.)** Kolchozno-sovchoznoe proizvodstvo Tadžikistana, Dušanbe **17** (1963) Nr. 2. S. 19-25. — 1 Tab.

Vff. beschreiben die Organisation der Produktion, die Haltung der Hühner und Enten, die Jungtieraufzucht, die Fütterung, das Merzen und die Grundsätze der Ergänzung der Zucht- und Gebrauchsherden in der Geflügelfabrik von Duschanbe. B. Schenk. 4601.

3-64/08-0405 Anonym. **Entwicklungstendenzen in der dänischen Geflügelhaltung.** Dtsch. Geflügelwirtsch. **16** (1964) Nr. 8. S. 119-120. 4601.

Hühner

3-64/08-0406 Trail, J. C. M. The indigenous poultry of Uganda. I. Growth rates and food consumption compared with European breeds. **(Das einheimische Geflügel Ugandas. 1. Mitt. Zuwachsraten und Futterverbrauch verglichen mit europäischen Rassen.)** Empire J. exp. Agric. **31** (1963) Nr. 124. S. 317-322.

8 Gruppen zu je 55 einheimischen Küken verschiedener Rassen aus 14 Distrikten des Landes und 7 Gruppen zu je 55 Küken 5 europäischer Rassen wurden unter gleichen Umweltverhältnissen aufgezogen. Bis zum Alter von 12 Wochen wurde den Tieren ein handelsübliches Kükenmischfutter verabreicht und anschließend eine Mischung für Junghennen bis zum Reifungsalter gegeben. Die europäischen Hühner wuchsen durchweg schneller und waren immer $^1/_3$- bis $^1/_2$mal schwerer als ihre einheimischen Vergleichspartner. Die einheimischen Junghennen begannen mit 5 Mon. zu legen, die Hähnchen erreichten mit 6 Mon. das Reifungsalter. Aus dem Futterverbrauch war ersichtlich, daß die männl. Tiere größere Mengen verbrauchten als die weibl. Die europäischen Tiere hatten bis zu 6 Wochen und von der 12.-24. Woche einen höheren Futterbedarf. Im Alter von 6-12 Wochen zeigten die einheimischen Rassen einen Mehrverbrauch. E. Lippmann. 4608.

3-64/08-0407 Trail, J. C. M. The indigenous poultry of Uganda. II. Egg production. **(Das einheimische Geflügel Ugandas. 2. Mitt. Eiproduktion.)** Empire J. exp. Agric. **31** (1963) Nr. 124. S. 323-326. — 1 Mitt. vgl. vorst. Ref.

Eine Herde von 180 Hennen wurde vom 161.-500. Tag zur Eiproduktion genutzt. Die Tiere wurden auf Tiefstreu gehalten und mit einer Legehennenmischung gefüttert. Die durchschnittl. Eiproduktion pro Henne betrug 72,2 Stck. Der Herdendurchschnitt lag bei 59,1 Stck., bezogen auf die am 161. Tag vorhandenen Hennen. Das durchschnittl. Eigewicht betrug 46,9 g, der Futterverbrauch pro Henne und Tag 119,1 g und 30,3 kg pro Henne während des Versuchs. Insgesamt waren 6% aller Hennen ständig in Gluckenkäfigen, durchschnittl. 5 Tage. Das Lgw. belief sich am 161. Tag auf 1185,1 g und am 500. Tag auf 1412,1 g. Die Sterblichkeit erreichte 31,7%.
E. Lippmann. 4608.

3-64/08-0408 Rodero Franganillo, Antonio; Córdoba, España, Fac. de Veterinaria. Correlacion entre algunos caracteres de las gallinas de razas castellana negra, utrerana franciscana y leghorn blanca. **(Die Beziehungen zwischen einigen Eigenschaften der Schwarzen Kastilianer, Gestreiften Utrerana und Weißen Leghorn.)** Arch. Zootecn. [Córdoba] **12** (1963) Nr. 45. S. 27-39. — 2 Tab., 15 Lit.

An 708 Tieren der drei Rassen, im Verhältnis 406:77:225, wurde ermittelt, ob Korrelationen zwischen Fruchtbarkeit, Schlupffähigkeit, Sterblichkeit, Geschlechtsverhältnis (GV), Widerstandsfähigkeit und Körpergewicht be-

bestehen, und zwar innerhalb der einzelnen wie zwischen den drei Rassen. Eine positive Korrelation fand sich bei den Schwarzen Kastilianern zwischen dem Lgw. der Mutterhennen und den Schlupfprozenten; die embryonale Sterblichkeit nahm mit der Schwere der Hennen zu. Ebenso waren Fruchtbarkeit und Schlupfprozente bei allen Rassen, auch untereinander, positiv korreliert. Mit steigender Fruchtbarkeit — und hohem Schlupfergebnis — ging die Sterblichkeit zurück (Leghorn). Die Korrelation zwischen Fruchtbarkeit und Widerstandsfähigkeit war bei den Leghorn positiv, bei den anderen beiden Rassen negativ. Auf das GV übte die Fruchtbarkeit der Utreranahennen keinen Einfluß aus, doch war die Korrelation zwischen Schlupfprozenten und GV ebenso positiv wie die zwischen der Fruchtbarkeit des ganzen Stammes — und aller Rassen — und dem GV. Allerdings variierte das GV stark, auch von Rasse zu Rasse. Die Sterblichkeitsrate beeinflußte bei den Utrerana das GV nicht; bei den anderen Rassen ging hohe Sterblichkeit mit niedrigem GV einher. Positiv korreliert war schließlich noch die Widerstandsfähigkeit und das GV. C. Engelmann. 4630.

3-64/08-0409 Garcia del Escobal, José Antonio; Léon, España, Fac. de Veterinaria. Raza aviar vascongada. **(Die baskischen Hühnerrassen.)** Arch. Zootecn. [Córdoba] **12** (1963) Nr. 45. S. 76-118. — 10 Abb.
Die baskischen Hühnerrassen werden wegen ihrer Härte und Widerstandsfähigkeit, die sie in dem rauhen Klima annahmen, wieder sehr geschätzt. Es handelt sich um Schläge, die aus spanischen Rassen unter Einkreuzung von „Asiaten" (Cochin) hervorgegangen sind. Beschrieben werden 5 Rassen: 1. Rebhuhnfarbige mit weißen Ohrscheiben und Läufen (♀ = 1,95, ♂ = 2,38 kg); 2. Hellbrahmafarbige, die den Sussex stark ähneln, mit weißen bis roten Ohrscheiben, kleineren Kämmen und hellen Läufen (♀ = 2,15, ♂ = 3,00 kg); 3. Weiße, mit weißen Ohrscheiben und hellen Läufen (♀ = 2,05, ♂ = 2,28 kg); 4. Gelbe, mit schwarzen Steuerfedern und schwarzem Halsbehang (den „Vorwerks" ähnlich), mit weißen Ohrscheiben und Läufen (♀ = 1,98, ♂ = 2,28 kg); 5. Rote (besser „Rotschecken") mit weißen Steuerfedern, Sicheln und hellerer Unterseite, mit weißen Ohrscheiben (♀ = 1,68, ♂ = 2,42) und hellen Läufen. Bis auf die hellen (2) gehören alle Rassen zum leichten Körperbautyp, den Italienern entspr. Alle sind stehkämmig. Die Körpermaße werden beschrieben, ebenso die Besonderheiten der Erscheinung. Diese baskischen Rassen machen heute ca. 12% der ländlichen Hühnerbestände aus. Ihre Leistung wird mit 90-100 Eiern bei den einfachen, mit 120 Eiern bei den selektierten Zuchten angegeben. Daneben werden Kreuzungen mit spanischen Rassen (z. B. schwarzen Kastilianern) gehalten, in den industriemäßig aufgezogenen Betrieben Leghorn und New Hampshire. C. Engelmann. 4630.

3-64/08-0410 Brandsch, H. Škola o šlechtění drůbeže pro velkovýrobu. **(Schulung in der Selektion von Geflügel für die Großproduktion.)** Drůbežnictví [Praha] **11** (1963) N. 9. S. 139-140. — 1 Tab.
Vf. geht auf die Problematik der Verwandtschaftszucht bei der Selektion von Geflügel in mäßig verwandten geschlossenen und in eng verwandten Linien ein und weist bes. auf die Unterschiedlichkeit der Selektionstechnik bei diesen beiden Arten von Zuchtlinien hin; gleichzeitig werden die unterschiedlichen Ansprüche bei der Bildung dieser Linien vom Standpunkt der techn. Ausrüstung des Zuchtbetriebes und der unterschiedlichen Investitionsaufwände hervorgehoben. Das in Linien gezüchtete Geflügel wird in der Regel zu Kreuzungen zum Zwecke der Gewinnung von Hybriden mit hervorragenden Leistungen benutzt. Zur Gebrauchszucht werden Zweilinien-, Dreilinien- und auch Vierlinien-Kreuzungen benutzt. Die Problematik dieser Kreuzungen wird kurz behandelt. Mit Rücksicht auf den großen, bes. mit der Methode der indirekten Selektion von Geflügel bei der Kreuzung nahe verwandter Linien verbundenen Aufwand empfehlen einige Wissenschaftler (z. B. Hutt),

sich der direkten Selektion reiner Linien zu bedienen und dabei Tiere mit einer den Hybriden gleichkommenden Vererbungsgrundlage und Nutzleistung zu selektieren. ČSSR/ÚVTI. 4655.

3-64/08-0411 Siegel, P. B. und Siegel, H. S. The correlated response of relative aggressiveness to selection for body weight and breast angle in chickens. **(Die wechselseitige Reaktion der jeweiligen Streitlust nach Selektion auf Körpergewicht und Brustwinkel bei Geflügel.)** Poultry Sci. **42** (1963) Nr. 5. S. 1208-1211. – 2 Tab., 10 Lit.
Die rel. Angriffslust der Hähnchen wurde in den F_2-, F_3- und F_4-Generationen von Linien gemessen, die einer Massenselektion auf hohes und niedriges Körpergewicht sowie nach breitem bzw. engem Brustwinkel unterworfen wurden. Gleichzeitig mit dem Wechsel im Körpergewicht erfolgte eine signifikante Veränderung in der rel. Streitlust. Es wurden positive genetische und durch die Umwelt bedingte Korrelationen geringer Größe zwischen dem Körpergewicht und der jeweiligen Streitlust festgestellt. Dagegen beobachtete man keine gleichzeitige Änderung in der rel. Streitlust, soweit die Selektion nach dem Brustwinkel erfolgte. Sowohl die genetischen als auch Umwelt-bedingten Korrelationen zwischen Brustwinkel und rel. Streitlust der Hähne waren niedrig. W. Greiner-Petter. 4655.

3-64/08-0412 Hurník, J. Hodnoty dědivosti některých užitkových vlastností drůbeže. **(Die Erblichkeitswerte einiger Nutzeigenschaften des Geflügels.)** Živočišná Výroba **8 (36)** (1963) Nr. 7. S. 427-434. – 30 Lit. Zus. in Russ., Franz., Dtsch.
Vf. gibt eine Übersicht über die Methoden zur Bestimmung von Erblichkeitskoeffizienten beim Geflügel und führt die Ergebnisse einer varianzstatistischen Bearbeitung der Legeleistungskontrolle von Weißen Leghorn-Hennen an, die in der Geflügelrevisionsstation in Drásov bei Brno in der Periode vom 1. Okt. 1961 bis 31. Aug. 1962 durchgeführt wurde. Auf Grund dieser Ergebnisse wurden die Erblichkeitskoeffizienten einiger Nutzeigenschaften berechnet. Die Berechnungen bezogen sich nur auf Hennen, welche eine 11monatige Legeperiode beendeten. Insgesamt wurden 398 Hennen von 190 Mutter- und Vatertieren untersucht. Es wurden folgende Erblichkeitskoeffizienten ermittelt: für die Gesamtzahl von Eiern 0,16 ± 0,122, für das durchschnittl. Eigewicht 0,51 ± 0,214 und für das Lgw. am Ende der 11monatigen Legezeit 0,61 ± 0,229. ČSSR/ÚVTI. 4660.

3-64/08-0413 Cole, R. K. und Jeffers, T. K.; Ithaca, N. J., Cornell Univ., State Coll. of Agric. Allelism of silver, gold, and imperfect albinism in the fowl. **(Der Allelismus von „silber", „gold" und „unvollständigem Albinismus" beim Huhn.)** Nature [London] **200** (1963) Nr. 4912. S. 1238-1239.
Die Faktoren „silber" (*S*) und „gold" (*s*) sind als Allele auf dem X-Chromosom bekannt. Werret u. a. beschrieben (vgl. LZ. Abt. III **6** [1961] Nr. 4. S. 655.) eine Kreuzung, aus der hervorging, daß sich der Faktor „silber" in „Semialbinismus" verwandelt hatte (s^{al}). Diese Mutation verhielt sich auch „gold" gegenüber rezessiv, so daß eine Allelenserie vorzuliegen schien. Hutt u. a. (vgl. LZ. Abt. III **6** [1961] Nr. 9. S. 1513.) prüften die Beziehung des Semialbinismus (*al*) zu anderen Faktoren auf dem X-Chromosom (*k* und *dw*), ohne auf die Stellung zu *S* einzugehen. Vff. führten Kreuzungen mit einer *al*-Henne durch [Paarungen mit Rhodeländer-Hahn(*ss*) und Hellen Brahma (*ee SS*)] und zogen aus der z. T. rückgekreuzten F_1 2492 F_2-Tiere auf. Keine *al*-Henne besaß danach die Faktoren *s* oder *S*; das Gen *al* ist somit als Allel von *S* und *s* bestätigt. Kreuzungsversuche mit Hähnen, die für s^{al} heterozygot waren ($S\,s^{al}$) und für Befiederungsgeschwindigkeit (*K k*), ergaben, daß an der Lokalisation des Gen *al* crossing-over-Vorgänge nicht beteiligt waren, obwohl ein derartiger Austausch zwischen den Orten *s* und *k* bzw. *S* und *K* zu ca. 2,25% vorkommt. C. Engelmann. 4660.

3-64/08-0414 Burckhardt, Ivo. **Voraussetzungen für eine wirtschaftliche Hühnerhaltung im bäuerlichen Betrieb.** Dtsch. Geflügelwirtsch. **16** (1964) Nr. 6. S. 78-81. — 5 Abb. 4667.

3-64/08-0415 Vágó, J. A tojótyukok selejtezésének és elhullásának hatása a tojás önköltségére. **(Einfluß der Ausmerzungs- und Sterbeverluste der Legehennen auf die Selbstkosten der Eierproduktion.)** Baromfitenyésztés [Geflügelzucht] **7** (1963) Nr. 3. S. 4-5. — Aus: Ung. Agrar-Rdsch. **1964** Nr. 1. 4667.

3-64/08-0416 Derlugjan, È. I. Skreščivanija dlja polučenija brojlerov. **(Kreuzungen für die Erzeugung von Broilerküken.)** Pticevodstvo, Moskva **1963** Nr. 6. S. 11. — 2 Tab.
Von allen möglichen Kreuzungen zwischen Russischen Weißen, Rhodeländern und Australorp schnitten bei der Broilermast die reziproken Kreuzungen zwischen Rhodeländern und Australorps mit einem 80-Tage-Gewicht von 1461 g bzw. 1456 g bei einer Rohverwertung von 3,11 bzw. 3,12 am besten ab. Die Schlupfleistung war bei der Kreuzung zwischen diesen mittelschweren Rassen allerdings niedriger als bei den Kreuzungen mit Russischen Weißen. Die Kreuzung Russische Weiße × Australorp gab sogar mit einem 80-Tage-Gewicht von 1418 g bei einer Rohverwertung von 3,20 ein zufriedenstellendes Ergebnis. H. Pingel. 4669.

3-64/08-0417 Anonym. Skreščivanija dlja polučenija brojlerov. **(Die Kreuzung zum Zweck der Broilermast.)** Životnovodstvo, Moskva **25** (1963) Nr. 8. S. 63-64. — 1 Tab.
Es wird über eine Arbeit von È. I. Derlugjan (Pticevodstvo, Moskva **1963** Nr. 6. S. 11.) berichtet, in der der Nutzeffekt der Kreuzung von Zwierassen mit Legerassen (Russische Weiße, Rhodeländer, Australorp) in 6 Varianten beschrieben wird. Das Schlupfergebnis war bei allen Kreuzungsvarianten bedeutend höher als bei der Reinzucht von Russischen Weißen. Die Tagesdurchschnittszunahmen (bis zum Alter von 90 Tagen) betrugen entspr. 15,8-13,9 und 13,5 g; der Futteraufwand lag bei 3,80-4,33 und 4,44 FE/kg Zunahme. Auch die Schlachtausbeute war in allen Versuchsgruppen höher. Derlugjan schlußfolgert, daß die Kreuzung von Zwierassen untereinander gute Kennziffern in bezug auf Lgw., Futterverwertung, Schlachtausbeute, chem. Zusammensetzung des Fleisches usw. bringt. Das Schlupfergebnis war jedoch niedriger als bei der Kreuzung von Zwierassen mit Russischen Weißen, bei der ebenfalls befriedigende Ergebnisse erzielt worden sind. B. Schenk. 4669.

3-64/08-0418 Vančíková, Ružena. Porovnanie výkrmových schopností plemien NH, Su, PB a Cor s ich reciprokými krížencami. **(Mastfähigkeitsvergleich der Hühnerrassen New Hampshire, Sussex, Weiße Plymouth Rock und Cornish mit ihren reziproken Kreuzungsprodukten.)** Živočišná Výroba 8 **(36)** (1963) Nr. 6. S. 327-336. — 2 Abb., 4 Tab., 8 Lit. Zus. in Russ., Engl., Franz., Dtsch.
Bei importierten Küken der Rassen Cornish (Cor), Weiße Plymouth Rock (WP), Sussex (Su) und New Hampshire (NH) wurden die potentielle Wachstumsfähigkeit und Futterausnutzung bewertet. Die Versuche dauerten bis zum Alter von 12 Wochen. Außerdem wurde untersucht, bis zu welchem Grad man durch Kreuzung der einzelnen Fleischrassen einen Heterosiseffekt erzielen kann. Bei den reinrassigen Versuchstieren wurde das höchste Durchschnittsgewicht von 1232 g im Alter von 12 Wochen bei Weißen Plymouth Rock erzielt. Diese Rasse wies auch den niedrigsten Futterverbrauch (3,09 kg) je kg Lebendgewichtszunahme auf. Bei den reziproken Kreuzungstieren bewährte sich am besten die Kombination ♂ Su × ♀ Cor (Gewicht 1496 g, Futterverbrauch 3,43 kg/kg Zunahme). Da aber die Cornish eine typisch maskuline Rasse darstellen, wird diese Kombination zur Broilerproduktion nicht emp-

fohlen. Geeigneter ist die Kombination ♂ Cor × ♀ WP. Küken dieser Kombination erreichten im Alter von 12 Wochen ein Lgw. von 1335 g bei einem Futterverbrauch von 2,90 kg/kg Zunahme. Bei allen Kombinationen zeigte sich mehr oder weniger ein Heterosiseffekt mit Ausnahme der Kombination Cor × NH, wo die Kreuzungsprodukte im Vergleich mit reinrassigen Cornish ein um 0,8% niedrigeres Gewicht hatten. ČSSR/ÚVTI. 4669.

3-64/08-0419 Azimov, S. G. Ischodnye porody dlja proizvodstva brojlerov v Uzbekistane. **(Ausgangsrassen für die Broilerproduktion in Usbekistan.)** Pticevodstvo, Moskva **1963** Nr. 6. S. 12-13. — 4 Abb., 2 Tab.
Die Kreuzungen zwischen mittelschweren Rassen waren in Wachstumsgeschwindigkeit und Futterverwertung den Kreuzungen zwischen Russischen Weißen und mittelschweren Rassen deutlich überlegen. Die beste Leistung wurde mit der Kreuzung Moskauer Weiße × New Hampshire erzielt, und zwar ein 90-Tage-Gewicht von 1465 g bei den Hähnchen und von 1123 g bei den Hennenküken. Die Rohverwertung lag bei 3,27. Der Anteil eßbarer Teile am Schlachtkörper betrug 58,9%. H. Pingel. 4669.

3-64/08-0420 Dimov, A. und Colov, B. Vlijanie na različni tečni dezinfektanti vŭrchu ljupimostta na razplodnite kokoši jajca. **(Der Einfluß verschiedener flüssiger Desinfektionsmittel auf den Schlupf von Zuchthühnereiern.)** Izvestija na Instituta po carevicata — Kneža, Sofija **5** (1963) S. 187 bis 193. — 5 Tab., 9 Lit.
In 2 Versuchen mit Gruppen von je 100 Eiern von Zuchthennen der Rasse New Hampshire wurde die Wirkung folgender flüssiger Desinfektionsmittel untersucht: 2%iges Ätznatron, 2%iges Kaliumpermanganat, Jod-Kaliumjodid 1:1; 5:100, 2%iges Chlorenol und 8%iges Virosan. Die Eier wurden 3 Min. lang eingetaucht; als Kontrolle dienten zwei Gruppen: 3 Min. in Wasser eingetaucht und trockene, nicht desinfizierte Eier. Die Ergebnisse (Angaben des 2. Versuchs in Klammern): Der Schlupf betrug bei Desinfektion mit Ätznatron 91,90% (88,23), Kaliumpermanganat 85,41 (82,10)%, Jod-Kaliumjodid 81,60 (80,60)%, Virosan 87,60%, Chlorenol (79,50)%, bei der Wasserkontrolle 85,30 (85,80)% und bei der trockenen Kontrolle 90,70 (93,10)%, das Lgw. der 3 Monat. alten Küken betrug entspr. 1220 (1215), 1217 (1191), 1129 (1143), 1116 (1113), 1078 (1112), 1066 (1181) g; der Futteraufwand je kg Zunahme bis zum Alter von 3 Mon. lag bei 5,2 (5,2), 5,6 (5,4), 5,8 (5,8), 5,9 (5,8), 5,6 (5,7) und 5,9 (5,8) FE; hinsichtlich der Sterblichkeit und des Alters zu Beginn der Legetätigkeit werden bei den Junghennen keine wesentlichen Unterschiede zwischen den Gruppen festgestellt.
NRB/ZSNTI, übersetzt v. I. Posdirca. 4674.

3-64/08-0421 Haije, U. Besmetting en desinfectie van broedmachines. **(Infektion und Desinfektion von Brutmaschinen.)** Tijdschr. Diergeneeskunde 88 (1963) Nr. 19. S. 1227-1231. — 12 Lit. Zus. in Engl., Franz., Dtsch.
Vf. gibt eine kurze Übersicht über die Möglichkeiten der Infektion von Bruteiern und Brutmaschinen und weist auf die Notwendigkeit der Desinfektion der Brutmaschinen hin. Desinfektion mit Formalindampf wird als die brauchbarste und am wenigsten schädliche Methode in der Praxis angesehen. Auf die Beachtung der erforderlichen Hygiene beim Versand und Sortieren der Bruteier und beim Versand der Küken wird hingewiesen. K. Wittig. 4674.

3-64/08-0422 Kaltofen, R. S. Het keren der eieren van de hen tijdens het broeden als mechanische factor van betekenis vor de broeduitkomsten. **(Das Wenden der Hühnereier während des Brütens als mechanischer Faktor von Bedeutung für das Brutergebnis.)** Diss. Utrecht **1961** 104 S.
Für die Versuche standen 2 Schrankbrüter zur Verfügung, die eine weitgehende Variierung der Brutverhältnisse zuließen. 24maliges Wenden im Laufe eines Tages brachte im Vergleich zum 3maligen ein höheres Schlupfergebnis. Dabei

waren die Ausfälle bei 3maligem Wenden in den ersten 6 Bruttagen erheblich höher als vom 7.-16. Tag. Nach dem 16. Bruttag stieg die Sterblichkeit wieder erheblich an. Das Absterben stand in Zusammenhang mit Störungen in der Entwicklung des Amnions und Verwachsungen des Keims mit der inneren Schalenhaut sowie Lagefehlern der Embryos. Bevor sich der Keim mit dem Chorion nach dem 9. Bruttag an der inneren Eischale festsetzt, nimmt der Embryo, auch nach dem Wenden, die höchstmögliche Stellung ein. Bei Eiern, die nach dem 3. Bruttag nicht mehr gewendet worden waren, und bei solchen, die bei 50% rel. Feuchtigkeit statt bei 70% gehalten wurden, trat das Anheften des Chorions an der Eischalenhaut oft früher als am 6. Tag der Brut ein. Wenn das stündliche Wenden am 18., am 10. und am 5. Tag der Brut eingestellt wurde, so hatte dies keine signifikanten Unterschiede in der Sterblichkeit bis zum 17. Bruttag zur Folge. Die Sterblichkeit nach dem 17. Tag war jedoch höher, wenn nur bis zum 5. Tag stündlich gewendet wurde, und zwar auch dann, wenn zum 10.-18. Tag wieder stündlich gewendet wurde. Der Embryo bewegt sich während der ersten Bruttage mit seiner Medianlinie im rechten Winkel zur Längsachse des Eies. Wenn das Wenden unterbrochen wird oder nicht oft genug erfolgt, werden die Lageveränderungen innerhalb des Eies gestört. Das Drehen des Eies um 90° hatte keine andere Wirkung als das Drehen um 120°, wenn die Eier um die Längsachse gedreht wurden, während bei Drehung um die kurze Achse die Drehung um 120° ein etwas günstigeres Schlupfergebnis zur Folge hatte. Die Errechnung des günstigsten Drehungswinkels erfolgte mit Hilfe geometrischer Verfahren. Dabei ergibt sich ein Winkel von fast 180°. J. K. Hinrichsen. 4676.

3-64/08-0423 Erasmus, J. E. und Langenhoven, M. N.; Stellenbosch-Elsenburg, Coll. of Agric. Artificial insemination of battery hens. **(Künstliche Besamung von Batteriehennen.)** Farming South Africa **39** (1963) Nr. 8. S. 37.
Die Haltung von Zuchthennen in Batterien wird immer mehr angewendet. Diese Hennen werden künstlich besamt. Jeweils 60 Hennen wurden einmal wöchentl. um 11^{00} bzw. 16^{00} besamt. Die Besamung nachmittags ergab eine um über 11% höhere Befruchtung. Die Befruchtung war am 7. Tag nach der Besamung noch zufriedenstellend, so daß eine einmalige Besamung in der Woche ausreicht. H. Pingel. 4677.

3-64/08-0424 Schmidt, L. **Rationalisierung der Fütterungstechnik.** Dtsch. Geflügelwirtsch. **15** (1963) Nr. 43. S. 595-600. — 22 Abb.
Vf. nennt moderne Futteranlagen für die Legehennen-Intensivhaltung und gibt praktische Hinweise für die Aufstellung und Beschickung dieser Anlagen. Die automatische Futterkette soll in einer Ebene auf die Kotgrube gestellt werden, die dabei 25-60% der Stallfläche einnehmen kann. Das Futter wird entweder von einer Rampe aus oder mittels Förderschnecke aus den Silobehältern in die Futterkette geleitet. Bei einer amer. Futterkettenanlage erfolgt die Beschickung aus einem erdlastigen Silo ebenfalls über eine Förderschnecke. Die Blechtröge sind mit Freßgittern ausgestattet. Seit 2 Jahren sind wieder Rundtröge begehrt, die über dem Scharraum und der Kotgrube aufgehängt werden können. Gut geeignet sind Plastik-Rundtröge. Der Scharraum soll hierbei $^2/_3$ des Stalles einnehmen. Die Rundtröge sind verkehrsgünstig für Mensch und Tier. Die automatische Beschickung erfolgt über ein an der Decke laufendes Rohrsystem. Futterrohranlagen haben sich auch in der automatischen Fütterung von einstöckigen Käfiganlagen bewährt. Die Silos zur Loselagerung des Futters haben sich immer mehr durchgesetzt. Diese Art der Lagerung ist billig, der Landwirt verliert aber die Kontrollmöglichkeit über den tägl. Futterverbrauch. Die Silos sollen aus hygienischen Gründen nicht aus Holz, sondern aus Blech hergestellt werden. Der Antransport des Futters erfolgt in Tankzügen. H. Sommerfeld. 4681.

3-64/08-0425 Schmidt, L. **Geflügelfutter — lose.** Dtsch. Geflügelwirtsch. 15 (1963) Nr. 51. S. 710-714.

Vf. erörtert das Für und Wider beim Futtersilo, hebt jedoch die dadurch bedingte Verminderung des Arbeitsaufwandes hervor. Die Entscheidung muß vorher gründlich überlegt sein. Bei Anschaffung eines Silos ist darauf zu achten, daß die Beschickung vom Tankfahrzeug jederzeit leicht möglich ist (befestigte Anfahrt). Die Größe des Silos richtet sich vor allem nach Bestandesgröße, Fütterungsmethode sowie innerer und äußerer Verkehrslage. Das Aufstellen der Silos kann sowohl im Gebäude als auch im Freien erfolgen. Als Material hat sich Aluminium — bes. bei Anordnung im Freien — sehr gut bewährt; aber auch die preislich günstigeren Zinkblech- und lackierten Schwarzblechsilos können verwendet werden. Damit auch Mehlfutter aus den Silos restlos auslaufen kann, müssen die Trichter unbedingt eine Schräge von 60° erhalten. Die Anordnung der Silos zur Futtermaschine soll möglichst günstig sein. B. Schenk. 4681.

3-64/08-0426 Ostrivnoj, I. M. und Božko, P. E. Ispol'zovanie pitatel'-nych veščestv cypljatami, vyraščivaemymi na mjaso. **(Anwendung von Nährstoffen bei künftigen Fleischküken.)** Sbornik rabot molodych učenych. Doklady na naučnoj konferencii aspirantov. Vsesojuznyj naučno-issledovatel'skij institut pticevodstva, Moskva 4 (1961, hrsg. 1962) S. 91-98. — 6 Abb., 4 Lit. 4682.

3-64/08-0427 Ostrivnoj, I. M. und Božko, P. E. Opyt kormlenija mjasnych cypljat, vyraščivaemych v osenne-zimnij period. **(Erfahrungen bei der Fütterung von Fleischküken, die im Herbst und Winter aufgezogen werden.)** Sbornik rabot molodych učenych. Doklady na naučnoj konferencii aspirantov. Vsesojuznyj naučno-issledovatel'skij institut pticevodstva, Moskva 4 (1961, hrsg. 1962) S. 99-103. — 3 Tab., 6 Lit. 4682.

3-64/08-0428 Ageev, V. N. und Masliev, I. T. Opredelenie naibolee ėffektivnych metodov skarmlivanija ėmul'girovannogo preparata vitamina „A" pri vyraščivanii mjasnych cypljat. **(Bestimmung der wirksamsten Methoden bei der Verfütterung des emulgierten Vitamin-A-Präparates bei der Aufzucht von Fleischküken.)** Sbornik rabot molodych učenych. Doklady na naučnoj konferencii aspirantov. Vsesojuznyj naučno-issledovatel'skij institut pticevodstva, Moskva 4 (1961, hrsg. 1962) S. 80-90. — 9 Tab., 14 Lit. 4682.

3-64/08-0429 Křivohlavý, V. Krmení kuřat hydroponicky vypěstovanou zelenou pící. **(Fütterung der Küken mit Hydroponikfutter.)** Drůbežnictví [Praha] 11 (1963) Nr. 7. S. 102. — 2 Abb.

Nach praktischen Erfahrungen des Geflügelzuchtbetriebes in Markovice bei Časlav wächst das Hydroponikfutter (Weizen, Hafer, Mais) auf den Horden in 10 Tagen 25 cm hoch. Das Saatgut wird vorher gewaschen, anschließend läßt man es auf Blechhorden unter Benetzung mit reinem Wasser 3 Tage lang keimen. Am 3. Tage wird das Saatgut mit einer schwachen Hypermanganlösung angefeuchtet, um Schimmelbildung zu vermeiden. Im Raum soll eine konstante Temperatur von 25 °C herrschen. Die Hydroponik-Einrichtung kann mit Vorteil in einem Kükenaufzuchtstall installiert werden. Je 1 m^2 Fläche gewinnt man in 10 Tagen 25-30 kg Grünmasse. In Markovice werden ⌀ 6000 Küken mit einer tägl. Ration von 20 g Grünfutter/Küken gefüttert. Zur Erzeugung von 100 l Nährlösung genügen 5 Tuben des Präparates ‚Hydroponix' im Preise von 24 Kčs. ČSSR/ÚVTI. 4682.

3-64/08-0430 Thomas, Charles H. und Albritton, R. C. Restricting feed improves performance of hens in station test. **(Eingeschränkte Fütterung verbessert die Leistung von Hennen in Stationsprüfungen.)** Mississippi Farm Res. 26 (1963) Nr. 7. S. 2. — 7 Tab.

Vff. prüften in einem 818 Tage laufenden Versuch mit insgesamt 2900 Eintagsküken (Weiße Leghorn) die Einflüsse eingeschränkter Fütterung in der Wachstumsperiode auf die Entwicklung und Leistung der Tiere. Beschränkung der Fütterung auf weniger als $^2/_3$ des Normalverzehrs erhöhte die Sterblichkeit zwischen 8-Wochen-Alter und Aufstallung, aber nicht mehr nach der Aufstallung. Das Körpergewicht im Alter von 818 Tagen war bei nahezu allen Gruppen gleich, obwohl die eingeschränkt aufgezogenen Gruppen bei Aufstallung erheblich zurückstanden. 2 knapp aufgezogene Gruppen hatten eine höhere Legeleistung als die Normalgruppe. Alle knapp aufgezogenen Gruppen legten weniger kleine Eier als die Normalgruppe. Zusammenfassend wird aus den Ergebnissen der Schluß gezogen, daß Junghennen im Alter von 9-26 Wochen tägl. 8 lb. Aufzuchtmischung und 2,5 lb. Hafer je 100 Tiere erhalten sollten. A. Schaaf. 4688.

3-64/08-0431 Schneider, K.-H. **Abschließende Betrachtungen zu den Ergebnissen von Broilermastversuchen mit verschiedenen Rassen und Kreuzungen.** Tierzucht 17 (1963) Nr. 11. S. 523-525.
Im Institut für Kleintierzucht der Karl-Marx-Universität Leipzig wurden 1962 Mastversuche mit der Rasse White Rock und der Gebrauchskreuzung Cornish-White Rock × Leghorn durchgeführt. Das beste Ergebnis hinsichtlich der Mastfähigkeit erbrachte die Dreifachkreuzung Cornish-White Rock × Leghorn mit dem durchschnittl. 10-Wochen-Gewicht von 1098 g je Tier und der Mastwertzahl 13,12. Die White Rock erreichten trotz prozentual hohen Durchschnittszunahmen im letzten Mastabschnitt nur ein durchschnittl. 10-Wochen-Gewicht von 1048 g je Tier und eine Mastwertzahl von 13,13. Durch die unterschiedlichen Gewichtszunahmen zwischen männl. und weibl. Tieren war die Ausgeglichenheit des gemästeten Tiermaterials noch unbefriedigend. Die Rohverwertung lag in beiden Versuchen unter 3,0. Bei entspr. Beachtung der Fütterung und Haltung ist eine wirtschaftliche Jungtiermast möglich. E. Lippmann. 4690.

3-64/08-0432 Mehner, A. und Torges, H.-G.; Celle, Bundesforsch.-Anst. für Kleintierzucht. **Methoden zur Feststellung der Mastfähigkeit und des Schlachtwertes bei Hühnern. 2. Teil.** Arch. Geflügelkunde 26 (1962) Nr. 6. S. 483-511. — 4 Abb., 15 Tab. Zus. in Engl. 1. Teil vgl. LZ. Abt. III 8 (1963) Nr. 11. S. 2305.
Jungmasthühner verschiedener Rassen- und Kreuzungszugehörigkeit wurden in einheitlicher Weise auf 3 verschiedene Lebendgewichte gebracht, und zwar 1100, 1100-1300 und mehr als 1300 g. Die Feststellungen am geschlachteten Tier ergaben, daß der Schlachtverlust und der Knochenanteil mit steigendem Lgw. abnahmen, während sich Bratgewichts- und Fleischausbeute sowie der Anteil des Fettes erhöhten. Hennen schlachten sich in den untersuchten Klassen durchweg besser aus und sind stets fetter. Höhere Lebendgewichte — über 1300 g — dürften von Hähnchen wirtschaftlicher erzeugt werden als von Hennchen. Die modernen Masthybriden enthalten im Vergleich mit anderen Rassen und deren Kreuzungen weniger Fett im Schlachtkörper. Zur Schätzung der Gesamtfleischmenge eines Jungmasthuhnes läßt sich mit genügender Genauigkeit das Tibiagewicht heranziehen, zur Schätzung der Brustfleischmenge benutzt man zweckmäßigerweise den Brustindex. Bei den Fleischqualitätsmerkmalen besteht eine statistisch hoch gesicherte negative Beziehung zwischen Wassergehalt und Fettgehalt der wichtigsten Teilstücke. U. Hofmann. 4690.

3-64/08-0433 Kopylovskaja, G., Solonina, M., Lebedev, B. und Svirina, Z.; Genet. Inst. der Akad. der Wiss. der UdSSR. Brojler v 70 dnej — 1200 grammov. **(Broiler erreichen bis zum 70-Tage-Alter 1200 Gramm.)** Kolchozno-sovchoznoe proizvodstvo Tadžikistana, Dušanbe 17 (1963) Nr. 1. S. 16-20. — 2 Tab.

Bei der Broilermast zeigte sich 1961 bereits, daß die Rasse Weiße Cornish bei Kreuzung mit Weißen Rock und Jubiläumshühnern den Fleischansatz stark vererbt. Der prozentuale Fleischanteil am ausgenommenen Schlachtkörper betrug im 80-Tage-Alter bei Cornish-Hähnchen 45,9% und bei Kreuzungshähnchen 41,6-44%. 1962 wurden bei der Kreuzung von F_1-Tieren (Cornish × Weiße Rock) × (Jubiläum × Cornish) ein 80-Tage-Gewicht von 1339 g und eine Futterverwertung von 2,69 FE je kg Zuwachs erzielt. Die Kreuzung Cornish × Jubiläum erreichte mit einem 80-Tage-Gewicht von 1352 g nur eine Futterverwertung von 3,07 FE je kg Zuwachs. Das höchste 80-Tage-Gewicht erreichte die Kreuzung Cornish × Weiße Rock mit 1380 g.
H. Pingel. 4690.

3-64/08-0434 Bogdanov, M. Proizvodstvo mjasa pticy. **(Erzeugung von Geflügelfleisch.)** Kolchozno-sovchoznoe proizvodstvo, Moskva **1963** Nr. 7. S. 56-57. — 4 Abb. 4690.

3-64/08-0435 Ostermann, W. **Junghühnermast in Holland.** Dtsch. Geflügelwirtsch. **16** (1964) N. 6. S. 86-87. — 5 Tab. 4690.

3-64/08-0436 Alekseevič, L. A. O tormoženii jajcekladki u nekotorych porod kur i gibridov. **(Über die Hemmung der Legetätigkeit bei einigen Hühnerrassen und Hybriden.)** Vestnik Leningradskogo universiteta **18** (1963) Nr. 3. Serija biologii Nr. 1. S. 133-139. — 1 Abb., 4 Tab., 18 Lit. Zus. in Engl.
An Hühnern der Rassen Leghorn, Australorp, Gestreifte Plymouth Rock sowie der Kreuzung Australorp × Plymouth Rock wurde die Beziehung zwischen zentralem Nervensystem und der Legetätigkeit untersucht. Die Hennen wurden nach Aufsuchen des Nestes in einen anderen Raum in einen Käfig gebracht. Die Auswirkung dieser Veränderung des Stereotyps wurde an insgesamt 204 Tieren in 2 Versuchsperioden (Frühjahr und Herbst) ermittelt. Im 1. Versuch zeigten die Leghorn die größte Hemmung mit 6,7 ± 0,89 Std. und die Kreuzungstiere die geringste mit 2,3 ± 0,25 Std. der Eiablage nach der Umsetzung. Die Australorp, im 1. Versuch den Kreuzungstieren nahe, zeigten im Herbst eine bedeutend größere Hemmung. Innerhalb der Leghorn ließen sich in beiden Versuchen zwei Gruppen mit hoher und geringer Hemmung abgrenzen, was bei Australorp nicht festgestellt werden konnte. Vf. führte das auf den hohen Inzuchtgrad letzterer zurück.
W. Bonitz. 4700.

3-64/08-0437 Anjaneyalu, Y. V., Kurnick, A. A. und Reid, B. L.; Tucson, Univ. of Arizona. Ethoxyquin and egg yolk pigmentation. **(Äthoxychinolin und die Färbung von Eigelb.)** Proc. Soc. exp. Biol. Med. **113** (1963) Nr. 2. S. 275-278. — 5 Tab., 10 Lit.
In 3 Versuchen mit Weißen-Leghorn-Junghennen wurde der Einfluß des Antioxydans Äthoxychinolin auf die Stabilität von Xanthophyll, gemessen an der Färbung des Eidotters, geprüft. Im 1. Versuch konnte bei einer Zugabe von 125 ppm Äthoxychinolin zum Luzernegrünmehl der Ration eine Farbverbesserung des Eidotters um ⌀ 53,8% erzielt werden, während ohne den Zusatz 24% vom Xanthophyll und 32% vom Carotin verlorengingen. Im 2., bei etwas kühlerem Wetter durchgeführten Versuch betrug die Farbzunahme durch Äthoxychinolin 21%, die Verluste an Carotinoiden waren unbedeutend. Im 3. Versuch, in dem das Äthoxychinolin verschieden, nämlich im Futter, oral mittels Kapsel und i. m. verabfolgt wurde, konnte der sonst in vivo 10% betragende Verlust an Xanthophyll bei allen 3 Verabreichungsarten verhindert werden. L. Sperling. 4700.

3-64/08-0438 Schmidt, L. **Käfighaltung — wirtschaftlich?** Dtsch. Geflügelwirtsch. **15** (1963) Nr. 38. S. 528-532. — 13 Abb.
Vf. beschreibt ein- und mehrstöckige Batterien ohne automatische Koträumung. Bei der 4stöckigen Batterie, aus England kommend, fällt der

Kot auf bituminiertes Papier, das sich auf einem bewegbaren Drahtgeflecht befindet. Einmal wöchentl. wird der Kot mittels Handkurbel an das eine Ende der Batterie befördert und gelangt auf Wagen oder in eine Querentmistungsanlage. Dieses Entmistungssystem erlaubt nur eine Länge von 10-20 m. Meistens werden 2 Anlagen hintereinander montiert. Je m^2 Stallfläche können 20 Hennen gehalten werden. Das System eignet sich für Bestände von 1000-6000 Legehennen. Die Kosten betragen DM 7-8/Henne. Offen bleibt die Frage, ob sich das bituminierte Papier schnell zersetzt. Bei den einstöckigen Anlagen handelt es sich meistens um Käfige, die aus Fertigteilen leicht zusammengesetzt oder in Eigenbau hergestellt werden können. Sie werden an der Decke aufgehängt oder auf Ständer ca. 1 m über dem Stallboden gestellt. Der Kot fällt auf den Stallboden und wird nach Belieben herausgebracht. Die amer. Colony-Käfige sind Großgruppenkäfige zu ca. 22 Hennen. Ein Käfig ist 125 cm lang und 60-90 cm breit. Meist werden 2 Batterien gegenübergestellt, so daß sich der Futtertrog in der Mitte bebefindet. Die japanischen Kleingruppenkäfige fassen 3-4 Hennen. Sie sind 90-97 cm lang und 40 cm tief und werden durch eine Trennwand geteilt. Diese Käfige lassen sich auch 2stöckig aufstellen. Bei automatischer Fütterung rät Vf., die Käfige einstufig und doppelreihig anzuordnen. Japanische Fertigkäfige kosten DM 3,90 und 4,60/Hennenplatz bei Eigenmontage. Bei Handfütterung mit Trögen eignen sich die Kleingruppenkäfige für 2000 bis 3000 Hennen. Vf. ist der Annahme, daß die japanischen Käfiganlagen die Bodenhaltung und den Slatstall ablösen, wenn den Hennen Alleinfutter verabreicht wird. Sie haben folgende Vorteile: für alle Betriebsgrößen und Gebäude geeignet, preiswert, optimale Hygiene und Desinfizierbarkeit, arbeitsmäßig bequeme Höhe der Eierrinne, Tröge, Tränken, die Tiere haben gute Legeleistung, keine Brütigkeit, Sonntagsarbeit nicht unbedingt nötig u. a. m. H. Sommerfeld. 4707.

3-64/08-0439 Cowlishaw, S. J. A study of the effects of two methods of grazing poultry on the persistence and palatability of seven herbage species. **(Eine Studie über die Wirkung zweier Weideverfahren mit Hühnern auf die Ausdauer und Schmackhaftigkeit von 7 Grasarten.)** J. agric. Sci. 61 (1963) Nr. 1. S. 27-32. — 2 Abb., 2 Tab., 6 Lit.

Vf. testete kurzen und langen Weidewechsel. Die Ansaat der Versuchsflächen, 6 Gräser und 1 Kraut (Schafgarbe) einzeln und kombiniert ausgesät, ihre Behandlung bis zur Nutzung, das methodische Vorgehen betr. bot. Zusammensetzung des Rasens, pH-Zahl des Bodens, Vorliebe der Hennen für bestimmte Gräser, Legeleistung der Tiere u. a. werden erläutert. Die Feststellungen erfolgten von 1957-60. Extreme Wetterperioden herrschten nicht, die Winter waren mild. Die pH-Zahlen der Versuchsparzellen schwankten zwischen 6,7 und 7,2. Je 30 Kreuzungshennen aus Rhodeländer × Helle Sussex dienten als Besatz der Parzellen. Im Herbst bestanden im Anreiz zum Verzehr der verschiedenen Pflanzenspecies nur geringe Unterschiede, dagegen bevorzugten die Hennen im Winter Knaulgras und Wiesenrispe. Lieschgras wurde weniger tief abgeweidet, Deutsches Weidelgras, Schwingel und Schafgarbe übergangen. Im Frühjahr kam der junge Schafgarbenaufwuchs ebenso stark zur Aufnahme wie das Knaulgras. Timothe und Poa-Arten waren auch beliebt, dagegen weniger Weidelgras und Wiesenschwingel, unbeachtet blieb der Rotschwingel. Während die Hennen im Frühsommer eine deutliche Vorliebe für Knaulgras zeigten, zogen sie ab Aug. andere Gräser vor, sie zupften 2mal so viel Wiesenschwingel wie Knaulgras und Poa-Arten. Lieschgras war noch beliebt, aber nicht mehr die Schafgarbe. Zur Futtersuche auf der Grasfläche benutzten die Hennen im Apr. max. 8% der ihnen zur Verfügung stehenden Zeit, im Aug. dagegen 14%. Der zeitlich unterschiedliche Weidewechsel beeinflußte die Legetätigkeit der Hennen-Gruppen ebenso

wenig ungünstig wie die Abgangsrate. Die Jahresleistung betrug je Henne ∅ 186 Eier, die Sterblichkeit lag unter 4%. Die Wurmeierprüfung frischer Kotproben zeigte übereinstimmend nur geringen Besatz ohne jeden Unterschied bei kurzem oder langem Weidewechsel.
W. Greiner-Petter. 4707.

3-64/08-0440 Kiel, H. **Die Untugend des Kannibalismus bei Hühnern.** Tierärztl. Umschau **18** (1963) Nr. 12. S. 636-639. — 8 Lit.
Als Vorstufe des Kannibalismus wird das Federfressen oder -picken dargestellt, die weiteren Formen sind Zehenpicken, Zehenfressen, Bepicken des Kammes oder des Afters. Als vermeintliche Ursachen werden Haltungsfehler, Fütterungsfehler, Ektoparasitenbefall, Wettereinflüsse und erbliche Veranlagung angegeben. Es wird angenommen, daß ein Zusammenwirken verschiedener Faktoren dafür verantwortlich ist. Mehrere Gegenmaßnahmen werden empfohlen: Verbesserung der Haltungs- und Fütterungsbedingungen, Raumtemperatur und Einstreu. Ein neues Behandlungsverfahren durch die Droge Haloanisone-R-2028, ein Butyrophenonderivat mit einem Piperazinkern, wird besprochen. Durch dieses Mittel wird ein hemmender Einfluß auf die spontane Motorik ausgeübt. Eine Dosierung von 4-5 mg/kg Lgw., verabreicht im Trinkwasser, läßt den Kannibalismus verschwinden.
M. Richter. 4710.

3-64/08-0441 Patzschke, D. **Kokzidiostatika in der Kükenaufzucht und Broilermast.** Dtsch. Landwirtsch. **14** (1963) Nr. 12. S. 611-612.
Die erfolgreiche Anwendung der Coccidiostatica (100-110 g Nitrofurazon/t Mischfutter) wurde in Untersuchungen nachgewiesen. Unter optimalen Umweltbedingungen konnten die Aufzuchtverluste bis auf 2% gesenkt werden. Bei der Junghennenaufzucht brachte Nitrofurazon ebenfalls positive Erfolge. Um hierbei die Legeleistung nicht zu beeinträchtigen, muß die Verabreichung ca. 4 Wochen vor Eintritt der Legereife beendet werden. Die Vermischung der Coccidiostatica in Geflügelaufzucht- oder Broilermastbetrieben wird wegen der zusätzlichen Arbeitsbelastung und der Gefahr von Mischungsfehlern abgelehnt und die Anwendung über das Fertigmischfutter empfohlen. Die Kostenbelastung beträgt je kg Mischfutter Dpf. 5,3, je Broiler ca. Dpf. 18,5 und je Junghenne Dpf. 42,5 bei Verabreichung des vom VEB Serumwerk Bernburg hergestellten Präparates Rivopon S. E. Lippmann. 4710.

Gänse

3-64/08-0442 Butovśka, V. I. Priskorene vyroščuvannja grusenjat na mjaso. **(Beschleunigte Gänsekükenaufzucht zu Fleischzwecken.)** Socialistyčne tvarynnyctvo, Kyïv **35** (1963) Nr. 6. S. 20-21. — 1 Tab. 4810.

3-64/08-0443 Kovácsová, E. Umělé oplodňování hus. **(Künstliche Besamung von Gänsen.)** Drůbežnictví [Praha] **11** (1963) Nr. 9. S. 132-133. — 2 Tab.
Da der Ganter sich mit Vorliebe oft nur mit einer Gans paart, beträgt die Brutfähigkeit der Eier in größeren Gänseherden in der Regel nur 50-60%, wenn man dabei mit nur 3 Gänsen je Ganter rechnet. In der vorliegenden Arbeit werden die bisherigen Ergebnisse der KB bei Gänsen an Hand der Literatur und nach eigenen Versuchen mit insgesamt 90 Gänsen und 36 Gantern beschrieben. Die Versuchsgänse wurden jede 6. Woche — und dann stets nachmittags — künstlich besamt. Das mit Hilfe einer bes., eingehend beschriebenen Massage gewonnene Sperma wurde in Dosen von 0,05 ml (bei unverdünntem Sperma) und 0,1 ml (bei mit einer 0,65% Natriumchloridlösung im Verhältnis von 1:3 verdünntem Sperma) injiziert. Mit verdünntem Sperma wurde eine Befruchtung der Eier von 85,7% erzielt. In der angeführ-

ten Lösung lebten 20% der Spermien noch nach 36 Std. Bemerkenswert ist, daß eine Gans noch am 16. Tage nach der Besamung ein befruchtetes Ei legte.
ČSSR/ÚVTI. 4810.

3-64/08-0444 *Sirén, Matti J.* **Cannibalism in cockerels and pheasants.** Diss. Veterinärmed. Fak. Helsinki. 1963. (48 S.) 8°. (Diss. 9476)

3-64/08-0445 **Ekonomika chovu nosnic na hluboké podestylce a v klecich.** (Die Ökonomie in der Haltung von Legehennen auf Tiefstreu und in Käfigen.) Praha. 1963. (19 S.) 8° = Metodiky pro zavádění vysledku vyzkumu do praze Nr. 20. (SR 2716, 20)

D. KANINCHEN

3-64/08-0446 Zusman, N. S.; Udelnaja, Gebiet Moskau, Forsch.-Inst. für Kaninchen- und Pelztierzucht. Kak sozdavalaś novaja porodnaja gruppa krolikov sovetskaja „šinšilla". **(Wie die neue Rassengruppe der Kaninchen „Sowjetische Chinchilla" geschaffen wurde.)** Krolikovodstvo i zverovodstvo, Moskva **6** (1963) Nr. 7. S. 4-8. — 6 Abb., 2 Tab.
Die neue Rassengruppe wurde durch Selektion geschaffen. Die vorbereitende Auswahl der guten Jungtiere erfolgte nach dem 1. und 3. Lebensmonat und abschließend bei der herbstlichen Bonitierung. Dabei wurden Gewicht, Frühreife, Qualität der Haardecke, Körperbau und Abstammung berücksichtigt. Die Futterrationen der für die Zucht bestimmten Tiere enthielten ausreichend Eiweiß, Vitamine und Mineralstoffe. Die Verbindung von Frühreife und hohem Gewicht erfolgte durch sorgfältige Auswahl der Paare. In einzelnen Fällen wurde die Verwandtschaftszucht angewendet (Halbbruder, Halbschwester). Diese Methode festigte in der Nachkommenschaft die Kennzeichen der Frühreife und trug zur Schaffung einer einheitlichen Herde bei. Der Begründer der neuen Rassengruppe stammt aus einer Verwandtschaftspaarung. Die Elterntiere waren Halbschwester und Halbbruder, die sich durch feste Konstitution und hohe Fruchtbarkeit auszeichneten. Der Begründer der neuen Rassengruppe war ein sehr frühreifes Tier mit einem anderen Konstitutionstyp als seine Vorfahren. Um einer weiteren engen Verwandtschaftspaarung zu entgehen, wurde eine parallele Gruppe geschaffen durch Paarung des Vaters des Begründers der neuen Gruppe mit einer nicht verwandten Häsin. Die weibl. Nachkommen hatten eine hohe Wachstumsintensität, hohe Milchleistung und hohen Eiweiß- und Fettgehalt in der Milch. Hierdurch wurden sowohl die Eigenschaften der väterlichen als auch die der mütterlichen Linien gesichert. Die mit der Inzucht verbundenen negativen Folgeerscheinungen traten dabei nicht merklich auf. Es wurde so ein Zuchtstamm geschaffen, von dem aus einzelne Linien gezüchtet wurden. Die durchschnittl. Kennziffern der Tiere des Zuchtstammes sind 1962: bei den Häsinnen — Lgw. — 5,56 kg, Körperlänge — 61,2 cm, Brustumfang — 38,3 cm; bei den Rammlern — entspr. 5,4 kg, 61,8 cm, 38,4 cm. Die Linie eines Rammlers, der ein direkter Nachkomme aus dem Zuchtstamm ist, ist die führende. Die Tiere dieser Linie haben einen massiven Rumpf, großen Brustumfang und gut ausgeprägte Fleischformen. In der neuen Rassengruppe wird neben dem Übereinstimmen einer Reihe von Kennzeichen eine Typenverschiedenheit beobachtet. Durch planmäßige Zuchtwahl, richtige Fütterung und Haltung erhöhte sich im Laufe von 10-12 Generationen die Dichte des Haarkleides, die Größe des Felles, und es verringerten sich Länge und Stärke des Haares. Diese Veränderungen trugen zu einer großen Elastizität und zur Feinheit des Felles bei. Gegenwärtig gibt es mehrere Linien, die sich in einigen Kennziffern unterscheiden, für die aber eine hohe Wachstumsintensität, bes. im frühen Alter, charakteristisch ist. Untersuchungen im Institut bestätigen die höhere Frühreife und die immunologische Reaktivität der Tiere der neuen Rassengruppe.
K. Witt. 5262.

3-64/08-0447 Koetter, Ursula; Gießen, Univ., Inst. für Tierzucht und Haustiergenetik. **Untersuchungen über die Beziehung zwischen Wollqualität**

und Wollertrag bei Angorakaninchen. Diss. Gießen **1963** 84 S. — 4 Abb., 28 Tab., 29 Lit.
Von jedem der erfaßten 150 Angorakaninchen verschiedenen Leistungsstandes wurden Wollproben an Schulter, Brust und Keule entnommen. Sie wurden auf Länge, Grannengehalt, Haardicke, Anteil an Haaren mit Luftkämmerchen, Gehalt an Grannenflaum, Bruchdehnung, Reißfestigkeit und Wärmehaltungsvermögen untersucht. Bei den auf hohe Wolleistung selektierten Angoras wurde allg. keine Verschlechterung der wertbestimmenden Eigenschaften der Wolle festgestellt. In einzelnen Merkmalen unterscheiden sich ♂ und ♀ signifikant voneinander, so am deutlichsten in der Reißfestigkeit, in der die Häsinnen den Rammlern klar überlegen sind. Die Reißfestigkeit zeigt eine deutliche negative Korrelation zum Anteil an Haaren mit Luftkämmerchen. Diese wiederum stehen in positiver Korrelation zum Gehalt an Grannenflaum. Im Wärmehaltungsvermögen sind die ♂ den ♀ schwach überlegen. Die Luftkämmerchen sind von geringem Einfluß auf das Wärmehaltungsvermögen. Die Wachstumsphase hat wesentliche Bedeutung für die technol. Eigenschaften der Angorawolle. Diese können auch bei Züchtung auf hohen Wollertrag erhalten werden. J. K. Hinrichsen. 5270.

3-64/08-0448 *Koetter, Ursula.* **Untersuchungen über die Beziehungen zwischen Wollertrag und Wollqualität bei Angorakaninchen.** Diss. Landwirtsch. Fak. Gießen. 1963. (84 S.) 8°. (Diss. 9447)

E. PELZTIERE

3-64/08-0449 Nes, Norodd. Investigation of the inheritance of the Heggedal mutation in mink. **(Untersuchungen der Erblichkeitsverhältnisse der Nerzmutante Heggedal.)** Acta Agric. scand. **8** (1963) Nr. 3. S. 271-292.
1944 trat diese Mutante innerhalb eines reinen Standardnerzbestandes in der Farm von Wiig, Heggedal (Norwegen) zum erstenmal auf. In vorliegendem Versuchsbericht wurden die Erblichkeitsverhältnisse der Nerzmutante Heggedal an einem Material untersucht, das aus 8 verschiedenen Nerzfarmen in Norwegen und 2 Farmen in Schweden stammt. Es wurde nachgewiesen, daß der Heggedal-Faktor ein dominanter, autosomaler Erbfaktor mit rezessiver Letalwirkung ist. Dieser Erbfaktor hat eine stark pigmentschwächende Wirkung und wird daher mit anderen Mutationstypen kombiniert, um eine hellere Fellfarbe zu erzielen. Kombiniert mit Silverblue und Saphir führt der Faktor zu Blue Shadow bzw. Saphir Shadow, die beide bedeutend heller sind als die entspr. rezessiven Mutanten. Da jedoch die Wirkung des Heggedal-Faktors auf die Fellfarbe sehr mit dem Genmilieu schwankt, kann der Helligkeitsgrad weitgehend durch die Auswahl geregelt werden. Blesse, weiße Schwanzspitze, dunkle Flecke im Fell und ebenfalls dunkle Deckhaarspitzen sind erblich bedingt und können durch Auswahl eliminiert werden. G. Bendrat. 5302.

3-64/08-0450 Nes, Norodd. An investigation of the relation of the Heggedal factor to the black cross factor. **(Eine Untersuchung der Beziehung des Heggedal-Faktors zum Black-Cross-Faktor.)** Acta Agric. scand. **13** (1963) Nr. 4. S. 359-370. — 1 Abb., 4 Tab., 8 Lit.
Die Beziehung des Heggedal-Faktors zum Black-Cross-Faktor wurde an einem Material untersucht, das aus Welpen folgender Kreuzungen bestand: 1. Blue Shadow ($pp\,S^{H}s$) × homozygot Blue Cross ($ppSS$). 2. Heggedal White ($ppS^{H}S$) × Silverblue ($ppss$). 3. Heggedal White ($ppS^{H}S$) × Blue Shadow ($ppS^{H}s$). In diesem Material trat der Heggedal-Faktor (S^{H}) so auf, als wenn er ein Allel zum Black-Cross-Faktor (S) sei. Er scheint sich somit an die bekannte Allelserie S = Black Cross, S^{R} = Royal Silver und s = Standard anzuschließen. Die Dominanzverhältnisse wurden diskutiert mit dem Ergebnis, daß der Heggedal-Faktor auf Grund dieser Verhältnisse am Anfang der Allelserie stehen sollte. Diese ist somit wie folgt zu schreiben: S^{H}, S, S^{R} und s. Außer

dem Heggedal White des Genotyps ppS^HS (Silverblue-Heggedal-Black-Cross-Kombination) wurde ein weißer Nerz, $aappS^HS$ durch die Kombination Saphir, Heggedal und Black Cross $aappS^HS$ entwickelt. Dieser läßt sich von dem vorhergehenden Typ nicht unterscheiden und fällt somit unter die gleiche Bezeichnung. Das gleiche gilt für den Genotyp $AappS^HS$. G. Bendrat. 5302.

3-64/08-0451 Frindt, A. Zasady racjonalnego żywienia młodzieży norek. **(Die Grundsätze für eine rationelle Fütterung junger Nerze.)** Hodowca drobnego Inwentarza **11** (1963) Nr. 7/8. S. 5-6. – 1 Tab. PRL/CBR. 5302.

3-64/08-0452 Jørgensen, Gunnar, Hillemann, Georg und Clausen, Hjalmar. Fodringsforsøg med mink 1961. **(Fütterungsversuche mit Nerzen 1961.)** Beretn. Forsøgslab. [Statens Husdyrbrugsudvalg] **1963** Nr. 340. S. 1-62. – 8 Abb., 41 Tab. Zus. in Engl.
Der für das Jahr 1961 herausgegebene Bericht enthält 9 Versuchsberichte, die zum größten Teil als Einzelveröffentlichungen in „Dansk Pelsdyravl", „Våra Pälsdjur" und „Norsk Pelsdyrblad" erschienen sind. In einzelnen dieser Arbeiten sind die Ergebnisse mehrerer Versuche zusammengefaßt. Bei säugenden Fähen wurden verschiedene Proteinkonzentrationen angewendet, bei tragenden Fähen verschiedene Proteinnormen. In den Fütterungsversuchen mit Welpen wurden Walfleischmehl, Blutknochenmehl und Goldbarsch eingesetzt. In einem weiteren Versuch erhielten Welpen Rationen mit gleichbleibenden Proteinnormen, aber mit verschieden langen Zeiten zur Futteraufnahme. Ein Versuch war auf die Frage des Einflusses des Geburtsdatums der Welpen auf die Gewichtszunahmen gerichtet, ein weiterer auf den Einfluß der Einzelhaltung, verglichen mit der paarweisen Haltung von Welpen verschiedenen Geschlechts. J. K. Hinrichsen. 5302.

3-64/08-0453 Jørgensen, Gunnar, Hillemann, Georg und Clausen, Hjalmar. Fodringsforsøg med mink 1962. **(Fütterungsversuche mit Nerzen 1962.)** Beretn. Forsøgslab. [Statens Husdyrbrugsudvalg] **1963** Nr. 341. S. 1-43. – 6 Abb., 36 Tab., 6 Lit. Zus. in Engl.
Der Jahresbericht über die Versuchstätigkeit enthält 7 Einzelberichte über Fütterungsversuche, die in dem Versuchsbetrieb Trollesminde und in einem Privatbetrieb durchgeführt wurden. Bei säugenden Fähen wurden Rationen mit verschiedenen Anteilen an Fett und Kohlenhydraten miteinander verglichen. In Versuchen mit Welpen wurden Fischmehl und Walfleischmehl vorübergehend mit gutem Erfolg durch getrocknetes Futter tierischer Herkunft ersetzt. Eine günstige Wirkung hatte der Zusatz von 24% Schlachtabfällen oder Geflügelschlachtabfällen zu reinen Fischrationen. Eine ähnliche Wirkung hatte auch der Austausch eines Teils der Fischration mit getrockneten Schlachtabfällen mit Caseinzusatz. Ein weiterer Versuch zeigt, daß der Anteil an Futter in Form von getrockneten Geflügelabfällen 4,5% nicht überschreiten soll. Im Gegensatz zu den Versuchsergebnissen in anderen Ländern erwies sich das Kochen der Getreidebestandteile des Futters als vorteilhaft. Antibiotica hatten eine günstige Wirkung auf Wachstum und Fellqualität. Zinkbacitracin war dabei Aureomycin überlegen.
J. K. Hinrichsen. 5302.

3-64/08-0454 Buzinov, I. A., Čižov, V. A., Anańev, V. V. und Narskij, S. V. Vospriimčivost' pušnych zverej k virusu infekcionnogo gepatita sobak. **(Die Empfänglichkeit der Pelztiere für das Virus der infektiösen Hepatitis der Hunde.)** Krolikovodstvo i zverovodstvo, Moskva **6** (1963) Nr. 9. S. 30-33. – 4 Abb., 1 Tab.
Die Untersuchungen an Silberfüchsen und blauen Polarfüchsen geben Grund zur Annahme, daß Pelztiere für das Virus der infektiösen Hepatitis der Hunde empfänglich sind und daß Hunde die Quelle der Verbreitung der Infektion sein können. Die Methoden der Diagnostik bei infektiöser Hepatitis sind bei Hunden und Pelztieren gleich. K. Witt. 5302.

3-64/08-0455 Sławiński, T. Kierunki doskonalenia nutrii. **(Richtungen in der Veredelung der Nutria.)** Hodowca drobnego Inwentarza **11** (1963) Nr. 7/8. S. 15-17.
Für die Veredelung eines Nutriabestandes hat die Kenntnis der Nutzungseigenschaften und wie sie miteinander zu kombinieren sind, große Bedeutung. Bei der Standardnutria dominiert blau über rot, und eine blaugraue Färbung des Unterhaars ist mit einer Verringerung der Haardichte verbunden. Die himmelblaue Grönlandnutria soll eine weißliche bis dunkelbleifarbene Schattierung mit hellerem Unterbauch haben. Ihre Kreuzung mit weißer Nutria ergibt einen unerwünschten rötlichen Anflug. Nicht albinotische weiße Nutrias haben auf dem Rücken beigefarbenen oder bläulichen Flaum. Platinfarbene Nutrias sind eine Übergangsform zwischen nicht albinotischen und himmelblauen Grönlandnutrias. Die F_1-Generation aus der Kreuzung von weißer mit Standardnutria hat silbergraues Haar, die Kreuzungstiere spalten jedoch in den weiteren Generationen auf. Bekannt sind schwarze Nutrias mit langem, jedoch filzendem Haar. Das wichtigste Merkmal ist Dichte und Länge des Unterhaars. Mit der Dichte des Unterhaars scheint die Dichte der Grannenhaare in Wechselbeziehung zu stehen. Das Deckhaar darf weder zu lang noch zu weich sein, sonst bildet es keinen Schutz für den Flaum.
PRL/CBR, übersetzt v. R. Hüffer. 5310.

G. BIENEN

3-64/08-0456 Gluschkow, N.; Rybnoe, UdSSR, Bienenzuchtinst. **Austausch von Erfahrungen über Bienenhaltung und -zucht.** Int. Z. Landwirtsch. [Sofia/Berlin] **1963** Nr. 5. S. 110-113.
Seit 1957 finden internationale Konferenzen der sozialistischen Länder über Bienenzucht statt. 1957 in der ČSSR, 1960 in Polen, 1962 in der UdSSR. Es werden Probleme der Entwicklung der Bienenhaltung und -zucht, Möglichkeiten der Koordinierung der Forschungsarbeiten und des Austauschs von Veröffentlichungen, Königinnen, Saatgut etc. besprochen. Die Moskauer Konferenz erteilte dem Forschungsinstitut der UdSSR den Auftrag, einen zusammenfassenden Themenplan für 1963-65 zu erarbeiten. Die UdSSR hat umfangreiche Möglichkeiten für die Forschung. Es gibt das zentrale Forschungsinstitut mit über 100 Angestellten und 5000 Bienenvölkern, weiter 6 Spezialversuchsstationen und 18 Abteilungen und Laboratorien. In mehr als 30 Hochschulen werden Forschungsarbeiten über Bienenzucht betrieben. Hauptaufgaben sind die planmäßige Züchtung und Auslese zur Verbesserung der Biene, Verbesserung der Haltungsbedingungen (Einführung der Doppelbeute), Verbesserung der Honigerträge (z.Z. 10 kg/Volk und Jahr), Rationalisierung durch Mechanisierung, Vereinfachung der Bienenpflege und Spezialisierung (Zucht im Süden, Honigproduktion und Bestäubungseinsatz sowie Produktion medizinischer Grundstoffe, wie Gift und Weiselfuttersaft, im Norden).
G. Droege. 5402.

3-64/08-0457 Kepeňa, L. K otázce pohlavního dospívání trubců. **(Zur Frage des geschlechtlichen Reifens der Drohnen.)** Včelařství **16(97)** (1963) Nr. 7. S. 101. — 1 Abb.
Die Geschlechtsorgane der Drohnen unterliegen bereits in den ersten Lebenstagen Gewichtsänderungen, welche durch die allmähliche Verlagerung des Samens aus den Hoden in die Samenbläschen verursacht werden. Hieraus wird gefolgert, daß der Übergang des Samens in die Samenbläschen bis zum 9. Lebenstag abgeschlossen ist. Der Samen bleibt in den Bläschen bis zum Augenblick der Ejakulation. Nach Füllung der Samenbläschen und nach vollständiger Entwicklung der Schleimdrüsen ist der Drohn physiol. reif zur Paarung. Nach Beobachtungen des Vf. flogen 78,6% Drohnen am 9.-12. Lebenstag zum erstenmal auf Orientierungsflüge. In den weiteren Tagen steigert sich bei

günstigen Bedingungen die Anzahl der Drohnenflüge, und es erhöht sich deren geschlechtliche Reizbarkeit. Der höchste Geschlechtstrieb wurde bei 22-23 Tage alten Drohnen beobachtet. Deshalb sollte auf den Befruchtungsstationen stets eine min. Anzahl von Drohnen in optimaler Brunst vorhanden sein.
ČSSR/ÚVTI. 5425.

3-64/08-0458 Delvert-Salleron, Francine. Étude, au moyen de radioisotopes, des échanges de nourriture entre reines, mâles et ouvrieres d'Apis mellifica L. **(Eine Radioisotopenstudie des Nahrungsaustausches zwischen Bienenköniginnen, Drohnen und Arbeiterinnen von Apis mellifica L.)** Ann. Abeille **6** (1963) Nr. 3. S. 201-227. — 10 Abb., 11 Tab., 15 Lit. 5425.

3-64/08-0459 Lacher, Veit und Schneider, Dietrich; München, Max-Planck-Inst., Dtsch. Forsch.-Anst. für Psychiatrie. **Elektrophysiologischer Nachweis der Riechfunktion von Porenplatten (Sensilla Placodea) auf den Antennen der Drohne und der Arbeitsbiene (Apis mellifica L.).** Z. vergleich. Physiol. **47** (1963) Nr. 3. S. 274-278. — 1 Abb., 16 Lit. Zus. in Engl.
Mit Ringer-Lösung gefüllte Glaskapillaren oder auch elektrolytisch angespitzte Wolframnadeln wurden bei 500- bis 600facher Vergrößerung als Ableiterelektroden in Porenplatten und distale Nachbarsegmente der Antennen von gefesselten Arbeitsbienen und Drohnen angebracht. Mittels zweier Olfaktometer wurde eine Duftreizung durchgeführt. Die Sinneszellen der Porenplatten wurden dadurch erregt, so daß entweder eine Steigerung oder eine Hemmung der spontanen Entladung eintrat. Temperaturerhöhung an der Ableitstelle brachte progressiv die Spontanaktivität zum Erliegen. H. Kettner. 5425.

3-64/08-0460 Fresnaye, J. Les erreurs d'orientation des abeilles (dérive) dans le rucher moderne. **(Fehlorientierung der Bienen (Drift) im modernen Bienenstock.)** Ann. Abeille **6** (1963) Nr. 3. S. 185-200. — 8 Abb., 3 Tab., 9 Lit. 5425.

3-64/08-0461 Levčenko, I. A.; Inst. für Zool. der Akad. der Wiss. der Ukrain. SSR. Signalizacija pčel na mesto raspoloženija vzjatka. **(Das Nachrichtensystem der Bienen in Beziehung auf eine Trachtquelle.)** Pčelovodstvo, Moskva **40** (1963) Nr. 7. S. 30-33. — 4 Abb., 2 Tab.
Mit Hilfe von Filmaufnahmen wurde festgestellt, daß nur den gradlinigen Schwänzelläufen in den Tänzen der Bienen eine signalisierende Wirkung zuzuschreiben ist. Die Größe des Winkels, den eine Biene bei ihrem Tanze anzeigt, fällt nicht ganz genau mit der Größe des Sonnenwinkels zusammen. Doch verändert sich derselbe gesetzmäßig im Laufe des Tages. Wenn eine Futterquelle in geringer Entfernung vom Stock liegt, geben die tanzenden Bienen überhaupt keine Richtungsanweisungen, oder sie geben dieselben mit einer sehr geringen Genauigkeit. Mit Vergrößerung der Entfernung zur Futterquelle steigt der Grad der Genauigkeit. Vf. vermutet, daß derselbe von der Dauer der Einwirkung bestimmter Raumreizerreger während des Fluges der Biene zur Trachtquelle abhängig ist. T. Gubina/H. Oschmann. 5425.

3-64/08-0462 Frisch, Karl v. **Bienenuhr und Blumenuhr.** Z. Tierpsychol. **20** (1963) Nr. 4. S. 441-445. — 2 Abb., 13 Lit. Zus. in Engl.
Die Bienen besitzen ein sehr gutes Zeitgedächtnis, durch das sie in die Lage versetzt werden, nur zur bestimmten Stunde eine Trachtquelle anzufliegen, zu der diese auch ergiebig ist. Da zahlreiche Pflanzen nur zu einer für sie typischen Tageszeit Nektar in ausreichender Menge und Konzentration absondern oder auch Pollen anbieten, ist die Bienenuhr sehr genau auf die Blumenuhr abgestimmt. In den Trachtpausen verbleiben die Flugbienen meist an ruhigen Plätzen im Bienenstock. Sie konzentrieren sich dann aber in Fluglochnähe, wenn die bestimmte Trachtzeit heranrückt, um durch die Tänze der ersten ausgeflogenen Kundschafter alarmiert werden zu können. Vf. faßte alle

zu diesem Fragenkomplex gewonnenen Erkenntnisse zusammen und führte u. a. in 1 graph. Darst. die Pollendarbietungszeiten von 40 verschiedenen Bienentrachtpflanzen an. H. Kettner. 5425.

3-64/08-0463 Hejtmánek, J. Poznatky o raste včelstiev. **(Erkenntnisse über das Wachstum der Bienenvölker.)** Vědecké Práce výzkumného Ústavu včelařského v Dole **1963** Nr. 3. S. 77-93. — 2 Abb., 10 Tab., 15 Lit. Zus. in Russ., Engl., Franz., Dtsch.
Versuche mit 69 Bienenvölkern vom Spättyp (640 m ü. d. M.) und 74 Völkern des Frühtyps (221 m ü. d. M.) lieferten den Beweis, daß die bioklimatischen Verhältnisse (bes. die Temperatur) des Areals als entscheidender Faktor zur Bildung des Entwicklungstyps anzusehen sind. Der Einfluß der Tracht ist sekundär. Schwache Bienenvölker weisen ein rel. schnelleres Wachstum gegenüber starken Völkern auf. Der Spättyp übertrifft im Wachstum allg. den Frühtyp. Am schnellsten ist das Wachstum schwacher Völker des Spättyps. Völker mit einem höheren Ausgangsgewicht und größerer Brutfläche wachsen rel. langsamer, aber erreichen bei der resultierenden Produktionskondition höhere abs. Wachstumsergebnisse. Für die Praxis wird empfohlen, das Wachstum bei höherer Ausgangsgrundlage zu regulieren und sich auch auf eine max. Ausnutzung der Leistung der Königinnen zu konzentrieren. Produktionsvölker werden auf ein optimales Gewicht vorbereitet. In der Arbeit sind bes. Grundsätze für die Vorbereitung der Bienenvölker zur Überwinterung angeführt und die Problematik der Wanderweide aus dem Vorgebirge auf Akazien behandelt. Die Kenntnis des Wachstumsverlaufes bei Bienenvölkern soll bei der Zuchtwahl als Kriterium ersten Ranges ausgenutzt werden. ČSSR/ÚVTI. 5430.

3-64/08-0464 Bretschko. **Zuchtzentralen und Vermehrungsbetriebe.** Bienenwelt [Graz] **6** (1964) Nr. 1. S. 9-10.
Bei den Weiselzüchtern unterscheidet man zwei Gruppen: a) Vermehrungsbetriebe mit Belegstellenbetrieb; b) Vermehrungsbetriebe ohne Belegstellenbetrieb. Die erste Gruppe wird in der Zuchtordnung berücksichtigt. Die zweite Gruppe darf aber nicht vernachlässigt werden, da diese aus geprüften Reinzuchtvölkern Jungweisel nachziehen von hohem Wirtschaftswert. Schwierig ist die Beschaffung von geprüften Reinzuchtvölkern. Diese sollen die Zuchtzentralen liefern. Die Vermehrungsbetriebe sollen somit den verlängerten Arm der Zuchtzentralen bilden und für den wirtschaftlichen Nutzeffekt sorgen. H. Oschmann/Tälermühle. 5460.

3-64/08-0465 Bretschko, J. **Grundlagen der Zuchtauslese.** Bienenwelt [Graz] **6** (1964) Nr. 2. S. 35-39. — 1 Abb., 2 Tab.
Vf. schildert ein einfaches Verfahren zur Ermittlung des Erbwertes in der Königinnenzucht. Es sind dazu eine größere Zahl von Geschwisterköniginnen notwendig. Bevor man sie zur Erbwertermittlung heranzieht, muß festgestellt werden, ob sie rein gepaart wurden und ob auch keine sonstigen Aufzuchtschäden vorliegen. H. Oschmann/Tälermühle. 5460.

3-64/08-0466 Michajlov, K. I. und Švedkova, N. A. Vremennye otvodki na plodnych matok. **(Zeitweilige Ableger mit begatteten Weiseln.)** Pčelovodstvo, Moskva **40** (1963) Nr. 5. S. 17-19.
Vergleichsweise wurde die Wirksamkeit der zwei Methoden der Bildung zeitweiliger Ableger im Frühjahr mit unbegatteten (Gr. I) und mit begatteten (Gr. II) Weiseln geprüft. Die Ableger mit unbegatteten Weiseln wurden am 20. Mai durch Absonderung von 2 Waben mit verdeckelter Brut je starkem Volk, erwachsenen Bienen von 2-3 Wabenrahmen und je einer Wabe mit 4 kg Futter gebildet. Die Ableger mit begatteten Weiseln wurden Ende Mai durch Teilung je eines starken Volkes gebildet. 6 Tage vor Beginn der Haupttracht wurde jeder Ableger mit seinem Grundvolk vereint. Die Völker der Gr. I hatten 16900 Brutzellen. Die Völker der Gr. II hatten 20,0% Brutzellen mehr (20440) und sammelten 4,6 kg Honig mehr. T. Gubina/H. Oschmann. 5465.

3-64/08-0467 Ruttner, Friedrich. **Was wissen wir heute von der Begattung der Bienenkönigin?** Südwestdtsch. Imker **16** (1964) Nr. 3. S. 78-83. — 13 Abb.
Seit 10 Jahren wird an verschiedenen Stellen über das Paarungsverhalten und die damit zusammenhängenden Fragen gearbeitet. Vf. gibt einen Überblick über den gegenwärtigen Stand unseres Wissens zu diesen Problemen.
H. Oschmann/Tälermühle. 5470.

3-64/08-0468 Veselý, Vl. und Šiler, R. Možnosti uplatnění populační a kvantitativní genetiky ve včelařské plemenářské práci. **(Möglichkeiten der Anwendung der Populations- und quantitativen Genetik in der Bienenzucht.)** Živočišná Výroba **8(36)** (1963) Nr. 7. S. 435-446. — 2 Tab., 31 Lit. Zus. in Russ., Franz., Dtsch.
Durch eine biometrische Analyse von Angaben aus 5 ausgesuchten Bienenzuchten mit einer Gesamtanzahl von 470 Beuten wurden folgende Erblichkeitskoeffizienten festgestellt: für den Honigertrag 0,16-0,19, für die Fruchtbarkeit (Taxation 6 Wochen vor der Haupttracht) 0,30-0,41. Mit Hinsicht auf den Charakter des bearbeiteten Materials konnte eine genetische Korrelation nicht nachgewiesen werden, obzwar man eine solche, und zwar negative Korrelation, voraussetzen kann. Zur Berechnung der Erblichkeitskoeffizienten (h^2) bewährten sich die Methode der Bestimmung der Wiederholbarkeit auf Grund der korrelativen Beziehung und die Methode der Regression der Töchter auf die Leistung der Mütter. Die Methode der Varianzanalyse der Halbschwestern könnte nur an einem zu diesem Zweck angestellten Versuch vorbereiteten Material angewandt werden. Die weiteren Untersuchungen sollten auf den Nachweis der Höhe der genetischen Korrelation zwischen Fruchtbarkeit und Honigertrag u.a. ausgerichtet werden. ČSSR/ÚVTI. 5472.

3-64/08-0469 Cale jun., Gladstone H., Gowen, John W. und Carlile, William R.; Ames, Iowa State Univ. Pink — an eye-color and viability gene in honey bees. **(Pink — ein Gen für Augenfarbe und Lebensfähigkeit bei Honigbienen.)** J. Heredity **54** (1963) Nr. 4. S. 163-166. — 4 Tab., 5 Lit.
Vff. beschreiben eine neue monofaktoriell recessive Mutation Pink (*p*) bei Honigbienen, die sowohl die Augenfarbe als auch die Lebenserwartung der Merkmalsträger beeinflußt. Bei den für „pink" homozygoten diploiden ♀ und den hemizygoten haploiden ♂ sind die Komplexaugen und Ocellen rosa statt normal schwarz gefärbt. Die pleiotrope Wirkung des Gens auf die Lebensfähigkeit zeigt Unterschiede hinsichtlich des Zeitpunktes der Ausprägung des Merkmals: bei den Drohnen sterben 75% noch während des Puppenstadiums, die übrigen 25% sterben während der ersten 12 Tage nach dem Schlupf; bei den diploiden Arbeiterinnen tritt kein Verlust während der Embryonalentwicklung auf, doch steigt während der ersten 48 Lebensstunden der Imagines die Sterberate rapide an bis zum vollständigen Verlust aller Tiere. Die Weibchen wurden nach dem Schlupf in der Nähe des Stockes im Grase gefunden, unfähig zu fliegen oder Pollen zu sammeln. — Eine Anzahl homozygoter pink-Königinnen wurden zwar gepflegt, doch lebten sie niemals lange genug, um erfolgreich angepaart werden zu können. — Das Zahlenergebnis eines Kopplungstestes zwischen pink und cordovan (*c* = braune Färbung) ließ nicht auf eine Kopplung der beiden Gene für Augenfarbe schließen. Das Institut bietet Bienenvölker von der genetischen Konstitution c; p/c; p^+ für interessierte Mitarbeiter an.
H. Freye. 5472.

3-64/08-0470 Bareš, M. Dvouvčelstevní hospodaření (Dvă včelstva nad sebou). **(Die Bienenhaltung mit Zweivolkbetrieb [zwei Völker übereinander].)** Vědecké Práce výzkumného Ústava včelařského v Dole **1963** Nr. 3. S. 141-156. — 1 Abb., 4 Tab., 22 Lit. Zus. in Russ., Engl., Franz., Dtsch.
Die Zucht von zwei Bienenvölkern in einer Doppelbeute steigert gemäß den Versuchsergebnissen des Vf. die Honigproduktion in Jahren mit einer mindestens normalen oder übernormalen Bienenweide wenigstens um 50%. Zwei

Bienenvölker in einer Doppelbeute übereinander bringen eine drei einfachen Völkern gleichkommende Tracht. Dieses Zuchtverfahren ermöglicht bei den spätreifen mitteleuropäischen schwarzen Bienen die Ausnutzung der Frühjahrsweide wenigstens vom 10.-15. Mai. Bei Bienen des Krainer Rassentyps ist es in wärmeren Gebieten möglich, bei dieser Zuchtmethode beinahe die ganze Frühjahrstracht auf Obstbäumen und Winterraps zu erfassen. Trotz höherer Gesamtkosten (um 20-30%) liegen die Produktionskosten je 1 kg Honig in guten Trachtjahren wesentlich niedriger als bei der üblichen Zuchtmethode. Beim Zweivolkbetrieb erzielt man bei jeder einzelnen Beute eine Honigernte, während bei Haltung einzelner Völker die Erträge unausgeglichen sind und häufig 1/6-1/4 der Völker ohne Honigraum bleibt. ČSSR/ÚVTI. 5480.

3-64/08-0471 Chidešeli, A. I. Zimovka matok vne kluba pri nizkoj temperature. **(Überwinterung von Weiseln außerhalb der Wintertraube bei niedrigen Temperaturen.)** Pčelovodstvo, Moskva **40** (1963) Nr. 7. S. 11-13.

Versuchsweise wurde die Überwinterung von Weiseln in Käfigen geprüft, die in Isolierrahmen gestellt wurden. Jeder Käfig enthielt zwei Honigwäbchen (75 × 75 mm) und 100-120 Bienen. Vor dem Einsetzen der Weisel wurden die Isolierrahmen mit den Käfigen 2 Std. bei einer niedrigen Temperatur gehalten. Die Bienen in den Käfigen wurden alle 50-60 Tage ersetzt. Die Isolierrahmen befanden sich in einer Beute bei einer Raumtemperatur von -1 °C bis $+8$ °C. Die niedrigste Innentemperatur im Käfig betrug $+12{,}5$ °C. Der halbjährige Futterverbrauch zur Erhaltung eines Weisels bei der Temperatur von 10-15 °C betrug 288 g, die Ausfälle an Bienen 14%; bei einer Temperatur von -1 °C bis $+6$ °C betrug der Futterverbrauch 425 g. Die geringsten Ausfälle an Weiseln und Bienen (3-5%) wurden bei einer Temperatur von 3-6 °C beobachtet. Der Ausgang der Überwinterung scheint mehr von der Raumtemperatur als von der rel. Feuchtigkeit abzuhängen. Eine große Bedeutung hat die Qualität des Futters. T. Gubina/H. Oschmann. 5485.

3-64/08-0472 Velthuis, H. H. W. und Verheijen, F. J.; Utrecht, Univ. Why the combination of sun and snow can be fatal to honeybees. **(Warum Sonne und Schnee gemeinsam verhängnisvoll für Honigbienen sein können.)** BeeWld. **44** (1963) Nr. 4. S. 158-162. — 2 Abb., 12 Lit.

An sonnigen Tagen mit Temperaturen um den Gefrierpunkt gingen je Bienenvolk und Tag schätzungsweise ca. 250 Bienen unmittelbar vor dem Bienenstande im Schnee verloren. Durch Schließen der Flugklappen wurden die Bienen zwar am Ausflug gehindert, doch sie wurden in der Beute sehr erregt, da die Temperatur an der Beutenfront 40 °C erreichte und sich bei den einfachen Wandungen aufs Beuteninnere auswirkte. Durch Abschirmung der direkten Strahlung auf die Beuten fanden kaum noch Ausflüge statt. Für ausfliegende Bienen war es charakteristisch, daß sie im Fluge die Balance verloren und direkt in den Schnee flogen. Die Erklärung dafür wurde durch Messungen der Lichtintentsität gefunden, die aufzeigten, daß die direkte Strahlung nur halb so intensiv war wie die des durch den Schnee reflektierten Lichtes. Dadurch verloren die Bienen die Orientierung nach dem Licht. H. Kettner. 5485.

3-64/08-0473 Vanicek, K.-H. **Zur Winterauffütterung der Bienen.** Garten- u. Kleintierzucht, Ausg. C **3** (1964) Nr. 1. S. 5. — 4 Abb., 1 Tab. 5494.

3-64/08-0474 Remus, H. **Bienenfreies Einfüttern bei der Magazinbeute.** Garten u. Kleintierzucht, Ausg. C **2** (1963) Nr. 23. S. 3–4. 5494.

3-64/08-0475 Vorwohl, G. **Ist Honigtauhonig im Winterfutter für die Bienen schädlich?** Südwestdtsch. Imker **16** (1964) Nr. 3. S. 70–72. — 2 Abb.

Vf. prüfte die Schädlichkeit von Honigtauhonig im Winterfutter für die Bienen. Als Untersuchungsmethoden dienten subjektiver Farbvergleich, Vergleich der Lichtdurchlässigkeit im Spektralfotometer, elektrische Leitfähigkeit und Aschenbestimmung. Wenn auch die untersuchten Proben im Verhältnis zur gesamten Futtermenge sehr klein waren, so hatten die Untersuchungsergebnisse eine einheitliche Tendenz, die die Folgerung zuläßt, daß honigtauhaltiges Futter während der Überwinterung den Bienenvölkern schadet. Ausschlaggebend, ob eine Schädigung durch Honigtauhonig erfolgt, dürfte der Witterungsverlauf während des Winters sein.

H. Oschmann/Tälermühle. 5494.

3-64/08-0476 Eickmeyer, K. A. **Auch heute noch mit Erfolg imkern!** Rhein. Bienenztg. **115** (1964) Nr. 2. S. 37-40.
Nach Einschätzung der Lage in der Imkerei beurteilt Vf. den Einsatz des Fruchtzuckerpräparates „Nektarin" als Futtermittel von der ökonomischen Seite her. Das in der BRD gebräuchliche Nektarin (zähflüssige Konsistenz) bzw. Doppelnektarin (fest) gestattet es, Futterteig und Trockenzuckermaische um 40% bzw. 45% billiger gegenüber Honigeinsatz herzustellen. Der Futterwert des genannten Präparates wird bei Verwendung in Teig oder Maische als dem des Honigs ebenbürtig bezeichnet. Die Verarbeitung des Nektarins nennt Vf. bequem und arbeitssparend. Hersteller ist die Firma Follenius — Hamburg.

P. Euthin/Tälermühle. 5494.

3-64/08-0477 Koltay, P. Nyárvégi serkentés. **(Reizfütterung der Bienen im Spätsommer.)** Méhészet [Bienenzucht] **11** (1963) Nr. 8. S. 148-149. — Aus: Ung. Agrar. — Rdsch. **1964** Nr. 1. 5494.

3-64/08-0478 Butler, C. G. **Die Bedeutung der „Königlichen Substanz" beim Schwärmen und Umweiseln der Honigbienen.** Bienenwelt [Graz] **6** (1964) Nr. 2. S. 31–33.
Butler, Callow und Johnston gewannen 1958 eine biol. aktive, kristalline Form der „Königlichen Substanz", die eine ungesättigte $\delta:\beta$ Carboxylsäure zu sein scheint. Um zu prüfen, ob das Fehlen oder zu geringe Vorhandensein dieser Substanz dazu führt, daß normale Völker sich auf das Schwärmen bzw. Umweiseln vorbereiten, wurden entspr. Versuche durchgeführt. Die Versuchsmethodik wird beschrieben. Ergebnisse: Die Anlage von Weiselzellen in einem Volk mit geringer Bienenzahl wird dadurch verursacht, daß die Königin nicht genügend „Königinnensubstanz" erzeugt; die Anlage von Weiselzellen in einem sehr starken Volk hat nicht unbedingt ihre Ursache in einer ungenügenden Erzeugung von „Königinnensubstanz"; es ist nicht möglich, nachzuweisen, warum ein Volk manchmal still umweiselt, wenn die alte Königin zu wenig Königinnensubstanz erzeugt und manchmal schwärmt.

H. Oschmann/Tälermühle. 5496.

3-64/08-0479 Koch. **40 Jahre Honigforschung. 2. Folge.** Bienenpflege **1963** Nr. 11. S. 250-253. 1. Folge vgl. 3-64/04-0448. 5496.

3-64/08-0480 Gonnet, M. L'hydroxyméthylfurfural dans les miels. Mise au point d'une méthode de dosage. **(Hydroxymethylfurfural im Honig. Eine Methode zu seiner Bestimmung.)** Ann. Abeille **6** (1963) Nr. 1. S. 53-67. — 3 Abb., 2 Tab., 24 Lit. 5496.

3-64/08-0481 Cremer, E. und Riedmann, M. **Identifizierung von gaschromatographisch getrennten Aromastoffen in Honigen.** Z. Naturforsch. **19 b** (1964) Nr. 1. S. 76-77. — 1 Tab. 5496.

3-64/08-0482 Townsend, G. F.; Guelph, Ontario, Canada, Agric. Coll. Benzaldehyde: A new repellent for driving bees. **(Benzaldehyd: Ein neues Bienen-Vertreibungsmittel.)** Bee Wld. **44** (1963) Nr. 4. S. 146-149. — 3 Tab.
Im Labor und auf einigen Bienenständen wurden verschiedene Stoffe auf ihre Eigenschaft überprüft, Bienen zu vertreiben, um dadurch Honigräume vor ihrer Entnahme bienenleer zu bekommen. Im Laborversuch rangierte Benzaldehyd vor Methylbenzoat, Karbolsäure und Äthylphenylacetat. Nach 60 Sek.

wurden durch Benzaldehyd 85% der Bienen vertrieben. Eine Beimischung von 50% Äther zum Benzaldehyd gab bei Temperaturen unter 15 °C bessere Resultate als reines Benzaldehyd. Die Versuche auf einigen Bienenständen bestätigten die gute Wirkung dieses Mittels im Temperaturbereich zwischen 15 und 27 °C. Bei Außentemperaturen über 27 °C müssen die Metalldächer der Beuten durch Bedeckung vor direkter Sonnenbestrahlung geschützt werden, da sonst das Mittel panikartige Erscheinungen bei den Bienen verursacht. Benzaldehyd soll rein und unverdünnt verwendet werden. Nach Entfernung der Antennen bei den Bienen war Benzaldehyd als Vertreibungsmittel unwirksam. Es werden also die Geruchsorgane und nicht das Atmungssystem bei der Biene durch das Mittel gereizt. ·H. Kettner. 5502.

3-64/08-0483 Baier, K. **Kunststoffausstellung aus imkerlicher Sicht.** Rhein. Bienenztg. **115** (1964) Nr. 1. S. 17-18.
Vf. beschreibt zunächst eine Bienenbeute, die ein belgischer Aussteller auf der Kunststoff-Ausstellung in Düsseldorf zeigte. Die Wände bestehen aus 1-2 mm starken, mit Glasfasern verstärkten Polyesterplatten. Isoliert sind die Wände mit 2 cm starken Styroporplatten. Die Zargen sind sehr stabil, gut isoliert und etwas leichter als Holz. Anschließend wird von weiteren Kunststoffen berichtet, die für die Bienenzucht Bedeutung erlangen können.
H. Oschmann/Tälermühle. 5520.

3-64/08-0484 Schäfer, Hans. **Neuzeitliche Betriebsweise unter Berücksichtigung der Wanderung.** Schweiz. Bienen-Ztg. [N.F.] **86** (1963) Nr. 12. S. 533 bis 545.
Vf. ist der Ansicht, daß die Trachtverhältnisse nicht schlechter, sondern nur anders als früher sind. Es gilt heute, die häufigen Trachtpausen zu überbrücken, um die Trachtspitzen voll ausnutzen zu können. Selektion auf Brutgesundheit und Widerstandsfähigkeit ist wichtiger als je, weil die natürliche Selektion fehlt. Die Trachtlücken können durch Trachtpausenfütterung, besser aber durch Wanderung überbrückt werden. Weite Gebiete der Schweiz warten noch auf die Ausnutzung durch Wanderbienenzucht. Diese wird aus techn. und organisatorischen Gründen noch stark gehemmt. Es ist notwendig, eine gesamtschweizerische Wanderordnung zu schaffen, die dem Tierseuchengesetz und dem Nachbarrecht gerecht wird und der Wanderung förderlich ist. Es müssen zweckmäßige, leichte Beuten konstruiert werden. Der Zeit-, Arbeits- und Materialaufwand sowie das Risiko sind bei der Wanderung groß. Ein Mehrertrag von 4 kg muß gewährleistet sein, um die Kosten zu decken. Meist wird wesentlich mehr geerntet. Vf. gibt der Hoffnung Ausdruck, daß auch in der Schweiz die Wanderbienenzucht eine höhere Stufe erreichen möge.
G. Droege. 5540.

3-64/08-0485 Haragsimová, L. Vliv fytoncidů na Bacillus larvae W. in vitro. **(Der Einfluß von Phytonziden auf den Bacillus larvae W. in vitro.)** Vědecké Práce výzkumného Ústavu včelařského v Dole **1963** Nr. 3. S. 13-52. — 11 Abb., 14 Tab., 180 Lit. Zus. in Russ., Engl., Franz., Dtsch.
Es wurde die antibakterielle Wirkung von 22 Pflanzenarten, 5 ätherischen Ölen und von Allylisothiokyanat auf den *Bacillus larvae* W., den Erreger der bösartigen Faulbrut bei Bienen (*Histolysis infectiosa perniciosa larvae*) untersucht. Als Extraktionsmittel wurde eine 96%ige Lösung von Äthylalkohol und eine 0,9%ige Kochsalzlösung verwendet. Die Pflanzenextrakte wurden mittels Filterpapierscheibchen testiert. Nach 24stündiger Inkubation unter normalen Wachstumsbedingungen der inokulierten Kulturen wurde die antibakterielle Wirkung der testierten Stoffe nach der Größe der Inhibitionszone bewertet. In den Versuchen zeigten 45,4% der geprüften Pflanzen eine nachweisbar positive Inhibitionswirkung. Bes. bewährten sich 9 Pflanzenextrakte, Knoblauchsaft, Levandul- und Pfefferminzöl und Allylisothiokyanat. Dieser letzte Stoff verhinderte jedwedes Wachstum des *B. larvae*. ČSSR/ÚVTI. 5560.

3-64/08-0486 Fyman, L. und Svoboda, J. Pokusy s voskem z plástů ošetřených HCH. **(Versuche mit Wachs aus mit HCH behandelten Waben.)** Vědecké Práce výzkumného Ústavu včelařského v Dole **1963** Nr. 3. S. 7-11. – 1 Tab. Zus. in Russ., Engl., Franz., Dtsch.

Es sollte durch Versuche ermittelt werden, bis zu welchem Grade aus mit HCH Gamma Isomer (Präparat „Lindafum" oder „Dymogam") behandelten Waben ausgekochtes Wachs für Bienen schädlich ist. Es zeigte sich, daß selbst Mittelwände, die aus Wachs hergestellt waren, das aus mit HCH angerauchten Waben ausgeschmolzen und mit verdünnter Schwefelsäure gekocht wurde, schädlich sind. Die Bienen zeigen große Unruhe, hüpfen umher und viele gehen zugrunde. Die Königinnen stellen die Eiablage ein. Die Schädlichkeit ist auch dann noch nachweisbar, falls die Mittelwände mehr als 50% Wachs aus mit dem Gamma Isomer HCH behandelten Waben enthalten. Auf Grund dieser Ergebnisse wurden die Hersteller der Präparate ersucht, auf den Packungen ausdrücklich zu vermerken, daß diese Präparate nicht zur Behandlung von Waben verwendet werden dürfen. ČSSR/ÚVTI. 5570.

3-64/08-0487 Škrobal, D. Uzavírání a ochrana včelstev před chemickými přípravky používanými v rostlinné výrobě. **(Das Einschließen und der Schutz der Bienenvölker vor Insekticiden.)** Vědecké Práce výzkumného Ústavu včelařského v Dole **1963** Nr. 3. S. 197-213. – 12 Abb., 3 Tab., 31 Lit. Zus. in Russ., Engl., Franz., Dtsch.

Aus den eingehend beschriebenen Untersuchungen geht hervor, daß schwächere Völker (bis 2 kg Gewicht) das Einschließen bei niedrigeren Temperaturen (bis + 20 °C) ohne Gefahr vertragen, sofern eine genügende Luftzufuhr gesichert ist. Beim Einschließen stärkerer Völker ist der freie Raum durch Einsatz eines halbleeren Honigraumes zu vergrößern und eine doppelte Lüftung, einerseits durch das Ausflugloch über eine Voliere, andererseits durch ein Drahtnetz in der Decke, zu sichern. Vor dem Einschließen der Völker muß der Nahrungsvorrat kontrolliert werden. Das Einschließen ist stets mit einem gewissen Risiko verbunden. Bei Einhaltung aller entspr. Grundsätze erreichen die Verluste ca. 15%. Bei starken Völkern steigen die Verluste auf 40-70% an. ČSSR/ÚVTI. 5570.

3-64/08-0488 *Hischier, Joseph.* **Untersuchungen über Flagellaten im Darm der Honigbiene (Apis mellifica L.).** Diss. Veterinärmed. Fak. Bern. 1962. (40 S.) 8°. (Diss. 9034)

H. SEIDENRAUPEN

3-64/08-0489 Ėmmanuilov, A. I. und Gorbunova, K. F. Krupnokokonnaja šelkonosnaja poroda tutovogo šelkoprjada s vysokim metričeskim nomerom niti. **(Großkokon-Seide bildende Rasse des Maulbeerseidenspinners mit hoher metrischer Fadennummer.)** S. ch. Uzbeskistana **1962** Nr. 6. S. 69-72. – Aus: Referativnyj žurnal Moskva. Životnovodstvo, veterinarija **1963** Nr. 4. 58. 273. S. 32.

Bei den vorkommenden vielfältigen Rassen des Maulbeerseidenspinners gibt es keine ausgebildeten Formen, bei denen das hohe Gewicht des Kokons mit großer Seidigkeit und dünnem Seidenfaden verbunden wäre. Bei der Züchtung einer solchen Rasse entstand eine komplizierte Hybridisierung unter Heranziehung geographisch entfernter Rassen: Bagdader Rasse mit schwarzen Schmetterlingen, Chinesische Nr. 108, Koreanische Nr. 108, SANIIŠ Nr. 15 und Dshen Nr. 4. Die Kreuzung wurde in mehreren Kombinationen durchgeführt, Die erhaltenen Seidenraupen wurden in einzelnen Familien großgezogen. Die Erzielung neuer Formen erreichte man durch individuelle Auslese und gerichtete Zuchtwahl mit nachfolgender Nachkommenprüfung. Infolgedessen wurden 3 Rassen geschaffen. Die letzte Rasse zeichnet sich durch große Kokons, hohe Seidenleistung und hohe metrische Fadennummer aus. Zur Erzielung nach dem

Geschlecht markierter Rassen wurde die neue Rasse SANIIŠ 22-a mit der Rasse Dshen Nr. 4 gekreuzt. Die markierte Rasse ist durch folgende Merkmale charakterisiert: Lebensfähigkeit der Raupe 84,7%; Taubheit 5,7%; Gewicht der Kokons 2,4 g; Prozent der Kokonhüllen 20,1; Gewicht des trockenen Kokons 0,89 g; Seidenertrag 49,2%; Menge der Rohseide 39,0%; Abwicklungsmenge 79,4%; Länge des Fadens 1281 m, metrische Nummer 3307. Die charakteristischen Merkmale der neuen Rasse übertragen sich auf die Hybridnachkommenschaft. übersetzt v. N. Kuhlberg. 5654.

3-64/08-0490 Takami, Takeo; Suginami, Tokyo, Sericult. Exp. Stat. In vitro culture of embryos in the silkworm, Bombyx mori L. III. Moult of brainless-embryos in culture. **(In vitro-Kultur von Embryonen des Seidenspinners Bombyx mori L. 3. Mitt. Die Häutung von gehirnlosen Embryonen in Kultur.)** J. exp. Biol. **40** (1963) Nr. 4. S. 735-739. – 10 Abb., 3 Tab., 11 Lit.
Bei seinen Versuchen zur in vitro-Kultur von Seidenspinnerembryonen führte Vf. auch Untersuchungen über die embryonale Häutung von dekapitierten Embryonen dieses Insektes in vitro (an Stelle von Ligaturversuchen, die hier nicht angewandt werden konnten) durch, um die mögliche Wirksamkeit des neuroglandulären Systems bei der Induktion der embryonalen Häutung zu testen. Die Dekapitation erfolgte vor der Differenzierung der Neuroblasten oder der Prothorakaldrüsen. Die sich aus diesen Explantaten entwikkelnden gehirnlosen Embryonen lösen am 8. Kulturtag zu dem gleichen Prozentsatz wie die nicht-dekapitierten Individuen (aber zu einem geringeren Prozentsatz und 1-2 Tage später als Embryonen in intakten Eiern) die Cuticula ab. Diese Erscheinung läßt vermuten, daß die embryonale Häutung bei der Seidenraupe in vitro keiner hormonalen Wirkung des Gehirns oder der Prothorakaldrüsen bedarf, zumindest nicht zu ihrer Auslösung. Da diese Ergebnisse im Gegensatz zu Befunden bei den Locusten stehen, ergeben sich wichtige Fragen über die Natur dieser Häutung bei den kultivierten Seidenspinnerembryonen. Vf. sieht folgende Möglichkeiten: 1. Im Kulturmedium (dessen Zusammensetzung im Orig. angegeben ist) sind die Häutung induzierende Faktoren enthalten. 2. Die Abdominalganglien übernehmen die Rolle des Gehirns. 3. Die Abhebung der Cuticula ist keine echte embryonale Häutung. Diese Fragen müßten in weiteren Untersuchungen geklärt werden.
H. Rost. 5656.

3-64/08-0491 Doira, Hiroshi und Chikushi, Haruo. Genetical and biochemical analysis of the oily skin characters in Bombyx mori. 2. **(Eine genetische und biochemische Analyse der Merkmale für „oily skin" bei Bombyx mori. 2. Mitt.)** Sci. Bull. Fac. Agric., Kyushu Univ. **20** (1963) Nr. 4. S. 301-308. – 5 Abb., 5 Tab., 12 Lit. Orig.: jap., Ausz.: engl. 1. Mitt. vgl. LZ. Abt. III 8 (1963) Nr. 10. S. 2111.
Die aus früheren Untersuchungen bekannte Tatsache, daß bei der genetisch bedingten „oily skin"-Mutante die mehr oder weniger durchscheinende Haut nur eine geringe Menge Harnsäure enthält, führt Vf. zu dem Problem, ob durch experimentellen Entzug der Harnsäure aus der opaken Haut normaler Raupen diese ebenfalls „translucent" wird. Mit einem Versuch, eine solche „oily skin"-Phänokopie zu induzieren, konnte bestätigt werden, daß sich die Haut aller normalen Raupen, denen Melamin (2, 4, 6-triamino-s-triazin) verabreicht worden war, innerhalb von 2-3 Tagen in durchscheinende Haut umwandelte. Auch in dieser induzierten durchscheinenden Haut ist der Harnsäuregehalt so stark reduziert, daß nur Spuren davon zurückbleiben, deren Rest ausgeschieden wird. Melamin vertreibt nicht nur Harnsäure, sondern auch solche Proteine, wie Xanthopterin-B, das gelbe Pigment des „lemon"-Merkmals, und Neutralrot aus den Geweben und Organen, wie Hypodermis, Seidendrüse, Hoden usw. Hieraus läßt sich folgern, daß das Protein in der Hypodermis als Speicherprotein fungiert, das biophysikalisch Harnsäure anhäuft, was wie-

derum vermuten läßt, daß die erblichen „oily skin"-Merkmale durch die Anormalität dieses Proteins manifestiert werden. Bis jetzt ist Melamin die einzige Substanz, die die „oily skin"-Phänokopie induzieren kann; ihre Wirksamkeit könnte als „Melamin-Effekt" bezeichnet werden. H. Rost. 5656.

3-64/08-0492 Butenandt, Adolf. Bombycol, the sex-attractive substance of the silkworm, Bombyx mori. **(Bombycol, die geschlechtsanziehende Substanz des Maulbeerseidenspinners Bombyx mori.)** J. Endocrinol. [London] 27 (1963) Nr. 3. S. IX-XVI. — 3 Abb., 2 Tab.
In dieser im Juni 1962 vor der Gesellschaft für Endokrinologie gehaltenen Vorlesung behandelt Vf. die von ihm und seinen Mitarbeitern seit 1939 beschrittenen Wege zur Analysierung und Reindarstellung von sexuellen Lockstoffen weibl. Falter, spez. von *Bombyx mori* und *Lymantria dispar* („gypsy moth"): Bombycol und Gyptol. Beide sind Prototypen aus der Reihe der Fettalkohole; sie leiten sich aus Hexadecanol, einer geraden Kette von 16 C-Atomen, ab. Zur Gewinnung von Bombycol wurden 1959 die Duftdrüsen von ca. 0,5 Mill. weibl. Seidenspinnerfaltern extirpiert und extrahiert. Aus dem Extrakt konnten 12 mg eines kristallinen Stoffes, einem Derivat des Lockstoffes, gewonnen werden. Im Endstadium der Reindarstellung und durch weitere Behandlungen und Untersuchungen wurde erkannt, daß Bombycol ein konjugierter ungesättigter Fettalkohol, ein Hexadecadien- (10,12)-ol-(2), ist, der 4 mögliche strukturelle Isomeren besitzt. Die Darstellung dieser Isomeren gelang über 3 unterschiedliche (im Orig. beschriebene) Syntheseverfahren. Bombycol wirkt noch in einer Verdünnung von 10^{-7} μg/ml auf 50% der getesteten Männchen erregend (= „Lockeinheit"). — Vf. schildert und diskutiert auch die Probleme, die durch das Phänomen der bei einigen freilebenden Lepidopteren nachgeprüften Wahrnehmungsfähigkeit artspezifischer Duftstoffe durch die Männchen auf Entfernungen bis zu 11 km sowie durch das Projekt der Einbeziehung dieses Phänomens in die Schädlingsbekämpfung aufgeworfen werden. H. Rost. 5656.

3-64/08-0493 Antonov, A. S., Grigoŕeva, S. P., Ivanova, P. V. und Belozerskij, A. N. Nukleotidnyj sostav bystro metjaščejsja RNK šelkootdelitel'noj železy tutovogo šelkoprjada Bombyx mori L. **(Die Nucleotidzusammensetzung der schnell hervortretenden Ribonucleinsäure der Seidendrüse bei Bombyx mori L.)** Doklady Akademii nauk SSSR, Moskva **154(32)** (1964) Nr. 1. S. 216-219. — 2 Abb., 1 Tab., 6 Lit. 5656.

3-64/08-0494 Kolybin, V. O. und Zolotovercha, I. M. Dobova rytmičnist' sorbciï vital'nych barvnykiv tkanynamy kyšečnyka gusenić šovkovičnogo šovkoprjada. **(Der tägliche Rhythmus der Sorption vitaler Farbstoffe durch das Darmgewebe der Raupe von Bombyx mori L.)** Dopovidi Akademiï nauk Ukraïnśkoï RSR, Kyïv **1963** Nr. 12. S. 1653-1655. — 2 Abb., 8 Lit. Zus. in Engl., Franz., Dtsch. 5656.

3-64/08-0495 Dušev, T. Stopanski i agrobotaničeski osobenosti na novija černičev sort Družba. **(Wirtschaftliche und agrobotanische Besonderheiten der neuen Maulbeerbaumsorte 'Drushba'.)** Selskostopanska nauka, Sofija **2(8)** (1963) Nr. 5/6. S. 619-624. — 2 Tab., 3 Abb., 8 Lit. NRB/ZSNTI. 5685.

3-64/08-0496 *Koch, Wolfgang.* **Synthese des Bombykols, des Sexual-Lockstoffes des Seidenspinners, und seiner geometrischen Isomeren.** Diss. Naturwiss. Fak. München. 1961. (71 S.) 8°. (Diss. 9344)

TIERERNÄHRUNG

B. CHEMISCHE BESTANDTEILE DES TIERKÖRPERS UND DER FUTTERMITTEL

3-64/08-0497 Kaufmann, H. P. und Mankel, G. **Über das Vorkommen von trans-Fettsäuren.** Fette, Seifen, Anstrichmittel **66** (1964) Nr. 1. S. 6-13. — 6 Abb., 7 Tab., 74 Lit. 7170.

3-64/08-0498 Dahl, Olle; Malmö, Sweden, Scan's Centrallab. Free methionine, occurrence and significance in animal tissues. **(Freies Methionin, Vorkommen und Signifikanz im Tiergewebe.)** Acta chem. scand. **17** (1963) Nr. 8. S. 2173-2180. — 2 Abb., 1 Tab., 12 Lit.
Vf. bestimmte freies Methionin im wäßrigen Extrakt verschiedener tierischer Gewebe nach Proteinpräzipitation durch Anwendung der von Horn, Jones und Blum modifizierten Methode von McCarthy und Sullivan. Die Untersuchungen wurden 1-4 Tage nach dem Schlachten der Tiere durchgeführt. Untersucht wurden das Muskelgewebe von Rind, Kalb, Schwein und Pferd sowie entsprechende Organe wie Herz, Zunge, Leber, Niere, Lunge, Milz, Euter, Pansen, Magen, Mucosa, Darm, Haut und Blut. Ergebnis: Es wurden im Skelettmuskel 6-11% vom Gesamtmethionin an freiem Methionin gefunden, während der Gehalt in anderen tierischen Geweben einschließlich des Blutes niedrig ist. Die Darmmucosa ist reich an freiem Methionin. Die Ableitung eines Qualitätsindexes von Fleischprodukten erscheint aus diesen Untersuchungsergebnissen nicht möglich. Die Ergebnisse werden hinsichtlich der funktionellen Signifikanz des Methionins diskutiert. I. Schröder. 7230.

3-64/08-0499 Dahlqvist, A. Rat-intestinal dextranase. **(Rattendarm-Dextranase.)** Biochim. J. **86** (1963) Nr. 1. S. 72-76. 7300.

3-64/08-0500 Kuseń, S. J. und Kocjuba, M. D.; Lwow, Ukrain. Forsch.-Inst. für Physiol. und Biochem. Landwirtsch. Nutztiere. Fosforni spoluky moločnoï zalozy velykoï rogatoï chudoby. **(Phosphorverbindungen aus der Milchdrüse des Rindviehs.)** Ukraïnśkyj biochimičnyj žurnal, Kyïv **35** (1963) Nr. 1. S. 72-83. — 3 Tab., 26 Lit. Orig.: ukrain., Ausz.: russ., engl.
Sofort nach dem Schlachten der Tiere wurden Untersuchungen angestellt um festzustellen, in welcher Form P bei Rindern verschiedenen Alters im Gewebe der Milchdrüse vorliegt. Dabei wurde gefunden, daß der P sowohl als anorg. als auch als org. P (Kreatinphosphat-P, ATP und ADP, Glucose-1-Phosphat, Glucose- und Fructose-6-Phosphat, Fructose-1,6-Diphosphat, Phosphotriose, Phosphotraubensäure, Phospholipoide, RNS, DNS, Phosphoproteine) auftritt. Es wurden die Drüsen von Kälbern, nichtlaktierenden und laktierenden Kühen untersucht. Die Ergebnisse zeigen, daß beträchtliche P-Differenzen von Alter zu Alter auftreten. Die größten Schwankungen waren beim Gehalt an anorg. P festzustellen, der bei laktierenden Kühen 300 mg% im Rohgewebe ausmacht. Bei laktierenden Kühen ist auch der Gehalt des org. gebundenen P höher als bei laktierenden Kühen und Kälber. In einem Anhang werden in bezug auf die Intensität der Stoffwechselprozesse RNS/DNS-Gaben für Kälber, nichtlaktierende und laktierende Kühe diskutiert. G. Rothe. 7380.

3-64/08-0501 Cassens, R. G., Briskey, E. J. und Hoekstra, W. G. Variation in zinc content and other properties of various porcine muscles. **(Variationen im Zinkgehalt und andere Eigenschaften von verschiedenen Schweinemuskeln.)** J. Sci. Food Agric. **14** (1963) Nr. 6. S. 427-431. 7400.

C. UNTERSUCHUNGS- UND VERSUCHSMETHODIK

3-64/08-0502 Budzyński, A. Z. **Ein Gerät zur Markierung von Chromatogrammen.** J. Chromatogr. [Amsterdam] **13** (1964) Nr. 1. S. 10-13. — 2 Abb. — Zus. in Engl. — nach Zus.
Eine Vorrichtung zur Behandlung von Chromatogrammen bzw. Elektropherogrammen mit radioaktiven, giftigen oder kostspieligen Lösungen wurde entwickelt. Sie besteht aus mehreren gleichen Plexiglas-Teilen, die zusammengeschraubt werden. Da die einzelnen Teile in geeigneter Weise gefräst wurden, entstehen zwischen ihnen schmale, lange Gefäße, mit einem Querschnitt eines flachen Sechseckes. Filterpapierstreifen werden entlang der größeren Diagonale in diese Gefäße hineingeschoben und mit den entsprechenden Lösungen behandelt. 7450.

3-64/08-0503 Marcucci, F. und Mussini, E. A new apparatus for thin-layer chromatography. **(Eine neue Apparatur für Dünnschichtchromatographie.)** J. Chromatogr. [Amsterdam] **11** (1963) Nr. 2. S. 270-272. — 1 Abb. 7450.

3-64/08-0504 Tore, Jössang Per; Strasbourg, France, Fac. de Méd., Inst. de Bactériol.; Fac. des Sci., Inst. de Chim. Chromatographie de sucres sur couches minces de silicate de calcium. **(Zuckerchromatographie auf Calciumsilikat-Dünnschichtplatten.)** J. Chromatogr. [Amsterdam] **12** (1963) Nr. 3. S. 413-415. — 5 Abb., 3 Lit.
Silène EF (ein Ca-Silikat der Columbia Chemical Division, Pittsburgh Plate Glass Co., Barberton, Ohio, U.S.A.) läßt sich als Trägermedium bei der Dünnschichtchromatographie von Zuckern einsetzen. Schichtdicke: 0,2 mm. Man trocknet an der Luft. Die Wanderungsgeschwindigkeit läßt sich erhöhen a) durch 15std. Erhitzen der Platten auf 110° vor dem Einsatz und b) durch Mischen des Silikates mit Celite 535. Lösungsmittelgemische: a) 100 ml n-Butanol, mit Wasser auf 114 ml aufgefüllt, b) 92 ml n-Butanol, mit Butylacetat auf 100 ml ergänzt, sodann mit Wasser auf 114 ml gebracht. Entwicklung: Man sprüht mit einem Gemisch von 10 ml konz. NH_3 + 30 Tropfen einer gesättigten wäßrigen $AgNO_3$-Lösung (das $AgNO_3$ soll ein wenig CH_3COONa enthalten) + 20 ml destill. Äthanol und erhitzt auf 110°. Die Trennung zahlreicher Saccharide wird beschrieben. H. Ruttloff. 7485.

3-64/08-0505 Ring, Melanie und Herrmann, Sigrid; Bonn, Univ., Pharmakol. Inst. **Trennung im Harn vorkommender Zucker mit Hilfe der Dünnschichtchromatographie.** J. Chromatogr. [Amsterdam] **12** (1963) Nr. 3. S. 415 bis 416. — 1 Abb., 1 Tab.
Es wird ein Verfahren zur dünnschichtchromatographischen Trennung von Mono- und Disacchariden des Harnes beschrieben. 10 ml Harn werden mit 0,4 g Phenylhydrazinhydrochlorid und 0,6 g Na-Acetat 30 Min. im siedenden Wasserbad erhitzt. Die in der Kälte ausfallenden Kristalle werden abfiltriert, gewaschen und in Dioxan/Methanol (1:1) gelöst. Verwendung von Kieselgur G (Merck), Imprägnierung mit 0,05 m wäßriger Na-Metaboratlösung; Entwickler: Chloroform/Dioxan/0,1 m wäßrige Na-Metaboratlösung (40:40:1,5); Laufzeit: 20-25 Min.; Zuckermenge: 5-10 μg; gelbe Flecken. H. Ruttloff. 7485.

3-64/08-0506 Jordan, Donald E. und Veatch, Fred C.; Ponca City, Okla., Continental Oil Co. Spectrophotometric determination of trace concentrations of carbonyl compounds. **(Spektrophotometrische Bestimmung von Spuren an Carbonylverbindungen.)** Analyt. Chem. **36** (1964) Nr. 1. S. 120-124. — 2 Abb., 2 Tab., 8 Lit.
Das angegebene Verfahren beruht auf der Kondensation von Carbonylverbindungen mit Phenylhydrazin. Eine geeignete Menge der Probe wird im 25 ml-Meßkolben mit 5 ml eines Hexan-Alkohol-Gemisches (nach angegebener Vorschrift gereinigt), 2 ml einer gesättigten alkoholischen Lösung von 2,4-Dinitrophenylhydrazin und 0,1 ml konz. H_2SO_4 versetzt. Man erhitzt 30 Min. auf 55°, kühlt rasch ab (Zimmertemp.) und füllt mit einer KOH/H_2O/Alkohol-Mischung zur Marke auf. Die Herstellung einer Blindprobe erfolgt analog. Die Extinktion (weinrote Farbe) wird in 1-cm-Quarzküvetten bei 480 nm gemessen. Es sind Absorptionsmax. und Extinktionskurven typischer Carbonyl-2,4-dinitrophenylhydrazone angegeben, desgleichen der Carbonylgehalt zahlreicher org. Lösungsmittel. H. Ruttloff. 7485.

3-64/08-0507 Lademann, E. und Thalmann, E.; Potsdam, Inst. für Landwirtsch. Untersuchungswes. **Vorschlag für eine technische Vereinfachung und Präzidierung der Weender Rohfaserbestimmung.** Z. landwirtsch. Versuchs-

u. Untersuchungswes. **10** (1964) Nr. 1. S. 91-96. — 2 Abb., 3 Tab., 3 Lit. Zus. in Russ., Engl.

Vff. modifizieren verschiedene Versuchsbedingungen bei der Rohfaserbestimmung, um zu einer Vereinfachung des Verfahrens und zu einer Einsparung von Zeit zu gelangen bei Wahrung ausreichender Übereinstimmung mit den bisher erzielten Werten. Die Kochzeit wird nach L e p p e r auf 10 Min. herabgesetzt, Wasser, Säure und Lauge werden vor der Verwendung einzeln bereits zum Sieden erhitzt. Zur Einhaltung gleichbleibender Beheizung wird ein mit IR-Dunkelstrahlern versehenes Kochgerät beschrieben. Es wird durch ein Leinenfilter filtriert (statt Asbest), das auf einer Quarz- oder Glasfilternutsche liegt. Die Trocknungszeit verkürzt sich dadurch auf 30 Min., verascht und geglüht wird bei 500-600° in der gleiche Nutsche in einem dazu konstruierten Glühofen. Durch diese Maßnahmen wird eine Steigerung der Zahl der Bestimmungen um ca. 50% erreicht. Durch Beleganalysen wird die Brauchbarkeit des veränderten Verfahrens unter Beweis gestellt. G. S t e r n k o p f. 7490.

3-64/08-0508 L e o n e, Charles A.; Lawrence, Univ. of Kansas. Paper-chromatographic separations of fragments from γ-irradiated ovalbumin. **(Papierchromatographische Auftrennung von Fragmenten von γ-bestrahltem Ovalbumin.)** Trans. Kansas Acad. Sci. **66** (1963) Nr. 3. S. 539-544. — 1 Abb., 2 Tab., 10 Lit.

Lyophilisiertes Ovalbumin wurde im Vakuum (**I**) und in Luft bei 0° (**II**) einer γ-Bestrahlung (13 · 10^6 r) unterworfen. Das bestrahlte Produkt wurde nach einem Fraktionierungsschema aufgetrennt und die Fraktionen 1dimensional papierchromatographisch untersucht. Etwa 0,5% Nichteiweiß-N (vom Gesamt-N) wurde in (**I**) und 1-3% in (**II**) gefunden. Von den erprobten Lösungsmittelgemischen erwies sich zur Auftrennung der entstandenen Peptide auf Whatman No. 1 das Gemisch 2,6-Lutidin-2,4,6,-Collidin-Diäthylamin-Wasser (100:100:3:100) als das günstigste. Es wurden in (**I**) 3 Peptidfragmente und in (**II**) 8 gefunden. Das mittlere Molekulargewicht der Fragmente beträgt 350. I. S c h r ö d e r 7500.

3-64/08-0509 A u r a n d, L. W., B r o w n, J. W. und L e c c e, J. G.; Raleigh, North Carolina State Coll. Effect of heat on the proteins of milk as revealed by gel and immunoelectrophoresis. **(Der durch Gel- und Immunoelektrophorese untersuchte Einfluß von Hitze auf die Milchproteine.)** J. Dairy Sci. **46** (1963) Nr. 11. S. 1177-1182. — 3 Abb., 2 Tab., 18 Lit.

Es wurden gelelektrophoretisch die 4 Milchproteine Serumalbumin, β-Lactoglobulin, Casein und Immunoglobulin getrennt. Eine weitere Charakterisierung erfolgte immunoelektrophoretisch, eine Kombination der Gelelektrophorese und der Antigen-Antikörper-Präzipitation. Vff. fanden, daß Lactoglobulin und α-Lactalbumin schwache Antikörper stimulierende Eigenschaften besitzen. In roher Magermilch wurde ein Komplex zwischen β-Lactoglobulin und Casein nachgewiesen. Die Stabilitätsprüfung gegenüber höherer Temperatur ergab mit steigender Stabilität angeordnet folgende Reihe: Immunoglobulin, α-Lactalbumin, Serumalbumin, β-Lactoglobulin und Casein. Immunoelektrophoretische Muster von säurepräzipitiertem Casein, das mit verschiedenen Antiseren reagierte, zeigten zwischen β-Lactoglobulin und Casein und zwischen Casein und Serumalbumin gebildete Komplexe. I. S c h r ö d e r. 7500.

3-64/08-0510 S a r g e n t, Roger N. und G r a h a m, Dona Lee; Midland, Mich., Dow Chem. Co. Salting-out chromatography of serum proteins. **(Aussalzchromatographie von Serumproteinen.)** Analyt. chim. Acta [Amsterdam] **30** (1964) Nr. 1. S. 101-104. — 2 Abb., 1 Tab., 7 Lit. Zus. in Franz., Dtsch.

Während konventionelle und hochporöse Ionenaustauscher im allgemeinen wegen der irreversiblen Adsorption des Proteins keine Verwendung finden können, zeigen Vff. die Brauchbarkeit von Sephadex G-50, 100-250 mesh, für die Aussalzchromatographie zur Trennung der Blutserumproteine. Es wurden nach der beschriebenen Methode die Humanblutserumproteine bestimmt. Durch Anwendung von 2 Gradienten (300 ml 1,50 m Na_2SO_4, gepuffert mit 0,1 m Phosphat bei pH 5,5 und 0,5 m Na_2SO_4, gepuffert mit 0,1 m Phosphat bei pH 5,5) und spektrophotometrischer Bestimmung der Absorption bei 280 mμ werden 6 Peaks (**P**) erhalten: P 1 = 56,8% Albumin, P 2, 3 und 4 = 1,28 + 4,97 + 0,56 = 6,81% α_1-Globulin, P 5 und 6 = 36,7% α_2-, β-, γ-Globulin. Die Summe der gefundenen Proteine beträgt 100,31%. I. Schröder. 7500.

3-64/08-0511 Selawry, A. und Koepf, H. **Zur kristallmorphologischen Eiweißtestung von Samen.** Experientia [Basel] **20** (1964) Nr. 1. S. 54-56. — 4 Abb., 1 Tab., 6 Lit.

Vff. versuchen, mit der Cu(**II**)-chlorid-Kristallisationsmethode von Pfeiffer (vgl. $CuCl_2$-Kristallisation in Naturwissenschaft und Medizin, Gustav-Fischer-Verlag, Stuttgart 1957) eine systematische kristallmorphologische Eiweißtestung vorzunehmen. Es wird über 3818 Serien mit mehr als 22800 Einzelplatten berichtet (aus den Jahren von 1957-62). Es kamen Samen und Samenteile einer Reihe von Leguminosen und Gramineen zur Untersuchung, aus denen nach entsprechender Zerkleinerung wäßrige Extrakte hergestellt wurden. Die Kristallisationsplatten wurden nach morphologischen Merkmalen vergleichend ausgewertet (charakteristische Kristallnadelzüge). Ergebnis: Auf Grund der Kristallisationsbilder kann ein Leguminosen- und ein Gramineentyp unterschieden werden. Diese allgemeinen Typen kehren bei Samen aus den beiden Familien regelmäßig wieder (Maßzahl 95%). Sie werden durch die verwendete Art modifiziert. Hafer z. B. zeigt eine gröbere Nadelung und flachere Kurvung als Weizen, die Futtergräser prägen eine feinere Nadelung mit deutlich ziselierterer Struktur. Die Untersuchungen an Samengliedern (Embryo, Nährgewebe und Samen- bzw. Fruchtschale) und an sich veränderndem Gewebe (keimende Samen und absterbendes Gewebe) führten ebenfalls zu charakteristischen Kristallisationsbildern. I. Schröder. 7500.

3-64/08-0512 Gray, W. R. und Hartley, B. S.; Cambridge, Med. Res. Council. A fluorescent end-group reagent for proteins and peptides. **(Ein fluoreszierendes Endgruppenreagens für Proteine und Peptide.)** Biochem. J. **89** (1963) Nr. 1. S. 59 p. — 2 Lit.

1-Dimethylaminonaphthalin-5-sulfonylchlorid (**DNS-Cl**) reagiert mit freien Amino- und Phenolgruppen unter Bildung von DNS-X-Derivaten, die bei der Säurehydrolyse sehr beständig sind und intensiv gelb fluoreszieren. Das Peptid (10^{-3}-10^{-4} μmol) wird mit 15 μl 0,1 m $NaHCO_3$ und 15 μl einer Lösung von DNS-Cl in Aceton (1 mg/1 ml) versetzt. Nach 3 Std. bei Raumtemperatur wird die Probe im Vakuum getrocknet und es werden 20 μl 6 n HCl zugegeben. Das Gefäß wird geschlossen und 6-12 Std. bei 105° erhitzt. Die Säure wird im Vakuum entfernt und das Hydrolysat hochspannungsionophoretisch (80 V/cm, 3 Std.) auf Whatman No. 3 MM. bei pH 4,4 (0,8% Essigsäure — 0,4% Pyridin) untersucht. Nach dieser Trennung können alle Aminosäurederivate bis auf DNS-Serin, DNS-Prolin und DNS-Alanin identifiziert werden. Die 3 genannten Derivate werden bei pH 12,7 (0,1 m Na_3PO_4 — 0,1 m NaOH) in 2 Std. bei 30 V/cm³ aufgetrennt. I. Schröder. 7500.

3-64/08-0513 Du, Tran van; Saigon, Lab. d'Analyses Méd. Protidémie comparée de l'homme et des animaux domestiques au Viet-Nam. **(Vergleichende Eiweißbestimmung beim Menschen und den Haustieren in Vietnam.)** Recueil Méd. vétérin. **139** (1963) Nr. 1. S. 39-50. — 7 Abb., 8 Tab., 9 Lit. Zus. in Engl., Span.

Die quantitative Bestimmung der Eiweißkomponenten des Serums gehört jetzt zur laufenden Arbeit von biol. Labor. Ihre Ergebnisse sind für die Diagnose und Prognose bei zahlreichen Krankheitserscheinungen von besonderem Wert. Mit Hilfe der Biuret-Methode werden das Gesamteiweiß sowie das Serumalbumin bestimmt. Als Apparat dient das Spektro-20-Colorimeter Bausch und Lomb amerikanischen Ursprungs. Die Menge der Globuline ergibt sich aus der Differenz des Gesamteiweiß und des Serumalbumins. Zur Ermittlung der Seroproteine wird der horizontale Apparat von Wieland und Fisher Typ 1, Modell 1960 verwendet. Die notwendigen Reagenzien und die technische Durchführung der einzelnen Untersuchungen werden eingehend besprochen. Die genannten Serumuntersuchungen werden durchgeführt beim Menschen, Pferd, Hund, Büffel, Rind, Schwein und Kaninchen. Die ermittelten Werte sind aus Tabellen und Proteinogrammen zu ersehen. Danach steht das Pferd dem Menschen am nächsten hinsichtlich der Verteilung der verschiedenen Serumproteine sowie der Beziehung A/G, die höher als 1, aber nicht höher als 2 wie beim Kaninchen ist. E. Tempel. 7500.

3-64/08-0514 Tawde, Saroj und Cama, H. R.; Bangalore, Indian Inst. of Sci. Physico-chemical studies on indigenous seed proteins. Part VII. Electrophoretic characterization & amino acid composition of black gram (Phaseolus mungo) meal proteins & its globulin fractions. **(Physiko-chemische Untersuchungen einheimischer Samenproteine. 7. Mitt. Elektrophoretische Charakterisierung und Aminosäurenzusammensetzung der Proteinevon „Black Gram" [Phaseolus mungo] und ihrer Globulinfraktionen.)** J. sci. ind. Res. [New Delhi], Sect. C **21** C (1962) Nr. 8. S. 212-219. — **3** Abb., **7** Tab., **13** Lit. 6. Mitt. vgl. 3-64/03-0470.

Das Optimum der elektrophoretischen Trennung des Proteins aus Black Gram-Mehl, wobei 4 Komponenten erhalten werden, liegt zwischen pH 8,0 und 9,0 bei einer Ionenstärke von 0,1. Proteinextrakte mit 5%iger NaCl-Lösung werden nach einem $(NH_4)_2SO_4$- und nach einem kombinierten Na_2SO_4-$(NH_4)_2SO_4$-Verfahren fraktioniert, und ergeben jeweils eine elektrophoretisch homogene Globulinfraktion. Der isoelektrische Punkt der Globulinfraktion nach dem ersten Verfahren liegt bei pH 5,0, der nach dem zweiten bei pH 5,4. Die Aminosäurenzusammensetzung der 4 nach der kombinierten Methode erhaltenen Fraktion und des Black Gram-Mehls wird durch Ringpapierchromatographie ermittelt, dabei fehlt Histidin vollständig. 100 g Black Gram-Mehl (N-Gehalt 3,65%, Feuchtigkeit 10,42%, Rohfett 1,64%, Rohfaser 1,84%, Asche 2,82%) enthalten folgende Mengen an Aminosäuren (in g): Ala 0,97; Arg 1,27; Asp 4,02; Cys 0,61; Glu 3,12; Gly 0,97; Ileu 1,14; Leu 1,35; Lys 2,96; Met 0,30; Phe 1,47; Pro 0,82; Ser 1,33; Thr 0,96; Try 0,31; Tyr 0,70; Val 1,41. H. Kreienbring. 7500.

3-64/08-0515 Tawde, Saroj und Cama, H. R.; Bangalore, Indian Inst. of Sci. Physico-chemical studies on indigenous seed proteins. Part VIII. Electrophoretic characterization and amino acid composition of bengal gram (Cicer arietinum) meal proteins and its globulin fractions. **(Physiko-chemische Untersuchungen einheimischer Samenproteine. 8. Mitt. Elektrophoretische Charakterisierung und Aminosäurenzusammensetzung der Proteine und ihrer Globulinfraktionen von „Bengal Gram" [Cicer arietinum] .)** J. sci. ind. Res. [New Delhi], Sect. C **21** C (1962) Nr. 9. S. 238-244. — 3 Abb., 6 Tab., 10 Lit. 7. Mitt. vgl. vorst. Ref.

Eine optimale elektrophoretische Trennung in 5 Komponenten erfolgte zwischen pH 8 und 9,0 bei den Ionenstärken 0,1 und 0,2. Ein Extrakt aus dem Mehl mit 0,4 m NaCl-Lösung wurde durch Kühlung und durch isoelektrische Präzipitation in 5 Fraktionen zerlegt, von denen Fraktion III sich im pH-Bereich 3-12 (isoelektrischer Punkt bei pH 4,5) wie ein Einzelprotein verhält, nur bei pH 4,0 traten 2 und bei pH 4,25 3 Komponenten auf. Die Aminosäurenzusammensetzung der 5 Fraktionen wurde durch Ringpapierchromatographie ermittelt, dabei fehlt Serin vollständig. 100 g Bengal-Gram-

Mehl (N-Gehalt 3,63%, H_2O 10,93%, Rohfett 4,90%, Rohfaser 3,09%, Asche 2,05%) enthalten folgende Mengen an Aminosäuren (in g): Ala 1,91; Arg 1,01; Asp 2,36; Gly 1,33; Glu 3,00; His 1,21; Ileu 2,88; Leu 3,79; Lys 2,88; Met 0,20; Phe 1,33; Pro 7,58; Thr 2,50; Try 0,02; Tyr 0,80; Val 2,78.
H. Kreienbring. 7500.

3-64/08-0516 Klein, U. E.; Pearl River, N.Y., Amer. Cyanamid Co. **Vergleichende Stärkegelelektrophorese löslicher Leberzellproteine verschiedener Tierspezies.** Naturwissenschaften **50** (1963) Nr. 21. S. 669-670. — 2 Abb., 11 Lit.

Es wurde mit der vertikalen Stärkegel-Elektrophoreseapparatur nach Smithies gearbeitet. Die Auftragung der Proben erfolgte in Anodennähe, die Trennung in Stärkegel und Boratpuffer bei 18 V/cm in 75 Min. Untersucht wurde der klare Überstand, der nach beschriebener Methode aus Lebern verschiedener Tierspecies erhalten wurde. Durch Vergleich der mit Amidoschwarz 10 B erhaltenen Pherogramme resultierte bei Ratten, Meerschweinchen und Goldhamster folgendes Ergebnis: Die kathodisch wandernden Leberzellproteine weisen tierspez. Unterschiede auf. So ließen sich bei der Ratte 9, beim Meerschweinchen 8 und beim Goldhamster 10 Banden unterscheiden, die auch untereinander durch verschiedene Breite und Wanderungsgeschwindigkeit charakterisiert sind. Der Vorteil der beschriebenen Methodik liegt in der Eliminierung verunreinigender Serumproteinbeimischungen, der Nachteil in der Darstellung nur eines Teils der löslichen Leberproteine.
I. Schröder. 7500.

3-64/08-0517 Payne jun., William R.; Cincinnati, O., Food and Drug Adm. Protein typing of fish, pork, and beef by disc electrophoresis. **(Eiweißidentifizierung von Fisch, Schweine- und Rindfleisch durch Scheibenelektrophorese.)** J. Assoc. off. agric. Chemists **46** (1963) Nr. 6. S. 1003-1005. — 2 Abb., 7 Lit.

Vf. beschreibt Technik und Apparatur des Verfahrens. Für die Elektrophorese wird Acrylamidgel verwendet, das vor Stärkegel eine Reihe von Vorzügen besitzt. Es werden 7 Elektropherogramme angegeben (5 Fischspecies, Schweine- und Rindfleisch), die sich in der Bandenanordnung deutlich unterscheiden, wobei die Reproduzierbarkeit gewährleistet ist. Die Zuordnung der Banden ist ohne Schwierigkeiten möglich. Das Verfahren kann auch bei Schweine- und Rindfleischextrakten sowie anderen Fleischprodukten angewandt werden, jedoch nicht bei gekochten. I. Schröder. 7500.

3-64/08-0518 Dangerfield, W. G. und Faulkner, Gillian. Preservation of starch-gel electrophoresis strips. **(Präservation von Stärkegel-Elektrophoresestreifen.)** Nature [London] **200** (1963) Nr. 4904. S. 388. — 1 Lit. 7500.

3-64/08-0519 Brieskorn, Carl Heinz und Scheide, Jürgen; Würzburg, Univ., Inst. für Pharmaz. und Lebensmittelchem. **Tryptophan-Bestimmung in Fleisch, Innereien und Fleischwaren mittels N-Brom-succinimid.** Z. Lebensmittel-Unters. u. -Forsch. **123** (1963) Nr. 3. S. 195-200. — 4 Tab., 4 Lit.

Für die Anwendung des Verfahrens ist die Erhaltung der peptischen Bindung des Tryptophans Voraussetzung. Das sorgfältig entfettete Material wird mit n-NaOH 30 Min. auf siedendem Wasserbad behandelt. Nach dem Filtrieren vom tryptophanfreien Elastin wird die Lösung mit Dinatriumäthylen-diamintetraessigsäure angesäuert. Die so erhaltene H^+-Konzentration (pH 6) ist ausreichend, um die anschließende Reaktion des peptidisch gebundenen Tryptophans mit N-Brom-Succinimid ablaufen zu lassen. Das Verfahren wird ausführlich beschrieben. Die Überprüfung der Reproduzierbarkeit des Verfahrens ergab einen max. Fehler von $\pm 6\%$. Es wurde eine große Anzahl Proben Muskelfleisch und Innereien untersucht. Der Tryptophangehalt verschiedener Organe weist keine großen Unterschiede auf, der Gehalt der Innereien und des Blutes liegt deutlich höher. Vff. schaffen auf Grund der Ergebnisse den Begriff der Tryptophan-Richtzahl („Spitzenqualität", „Normale Qualität" und „Einfache Qualität"). Sie ermöglicht, den Bindegewebsanteil in Fleischwaren rechnerisch zu ermitteln. I. Schröder. 7505.

3-64/08-0520 Carson, John F. und Wong, Francis F.; Albany, Calif., U.S. Dep. of Agric., A.R.S. A new colorimetric test for detecting sulfur-containing amino acids. **(Ein neuer colorimetrischer Test zur Ermittlung schwefelhaltiger Aminosäuren.)** J. Chromatogr. [Amsterdam] **12** (1963) Nr. 3. S. 408-409. — 1 Tab., 4 Lit.
Das entwickelte Papierchromatogramm (Schleicher und Schüll 589 und Whatman No. 1) wird nach der Lufttrocknung mit einer $NaHCO_3$-Lösung (2%-ig in 30%-igem Äthanol) besprüht und getrocknet, anschließend mit einer Mischung von Acetaldehyd-Nitroprussid-Na (2%-wäßriges Nitroprussid-Na und 20%iger Acetaldehyd in wäßriger Lösung [1:1]) besprüht, erneut getrocknet und in einem geeigneten Gefäß einer HCl-Dampf-Behandlung unterworfen (je nach Größe der Chromatogramme 15-30 Sek. [24 × 24 cm] oder 45-60 Sek. [für größere]). Die gefärbten S-haltigen Verbindungen (blau) werden nach 15 Min.-1 Std. sichtbar. Das Max. der Farbstoffbildung wird bei den meisten getesteten Verbindungen (21) häufig erst nach 24 Std. erreicht. I. Schröder. 7505.

3-64/08-0521 Rao, S. Raghavendar, Carter, Fairie Lyn und Frampton, Vernon L.; New Orleans, La., U.S. Dep. of Agric., A.R.S. Determination of available lysine in oilseed meal proteins. **(Die Bestimmung von verfügbarem Lysin in Ölsamenproteinen.)** Analyt. Chem. **35** (1963) Nr. 12. S. 1927-1930. — 1 Abb., 3 Tab., 22 Lit.
Die beschriebene Methode beruht auf der Dinitrophenylierung mit Dinitrofluorbenzol, der Hydrolyse mit konstant siedender HCl und der säulenchromatographischen Bestimmung (Amberlite IR-120) des ε-DNP-Lysins (**I**) nach der Elution mit einem Gemisch aus 3 Vol 3 n HCl und 1 Vol Methyläthylketon durch Spektrophotometrie bei 435 mμ. Hinsichtlich der Vollständigkeit der Elution von (**I**) von der Säule ergeben Recovery-Tests Werte von annähernd 100%. Mit der Methode werden 10 Ölsamenmehle untersucht. Vff. bestimmen außerdem (**I**) das Lysin vor und nach der Dinitrophenylierung. Die errechnete Differenz stimmt bei 9 Proben bis auf Sojabohnenmehl mit (**I**) sehr gut überein. I. Schröder. 7505.

3-64/08-0522 Yang, Hsiu-Ying T. und Shetlar, M. R.; Oklahoma City, Univ. of Oklahoma, School of Med. Desalting by high voltage electrophoresis. **(Entsalzung durch Hochspannungselektrophorese.)** Analyt. Chem. **35** (1963) Nr. 13. S. 2224. — 3 Abb., 1 Lit.
Um salzfreie Proben zu erhalten, kann neben der elektrolytischen Entsalzung, dem Ionenaustausch mit Harzen und der Extraktion mit org. Lösungsmitteln, bei denen jedoch rel. große Lösungsmittelvolumen erforderlich sind, auch hochspannungselektrophoretisch entsalzt werden. Diese Methode kann auch bei Mikromengen angewandt werden (5-25 μl). Die Elektrophorese wird bei 3000 V 35-40 Min. mit dem Puffer Pyridin-Essigsäure-Wasser (1:10:89) durchgeführt. Anschließend wird der flüchtige Puffer durch Erwärmen entfernt und die Chromatographie durchgeführt. Nach dieser Methode werden die anorg. Ionen schnell entfernt, die neutralen Zucker bleiben auf der Auftragestelle, die Aminosäuren, Aminozucker und die Zuckersäuren wandern zwar im elektrischen Feld, werden jedoch auch befriedigend entsalzt.
I. Schröder. 7505.

3-64/08-0523 Lakshmi, M. S. und Sherbet, Gajanan V.; Poona, Univ. A qualitative study of amino-acids in the chick organizer region. **(Eine qualitative Untersuchung der Aminosäuren des Küken-Organisators.)** Current Sci. [Bangalore] **32** (1963) Nr. 4. S. 166-167. — 6 Lit.

Vff. untersuchten papierchromatographisch den Aminosäuregehalt des vorderen Drittels des Primitivstreifens. Frisch befruchtete Hühnereier wurden ungefähr 18 Std. bebrütet, um beim Embryo das Primitivstreifen-Stadium zu erhalten. Es wird die Isolierung und Präparation der Primitivstreifen beschrieben. Nach der sauren Hydrolyse wurden die Aminosäuren auf Whatman No. 1-Papier mit 2 Systemen 1dimensional getrennt. Es konnten 12 Aminosäuren bestimmt und 3 nicht identifiziert werden. K. Gruhn. 7505.

3-64/08-0524 Belsunce, Catherine de und Pion, F.; Jouy-en-Josas, Seine-et-Oise, Centre Nat de. Rech. Zootechn. Dosage de la cystine dans les aliments. **(Bestimmung von Cystin in Futterstoffen.)** Ann. Biol. Animale, Biochim. Biophys. **3** (1963) Nr. 2. S. 191-199. — 4 Tab., 35 Lit. Zus. in Engl., Franz.

Die bei der üblichen Aminosäurenbestimmung mittels Säurehydrolyse der Proteine eintretende Zerstörung des Cystins hat zur Entwicklung einer Methode geführt, bei der dieses durch Oxydation in der Kälte innerhalb des Proteins in Cysteinsäure übergeführt und chromatographisch bestimmt wird. Vff. vergleichen die von ihnen mit dieser Methode in Futterstoffen gewonnenen Cystinwerte mit den nach chemischen, mikrobiol. oder chromatographischen Verfahren erhaltenen und finden teils gute Übereinstimmung, teils starke Abweichungen. L. Sperling. 7505.

3-64/08-0525 Tsunoo, Shigeru, Horisaka, Kazuyoshi, Kawasumi, Masakazu, Aso, Kazue und Tokue, Shigeru; Tokyo, Showa Med. Hochschule, Pharmakol. Inst.; Yokohama, Nihon Nosan Kogyo GmbH. **Über die freien Aminosäuren im Hühnerhirn.** J. Biochemistry [Tokyo] **54** (1963) Nr. 4. S. 355-362. — 3 Abb., 7 Tab., 34 Lit. Orig.: dtsch.

Hühnerhirn wurde gefroren, zerkleinert und mit heißem Wasser extrahiert. Nach der Entfernung des Fettes (durch Ätherextraktion) wurde nach der Tannin-Blei-Methode enteiweißt. Durch säulen- und papierchromatographische Untersuchung wurden folgende Aminosäuren in freier Form nachgewiesen: Asparaginsäure, Glutaminsäure, Serin, Threonin, Prolin, Glycin, Alanin, β-Alanin, γ-Aminobuttersäure, Valin, Phenylalanin, Leucin, Methionin, Tryptophan, Isoleucin, Lysin und Arginin. Aus 10 kg Hirn wurden 0,4 g Anserin und 0,4 g Histidin kristallinisch dargestellt. Abschließend wird das Vorkommen und die physiol. Bedeutung ins besondere der Dipeptide diskutiert. I. Schröder. 7505.

3-64/08-0526 Rinno, G. und Becker, M.; Großbeeren, Inst. für Gemüsebau der Dtsch. Akad. der Landwirtsch.-Wiss. zu Berlin. **Die Übertragung von Aminosäuregemischen aus Papierelektropherogrammen auf Keilstreifen zwecks chromatographischer Trennung.** Z. landwirtsch. Versuchs- u. Untersuchungswes. **10** (1964) Nr. 1. S. 85-90. — 5 Abb., 5 Lit.

Durch Kombination von Papierelektrophorese und -chromatographie kann bei der Auftrennung von Aminosäuregemischen die Anzahl an Laufmitteln reduziert werden. Vff. berichten über methodische und apparative Einzelheiten eines Verfahrens, das sich bereits bei der Bestimmung von Aminosäuren in Eiweißhydrolysaten von pflanzlichen Substanzen bewährt hat. Es werden die Herstellung der Papierelektropherogramme und insbesondere die Übertragung der Aminosäurefraktionen auf die Keilstreifen behandelt. Die beschriebene Apparatur ist für Serienanalysen gut geeignet. I. Schröder. 7505.

3-64/08-0527 Braun, Lutz; Münster/Westf., Univ. **Zur quantitativen Bestimmung von Aminosäuren unter Anwendung der Hochspannungselektrophorese.** Biochem. Z. **339** (1963) Nr. 1. S. 8-12. — 5 Abb., 21 Lit.

Es wurden die freien Aminosäuren des menschlichen Serums nach beschriebener Methode hochspannungselektrophoretisch bestimmt. Das Serum wurde durch Ultrafiltration enteiweißt, lyophilisiert und die freien Aminosäuren des Rückstandes wurden nach der Methode von Wieland und Pfleiderer (vgl. Angew. Chem. **69** [1957] S. 199.) aufgetrennt. Die Papierstreifen wurden 15 Min. bei 60° getrocknet, 15 sek. langsam durch ein Ninhydrinbad (1,8 g Ninhydrin/600 ml Aceton) gezogen und 30 Min. bei 60° getrocknet. Die Aminosäurebanden wurden anschließend ausgeschnitten und in 10 ml einer alkoholischen $Cu(NO_3)_2$-Lösung (40 ml gesättigte $Cu(NO_3)_2$, 4 ml 10%ige HNO_3, mit 96%igem Alkohol auf 1000 ml auffüllen) gebracht. Durch die Kombination von Cu-Komplex-Bildung und Elution (100 Min.) konnte die Reproduzierbarkeit verbessert werden. Die Extinktionsbestimmung der rötlichen Lösung erfolgte bei 505 mμ. I. Schröder. 7505.

3-64/08-0528 Matheson, N. A. The quantitative isolation of valine from amino acid mixtures as its dinitrophenyl derivative. **(Die quantitative Isolierung von Valin aus Aminosäuremischungen als Dinitrophenylderivat.)** Biochem. J. 88 (1963) Nr. 1. S. 152-155. — 2 Abb., 1 Tab., 12 Lit. 7505

3-64/08-0529 Arx, E. von und Neher, R.; Basel, Schweiz, CIBA AG. **Eine multidimensionale Technik zur chromatographischen Identifizierung von Aminosäuren.** J. Chromatogr. [Amsterdam] **12** (1963) Nr. 3. S. 329-341. — 5 Abb., 3 Tab., 16 Lit.
Vff. beschreiben ein 2dimensionales Verfahren zur Differenzierung und Charakterisierung von 52 Aminosäuren. Es kann sowohl nach der Filterpapier- als auch nach der Cellulose-Dünnschicht-Technik gearbeitet werden. Es werden 4 verschiedene Lösungsmittelsysteme und verschiedene Farbreaktionen in dieser Technik kombiniert. Während für die 1. Dimension immer das gleiche Lösungsmittelsystem gewählt wird, werden für die 2. Richtung jeweils 3 verschiedene Systeme geeigneter Zusammensetzung verwendet. Von 31 angegebenen Lösungsmittelsystemen wurden nach rechnerischer und schließlich experimenteller Kombination von Systempaaren folgende 4 Systeme ausgewählt: 1. Dimension: n-Butanol-Aceton-Diäthylamin-Wasser (10:10:2:5). 2. Dimension (System 4): Isopropanol-Ameisensäure(99%ig)-Wasser (40:2:10), 2. Dimension (System B): sek. Butanol-Methyläthylketon-Dicyclohexylamin-Wasser (10:10:2:5), 2. Dimension (System C): Phenol-Wasser (75:25), (Gasphase äquilibriert mit 3%-igem wäßrigen NH_4OH). Die Identifizierung erfolgte mit folgenden Reagenzien: Ninhydrin-Collidin-Reagens (mit Angabe der Nachweisbarkeitsgrenze), Isatinreagens, Pauly's Diazoreagens, Nitroprussid-Na-Kaliumferricyanid, Reintel-Hoppe-Modifikation. Vor- und Nachteile von Cellulose und Silicagel als Träger werden hinsichtlich der Trennbarkeit, Reproduzierbarkeit und Nachweisempfindlichkeit des Verfahrens diskutiert. I. Schröder. 7505.

3-64/08-0530 Matheson, N. A. An improved method of separating amino acids as N-2,4-dinitrophenyl derivatives. **(Eine verbesserte Methode der Trennung von Aminosäuren als N-2,4-Dinitrophenylderivate.)** Biochem. J. 88 (1963) Nr. 1. S. 146-151. — 3 Abb., 2 Tab., 23 Lit. 7505.

3-64/08-0531 Blau, K. und Darbre, A. Preparation of volatile derivatives of amino acids for gas-chromatography. **(Die Herstellung von flüchtigen Derivaten von Aminosäuren für die Gaschromatographie.)** Biochem. J. 88 (1963) Nr. 1. S. 8P. — 7 Lit. 7505.

3-64/08-0532 Horisaka, Kazuyoshi. **Über das freie Histidin und seine Derivate in verschiedenen Fischmuskeln. I. Über die Isolierung des Histidins und seiner Derivate aus der Muskulatur von Anguilla japonica, Neothynnus macropterus, Gymnothorax kidato, Ophicephalus argus und Cypselurus agoo.** J. Biochemistry [Tokyo] **54** (1963) Nr. 4. S. 349-354. — 9 Tab., 14 Lit. Orig.: dtsch. 7505.

3-64/08-0533 Bednarski, Theodore M. und Hume, David N.; Cambridge, Massachusetts Inst. of Technol. Determination of amides. **(Bestimmung von Amiden.)** Analyt. chim. Acta [Amsterdam] **30** (1964) Nr. 1. S. 1-5. — 2 Abb., 1 Tab., 5 Lit. Zus. in Franz., Dtsch.
Die eingewogene Probe (3-8 mäq. Amid enthaltend) wird in einem 250 ml Rundkolben mit 50 ml einer 2 n NaOH 15-30 Min. unter Rückfluß gekocht. Anschließend werden 80 ml heißes aqua dest. zugesetzt und die resultierende Lösung auf ein erhitztes Kationenaustauscherharz (H-Form) gegeben. Die überschüssige Lauge wird durch das Harz neutralisiert und die Säure in Freiheit gesetzt, welche direkt potentiometrisch mit 0,35n NaOH titriert wird. Es werden 8 Amide bestimmt und zu über 99% mit einer Standardabweichung von ca. 0,5% wiedergefunden. Die Dauer der Gesamtbestimmung beträgt weniger als 1 Std. I. Schröder. 7510.

3-64/08-0534 Bobtelsky, M. und Barzily, I. Microheterometric titrations of large organic nitrogen-containing compounds and of heteropoly acids. **(Mikroheterometrische Titration von großen organischen stickstoffhaltigen Verbindungen und von Heteropolysäuren.)** Analyt. chim. Acta [Amsterdam] **28** (1963) Nr. 1. S. 82-90. — 2 Abb., 3 Tab., 3 Lit. 7510.

3-64/08-0535 Beiss, Ulbrich. **Zur papierchromatographischen Auftrennung von Pflanzenlipiden.** J. Chromatogr. [Amsterdam] **13** (1964) Nr. 1. S. 104-110. — 1 Abb., 3 Tab., 26 Lit. Zus. in Engl. — nach Zus.
Durch 2dimensionale Chromatographie auf Kieselgelpapier gelingt es, Lipidrohextrakte in kurzer Zeit aufzutrennen. Bei der Untersuchung von Zuckerrübenblattextrakten wurden insgesamt 23 verschiedene Lipidkomponenten aufgefunden, von denen 10 als Phosphatide und 4 als Glykolipide charakterisiert werden konnten. 9 Komponenten ließen sich noch nicht näher klassifizieren. 7515.

3-64/08-0536 Borisova, I. G. und Budnickaja, E. V.; Moskau, Biochem. Bach-Inst. der Akad. der Wiss. der UdSSR. Metodika količestvennoj chromatografii na bumage nenasyščennych vysšich žirnych kislot. **(Die Methodik der quantitativen Papierchromatographie der ungesättigten höheren Fettsäuren.)** Biochimija, Moskva **28** (1963) Nr. 3. S. 497-500. — 3 Abb., 18 Lit. Zus. in Engl.
Es wird eine Methode der Papierchromatographie für die Einteilung des Gemisches der ungesättigten höheren Fettsäuren und ihre quantitative Bestimmung in zu untersuchenden Extrakten erarbeitet und beschrieben. Der durchschnittliche Fehler der Bestimmung beträgt bei der Arbeit mit Mengen von ungesättigten Fettsäuren bis 8 μg 5-8%. Bei der Arbeit mit Säuremengen über 20 μg wächst der durchschnittliche Fehler auf 10-12%.
K. Witt. · 7520.

3-64/08-0537 Kaufmann, H. P. und Mankel, G.; Münster/Westf., Dtsch. Inst. für Fettforsch. **Die Zusammensetzung des Kuhmilchfettes in Abhängigkeit von der Fütterung.** Fette, Seifen, Anstrichmittel **65** (1963) Nr. 4. S. 295 bis 302. — 7 Abb., 3 Tab., 43 Lit. Zus. in Russ., Engl., Franz.
Ausgehend davon, daß 25% des Futterfettes ins Milchfett übergehen und aus polyungesättigten Fettsäuren durch Pansenmikroorganismen transungesättigte Fettsäuren (**trans-u-F.**) entstehen, wird mit Hilfe der Gaschromatographie und der IR-Spektrographie untersucht, welchen Einfluß Weide- (**I**) und Stallfütterung (**II**) und Fettzusätze bei **II** auf die Zusammensetzung der Milchfettsäuren haben. **II** bestand aus Rübenblatt bzw. Silage, Runkeln und Heu; eine Gersten-Haferschrot-Mischung mit Mineralstoffen wurde später durch ein Kraftfutter, bestehend aus extrahierten Ölkuchen und Ölschroten mit 10% Melasse und Futterkalk ersetzt. Bei **I** lag der Gehalt an trans-u-F. im Milchfett 10mal so hoch wie bei **II**, der Gehalt an Stearin- und Ölsäure

war doppelt so hoch. Ebenfalls zeigte sich bei **II** eine starke Verminderung des Gehaltes an Linol- und Linolensäure, nur die gesättigten Fettsäuren bis C_{16} traten vermehrt auf. Die Zufütterung zu **II** von jeweils 10% Rindertalg (5,5% trans-u-F.), gehärtetem Walöl (50% trans-u-F.) und Maisöl (keine trans-u-F.) ergab einen Anstieg von trans-u-F. im Milchfett von 2% bzw. 6% bzw. 3%. Die trans-u-F. gingen also ins Milchfett über, beim Maisöl wird die Linolsäure zu Stearinsäure hydriert bzw. zu trans-u-F. isomerisiert. Vff. diskutieren die Möglichkei, die Zusammensetzung des Kuhmilchfettes durch entsprechende Fütterung der des Fettes der Frauenmilch anzunähern.
G. Sternkopf. 7520.

3-64/08-0538 Morris, L. J. Fractionation of cholesterol esters by thin-layer chromatography. **(Fraktionierung von Cholesterinestern durch Dünnschicht-chromatographie.)** J. Lipid Res. **4** (1963) Nr. 3. S. 357-359. — 1 Abb., 10 Lit. 7530.

3-64/08-0539 Gabbey, Kenneth H. und Waterhouse, Christine. Paper chromatography of cholesterol esters. **(Papierchromatographie von Cholesterinestern.)** J. Chromatogr. [Amsterdam] **11** (1963) Nr. 2. S. 241-246. — 2 Abb. 7530.

3-64/08-0540 Matulis, R. M. und Guyon, J. C.; Columbia, Univ. of Missouri. Spectrophotometric determination of alpha-hydroxy carboxylic acids. **(Spektrophotometrische Bestimmung von Alpha-Hydroxy-Carbonsäuren.)** Analyt. Chem. **36** (1964) Nr. 1. S. 118-120. — 2 Abb., 1 Tab., 22 Lit.
Vff. bestimmten spektrophotometrisch α-Hydroxysäuren; die entwickelte Methode beruht auf dem farbverändernden Effekt einer Molybdatlösung und der mit der entsprechenden α-Hydroxysäure und der Molybdatlösung gebildeten Verbindung durch Reduktion. Zeit, Konzentrationsverhältnisse, pH-Wert, Metallionen und die Wahl der Reduktionsmittel beeinflussen die Bestimmung. Die Methode wurde spez. an Citronensäure mit Zinnchlorid als Reduktionsmittel überprüft. Bestimmt wurden außerdem: Benzilsäure, Hydroxymalonsäure, Milchsäure und Mandelsäure. Im Gegensatz dazu sind α-Ketosäuren, α-Aminosäuren, β-Hydroxysäuren, α-Hydroxyaldehyde, α-Hydroxyketone und 1,2-Diole nicht bestimmbar. G. Rothe. 7540.

3-64/08-0541 Papke, E. und Pohloudek-Fabini, R. **Papierchromatographische und papierelektrophoretische Verteilung der Ketosäure-2.4-dinitrophenylhydrazone und Versuche zur Ausarbeitung einer Methode zur Bestimmung von Ketosäuren aus Frischpflanzenmaterial. Teil 1. 16. Mitt. Beiträge zur Chemie und Physiologie einiger stoffwechselchemisch wichtiger Säuren.** Pharmazie **19** (1964) Nr. 1. S. 27-33. — 6 Abb., 6 Tab., 20 Lit. 7540.

3-64/08-0542 Choy, T. K., Quattrone jun., J. J. und Elefant, Milton. Non-aqueous spectrophotometric determination of citric acid. **(Nichtwäßrige spektrometrische Bestimmung von Citronensäure.)** Analyt. chim. Acta [Amsterdam] **29** (1963) Nr. 2. S. 114-119. — 2 Abb., 5 Tab., 8 Lit. 7540.

3-64/08-0543 Dugan, Richard E., Frigerio, Norman A. und Siebert, John M. Colorimetric determination of vitamin A and its derivatives with trifluoroacetic acid. **(Colorimetrische Bestimmung von Vitamin A und Vitamin-A-Derivaten mit Trifluoressigsäure [CF_3COOH].)** Analyt. Chem. **36** (1964) Nr. 1. S. 114-117. — 3 Abb., 6 Tab., 16 Lit.
Vff. beschreiben die Anwendung von Trifluoressigsäure (TFA) zur Bestimmung von Vit. A und Vit. A-derivaten. TFA zeigt eine wesentlich bessere Spezifität für Vit. A als das $SbCl_3$ der Carr-Price-Reaktion. Die in $CHCl_3$ gelösten Vit-A-Verbindungen wurden im Verhältnis 1 : 1 mit TFA versetzt und bei 616 mμ im Spektrophotometer nach 10 Sek. gemessen. Die Methode eignet sich für ver-

seifte als auch für unverseifte Substanzen. Die Max. der Wellenlänge (in mμ) mit TFA werden angegeben: Vit. A 616, Vit. A-acetat 616, Vit. A-palmitat 616, Vit. A-aldehyd 664, Vit. A-säure 574. M. Hoffmann. 7562.

3-64/08-0544 Dubois, M.; Tananarive, Serv. de Biochem. Étude de la teneur en tocophérols de certains tourteaux utilisés à Madagascar et de sa variation au cours du stockage. **(Untersuchung des Tocopherol-Gehaltes bestimmter, in Madagaskar verwendeter Ölkuchen und dessen Veränderung im Laufe der Lagerung.)** Rev. Élevage Méd. vétérin. Pays trop. [N.S.] **16** (1963) Nr. 2. S. 221 bis 227. — 3 Abb., 4 Tab., 8 Lit. Zus. in Engl., Ital.
Da Ölkuchen in Madagaskar an Rinder und Schweine häufig verfüttert werden, ist deren Gehalt an Tocopherolen (I) von besonderer Bedeutung. Es hat sich gezeigt, daß der Gehalt an (I) sich während der Lagerung verändert. Der Gesamtgehalt an (I) wird nach dem Verfahren von Quaife und Harris, variiert nach Swock und Baumann bestimmt. Die Differenzierung der (I) erfolgt nach der von der „Vitamine E Panel Society" vorgeschlagenen Methode mit Hilfe der Papierchromatographie. Auf diese Weise wird der Prozentgehalt der Früchte und Ölkuchen von Erdnuß, Baumwolle, Kapok und Baobab an verschiedenen (I) bestimmt. Die technischen Einzelheiten werden eingehend geschildert. Der Gehalt an α- und γ-(I) ist in den Früchten höher als in den Ölkuchen. Er nimmt in beiden während der Lagerung ab. Die Abnahme wird mehr oder weniger stark von den verschiedenen klimatischen Bedingungen beeinflußt. Anfangs verringert sich der Gehalt an α-(I) schneller als der von γ-(I); nach einem fast parallelen Abfall nimmt das γ-(I) schneller ab als das α-(I), bis beide verschwinden. E. Tempel. 7566.

3-64/08-0545 Spanyár, P., Kevei, E. und Blazovich, M.; Budapest, Zentralforsch.Inst. für Lebensmittelind. **Bestimmung des tatsächlichen Gehaltes an Ascorbinsäure und Dehydroascorbinsäure in Lebensmitteln.** Z. Lebensmittel-Unters. u. -Forsch. **123** (1963) Nr. 2. S. 93-102. — 2 Tab., 17 Lit.
Zur Bestimmung der Ascorbinsäure (**AS**) in Lebensmittelextrakten verwenden Vff. Fe (II)-α, α'-Dipyridyl. In Gegenwart von Reduktonen (**R**) wird zunächst der scheinbare AS-Gehalt (AS+R) bestimmt. Durch Zerstörung des AS (Erhitzen auf 52-53° während 30 Min. nach Einstellen des pH-Wertes 6,0 durch Ammoniumacetatzugabe) wird auf gleichem Wege der R-Gehalt bestimmt. Zur Bestimmung des Gesamt-Vit. C wird die Dehydro-AS (**DAS**) mit Cystein reduziert. Durch Abzug des R-Gehaltes vom scheinbaren AS- bzw. AS + DAS-Gehalt erhält man die wirklichen AS- und AS + DAS-Werte.
H. Ackermann. 7570.

3-64/08-0546 Magdon, E. und Mämpel, R. **Untersuchungen der Katalaseaktivität der Leber verschiedener Mäusestämme.** Z. Versuchstierkunde **3** (1963) Nr. 3/4. S. 81-85. — 2 Tab., 6 Lit. 7580.

3-64/08-0547 Kassel, Beatrice, Radicevic, Milka, Berlow, Stanley, Peanasky, R. J. und Laskowski, M.; Milwaukee, Wis., Marquette Univ., School of Med. The basic trypsin inhibitor of bovine pancreas. I. An improved method of preparation and amino acid composition. **(Der basische Trypsininhibitor des Rinderpankreas 1. Mitt. Eine verbesserte Methode der Herstellung und die Aminosäurezusammensetzung.)** J. biol. Chemistry **238** (1963) Nr. 10. S. 3274-3279. — 6 Abb., 2 Tab., 22 Lit.
Vff. modifizierten das Verfahren von Kunitz und Northrop. Der Trypsininhibitor-Komplex wird chromatographisch an Dowex 1-X2 bei pH 10 gereinigt, durch Gelfiltration mit Sephadex G-50 bei pH 1,7 in Trypsin und Inhibitor aufgetrennt und letzterer durch Chromatographie an Amberlite IRC-50, XE-64, bei pH 6,83 weiter gereinigt. Das resultierende Endprodukt erwies sich chromatographisch, durch Sedimentations-, Aminosäure- und Aminoendgruppenanalyse als homogen. Es handelt sich um ein Protein (Molekulargewicht 6513)

mit 58 Aminosäuren, das kein Histidin und Tryptophan enthält. Die stark basischen Eigenschaften sind durch die überwiegenden basischen Aminosäuren bedingt: 10 basische Reste (6 Arginin- und 4 Lysinreste) und 8 saure (5-Asparaginsäure- und 3 Glutaminsäurereste) von denen 4 durch Amidgruppen besetzt sind. I. Schröder. 7580.

3-64/08-0548 Bergkvist, Rolf. The proteolytic enzymes of Aspergillus oryzae. I. Methods for the estimation and isolation of the proteolytic enzymes. **(Die proteolytischen Enzyme von Aspergillus oryzae. 1. Mitt. Methoden zur Bestimmung und Isolierung der proteolytischen Enzyme.)** Acta chem. scand. **17** (1963) Nr. 6. S. 1521-1540. — 11 Abb., 4 Tab., 17 Lit. 7580.

3-64/08-0549 Göldel, Ludwig; Zimmermann, Winfried und Lommer, Dietmar; München, Univ., I. Med. Klin.; TH, Org.-Chem. Inst. **Dünnschichtchromatographie von Corticosteroiden. Aufsteigende und absteigende Technik.** Hoppe-Seyler's Z. physiol. Chem. **333** (1963) Nr. 1/3. S. 35-45. — 6 Abb. Zus. in Engl.
Aufbauend auf der Kieselgeldünnschicht-Chromatographie nach dem System von Zaffaroni wurden verschiedene Verfahren zur Auftrennung von Corticosteroiden erprobt, bei denen die Kieselgelschicht mit einer 40%-igen Lösung von Formamid in Aceton imprägniert wurde. Als Ergebnis wird eine Analysenmethode für 6 der wichtigsten Corticosteroide mitgeteilt, die sich der 2-dimensionalen aufsteigenden Chromatographie und der absteigenden Durchlaufchromatographie auf Kieselgeldünnschicht bedient. L. Sperling. 7595.

3-64/08-0550 Cohn, G. L. und Pancake, E.; New Haven, Conn,. Yale Univ., School of Med. A standardized technique for the separation of steroids by thin-layer chromatography. **(Eine Standard-Methode zur Auftrennung von Steroiden mittels Dünnschicht-Chromatographie.)** Nature [London] **201** (1964) Nr. 4914. S. 75-76. — 1 Abb., 1 Tab., 5 Lit.
Es wird eine Methode zur Auftrennung von Steroiden mittels Kieselgel-Dünnschicht-Chromatographie beschrieben, bei der die durch veränderliche Temperatur und Feuchtigkeit bedingten Schwierigkeiten in der Trennung von C-19- und C-21-Steroiden ausgeschaltet sind. An Hand der an einer Mischung von Steroiden erhaltenen Resultate wird die Zuverlässigkeit der Methode dargetan, die auch für die Reinigung von radioaktiven Steroiden brauchbar ist. L. Sperling. 7595.

3-64/08-0551 Jacobsohn, Gert M. Quantitation of estrone, estradiol, and estriol on thin layer chromatograms by a photogrammetric procedure. **(Quantitative Bestimmung von Östron, Östradiol und Östriol auf Dünnschichtchromatogrammen durch ein photogrammetrisches Verfahren.)** Analyt. Chem. **36** (1964) Nr. 2. S. 275-279. — 4 Abb., 1 Tab., 13 Lit. 7595.

3-64/08-0552 Badings, H. T. und Wassink, J. G. Separation and identification of aliphatic aldehydes and ketones by thin-layer chromatography of the 2,4-dinitrophenylhydrazones. **(Trennung und Identifizierung von aliphatischen Aldehyden und Ketonen durch Dünnschichtchromatographie von 2,4-Dinitrophenylhydrazonen.)** Nederl. Melk-en Zuiveltijdschr. **17** (1963) Nr. 2. S. 132-149. — 4 Abb., 7 Tab., 58 Lit. 7610.

3-64/08-0553 Savov, A. Vŭrchu izpolzuvaneto na njakoi biologični metodi za dokazvane na ostatŭčni količestva ot fosforoorganičnija preparat paration po zelen furaž. **(Die Anwendung einiger biologischer Methoden für den Nachweis von Restmengen des phosphororganischen Präparates Parathion in Grünfutter.)** Izvestija na Veterinarnija naučnoizsledovatelski institut za nezarazni bolesti i zoochigiena, Sofija **3** (1963) S. 179-186. — 5 Abb., 13 Lit.
Aus grüner Luzerne, die mit einer Emulsion bespritzt worden war, die 0,10% Parathion enthielt und die 1-14 Tage danach gemäht wurde, wurden Äther-

extrakte und Abspülungen mit Ringerscher Lösung bereitet. Zur Bestimmung der Restmenge des Parathions wurde die Wirkung der Extrakte und der Abspülungen an einem isolierten Herzen nach der Same-Methode und am geraden Bauchmuskel eines Frosches geprüft. Dabei wurde festgestellt, daß das isolierte Herz eines Frosches kein geeignetes Test-Objekt zur Bestimmung der Restmenge von Parathion in grüner Luzerne ist. Den geraden Bauchmuskel eines Frosches kann man zur Bestimmung der Restmenge von Parathion verwenden, wenn sie größer als 3,3 mg% ist.

NRB/ZSNTI, übersetzt v. Th. C. Boetticher. 7610.

3-64/08-0554 Heacock, R. A. und Mahon, M. E. Paper and thin-layer chromatography of the hydroxyskatoles. **(Papier- und Dünnschichtchromatographie von Hydroxyskatolen.)** Canad. J. Biochem. Physiol. **41** (1963) Nr. 2. S. 487-496. – 3 Abb., 2 Tab., 11 Lit. 7610.

3-64/08-0555 Roskam, R. Th. und Langen, D. de; IJmuiden, Netherlands Inst. for Fisheries Investigations. A simple colorimetric method for the determination of ammonia in seawater. **(Eine einfache colorimetrische Methode zur Bestimmung von Ammoniak in Seewasser.)** Analyt. chim. Acta [Amsterdam] **30** (1964) Nr. 1. S. 56-59. – 2 Tab., 7 Lit. Zus. in Franz., Dtsch.
Die Menge an NH_3 in Seewasser ist gewöhnlich sehr gering. Vff. beschreiben eine einfache und empfindliche Methode, die es gestattet, auch noch NH_3-Spuren in Wasser zu bestimmen. Hypochlorid und Thymol-Aceton reagieren mit NH_3 unter Bildung eines blauen Farbstoffes, dessen Extinktion bei 630mμ colorimetrisch gemessen wird. Störungen durch Mg und Ca werden durch Zugabe von Cyclohexyl-trans-1,2-diamintetraessigsäure verhindert. Die Empfindlichkeit der Methode liegt bei 1,3 ng NH_4-N/cm^2. I. Schröder. 7620.

3-64/08-0556 Ebert, K. und Thalmann, E.; Potsdam, Inst. für Landwirtsch. Untersuchungswes. **Nasse Veraschung von organischen Substanzen unter Verwendung von Infrarotstrahlern.** Z. landwirtsch. Versuchs- u. Untersuchungswes. **9** (1963) Nr. 6. S. 531-548. – 5 Abb., 12 Tab., 30 Lit. Zus. in Russ., Engl.
Zur Bestimmung der Mineralstoffe, besonders der Mikronährstoffe in der Pflanze wird in letzter Zeit die trockene Veraschung vielfach durch die geeignetere nasse Veraschung ersetzt. Die dabei auftretenden technischen Schwierigkeiten haben jedoch bisher noch manchen Routinebetrieb an der alten Methode festhalten lassen. Vff. beschreiben geeignete technische Veränderungen, die die Schwierigkeiten beseitigen und damit verbesserte Anwendungsmöglichkeiten für die nasse Veraschung eröffnen. Wesentlich ist dabei der Einsatz von Infrarotstrahlern als Heizquelle. So ist ein wartungsfreier Aufschluß von 2-5 g Pflanzensubst. bei Verwendung eines 800 Watt-Strahlers mit 20-40 ml Aufschlußgemisch ($HNO_3:HClO_4:H_2SO_4 = 10:1:0{,}25$) im 100 ml-Kjeldahlkolben in 1-3 Std. möglich. In Gegenüberstellungen der verschiedensten Subst. bei einer Mg-, Ca-, K-, und P-Bestimmung wird die Zuverlässigkeit des nassen Aufschlusses gezeigt. Ferner werden der trockene und der nasse Aufschluß im Sinne eines Serienbetriebes auf ihre Wirtschaftlichkeit untersucht. G. Sternkopf. 7620.

3-64/08-0557 Schulte, K. E. und Henke, G. **Der Nachweis von Radioisotopen im Harn. 2. Teil.** Pharmazie **18** (1963) Nr. 9. S. 601-616. – 12 Abb., 11 Tab. 1. Teil vgl. 3-64/04-0515.
Die Bestimmung von radioaktiven Isotopen im Harn wird allg. besprochen und eine ausführliche Arbeitsvorschrift angegeben (Aufbereitung der Harnprobe, Abtrennung der Erdalkalisulfate und des Phosphats, Abtrennung der Kationengruppen durch Fällungsreagenzien, Papierchromatographie der Kationen, Zusammensetzung der Sprühreagenzien). Innerhalb des Trennungsganges werden dabei 9 Gruppenfällungen durchgeführt, um die Zahl von 5 Kationen, die sich auf dem Papierchromatogramm noch befriedigend trennen

lassen, nicht zu überschreiten. Beim Kationentrennungsgang müssen auch die selteneren Metalle (wie z. B. Tl, Au, Se, Te, Zr, seltene Erden, Be, U, V, Rb und Cs), die durchaus in Form ihrer radioaktiven Isotope auftreten können, berücksichtigt werden. U. Zelck. 7620.

3-64/08-0558 Schulte, K. E. und Henke, G. **Der Nachweis von Radioisotopen im Harn. 3. Teil.** Pharmazie **18** (1963) Nr. 10. S. 684-698. — 17 Abb., 1 Tab., 162 Lit. 2. Teil vgl. vorst. Ref. 7620.

3-64/08-0559 Boni, A. L. Determination of total radiostrontium in biological samples containing large quantities of calcium. **(Bestimmung des Gesamt-Radio-Strontiumgehaltes in biologischen Proben, die große Mengen Calcium enthalten.)** Analyt. Chem. **35** (1963) Nr. 6. S. 744-747.
Die Bestimmung beruht auf der Verwendung der unterschiedlichen Löslichkeit von Ca- und Sr-Rhodizonat. Sie kann mit Vorteil angewandt werden zur Radio-Sr-Bestimmung bei biol. Proben, deren Ca- und/oder PO_4-Gehalt zu groß ist, um die übliche NO_3-Fällung auszuführen. Die Methode ist anwendbar für die Bestimmung des Gesamtradio-Sr in Wasser, Urin, Knochen, Futtermitteln und Milch. Es werden Methoden zur Beseitigung von störenden Fremdionen (PO_4, Fe) und die optimalen Bedingungen für die Probenaufbereitung und für die selektive Trennung angegeben. Insgesamt werden bei dem Verfahren 72% des Gesamt-Sr-Gehaltes wiedergefunden.
K. Krawielitzki. 7630.

3-64/08-0560 Antonov, S. Vŭrchu kompleksonometričnoto opredeljane na kalcij v urina ot preživni. **(Die komplexometrische Bestimmung von Calcium im Harn der Wiederkäuer.)** Izvestija na Veterinarnija naučnoizsledovatelski institut za nezarazni bolesti i zoochigiena, Sofija **3** (1963) S. 187-190. — 1 Tab., 4 Lit.
Für die Bestimmung der Ca-Menge im Harn der Wiederkäuer wird eine neue Methode der Titration mit dem Komplexon III und der Verwendung von Murexid als Indikator vorgeschlagen. Die empfohlene Methode hat sich als genauer erwiesen als das Titrieren mit $KMnO_4$.
NRB/ZSNTI, übersetzt v. Th. C. Boetticher. 7630.

3-64/08-0561 Dietrich, H.; Dresden, TU, Inst. für Bodenkunde und Standortslehre. **Die Anwendung von Ionenaustauschern zur Trennung von Spurenelementen in Pflanzenaschen.** Z. landwirtsch. Versuchs- u. Untersuchungswes. **9** (1963) Nr. 6. S. 549-559. — 1 Abb., 7 Tab., 13 Lit. Zus. in Russ., Engl.
Es wird die Trennung von Mn, Cu, Co, Fe, Mo und Zn durch Sorption an dem stark basischen Anionenaustauscher Wofatit SBW und deren nachfolgende fraktionierte Elution sowie colorimetrische Bestimmung beschrieben. Versuchsbedingungen: Kornfraktion: 0,3-0,5 mm, erhalten durch Sedimentation; Elutionsgeschwindigkeit: 0,2-0,5 ml/Min. Die Elemente werden mit konz. HCl in Anionenkomplexe überführt, die mit verdünnter HCl verschiedener Stärke eluierbar sind. Cu/Co und Fe/Mo werden dabei nicht getrennt. Cu wird quantitativ bei pH 5,5 mit einer Pb-Diäthyldithiocarbaminat-Chloroformlösung vom Co getrennt. Fe und Mo stören nebeneinander die Bestimmung nicht. Fehlergrenze: außer Mo 1-7,5%; Mo $>$ 20%. G. Rothe. 7650.

3-64/08-0562 Weissbach, F. und Laube, W.; Rostock, Oskar-Kellner-Inst. für Tierernähr. **Beiträge zur Methodik der Gärfutteruntersuchung und zur Durchführung von Silierversuchen.** Z. landwirtsch. Versuchs- u. Untersuchungswes. **10** (1964) Nr. 1. S. 65-73. — 1 Abb., 5 Tab., 9 Lit. Zus. in Russ., Engl.
Dem Vorkommen von Alkohol im Gärfutter wurde bisher nur wenig Beachtung geschenkt, obwohl die im Futterstock ablaufende alkoholische Gärung am Zustandekommen der Substanzverluste bei der Silierung beteiligt ist. Bei

Alkoholwerten von 0,5-1,0% bedeutet das bei einem Tr.-Subst.-Gehalt von 20% in der Silage einen Gärverlust an org. Masse von 2,5-5,0%. Bei Zuckerrübensilagen oder Silagen mit hohem Zuckergehalt kann die Alkoholgärung die Größenordnung der Säuregärung erreichen oder sogar überschreiten. Vff. entwickeln daher eine Methode zur Alkoholbestimmung in Silagen, die eine Verbindung der Methoden von Bauer-Moll und von Beloserki und Proskurjakow darstellt. In einer spez. Apparatur wird der Alkohol in vorgelegte Chromschwefelsäurelösung bekannten Gehalts destilliert, zu Essigsäure oxydiert und der Chromschwefelsäureüberschuß gegen Diphenylamin mit eingestellter Fe (II) Ammonsulfatlösung zurücktitriert. Die Brauchbarkeit des Verfahrens wird durch Testanalysen und praktische Anwendungsbeispiele belegt.
G. Sternkopf. 7700.

3-64/08-0563 Laube, W. und Weissbach, F.; Rostock, Oskar-Kellner-Inst. für Tierernähr. **Beiträge zur Methodik der Gärfutteruntersuchung und zur Durchführung von Silierversuchen.** Z. landwirtsch. Versuchs- u. Untersuchungswes. **9** (1963) Nr. 6. S. 515-529. — 8 Tab., 13 Lit. Zus. in Russ., Engl. Es wird über neue Erfahrungen und Ergebnisse mit der Destillationsmethode nach Lepper und Flieg zur Bestimmung der Gärfutterfettsäuren berichtet, die besonders im Rahmen einer Enquête unter 13 Instituten und Labor. gewonnen wurden. Unter Berücksichtigung der erkannten wesentlichen Fehlerquellen: Veränderung des Gärfutterauszuges bis zur Analyse, unvollständige Entzuckerung bei zuckerhaltigen Silagen und Destillationsfehler wird eine veränderte und ergänzte Arbeitsvorschrift gegeben, und es werden Maßnahmen zur Umgehung der genannten Fehler empfohlen. G. Sternkopf. 7715.

3-64/08-0564 Lewandowski, L. und Bak, T. Metoda ilościewogo określania pleśniaków w paszach treściwych. **(Verfahren für die mengenmäßige Bestimmung der Schimmelpilze in Kraftfuttermitteln.)** Zeszyty naukowe wyższej Szkoły rolniczej Wrocławiu **10** (1963) Nr. 45. S. 187-196. — 12 Lit. Nach dieser mikrobiol. Methode werden verschiedene Futtermittelverdünnungen auf die Nährböden gegeben und nach der Inkubation im Brutschrank die Schimmelpilzkolonien gezählt. In den Futtermitteln, die keine ausgeprägten Merkmale des Schimmelbefalls aufweisen und die nach der beschriebenen Methode untersucht wurden, stellte man 40 bis 5400 Schimmelpilzkolonien fest, umgerechnet auf 1 g Futter. In den Futtermitteln, die ausgeprägte Merkmale von Schimmelbefall aufweisen, wurden 101200 bis 320000 Schimmelpilzkolonien, festgestellt. Die botanischen und organoleptischen Untersuchungen einer Reihe von Kraftfuttermitteln, die keinerlei Merkmale von Schimmelbefall aufweisen, sowie von Schimmelpilzen stark befallene Kraftfuttermittel zeigten große Unterschiede in der Menge der Schimmelpilzkolonien in diesen beiden Futtermittelgruppen.
PRL/CBR, übersetzt v. O. Kasperl. 7720.

3-64/08-0565 Leyten, R.; Louvain, Univ., Rega Inst. A new Belgian laboratory-animal unit. **(Eine neue belgische Labortier-Einheit.)** Z. Versuchstierkunde **2** (1963) Nr. 5/6. S. 162-170. — 8 Abb. Zus. in Dtsch. 7785.

3-64/08-0566 Klinger, W. und Leibe, H.; Jena, Friedrich-Schiller-Univ., Inst. für Pharmakol. **Ein einfacher Stoffwechselkäfig für akute und chronische Versuche mit Ratten.** Z. Versuchstierkunde **2** (1963) Nr. 5/6. S. 183-184. — 1 Abb., 2 Lit. Zus. in Engl. 7785.

3-64/08-0567 Reno, Vernon R. und Nutini, Leo G. Effect of magnetic fields on tissue respiration. **(Einfluß von magnetischen Feldern auf die Geweberespiration.)** Nature [London] **198** (1963) Nr. 4876. S. 204-205. 7800.

3-64/08-0568 Panaretto, B. A.; Glebe, New South Wales, C.S.I.R.O. Body composition in vivo. I. The estimation of total body water with antipyrine

and the relation of total body water to total body fat in rabbits. **(Körperzusammensetzung in vivo. 1. Mitt. Die Bestimmung des Gesamtkörperwassers mit Antipyrin und die Relation zwischen Gesamtkörperwasser und Gesamtkörperfett bei Kaninchen.)** Austral. J. agric. Res. **14** (1963) Nr. 4. S. 594-601. — 1 Abb., 4 Tab., 20 Lit.
An 8 Kaninchen wurde mittels Antipyrin-Verdünnungstechnik der Wassergehalt des Gesamtkörpers gemessen und an 47 weiteren Kaninchen die Beziehung zwischen Wasser und Fett im Tier ermittelt. Die Messungen erfolgten am geschorenen Tier und nach 24 Std. Wasser- und Futterentzug. Der Wassergehalt der Gesamtkörper von 8 Tieren wurde nach der Antipyrinmethode mit 52,6-69,7% der Lebendmasse festgestellt, nach der Tierkörperanalyse mit 50,6-68,7%. Bei den weiteren 47 Tieren wurde der Wassergehalt mit 47,2-71,8% bestimmt und der Fettgehalt mit 3,6-34,6% der Lebendmasse. Die Beziehung zwischen Fett-(y) und Wassergehalt (x) kann durch die Gleichung $y = 95{,}5 - 1{,}3\,x$ wiedergegeben werden. Zwischen ♂ und ♀ Kaninchen bestand in dieser Relation ein Unterschied mit 95% Sicherheit. Der Wassergehalt der fettfreien Körpermasse wurde in guter Übereinstimmung zwischen ♂ und ♀ mit 72,6 ± 1,1% ermittelt. W. Jentsch. 7820.

3-64/08-0569 Weltman, J. K. und Talmage, D. W. A method for the simultaneous determination of H^3 and S^{35} in samples with variable quenching. **(Eine Methode zur gleichzeitigen Bestimmung von ^3H und ^{35}S in Proben mit veränderlicher Löschung.)** Int. J. appl. Radiat. Isotopes **14** (1963) Nr. 11/12. S. 541-548. — 6 Abb., 3 Tab., 13 Lit. Zus. in Russ., Franz., Dtsch. — nach Zus.
Eine allgemein verbreitete Methode zur Bestimmung der Radioaktivität von polaren Verbindungen mittels Flüssigkeitsszintillationspektrometrie benötigt die Hinzufügung von Hyaminhydroxyd zu dem Zählsystem. Eine Löschungskorrektur wurde mittels interner Standards oder durch Gebrauch der sogenannten Fenstermethode ausgeführt. Bei der gleichzeitigen Messung von 2 Isotopen mit verschiedenen Energiespekturen wurden bisher meistens interne Standardisierung benutzt, da der Einfluß der Löschung auf die Zählausbeute der 2 Isotopen verschieden ist. Mit der hier beschriebenen Kanalbeiwert-Methode kann eine große Anzahl von Proben, die bei Mischung von ^3H und ^{35}S mit verschiedenen Löschungseigenschaften enthalten, gezählt werden, ohne den mühseligen Zusatz von internen Normen je Zählphiole zu erfordern. 7830.

3-64/08-0570 Walton, Alan, Leo, Micah W. M. und Krey, Philip W. Studies of radioactive fall-out following 1961 U.S.S.R. tests. **(Untersuchungen über den radioaktiven „fall-out", der den Versuchen der UdSSR 1961 folgte.)** Nature [London] **199** (1963) Nr. 4893. S. 526-531. 7830.

3-64/08-0571 *Knobloch, Eduard.* **Physikalisch-chemische Vitaminbestimmungen.** Vom Autor wesentl. erg. u. neubearb. Ausg. Berlin: Akademie-Verl. 1963. (XXIV, 618 S. m. 114 Abb. 97 Tab. u. 9 Taf.) 8°. (1963 A 1073)
3-64/08-0572 **Ukazatel' literatury po primeneniju radioaktivnych i stabil'nych izotopov v biologii za 1950-1958 gg.** (Literaturanzeiger über Anwendung radioaktiver und stabiler Isotopen in der Biologie 1950/58.) Moskva: Izd. Akad. nauk SSSR. 1962. (406 S.) 4°. (1963 B 121)

D. ERNÄHRUNGSPHYSIOLOGIE

Verdauung und Resorption

3-64/08-0573 Hofmann, A. F.; Lund, Sweden, Univ. The function of bile salts in fat absorption. The solvent properties of dilute micellar solutions of conjugated bile salts. **(Die Funktion der Gallensalze bei der Fettresorption. Das Lösungsvermögen verdünnter micellarer Lösungen zusammengesetzter Gallensalze.)** Biochem. J. **89** (1963) Nr. 1. S. 57-68. — 6 Abb., 1 Tab., 55 Lit.
Als bedeutsamer Schritt bei der Resorption des Nahrungsfettes hat sich die zu Micellen führende Lösung der Fettsäuren und Monoglyceride durch Gallensalze ergeben. Es wird das Lösungsvermögen verdünnter Gallensalzlösungen in

vitro für 2 Modellsubstanzen, das unpolare trans-Azobenzol und den polaren Glycerin-l-mono-Ölsäureester untersucht. Die Löslichkeit ist unabhängig vom pH-Wert, jedoch abhängig von der Na-Ionenkonzentration. Die Abhängigkeit der Löslichkeit von der Temperatur ist verschieden. Die Gallensalze sind durch Ca-Ionen nicht fällbar. Es werden genaue präparative und analytische Vorschriften gegeben. G. Sternkopf. 7852.

3-64/08-0574 Afifi, F., Hartmann, L., Loverdo, A. und Fauvert, R.; Beaujon, Clichy/Seine, Claude-Bernard Hopital. Exploration des fonctions digestives au moyen de la caséine marquée par l'iode radioactif ^{131}I. **(Erklärung der Verdauungsfunktion mittels Casein, das mit ^{131}J markiert war.)** Ann. Nutrit. Alimentat. [Paris] **17** (1963) Nr. 4/5. S. B 263-B 279.—11 Abb., 8 Lit.
Mit Hilfe einer Dialysierhülse wurde die Wirkung von HCl in Gegenwart von Pepsin, Trypsin und von Trypsin und $CaCl_2$ an mit ^{131}I markiertem Casein bei 37 °C untersucht. Eine genügende Übereinstimmung wurde zwischen der Verminderung des Gesamteiweiß-N und dem Wachstum der Radioaktivität des markierten Caseins festgestellt, desgl. die Isotopenmessung zur Schätzung der Verdauung der Eiweißmoleküle. Mit einer etwas geänderten Funktionsprüfung wurde in vivo die Radioaktivität des Plasmas, des Harnes und des Kotes nach Aufnahme einer Mahlzeit, bestehend aus markiertem und auch von inertem Casein untersucht. Neben normalen Tieren wurden auch gastroektomierte und solche mit Veränderungen des Pankreas geprüft und auch mit normalen verglichen. R. Neseni. 7852.

3-64/08-0575 Williams, W. F., Hoernicke, H., Waldo, D. R., Flatt, W. P. und Allison, M. J.; Hannover, Tierärztl. Hochschule; Beltsville, Md., A.R.S. Ruminal carbonate as a precursor of eructed methane and carbon dioxide. **(Pansen-Carbonat als Vorläufer von eruktiertem Methan und Kohlendioxyd.)** J. Dairy Sci. **46** (1963) Nr. 9. S. 992–993. — 1 Tab., 3 Lit.
Um in vivo nachzuweisen, daß die CH_4-Bildung im Pansen durch methanbildende Bakterien über die CO_2-Reduktion erfolgt, wurde einer Jersey-Kuh über einen Polyäthylen-Katheter markiertes Carbonat in den Pansen eingeflößt und die eruktierten und ausgeatmeten Gase stündlich gesammelt und anschließend analysiert. Das Verhältnis der spez. Aktivitäten von CH_4/CO_2 ist unterschiedlich, je nachdem, ob das Tier während des Versuchs gefüttert oder nicht gefüttert wird. Im ersten Fall liegt das Verhältnis der CH_4/CO_2-Aktivitäten über eine Anzahl von Std. nach der Fütterung zwischen 0,6 und 0,8, was bedeutet, daß 20-40% des Pansen-CH_4 aus org., nicht markiertem C stammt. Werden die spez. CH_4/CO_2-Aktivitäten in einer fütterungsfreien Periode gemessen, so zeigt das Verhältnis zwischen 11 und 15 Std. nach der Fütterung einen konstanten Anstieg auf 1,0-1,2. Eine mögliche Erklärung für die über 1,0 liegenden Werte kann im Eintreten von Blut-CO_2 in die Pansen- und Atemgase gesehen werden, wodurch sich die CO_2-Aktivität verdünnt.
J. Wünsche. 7862.

3-64/08-0576 Ash, R. W. und Dobson, A. The effect of absorption on the acidity of rumen contents. **(Der Effekt der Resorption auf den Säuregrad des Panseninhaltes.)** J. Physiol. [London] **169** (1963) Nr. 1. S. 39-61. — 7 Abb., 9 Tab., 28 Lit.
Bei der Neutralisation der in den Vormägen in großem Umfange gebildeten niederen Fettsäuren spielt die Alkalinität des Speichels eine maßgebliche Rolle, neueren Untersuchungen zufolge aber auch sind dabei die Resorptionseigenschaften des Pansenepithels beteiligt. Es wurde gezeigt, daß das Epithel des Pansens sowohl für Kohlendioxyd als auch für Bicarbonat durchlässig ist.
E. Kolb. 7862.

3-64/08-0577 Halliwell, G. und Bryant, M. P. The cellulolytic activity of pure strains of bacteria from the rumen of cattle. **(Die cellulosespaltende Akti-**

vität reiner Stämme von Pansenbakterien des Rindes.) J. gen. Microbiol. **32** (1963) Nr. 3. S. 441–448. – 2 Abb., 2 Tab., 13 Lit.

Die Fähigkeit reiner Stämme von Pansenbakterien (1 Stamm *Bacteroides succinogenes*, je 2 Stämme *Ruminococcus albus* bzw. *R. flavefaciens*) abgebaute (Cellulosepulver, zerkleinertes Filterpapier) und unzerstörte Cellulose (Baumwollfasern) in vitro abzubauen, wurde durch Ermittlung der nach einer bestimmten Inkubationsdauer (1–13 Tage) unzerstörten Substratmenge geprüft. Die Ergebnisse stützen die Ansicht der Autoren, daß man auf Grund der Kenntnis der Fähigkeit eines Pansenbakteriums oder eines zellfreien Enzyms, eine bestimmte Form der Cellulose zu spalten, keine Aussage über die Fähigkeit zum Abbau anderer Cellulosearten (abgebaute oder unzerstörte) machen kann. E. Grün. 7862.

3-64/08-0578 Joyner jun., A. E., Kesler, E. M. und Holter, J. B.; University Park, Pennsylvania State Univ. Absorption from the omasum and subsequent metabolism of butyrate and acetate. **(Die Resorption im Blättermagen und der folgende Stoffwechsel von Butyrat und Acetat.)** J. Dairy Sci. **46** (1963) Nr. 10. S. 1108–1113. – 5 Tab., 17 Lit.

Bisherigen Untersuchungen ist zu entnehmen, daß 50% Butyrat im Blut des Omasums als Milchsäure vorlag. Omasales Gewebe kann aber Butygrat in Ketonkörper umwandeln. In der vorliegenden Arbeit wurde markierte C_2- oder C_4-Säure in einen freigelegten Blättermagen 4–5 Mon. alter Kälberinjiziert. Die Conc. der organ. Säuren und der ^{14}C-Aktivität im Blutstrom wurde innerhalb von 15 Min. nach der Injektion 4 Mal gemessen. C_4-Säure verschwand schnell aus dem Omasum. Eine begrenzte Umwandlung in andere flüchtige Fettsäuren in der Ingesta des Omasums und im Blut ist möglich. Die Hauptmenge des Butyrat — ^{14}C erscheint im Blut als β-Hydroxy-Butyrat in Verbindung mit Lactat. Diese Verbindung wurde getrennt, indem Hydroxamat-Derivate hergestellt wurden, die mit Hilfe einer chromatographisch-autoradiographischen Methode bestimmt wurden. Mit der bisherigen Methode nach Wiseman-Irvin erfolgte die Trennung der Fraktionen nicht, so daß die Umwandlung von Butyrat in Lactat angenommen wurde. Ein beträchtlicher Teil der ^{14}C-Aktivität wurde im Bicarbonat des Blutes gefunden, wenn die Markierung an der Hydroxylgruppe erfolgte. Es wird daher angenommen, daß in letzterem Fall eine Oxydation zu CO_2 erfolgt. Acetat wurde resorbiert und erschien im Blut. B. Piatkowski. 7862.

3-64/08-0579 Žerebcov, P. I. und Vrakin, V. F. Sovremennye predstavlenija ob azotistom obmene v rubce žvačnych. **(Gegenwärtige Vorstellungen über den Stickstoffwechsel im Pansen der Wiederkäuer.)** Izvestija Timirjazevskoj sel'skochozjajstvennoj akademii, Moskva **1963** Nr. 3. S. 166–175. – 6 Abb., 2 Tab., 35 Lit. Zus. in Engl.

Vff. geben einen Literaturüberblick über einige Fragen des N-Stoffwechsels im Pansen und der Resorption von N-haltigen Subst. sowie über einige Faktoren, die die NH_3-Bildung im Pansen beeinflussen. Der Nährwert des Proteins in den Wiederkäuerrationen hängt ganz entscheidend davon ab, in welchem Maße es gelingt, den Proteinabbau bis zum NH_3 zu steuern, um die N-Verluste auf ein Minimum zu beschränken. J. Wünsche. 7862.

3-64/08-0580 Solncev, A. I. und Susova, N. I. K voprosu ob azotistom obmene v rubce žvačnych životnych. **(Zur Frage des Stickstoffwechsels im Pansen der Wiederkäuer.)** Izvestija Timirjazevskoj sel'skochozjajstvennoj akademii, Moskva **1963** Nr. 3. S. 234–236. – 1 Abb., 19 Lit. Zus. in Engl.

Vff. besprechen an Hand einiger älterer und neuerer Literaturarbeiten den derzeitigen Stand unseres Wissens auf dem Gebiet des N-Stoffwechsels im Pansen. J. Wünsche. 7862.

3-64/08-0581 Elliott, R. C. und Topps, J. H.; Mazoe, South Rhodesia, Henderson Res. Stat. Voluntary intake of low protein diets by sheep. **(Freiwillige Aufnahme von proteinarmer Nahrung bei Schafen.)** Animal Product. 5 (1963) Nr. 3. S. 269–276. — 2 Abb., 5 Tab., 8 Lit.
An 4 × 4 Schafe im Alter von 18–36 Mon. wurden 4 Rationstypen [Rauhfutter: Konzentrate wie 1:1 (**I**), 6:1 (**II**), ausschl. Rauhfutter (**III**), getrocknetes „veldt Gras" (**IV**)] mit Variationen im Rohproteingehalt von etwa 4, 6, 8 und 10% verfüttert. Gemessen wurden die freiwillige Tr.-Subst.-Einnahme, der N-Gehalt der Rationen und die scheinbare Verdaulichkeit der Tr.-Subst. Über Fisteln wurden die Verdauungsvorgänge im Pansen studiert. — Die freiwillige Futteraufnahme war hoch signifikant abhängig vom N-Gehalt des Futters. Bei Ration **I** z. B. erhöhte sich die Futtereinahme von 692 auf 1114 g, wenn der Proteingehalt von 4 auf 10% anstieg. Zwischen scheinbarer Verdaulichkeit und Tr.-Subst.-Aufnahme bestand keine gesicherte Beziehung. Steigender Proteingehalt äußerte sich in der Tendenz in einer steigenden Tr.-Subst.-Verdaulichkeit. Mit fortschreitender Versuchszeit ließen die Schafe eine Anpassung an die proteinarme Nahrung erkennen, die sich in einer höheren Futteraufnahme bemerkbar machte. L. Hoffmann. 7862.

3-64/08-0582 Nottle, M. C. und Rook, J. A. F. The effect of dietary fat on the production of volatile fatty acids in the rumen of the cow. **(Die Wirkung von Nahrungsfett auf die Produktion flüchtiger Fettsäuren im Pansen der Kuh.)** Proc. Nutrit. Soc. 22 (1963) Nr. 1. S. VII. 7862.

3-64/08-0583 Henschel, M. J., Hill, W. B. und Porter, J. W. G. Carbohydrate digestion in the small intestine of the young steer. **(Kohlenhydratverdauung im Dünndarm junger Ochsen.)** Proc. Nutrit. Soc. 22 (1963) Nr. 1. S. V–VI. 7862.

3-64/08-0584 Chachułowa, J., Abgarowicz, F. und Olczak, S. Wpływ różnych pasz białkowych na poziom amoniaku oraz pH treści jelita ślepego świń. **(Der Einfluß verschiedener Eiweißfuttermittel auf den Ammoniakgehalt sowie der pH-Wert des Blinddarms der Schweine.)** Roczniki Nauk rolniczych, Ser. B 81 (1963) Nr. 4. S. 655–662. — 5 Tab., 19 Lit.
Es wurden Versuche an 4 Schweinen der Weißen Rasse durchgeführt, denen Fisteln in den Blinddarm gelegt wurden. Die Untersuchungen zeigten, daß die Art des Eiweißfutters in der Dosis den Gehalt an NH_3-N im Blinddarminhalt der Schweine beeinflußte. Die kleinste NH_3-Menge wurde in Magermilch, die größte Menge bei Fischmehl festgestellt. Einen mittleren Platz nehmen Sojabohnenschrot und Süße Lupine ein. Der Zusatz von Chlortetracyclin in der Dosis mit Lupinenschrot beeinflußte eine Reduzierung der NH_3Menge im Blinddarm. Der NH_3-Gehalt war niedriger als bei Magermilch. Die Art des verwendeten Eiweißfutters hatte keinerlei Einfluß auf den pH-Wert des Blinddarminhalts. PRL/CBR, übersetzt v. O. Kasperl. 7870.

3-64/08-0585 Young, R. J., Garrett, R. L. und Griffith, M.; Ithaca, N.Y., Cornell Univ., Graduate School of Nutrit. Factors affecting the absorbalitity of fatty acid mixtures high in saturated fatty acids. **(Faktoren, welche die Resorptionsfähigkeit für Fettsäuremischungen beeinflussen, die reich an gesättigten Fettsäuren sind.)** Poultry Sci. 42 (1963) Nr. 5. S. 1146–1154. — 6 Tab., 10 Lit.
Batteriegehaltene Küken werden zunächst 1 Woche mit einer fettarmen Grundkost gefüttert, ehe dieser 3 Wochen lang zu Anteilen von 15 und 20% Fettsäuregemische zugesetzt werden, die durch Hydrolyse von Schweineschmalz oder Rindertalg gewonnen worden sind. Die Versuchsrationen unterscheiden sich durch ihr unterschiedliches Kalorien-Eiweiß-Verhältnis (43–63), die Art ihres Hauptkohlenhydratträgers (gemahlener Mais, Glucose) und den Zusatz von Antibiotica (50 ppm Penicillin, Zn-Bacitracin und CTC). Durch Fettbe-

stimmungen im Futter und Kot wird die Fettresorption ermittelt. Dabei erweist sich die Fettresorption nicht rassenabhängig (White Plymouth Rocks und RIR × BPR). Bei Haltung in desinfizierten Räumen ist die Resorption verbessert und zwar besonders bei hohem Eiweißverzehr. Desgleichen wird mehr Fett resorbiert, wenn in desinfizierten Räumen Rationen mit o.a. Antibioticagemisch-Zusatz gefüttert werden. Eine gesteigerte Fettresorption wird weiterhin bei Futter beobachtet, das 28 oder 30% Eiweiß statt 24% enthält. In einem Versuch ist die Fettresorption auch höher, wenn Mais die Hauptkohlenhydratquelle darstellt. B. Gaßmann. 7888.

Intermediärer Stoffwechsel

3-64/08-0586 Kupferschmid, W. **Über den Intermediärstoffwechsel der Hauptnährstoffe.** Arch. Pharmaz. **296(68)** (1963) Nr. 7. Mitt. dtsch.pharmaz. Ges. pharmaz. Ges. DDR **33** S. 113-117. 7900.

3-64/08-0587 Hardwick, D. C., Linzell, J. L. und Mepham, T. B.; Babraham, Cambridge, A.R.C., Inst. of Animal Physiol. The metabolism of acetate and glucose by the isolated perfused udder. 2. The contribution of acetate and glucose to carbon dioxide and milk constituents. **(Der Stoffwechsel von Acetat und Glucose im isolierten durchströmten Euter. 2. Mitt. Der Umsatz von Acetat und Glucose zu CO_2 und Milchbestandteilen.)** Biochem. J. 88 (1963) Nr. 2. S. 213-220. — 3 Abb., 1 Tab., 41 Lit.

Isolierte Euter von milchenden Ziegen wurden 6-9 Std. mit einem Lösungsgemisch von Glucose, Acetat und Aminosäuren durchströmt, das entweder U-^{14}-C-Glucose (I) oder 2-^{14}C-Acetat (II) enthielt. Im Versuch mit **I** stammten 77% der Lactose, 23% des Triglyceridglycerins, 41% des Citrats, 0,5% der Triglyceridfettsäuren der Milch und 39% des abgegebenen CO_2 von **I**. Im Versuch mit **II** stammten 0,3% der Lactose, 2% des Triglyceridglycerins, 48% der Triglyceridfettsäuren, 90% der flüchtigen Fettsäuren, 33% des Citrats der Milch und 14% des CO_2 von **II**. Einer Markierung der Milchfettsäuren durch **II** und nicht durch **I** steht eine gleiche Markierung des Citrats entgegen, so daß die Möglichkeit des Vorhandenseins von 2 Acetyl-CoA-Stoffwechselpools und der Carboxylierung des Pyruvat diskutiert wird. W. Jentsch. 7910.

3-64/08-0588 Stoffel, Wilhelm; Köln, Univ., Physiol.-Chem. Inst. **Der Stoffwechsel der ungesättigten Fettsäuren. 1. Mitt. Zur Biosynthese hochungesättigter Fettsäuren.** Hoppe-Seyler's Z. physiol. Chem. **333** (1963) Nr. 1/3. S. 71-88. — 8 Abb., 7 Tab., 42 Lit. Zus. in Engl.

Zum Studium der Biosynthese von Polyensäuren wurden Versuche mit markierten und nichtmarkierten Ausgangsverbindungen in vitro unternommen, bei denen der Mechanismus in die Kettenverlängerung und die Dehydrogenierung aufgeschlüsselt wurde. Es zeigte sich, daß Linolyl-Coenzym A durch ein im Überstand von Rattenleber befindliches Enzymsystem zu $\Delta^{11,14}$-Eicosadiensäure verlängert wird. Der Dehydrogenierungsvorgang verläuft in den Mikrosomen in einer O_2- und NADPH-abhängigen Reaktion. Eine Dehydrogenierung von Linolsäure zu Linolensäure konnte nach den erhaltenen Ergebnissen ausgeschlossen werden. L. Sperling. 7910.

3-64/08-0589 Wagle, S. R.; Indianapolis, Indiana Univ., School of Med. Effects of biotin deficiency on carbohydrate metabolism. **(Effekte des Biotinmangels auf den Kohlenhydratstoffwechsel.)** Arch. Biochem. Biophysics **103** (1963) Nr. 2. S. 267-271. — 2 Abb., 2 Tab., 20 Lit.

Vf. untersuchte die Beziehungen zwischen Insulin- und Biotinmangel sowie den Kohlenhydratstoffwechsel an wachsenden Ratten. Durch starken Biotinmangel wurde der Blutzuckerspiegel nicht verändert. Die Zugabe von Anti-Insulin-Serum erhöhte den Blutzuckerspiegel bei normalen Tieren in gleicher Weise wie bei Biotinmangel, demnach war der Insulingehalt bei Biotinmangel unverändert. Die Oxydation von ^{14}C-Glucose zu CO_2 war unverändert. Die $^{14}CO_2$-Inkorporation in Glucose war bei Biotinmangel leicht vermindert. Die Behandlung mit Anti-Insulin bei Biotinmangel führte zum 3-4fachen Einbau von $^{14}CO_2$ in Glucose. Die Inkorporation von 2-^{14}C-Acetat und 2-^{14}C-Propionat in Glusoce, Glykogen und CO_2 sowie von $^{14}CO_2$ in Glucose und Glykogen war bei Biotinmangel unverändert, der Einbau dieser Substrate in langkettige Fettsäuren war signifikant vermindert. W. Jentsch. 7910.

3-64/08-0590 Leng, R. A. und White, R. R.; Armidale, New South Wales, Univ. of New England, School of Rural Sci. Possible glucogenicity of D(—)β-hydroxybutyrate in sheep. **(Mögliche Kohlenhydratsynthese aus D[—]β-Hydroxybutyrat in Schafen.)** Nature [London] **201** (1964) Nr. 4914. S. 78. — 1 Tab., 7 Lit.

Vff. infundierten einem Schaf 45 Min. i.v. 1,3-^{14}C-D(—)β-Hydroxybutyrat und bestimmten im Blut neben der Konzentration die spez. Aktivität und intramolekulare Aktivitätsverteilung von β-Hydroxybutyrat, Acetat, Lactat und Glucose sowie von Leber- und Muskelglykogen. Die Glykogene erreichten nur eine sehr niedrige spez. Aktivität, so daß aus der Aktivitätsverteilung auf die einzelnen C-Atome keine Rückschlüsse gezogen werden konnte. Die Aktivitätsverteilung in der Plasmaglucose (es entfielen auf die C-Atome 1-6 folgende prozentualen Werte: 3; 13; 34; 31; 15; 4) sowie im Blutacetat (99% im C-Atom 1) besagt, daß der Hauptweg der Gluconeogenese aus Fettsäuren über den Citronensäurecyclus verläuft, daß aber in geringem Umfang ein alternativer Stoffwechselweg existieren muß, bei dem aus einer 3er-Komponente (C-Atome 2-4 des Hydroxybutyrats) die Gluconeogenese erfolgt.

R. Schiemann. 7910.

3-64/08-0591 Kono, M. und Quastel, J. H. Effects of D-glucosamine and glucose analogues on glycogen biosynthesis in vitro. **(Einfluß von D-Glucosamin und Glucoseanalogen auf die Glykogenbiosynthese in vitro.)** Biochem. J. **85** (1962) Nr. 1. S. 24-32. 7910.

3-64/08-0592 Morris, B.; Canberra, Austral. Nat. Univ., John Curtin School of Med. Res. The metabolism of free fatty acids and chylomicron triglycerides by the isolated perfused liver of the rat. **(Der Stoffwechsel freier Fettsäuren und chylusgelöster Triglyceride in der isolierten durchströmten Rattenleber.)** J.Physiol. [London] **168** (1963) Nr. 3. S. 564-583. — 3 Abb., 10 Tab., 32 Lit.

1-^{14}C-Palmitinsäure wird in freier Form schneller von der Leber aufgenommen und zu CO_2 oxydiert als die Triglyceride des Chylus. Ein Teil des ^{14}C wird von den veresterten Fettsäuren zurückgegeben. Der Rücktransport ist bei gefütterten Ratten höher als bei hungernden. Die höchste Oxydationsrate der freien Fettsäuren stellt sich in den ersten 60-90 Min. der Durchströmung ein, die höchste der Chylustriglyceride nach 180-240 Min. Lebern hungernder Ratten oxydieren mehr freie Fettsäuren und Triglyceride als Lebern gefütterter Ratten. Lebern hungernder Ratten oxydieren mehr Fett zu Ketonen als zu CO_2. Nach 4 Std. Durchströmung der Leber waren mehr als 90% der ^{14}C-Aktivität in veresterten Fettsäuren. Die Aktivität war in den Phospholipoiden höher als in den Triglyceriden. In den Triglyceriden war die Aktivität bei den Experimenten mit freien Fettsäuren niedriger als in den Chylusversuchen.

W. Jentsch. 7920.

3-64/08-0593 Nestel, Paul J. und Steinberg, Daniel; Bethesda, Md., Nat. Inst. of Health; Nat. Heart Inst. Fate of palmitate and of linoleate perfused through the isolated rat liver at high concentrations. **(Der Verbleib von Palmitat und Linoleat bei Durchströmung isolierter Rattenleber in hoher Konzentration.)** J. Lipid Res. **4** (1963) Nr. 4. S. 461-469. — 7 Tab., 22 Lit.

Bei der Durchströmung der Rattenleber mit Erythrozytenalbumin mit hohem Anteil an freien Fettsäuren (F) wurden diese schnell aufgenommen und der

Glyceridgehalt der Leber stieg um 25-60% gegenüber den Kontrollwerten an. Die Versuchsergebnisse führten zu der Schlußfolgerung, daß hoher Gehalt an F im Serum direkt zur Entwicklung von Fettlebern führt. Palmitat erhöhte den Palmitatgehalt der Leberglyceride beachtlich, hatte aber nur geringen Einfluß auf die durchströmenden Glyceride. Linoleat hatte geringen Einfluß auf die Leberglyceride aber stärkeren auf die durchströmenden Glyceride. Palmitat wurde mehr in Glyceride und Linoleat mehr in Phospholipoide eingebaut. Hohe Konz. an Palmitat stimulierten die Bildung von CO_2 und den Einbau in Glyceride, hatten aber geringen Einfluß auf die Inkorporation in Phospholipoide.
W. Jentsch. 7920.

3-64/08-0594 Oord, A. H. A. van den und Lafeber, A.; Utrecht, Netherlands, Univ.. Intermediary metabolism of amino acids in some tissue proteins of the cat. **(Intermediärer Stoffwechsel von Aminosäuren in einigen Gewebeproteinen der Katze.)** Arch. int. Physiol. Biochim. [Liège, Belgique] **71** (1963) Nr. 5. S. 698-705. — 2 Tab., 13 Lit.
Eine 7 Wochen alte ♀ Katze erhielt tägl. 702,2 mg Na-Acetat- $1^{14}C$ (in Milch gelöst) über eine Periode von 7 Tagen (0,353 mC). Gewichtszunahme: 647 bis 791 g. Untersucht wurden folgende Gewebe: Leber, Dünndarm, Magen, Niere, Pankreas, Lunge, Herz und Muskel. Die Bestimmung der Aktivität der Aminosäuren ergab folgendes Bild: Eine starke Inkorporation von ^{14}C wurde in Glutaminsäure, Asparaginsäure und Alanin beobachtet, eine geringere in Serin, Glycin, Prolin und Cystin, keine Aktivität in Phenylalanin, Tyrosin, Threonin, Valin, Leucin, Isoleucin, Lysin und Histidin. Diese Verteilung wurde mit Ausnahme von Arginin bei allen geprüften Organen gefunden. Arginin ist sehr aktiv in der Leber und inaktiv im Dünndarm. Die Isotopenverteilung bei Glutamin- und Asparaginsäure zeigt, daß die Biosynthese von diesen Säuren in der carnivoren Katze und den omnivoren Säugetieren auf demselben Wege erfolgt. I. Schröder. 7930.

3-64/08-0595 Huggins, A. K. und Smith, M. J. H.; Denmark Hill, London, Dep. of Physiol. and Biochem.; Southampton, Univ. Salicylate and amino-acid metabolism in the rat. **(Salicylat und Aminosäure-Stoffwechsel in der Ratte.)** Biochem. J. **89** (1963) Nr. 3. S. 112 P. — 6 Lit.
Vff. untersuchten den Einfluß von Salicylat auf die Konzentration von freiem Glutamat, Alanin, Aspartat und Glycin sowie auf die Aktivitäten von Glutamat-Pyruvat- und Glutamat-oxaloacetat-Transaminasen in Leber und Niere der Ratte. Gruppen von je 6 Tieren erhielten entweder durch i.p. Injektion 900 mg Na-Salicylat pro/kg Körpergew. in Form einer einfachen Dosis (**I**) oder in Form 2 gleicher Dosen von 450 mg/kg Körpergew., getrennt durch ein Intervall von 15 Std. (**II**). Die Tiere wurden eine Std. nach der letzten Injektion getötet, Leber und Niere entnommen und Aminosäuren, die Transaminaseaktivitäten und das Salicylat bestimmt. Ergebnis: (**I**) bewirkte die 2fache Erhöhung der Glutamat- und Alaninkonzentration in der Leber im Gegensatz zur Aspartat- oder Glycinkonzentration. (**II**) bewirkte keine Konzentrationserhöhung von Alanin, Glycin und Aspartat in der Leber, jedoch eine Abnahme an Glutamat. Bei den entsprechenden Versuchen mit der Niere wurden keine signifikanten Änderungen beobachtet. Die Transaminaseaktivitäten in Leber und Niere wurden durch die Injektion nicht signifikant beeinflußt.
I. Schröder. 7930.

3-64/08-0596 Loftfield, R. B.; Cambridge, Univ. Harvard Med. School. The frequency of errors in protein biosynthesis. **(Die Fehlerhäufigkeit bei der Proteinsynthese.)** Biochem. J. **89** (1963) Nr. 1. S. 82-92. — 3 Abb., 5 Tab., 41 Lit.
Überlebendes mucosales Eileitergewebe legender Hennen wurde mit ^{14}C hochmarkiertem Leucin, Isoleucin oder Valin inkubiert und nach Isolierung, Reinigung, Oxydation und anschließender enzymatischer Hydrolyse (Chymotryp-

sin) der gebildeten Eialbumine die Aminosäurezusammensetzung und die Radioaktivität der einzelnen Teilpeptidketten, die durch Ionophorese gereinigt wurden, bestimmt. Durch die Ionophorese werden homologe Peptide, die sich nur durch gegenseitige Substitution der 3 genannten Aminosäuren unterscheiden, nicht differenziert. Die Isotopenanalyse der Peptide ergab, daß die Aminosäuren bei der Biosynthese des Eialbumins höchstens mit einer Häufigkeit von 1:3000 gegenseitig ausgetauscht werden, d.h. die Fehlerhäufigkeit bei der Proteinbiosynthese unterhalb dieses Wertes für diese 3 Aminosäuren liegen muß. Orientierende Untersuchungen zeigten auch für das Paar Phenylalanin-Leucin, daß diese Fehlerhäufigkeit nicht überschritten wird. Die Ergebnisse sind im Hinblick auf den Mechanismus der Proteinbiosynthese ausführlich diskutiert. R. Schiemann. 7930.

Eiweißstoffwechsel

3-64/08-0597 Munro, H. N., Steele, Marian H. und Hutchison, W. C.; Glasgow, Univ. The effect of feeding individual aminoacids on adrenocortical activity. **(Der Einfluß einer Fütterung individueller Aminosäuren auf die Nebennierenrindenaktivität.)** Proc. Nutrit. Soc. **22** (1963) Nr. 2. S. XXXIII bis XXXIV. — 2 Lit.

Ratten erhalten 11 Tage ein Futter, in dem Casein (**I**), Zein mit Tryptophan und Lysin supplementiertes Zein (**II**), Gelatine, Glycin (**III**), Methionin (**IV**) oder Leucin (**V**) die einzige N-Quelle darstellen. Im Vergleich zu eiweißfrei ernährten Tieren rufen **I** und **II** einen Anstieg in der Größe und dem Eiweiß- und Ribonucleinsäuregehalt der Nebennieren hervor. Nach 24 Std. Fütterung haben nur **IV** und **V** eine Zunahme des Corticosteronblutspiegels zur Folge. Der Corticosterongehalt der Nebennieren selbst ist auch nach 11tägiger Fütterung von **I**, **II** und **III** erhöht. Demnach sind die Faktoren, welche die Nebennierenrindenaktivität beeinflussen, unabhängig von denen, die für Änderungen der Größe und der Zusammensetzung der Nebennieren verantwortlich sind. B. Gaßmann. 8042.

3-64/08-0598 El-Maraghi, N. R. H. und Stewart, J. R. C.; Mill Hill, London, Nat. Inst. for Med. Res. The interaction of protein and calcium on the growth and composition of bones in young rats. **(Die Wechselwirkung von Eiweiß und Calcium auf das Wachstum und die Zusammensetzung der Knochen junger Ratten.)** Proc. Nutrit. Soc. **22** (1963) Nr. 2. S. XXX-XXXI. — 1 Tab.

Entwöhnte ♂ Ratten erhalten 56 Tage Futterrationen mit 10,2; 6,0; 5,1 und 4,5 NDpCal% Eiweiß und jeweils 0,44; 0,22 und 0,11% Ca. Das Wachstum ist um so besser, je höher Eiweiß und Ca-Angebot sind. Die radiographisch ermittelte Knochendichte und der Aschegehalt der Knochen sind im Falle eines hohen Eiweißverzehrs bei 0,44% Ca im Futter am größten; bei niedrigen Ca-Aufnahmen (0,11%) fallen Dichte und Aschegehalt der Knochen bei hohem Eiweißangebot am geringsten aus. Bei nichtbalanzierter Eiweiß- und Ca-Versorgung liegen demnach osteoporoseähnliche Bedingungen vor.
B. Gaßmann. 8042.

3-64/08-0599 Robinson, D. W. und Lewis, D. Amino acid supplementation of pig diets. **(Aminosäurezusatz zu Rationen für Schweine.)** Proc. Nutrit. Soc. **22** (1963) Nr. 1. S. XI-XII. 8042.

3-64/08-0600 Mühlenpfordt, J. und Hussel, L. **Untersuchungen zum N-Stoffwechsel beim laktierenden Rind unter Verwendung von oral verabreichtem Ammoniumbicarbonat-(^{15}N). 1. Mitt. Einführung.** Arch. Tierernähr. **13** (1963) Nr. 5/6. S. 261-263.

Vff. geben eine allgemeine Einführung und umreißen die vorliegende Problemstellung. Die Arbeitsgemeinschaft „Verfütterung von Ammoniumbicarbonat an das Rind“ hatte sich die Aufgabe gestellt, den Verwertungsgrad des Stickstoffs von zugefüttertem Ammoniumbicarbonat bei laktierenden Kühen im Vergleich zum Verwertungsgrad des Stickstoffs des natürlichen Futters in bezug auf die Milchbildung zu bestimmen. Nach Ermittlung dieser Kennzahlen sollten Schlüsse auf die volkswirtschaftlich günstigste Nutzung des NH_4CO_3 gezogen werden. Nebenher haben die Untersuchungen auch einige biochemische Fragen beantwortet. H. Bergner. 8050.

3-64/08-0601 Kolb, E. **Untersuchungen zum N-Stoffwechsel beim laktierenden Rind unter Verwendung von oral verabreichtem Ammoniumbicarbonat-(^{15}N). 2. Mitt. Literaturübersicht zum N-Stoffwechsel bei Wiederkäuern.** Arch. Tierernähr. **13** (1963) Nr. 5/6. S. 264–273. — 1 Abb., 3 Tab., 40 Lit. 1. Mitt. vgl. vorst. Ref.

Vf. gibt eine zusammenfassende Darstellung der Kenntnisse des N-Stoffwechsels beim Wiederkäuer. Hierbei wird der Umsatz der N-haltigen Verbindungen in den Vormägen ausführlich erörtert. Eine eingehende Berücksichtigung findet auch der ruminohepatische N-Kreislauf. Weitere Betrachtungen werden dann zum Problem der Verfütterung von Harnstoff und Ammoniumbicarbonat sowie zur Frage der biol. Wertigkeit der N-haltigen Verbindungen nichteiweißartiger Natur beim Wiederkäuer angestellt. Abschließend stellt Vf. fest, daß zum referierten Thema noch viele Probleme ungeklärt sind, z. B. die Frage über die Verwertung von Nichtprotein-N bei unterschiedlichen Futterkombinationen und Leistungen. Weiterhin sind genaue Kenntnisse über die Einbaugeschwindigkeit und Verteilung des Nichtprotein-N auf die verschiedenen Aminosäuren und verschiedenen Proteine von Interesse. H. Bergner. 8050.

3-64/08-0602 Rommel, W. **Untersuchungen zum N-Stoffwechsel beim laktierenden Rind unter Verwendung von oral verabreichtem Ammoniumbicarbonat-(^{15}N). 3. Mitt. Klinischer Bericht, Versuchsablauf und Probenentnahme.** Arch. Tierernähr. **13** (1963) Nr. 5/6. S. 275-286. — 11 Abb., 3 Tab., 5 Lit. 2. Mitt. vgl. vorst. Ref.

Den Untersuchungen dienten 5 schwarzbunte Kühe. In den Versuchen wurden die Kühe V 0 (Leerversuch), im 1. Versuch V I und EV I (Kontrolltier) und im 2. Versuch V II und EV II (Kontrolltier) verwendet. Die klinischen Kontrollen während der Versuchsperioden erfolgten zu festgesetzten Tageszeiten und erstreckten sich über folgende Beobachtungen: Allgemeinbefinden, Futteraufnahme, Milchleistung, Temperatur, Atmung, Puls, Pansentätigkeit und Blutbild. Vf. beschreibt die verwendete Methodik der wiederholten Blutentnahme, der Pansensaftentnahme, der Harn- und Kotgewinnung und der bioptischen Gewebeentnahme. Es wird ein genauer Überblick über den Zeitplan der Versuche und den Versuchsablauf hinsichtlich der oben angegebenen Beobachtungsdaten gegeben. Abschließend wird festgestellt, daß von klinischer Seite aus gesehen die Versuchsbelastungen von den Versuchskühen ohne nennenswerte Störungen vertragen wurden. H. Bergner. 8050.

3-64/08-0603 Ulbrich, M., Wallmen, A. und Mielke, H. **Untersuchungen zum N-Stoffwechsel beim laktierenden Rind unter Verwendung von oral verabreichtem Ammoniumbicarbonat-(^{15}N). 4. Mitt. Fütterung und N-Bilanz.** Arch. Tierernähr. **13** (1963) Nr. 5/6. S. 287-295. — 9 Tab., 13 Lit. 3. Mitt. vgl. vorst. Ref.

Vff. berichten über die Fütterung der in der 3. Mitt. genannten Versuchskühe V I und V II. Es werden neben dem Rohnährstoffgehalt der verwendeten Futtermittel auch die Ergebnisse der Säurebestimmung und Sinnesprüfung des gefütterten Maisgärfutters angegeben. Pro Tier und Tag wurden 14 kg Maisgärfutter, 3 kg Wiesenheu, 2 kg Trockenschnitzel und 4 kg Weizenkleie (V I) bzw. 3 kg Weizenkleie (V II) verabreicht. Die Ammoniumbicarbonatgabe von 250 g pro Tier und Tag erfolgte jeweils um 7 Uhr und 15 Uhr, indem 125 g NH_4HCO_3 mit 1 kg Trockenschnitzel und 2 kg Weizenkleie gut gemischt gefüttert wurden. In 14 (V I) bzw. 21 (V II) Vorfütterungstagen wurden die Tiere an die Aufnahme von 250 g NH_4HCO_3 gewöhnt. Vom 1.–4. Versuchstag (V I) wurde NH_4HCO_3 mit einer relativen ^{15}N-Häufigkeit von 10,4 Atom% verwendet. Im 2. Versuch (V II) wurde ^{15}N-Ammoniumbicarbonat 5½ Versuchstage gefüttert. In beiden Versuchen wurden nach der $^{15}NH_4HCO_3$-Fütterung weitere 10 Tage gleiche Mengen Ammoniumbicarbonat mit natürlicher ^{15}N-Häufigkeit verabreicht. Die N-Bilanzen der beiden Versuchskühe waren positiv. Die scheinbare Verdaulichkeit betrug im Durchschnitt des insges. verfütterten N bei V I = 65,8% und bei V II = 59,2%. H. Bergner. 8050.

3-64/08-0604 Ulbrich, M. und Scholz, H. **Untersuchungen zum N-Stoffwechsel beim laktierenden Rind unter Verwendung von oral verabreichtem Ammoniumbicarbonat-(^{15}N). 5. Mitt. Zum Einbau von Ammoniumbicarbonat-N in verschiedene Fraktionen des Panseninhaltes.** Arch. Tierernähr. 13 (1963) Nr. 5/6. S. 296–306. — 3 Abb., 6 Tab., 11 Lit. 4. Mitt. vgl. vorst. Ref.
In Versuchen mit 2 Kühen (s. 3. und 4. Mitt.) wird die ^{15}N-Ausscheidung nach $^{15}NH_4HCO_3$-Fütterung in Kot und Harn untersucht. Bereits 20 Min. nach Beginn der $^{15}NH_4HCO_3$-Fütterung erschien ein ^{15}N-Überschuß im Harn. Die ^{15}N-Häufigkeit stieg dann steil an und erreichte bereits nach 3 Std. mit 0,85 Atom-% ein Maximum. Die wiederholte ^{15}N-Zufuhr ergab nach 4 Versuchstagen im Harn eine relative Häufigkeit des ^{15}N von 2,07 Atom-% als stationären Wert. Nach Beendigung der $^{15}NH_4HCO_3$-Fütterung war ein exponentieller Abfall der ^{15}N-Markierungsrate des Harns zu beobachten (nach 10 Tagen auf 0,439 Atom-%). Die relative Häufigkeit des ^{15}N im Kot-N betrug in der ersten 24-Std.-Probe 0,709 Atom-% und stieg bis zur sechsten 24-Std.-Probe auf 1,37 Atom-%. Nach Beendigung der ^{15}N-Zufuhr fiel die Markierungsrate des Kot-N exponentiell ab und erreichte nach 10 Tagen 0,404 Atom-%. Beide Versuchskühe setzten von den aufgenommenen ^{15}N-Mengen ca. 22% im Kot und 28% im Harn ab. Hieraus ergibt sich eine scheinbare Verdaulichkeit des NH_4HCO_3-N von 78%. Im Futterbrei des Verdauungskanals (Versuchstier V II nach Versuchsende geschlachtet) wurde vom Pansen zum Duodenum hin eine ansteigende und von dort zum Rectum hin wieder eine abfallende ^{15}N-Häufigkeit beobachtet. H. Bergner. 8050.

3-64/08-0605 Gürtler, H. und Müller, I. **Untersuchungen zum N-Stoffwechsel beim laktierenden Rind unter Verwendung von oral verabreichtem Ammoniumbicarbonat-(^{15}N). 6. Mitt. Zum Einbau von Ammoniumbicarbonat-N in verschiedene Blutfraktionen.** Arch. Tierernähr. 13 (1963) Nr. 5/6. S. 307 bis 328. — 11 Abb., 3 Tab., 38 Lit. 5. Mitt. vgl. vorst. Ref.
Vff. untersuchen an 2 Versuchskühen (V I und V II; s. 3. und 4. Mitt.) den Einbau von ^{15}N in Gesamtblut, Plasmaeiweiß und Rest-N-Fraktion während der Dauer von 13 bzw. 16 Versuchstagen. Die Plasmaeiweißkörper erreichten 1–2 Tage nach der letzten Gabe von $^{15}NH_4HCO_3$ das Maximum ihrer ^{15}N-Häufigkeit, die anschließend exponentiell abfiel. Für die Plasmaproteine konnte hieraus eine mittlere Lebensdauer von 11 bzw. 10,5 Tagen errechnet werden. Die ^{15}N-Häufigkeit der Rest-N-Fraktion stieg unmittelbar nach der $^{15}NH_4HCO_3$-Aufnahme, erreichte ein Maximum und fiel bis zur nächsten Mahlzeit wieder ab. Ein Vergleich der ^{15}N-Häufigkeit der Rest-N-Fraktion des Blutplasmas und des Caseins der Milch läßt erkennen, daß bestimmte, besonders stark markierte Verbindungen bevorzugt zur Milcheiweißsynthese bzw. zur Bildung der dazu nötigen Aminosäuren herangezogen werden. Während der Versuchsdauer von 13 bzw. 16 Tagen stieg der Einbau des markierten N in den korpuskulären Blutbestandteilen stetig an, obwohl 10 Tage bereits kein $^{15}NH_4HCO_3$ mehr gefüttert wurde. Das kurze Zeit nach der ^{15}N-Aufnahme beobachtete Auftreten des markierten N in den Plasma-

und Milchproteinen deutet darauf hin, daß resorbierte Ammoniumionen auch direkt über den Mechanismus der reduktiven Aminierung von α-Oxy- oder α-Ketosäuren zur Aminosäuresynthese verwertet werden.
H. Bergner. 8050.

3-64/08-0606 Mielke, H. **Untersuchungen zum N-Stoffwechsel beim laktierenden Rind unter Verwendung von oral verabreichtem Ammoniumbicarbonat-(^{15}N). 7. Mitt. Die Verwertung des Ammoniumbicarbonat-N zur Milchproteinsynthese und dessen Ausscheidung mit der Milch.** Arch. Tierernahr. **13** (1963) Nr. 5/6. S. 329-348. — 8 Abb., 4 Tab., 22 Lit. 6. Mitt. vgl. vorst. Ref.

An 2 Versuchskuhen wird nach $^{15}NH_4HCO_3$-Fütterung (s. 3. und 4. Mitt.) die Änderung der relativen Häufigkeit des ^{15}N im Gesamt-N, im Casein-N, im Milchserumprotein-N und im Rest-N der Milch untersucht. Bereits 40 Min. nach der ersten $^{15}NH_4HCO_3$-Gabe war eine ^{15}N-Anreicherung in allen Milchbestandteilen festzustellen, die sich in den folgenden Stunden progressiv erhohte. Am 4. bzw. am 5.–6. Versuchstag wurden annähernd stationäre Werte des ^{15}N-Einbaus in die Milchbestandteile erreicht. Aus diesen Daten konnte berechnet werden, daß 10,9 bzw. 9,5% des gefütterten NH_4HCO_3 in die Gesamtmilch übergehen. (Milcheiweiß ca. 9%, Rest-N ca. 1%). Die Ergebnisse werden eingehend diskutiert. H. Bergner. 8050.

3-64/08-0607 Hennig, A., Gruhn, K. und Faust H. **Untersuchungen zum N-Stoffwechsel beim laktierenden Rind unter Verwendung von oral verabreichtem Ammoniumbicarbonat-(^{15}N). 8. Mitt. Einbau des markierten Stickstoffs in die Aminosäuren der Milch.** Arch. Tierernähr. **13** (1963) Nr. 5/6. S. 349-365. — 6 Abb., 4 Tab., 72 Lit. 7. Mitt. vgl. vorst. Ref.

Vff. berichten über die Resultate der Untersuchungen an 2 Versuchskühen (s. 3. und 4. Mitt.) zur Frage des ^{15}N-Einbaus in die Aminosäuren der Milch nach $^{15}NH_4HCO_3$-Futterung. Folgende Aminosäuren wurden geprüft: Glutaminsäure, Asparaginsäure, Glycin, Alanin, Serin, Threonin, Valin, Leucin, Isoleucin, Lysin, Arginin, Histidin, Methionin, Phenylalanin, Tyrosin, Tryptophan und Prolin. Bereits 225 Min. nach der 1. Gabe des markierten N wurde in der Mehrzahl der untersuchten Aminosäuren eine erhohte ^{15}N-Häufigkeit gefunden. Im 1. Versuch war hierbei am 1. Versuchstag ein bevorzugter ^{15}N-Einbau in das Arginin und in die Glutaminsäure festzustellen. Im 2. Versuch konnte dieser Befund für die Asparaginsäure erhalten werden, jedoch nicht fur Arginin und Glutaminsäure. Im 1. Versuch wurde weiterhin ein relativ geringerer ^{15}N-Einbau in die Aminosäuren Isoleucin, Phenylalanin, Tyrosin und Prolin ermittelt. Nach Beendigung der $^{15}NH_4HCO_3$-Fütterung ist in allen untersuchten Aminosäuren ein Rückgang der ^{15}N-Markierung zu verzeichnen. Nach 5 Tagen etwa ist bei den meisten Aminosauren der ^{15}N-Überschuß geringer als 225 Min. nach Beginn des Versuches. Vff. beschreiben dann die erhaltenen Unterschiede der Markierungsrate infolge der unterschiedlichen $^{15}NH_4HCO_3$-Fütterungsdauer (Versuch I = 4 Tage, II = 5½ Tage). Weiterhin werden Einzelheiten des ^{15}N-Einbaus in die Aminosauren der verschiedenen Milchfraktionen (Casein, Milchserumprotein und Rest-N) mitgeteilt. Vff. erortern abschließend die Frage, über welche Mechanismen die schnelle Markierung der Aminosäuren der Milch ermöglicht wird.
H. Bergner. 8050.

3-64/08-0608 Ulbrich, M. und Scholz, H. **Untersuchungen zum N-Stoffwechsel beim laktierenden Rind unter Verwendung von oral verabreichtem Ammoniumbicarbonat-(^{15}N). 9. Mitt. Zur Ausscheidung von Ammoniumbicarbonat-N in Kot und Harn.** Arch. Tierernähr. **13** (1963) Nr. 5/6. S. 366-378. — 5 Abb., 4 Tab., 14 Lit. 8. Mitt. vgl. vorst. Ref.

Vff. entnehmen 2 Versuchskühen (V I und V II; s. 3. und 4. Mitt.) während der NH_4HCO_3-Zufütterung Pansensaft, fraktionieren ihn und bestimmen den

N-Gehalt im Gazerückstand sowie in den Mikroorganismen in der Ammoniakfraktion. Die Arbeitsmethodik wird angegeben. Der Ammoniakgehalt im Pansensaft schwankte in Abhängigkeit von der Fütterung, stieg jedoch nicht über 50 mg/100 ml. Jedoch führte der erhöhte Ammoniakgehalt zeitweilig zu einer alkalischen Reaktion des Pansensaftes. Die relative Häufigkeit des ^{15}N in den Pansenmikroorganismen stieg nach den beiden ersten $^{15}NH_4HCO_3$-Tagesgaben an, erreichte in den Nachtstunden ein Maximum, fiel dann etwas und ließ sich durch wiederholte ^{15}N-Gaben weiter steigern (Versuchskuh V II). Bereits 50 Min. nach Beginn der $^{15}NH_4HCO_3$-Aufnahme betrug der ^{15}N-Überschuß im Bakterien-N 0,31 Atom-% und stieg bei Tier V II nach 103 Std. auf 1,69 Atom-% an. Hierbei entstammten dann 17% des Bakterien-N dem NH_4HCO_3. Ohne ^{15}N-Zufuhr fiel dann die ^{15}N-Häufigkeit im Bakterien-N in exponentiellem Verlauf rasch ab. Hieraus wird für die Pansenbakterien eine mittlere biol. Halbwertszeit von 18 Std. und für die mittlere Verweildauer des N der Pansenbakterien im Pansen eine Zeit von 27 Std. errechnet. H. Bergner. 8050.

3-64/08-0609 Martin, J. **Untersuchungen zum N-Stoffwechsel beim laktierenden Rind unter Verwendung von oral verabreichtem Ammoniumbicarbonat-(^{15}N). 10. Mitt. Pathologisch-anatomische und histologische Befunde.** Arch. Tierernähr. **13** (1963) Nr. 5/6. S. 379-386. — 12 Lit. 9. Mitt. vgl. vorst. Ref.

Von den in der 3. und 4. Mitt. beschriebenen Versuchskühen wurde Tier V II nach Versuchsende geschlachtet und gelangte zur pathologisch-anatomischen, histologischen und fleischbeschaulichen Untersuchung. Die einzelnen Befunde werden genau beschrieben und hieraus wird festgestellt, daß weder morphologische Veränderungen als Ausdruck einer Schadwirkung des NH_4HCO_3 vorlagen, noch eine Krankheit zu beobachten war, die die Versuchsergebnisse hätte beeinträchtigen können. Zum Vergleich wird abschließend der eigene Sektionsbefund von 2 Mastbullen mitgeteilt, die an einer NH_4HCO_3-Vergiftung verendet waren. H. Bergner. 8050.

3-64/08-0610 Müller, I. und Gürtler, H. **Untersuchungen zum N-Stoffwechsel beim laktierenden Rind unter Verwendung von oral verabreichtem Ammoniumbicarbonat-(^{15}N). 11. Mitt. Zum Einbau von Ammoniumbicarbonat-N in verschiedene Organe.** Arch. Tierernähr. **13** (1963) Nr. 5/6. S. 387-400. — 5 Abb., 2 Tab., 27 Lit. 10. Mitt. vgl. vorst. Ref.

Die Versuchskuh V II (s. 3. und 4. Mitt.) wurde nach 5½tägiger Fütterung mit insges. 1375 g NH_4HCO_3 (mit einem ^{15}N-Überschuß von 10,03 Atom-%) nach weiteren 11 Tagen geschlachtet. Die Daten der Organgewichte, des N-Gehaltes und der relativen ^{15}N-Häufigkeiten werden mitgeteilt. Hieraus wird errechnet, daß von dem zugeführten ^{15}N-Überschuß etwa 1,35% in der Leber, 0,12% in der Milz, 0,14% in den Nieren, 0,30% in den Lungen, 0,07% in der Bauchspeicheldrüse, 0,50% im Euter und 12% in der quergestreiften Muskulatur wiedergefunden werden. Der ^{15}N-Überschuß war mit mehr als 0,130 Atom-% in Leber, Nebennieren, Milz, Nieren, Pankreas, Herzmuskulatur und Euter am höchsten. In Lungen, Ovarien, Groß-, Klein- und Stammhirn, Uterus, Harn- und Gallenblasenwand, Zwerchfell, Zunge und Sternum betrug der ^{15}N-Überschuß 0,06-0,13 Atom-%. Skelettmuskulatur, Haut, Aortenwand und Rückenmark zeigten einen niedrigen ^{15}-NEinbau. Sehr geringe ^{15}N-Häufigkeiten wurden in der Achillessehne, im Ohrknorpel, in der Linse und in der Epiphyse des Röhrenknochens beobachtet. Durch Biopsie gewonnene Organproben (am 2. Tag nach beendeter $^{15}NH_4HCO_3$-Fütterung) zeigten, daß die Markierung in der Leber von 0,325 auf 0,192 Atom-% ^{15}N-Überschuß in den neun Tagen vor dem Schlachten abfällt, in der Haut dagegen in derselben Zeit von 0,020 auf 0,057 und in der Skelettmuskulatur von 0,052 auf 0,057 Atom-% ^{15}N-Überschuß ansteigt. In den verschiedenen

Abschnitten des Magendarmkanals stieg die ^{15}N-Häufigkeit vom Pansen bis zum Jejunum an, um von hier analwärts wieder abzufallen.
H. Bergner. 8050.

3-64/08-0611 Gruhn, K. und Faust, H. **Untersuchungen zum N-Stoffwechsel beim laktierenden Rind unter Verwendung von oral verabreichtem Ammoniumbicarbonat-(^{15}N). 12. Mitt. Aminosäuregehalt und Einbau des Ammoniumbicarbonat-N in die Aminosäuren der Leber, der Skelettmuskeln und des Diaphragma.** Arch. Tierernähr. **13** (1963) Nr. 5/6. S. 401-407. — 3 Tab., 21 Lit. 11. Mitt. vgl. vorst. Ref.

Vff. untersuchen in 4 verschiedenen Organproben der Versuchskuh V II (s. 4. und 11. Mitt.) den ^{15}N-Einbau in 16 verschiedene Aminosäuren (s. 8. Mitt.) nach $^{15}NH_4HCO_3$-Fütterung. Der höchste ^{15}N-Überschuß wurde für fast alle Aminosäuren in der Leber ermittelt, danach folgen die Aminosäuren des Diaphragmas und mit einem recht niedrigen ^{15}N-Einbau die Aminosäuren der Skelettmuskulatur (*M. long. dorsi* und *M. gracilis*). In der Leber und in den Skelettmuskeln sind die Unterschiede im ^{15}N-Überschuß zwischen den einzelnen Aminosäuren nur unbeträchtlich. Im Diaphragma weisen Leucin, Isoleucin, Methionin und Phenylalanin etwa den gleichen ^{15}N-Überschuß wie in der Leber auf, während die anderen Aminosäuren, besonders aber die basischen, deutlich geringere Werte haben. Der prozentuale ^{15}N-Anteil der einzelnen Aminosäuren an der Summe des ^{15}N aller Aminosäuren zeigt, daß in der Leber und den Skelettmuskeln neben der Glutaminsäure (13,1 bzw. 14,9%) besonders Lysin (14,2 bzw. 19,3%) und Arginin (12,7 bzw. 10,1%) anteilmäßig stark vertreten sind. Dagegen ist im Diaphragma die Reihenfolge: Valin = 12,5%, Alanin = 12,1%, Isoleucin = 11,2%, Leucin = 10,9% und Glutaminsäure = 9,7%. Alle anderen Aminosäuren aller Proben lagen in ihrem Anteil zwischen 1,5-9,8%. Die Aminosäuregarnitur der untersuchten Proben stimmte mit den bekannten Literaturwerten überein, so daß ein spezifischer Einfluß der 45 Tage dauernden NH_4HCO_3-Fütterung hier nicht vorlag.
H. Bergner. 8050.

3-64/08-0612 Hübner, H. und Rolle, W. **Untersuchungen zum N-Stoffwechsel beim laktierenden Rind unter Verwendung von oral verabreichtem Ammoniumbicarbonat-(^{15}N). 13. Mitt. Kinetische Betrachtungen über das Auftreten der ^{15}N-Markierung in der Milch.** Arch. Tierernähr. **13** (1963) Nr. 5/6. S. 408-423. — 12 Abb., 6 Tab., 4 Lit. 12. Mitt. vgl. vorst. Ref.

Anhand von Versuchsergebnissen über die ^{15}N-Ausscheidung in die Milch nach $^{15}N_4HHCO_3$-Fütterung (s. 7. Mitt.) stellen Vff. hierzu kinetische Betrachtungen an. Sie setzen für ihre Berechnungen voraus, daß ein Stoff A nach einem Gesetz 1. Ordnung sich in B umwandelt. B wandelt sich ebenfalls in einer Reaktion 1. Ordnung zu C um. $A \xrightarrow{k_1} B \xrightarrow{k_2} C$, b_1 und b_2 sind die Geschwindigkeitskonstanten der beiden Reaktionen. Hierauf aufbauend wird ein umfangreiches analytisch-geometrisches Verfahren zur Darstellung des zeitlichen Verlaufes einer ^{15}N-Markierung in der Milch und den Fraktionen Casein, Milchserumprotein und Rest-N durchgeführt. Die geometrische Addition der Grundfunktion $^{15}N'(t)$ (^{15}N' = ^{15}N-Überschuß) führt bei Annahme einer ständigen Verfütterung von $^{15}NH_4HCO_3$ zu einem stationären Zustand der ^{15}N'-Werte in den Milchfraktionen. Die Grundfunktion gestattet eine ^{15}N-Bilanzierung, die in bezug auf die Milch eine Verwertbarkeit des Ammoniumbicarbonat-N von 13% ergibt.
H. Bergner. 8050.

3-64/08-0613 Wetzel, K., Hübner, G. und Gebhardt, O. **Untersuchungen zum N-Stoffwechsel beim laktierenden Rind unter Verwendung von oral verabreichtem Ammoniumbicarbonat-(^{15}N). 14. Mitt. Mathematische Analyse der Verwertung von zugefüttertem Ammoniumbicarbonat für die Synthese von**

Milch- und Körpereiweiß. Arch. Tierernähr. **13** (1963) Nr. 5/6. S. 424-442. — 5 Abb., 4 Tab., 14 Lit. 13. Mitt. vgl. vorst. Ref.

2 Versuchskühe erhielten im Verlaufe von 96 bzw. 128 Std. neben Protein-N natürlicher Futtermittel ^{15}N-markiertes NH_4HCO_3 (s. 4. Mitt.). Aus den Ergebnissen über die mit der Milch, dem Kot und Harn ausgeschiedenen N-Mengen sowie über den Zeitverlauf der relativen ^{15}N-Häufigkeiten in Milcheiweiß, Rest-N der Milch, Harn, Kot und Rest-N des Blutes wird ein Modell des N-Stoffwechsels bei Wiederkäuern abgeleitet. Die mathematische Behandlung dieses Modells liefert die Geschwindigkeiten für die Umwandlung von Amid-N in Aminosäuren (AS) und Peptide auf dem Wege der reduktiven Aminierung, für den Abbau von AS und Peptide zu Amid-N auf dem Wege der oxydativen Desaminierung, für den Aufbau von Milch- und Körpereiweiß aus AS und Peptiden, sowie für den Abbau von Körpereiweiß zu Peptiden und AS. Die mittlere Lebensdauer des N im Amid-Pool berechnen Vff. mit ca. 11 Std. und diesselbe im AS-Pool mit ca. 8 Std. Für die mittlere Lebensdauer des Körpereiweißes ergeben sich 68 Tage. Aus den Versuchsdaten wurden die Wirkungsgrade des Eiweiß-N der natürlichen Futtermittel für die Eiweißsynthese bei den 2 Versuchskühen zu 0,59 und 0,53 berechnet. Die entsprechend berechneten Wirkungsgrade des NH_4HCO_3-N betrugen 0,53 und 0,47. H. Bergner. 8050.

3-64/08-0614 Wallmen, A., Faust, H., Irlenbusch, J. und Franke, E.-R. **Untersuchungen zum N-Stoffwechsel beim laktierenden Rind unter Verwendung von oral verabreichtem Ammoniumbicarbonat-(^{15}N). 15. Mitt. Vergleichende Betrachtungen über den Einsatz von Ammoniumbicarbonat-Stickstoff in der Fütterung oder Düngung.** Arch. Tierernähr. **13** (1963) Nr. 5/6. S. 443-454. — 11 Tab., 10 Lit. 14. Mitt. vgl. vorst. Ref.

Vff. setzen voraus, daß die Ertragskapazität des Bodens und der Kulturen mit Hilfe der N-Düngung noch nicht ausgeschöpft ist, so daß die Überlegung gerechtfertigt ist, ob man NH_4HCO_3-N direkt in der Fütterung oder Düngung einsetzen soll. Nach der Erörterung des Erzeugungswertes des Dünge-N wird die Verdaulichkeit und Verwertung von zugefüttertem NH_4HCO_3-N (s. 14. Mitt.) und natürlichem Futter-N betrachtet. Es werden dann 3 Betriebsbeispiele (1. starker Maisanbau + NH_4HCO_3-Fütterung, 2. starker Maisanbau und Verwendung des N als Dünger, 3. Nährstoffausgleich durch verstärkten Leguminosenanbau) verglichen. Abschließend wird festgestellt, daß eine Zufütterung von Nichtprotein-N zweckmäßig erscheint, wenn in der Grundfutterration eine Eiweißunterbilanz besteht oder als Ergänzungsfutter zur Erzielung hoher Milchleistungen. H. Bergner. 8050.

3-64/08-0615 Franke, E.-R. **Untersuchungen zum N-Stoffwechsel beim laktierenden Rind unter Verwendung von oral verabreichtem Ammoniumbicarbonat-(^{15}N). 16. Mitt. Zur Praxis der Ammoniumbicarbonat-Verfütterung.** Arch. Tierernähr. **13** (1963) Nr. 5/6. S. 455–459. — 1 Tab., 14 Lit. 15. Mitt. vgl. vorst. Ref.

Vf. gibt Hinweise für den richtigen Einsatz von NH_4HCO_3. Er fordert, daß NH_4HCO_3 an Rinder erst nach Erreichen eines Mindestgewichtes von 180 kg gefüttert wird. Weiterhin soll eine langsame Gewöhnung der Tiere an NH_4HCO_3-haltiges Futter innerhalb von 10 Tagen erfolgen. Je Tier und Tag dürfen dann verfüttert werden: Milchkühe (500 kg) = 250–300 g; Jungrinder (300 kg) = 200-250 g; Jungrinder (200 kg) = 150-180 g. Die NH_4HCO_3-Gaben sollen im Kraftfutter oder mit dem Gärfutter vermischt tägl. in 2 Mahlzeiten trocken verabreicht werden. Hierbei darf dann nur vor der Fütterung oder erst 3 Std. danach getränkt werden. Kraftfuttermischungen mit NH_4HCO_3 müssen kühl und trocken gelagert werden. Eiweißarmes Grünfutter kann mit 5-12,5 kg NH_4HCO_3 je t einsiliert werden. Vf. berichtet dann

über eigene praktische Fütterungsversuche und Silagebereitungen mit NH_4HCO_3. Diese Ergebnisse werden durch Literaturberichte ergänzt.
H. Bergner. 8050.

3-64/08-0616 Ulbrich, M. und Scholz, H. **Untersuchungen zum N-Stoffwechsel beim laktierenden Rind unter Verwendung von oral verabreichtem Ammoniumbicarbonat-(^{15}N). 17. Mitt. Zum Verbleib von Ammoniumbicarbonat-N beim Silierungsvorgang.** Arch. Tierernähr. **13** (1963) Nr. 5/6. S. 460-466. — 4 Tab., 14 Lit. 16. Mitt. vgl. vorst. Ref.
In 1,5-l-Einweckgläsern werden Proben von jungem Gras (10 kg) + Topinambur und Comfrey (2 kg) als zerkleinertes Gemisch einsiliert. 4 Proben waren hierbei ohne NH_4HCO_3, 4 Proben mit 1% NH_4HCO_3 und 4 Proben mit 1% ^{15}N-markiertem NH_4HCO_3 angesetzt. Mit Hilfe eines Anaerobentopfes wurden die Gläser verschlossen. Nach 8 Mon. wurden die Silageproben untersucht. Alle Proben hatten einen hohen Essigsäureanteil und wenig Milchsäure (pH 4,8-5,1). Die Silagen ohne NH_4HCO_3 waren als mäßig, alle anderen als schlecht zu bewerten. Der Reineiweißgehalt ist bei den Proben mit NH_4HCO_3-Zusatz um durchschnittlich 4% erhöht. Der Eiweiß-N enthielt nur 3% NH_4HCO_3-N, was auf eine sehr niedrige Verwertung des NH_4HCO_3 für die Eiweißsynthese während der Einsilierung schließen läßt. Zwischen der NH_3-freien NPN-Fraktion und der NH_3-Fraktion fanden während des Siliervorganges Austauschprozesse statt. H. Bergner. 8050.

3-64/08-0617 Rolle, W. und Hübner, H. **Untersuchungen zum N-Stoffwechsel beim laktierenden Rind unter Verwendung von oral verabreichtem Ammoniumbicarbonat-(^{15}N). 18. Mitt. Probenchemische Umarbeitung von Ammoniumchlorid durch Oxydation mit CuO zur massenspektrometrischen Isotopenanalyse am Stickstoff.** Arch. Tierernähr. **13** (1963) Nr. 5/6. S. 467 bis 470. — 4 Lit. 17. Mitt. vgl. vorst. Ref.
Vff. berichten über die Aufbereitung und Umarbeitung des Analysenmaterials zur massenspektrometrischen ^{15}N-Bestimmung. Die Proben werden nach Kjeldahl aufgeschlossen, das NH_3 wird abdestilliert und in 1 n HCl aufgefangen. Der N-Gehalt der Probe wird durch Rücktitration mit NaOH ermittelt. Die so erhaltene NaCl-NH_4Cl-Lösung wird vorsichtig eingedampft und der N des NH_4Cl wird durch Oxydation mit Kupferoxyd in N_2 überführt. Die Arbeitsvorschrift hierfür wird angegeben. Abschließend werden Beispiele zur Beurteilung der Meßwerte (Signifikanzberechnungen) wiedergegeben.
H. Bergner. 8050.

3-64/08-0618 Birkenfeld, H., Haase, G. und Meier, G. **Untersuchungen zum N-Stoffwechsel beim laktierenden Rind unter Verwendung von oral verabreichtem Ammoniumbicarbonat-(^{15}N). 19. Mitt. Die Bestimmung der relativen Isotopenhäufigkeiten des Stickstoffs.** Arch. Tierernähr. **13** (1963) Nr. 5/6. S. 471-474. — 9 Lit. — 18. Mitt. vgl. vorst. Ref.
Vff. beschreiben die Methodik der ^{15}N-Bestimmung für die durchgeführte Gemeinschaftsarbeit (s. vorhergehende Mitteilungen). Es waren über 3000 Isotopenanalysen erforderlich, die zu ca. $^2/_3$ massenspektrometrisch und zu ca. $^1/_3$ emissionsspektrometrisch durchgeführt wurden. Es werden Einzelheiten der Arbeitsweise und erforderlichen Maßnahmen bei beiden Verfahren für eine zuverlässige Bestimmung der relativen ^{15}N-Häufigkeiten angegeben. Für eine massenspektrometrische Isotopenanalyse wurde 1 cm^3 N_2 benötigt; das Ergebnis ist mit einem Fehler von $\pm 0{,}007$ Atom-% ^{15}N behaftet. Für eine emissionsspektrometrische Isotopenanalyse genügt 0,01 cm^3 N_2. Der Fehler einer Messung beträgt hierbei $\pm 0{,}02$ Atom-% ^{15}N. H. Bergner. 8050.

3-64/08-0619 Faust, H., Gürtler, H., Hübner, G., Hübner, H., Mielke, H., Rommel, W., Ulbrich, M. und Wetzel, K. **Untersuchungen zum N-Stoffwechsel beim laktierenden Rind unter Verwendung von oral ver-**

abreichtem Ammoniumbicarbonat-(^{15}N). 20. Mitt. Zusammenfassender Bericht und Schlußbetrachtungen. Arch. Tierernähr. **13** (1963) Nr. 5/6. S. 475-488. — 2 Abb., 31 Lit. 19. Mitt. vgl. vorst. Ref.

Vff. geben einen zusammenfassenden Bericht zu ihrer Gemeinschaftsarbeit (s. 1.-19. Mitt.). An 2 Kühen wurde ^{15}N-markiertes NH_4HCO_3 verfüttert (250 g/Tier und Tag). Es wird über den Versuchsablauf, über die klinischen Kontrollen, über die Probenentnahmen und über die Aufarbeitung des Probenmaterials zur Bestimmung des N-Gehaltes und der ^{15}N-Häufigkeit kurz berichtet. Es folgt dann eine geraffte Darstellung der experimentellen Ergebnisse, wie Gesundheitszustand, Futteraufnahme, N-Bilanz und Resultate der Isotopenanalysen. Mehr als die Hälfte dieser 20. Mitt. ist einer ausführlichen, alle Mitteilungen zusammenfassenden Diskussion der Ergebnisse gewidmet.

H. Bergner. 8050.

3-64/08-0620 Orth, A. und Rohr, K.; Kiel, Bundesversuchs- und Forsch.-Anst. für Milchwirtsch., Inst. für Milcherzeug. **Harnstoff im Futter von Milchkühen.** Landwirtsch. Forsch., Sonderh. Nr. **17** (1963) S. 185-194. — 7 Abb.

Vff. stellen in vitro fest, daß die Ureaseaktivität einer Heuflora (**I**) pro g Bakterien-Tr.- Subst. erheblich größer ist als die einer Stärkeflora (**II**). Jedoch bedingt **II** eine doppelt so große Keimzahl im Vgl. zu **I**. In vivo-Versuche an Kühen mit 27% Rohfaser (a) bzw. 16% Rohfaser (b) in der Ration zeigten, daß der Harnstoff (120 g) bei a schneller abgebaut wird als bei b. Trotzdem waren die NH_3-Maxima im Pansen wider Erwarten nicht unterschiedlich. Wahrscheinlich diffundiert bei rohfaserreicher Fütterung und höherem pH-Wert im Pansen das NH_3 schneller ins Blut. Die bessere Verwertung des Harnstoffs bei stärkereicher Fütterung ist durch den langsameren Harnstoffabbau, die höheren Bakterienzahlen und die längere Verweildauer des NH_3 im Pansen bedingt. Eine gute Harnstoffausnützung konnte aber auch bei extrem rohfaserreicher Fütterung erreicht werden, wenn der Harnstoff sehr fein in der Gesamtration verteilt war. 41% des verd. Proteins einer Normalration konnten dabei aus Harnstoff gefüttert werden, ohne daß ein Leistungsabfall (14-15 l Milch je Tier und Tag) zu beobachten war.

H. Bergner. 8050.

3-64/08-0621 Olsen, Ellen M., Hill, D. C. und Branion, H. D.; Guelph, Ontario, Canada, Ontario Agric. Coll. The effect of dietary diammonium citrate on glutamine and glutamic acid concentration in the blood plasma of chicks. **(Der Einfluß von Diammoniumcitrat im Futter auf die Glutamin- und Glutaminsäurekonzentration im Blutplasma von Küken.)** Poultry Sci. **42** (1963) Nr. 5. S. 1177-1181. — 3 Tab., 13 Lit.

White-Plymouth-Rock-Eintagsküken erhalten 2 Wo. standardisiert zusammengesetzte Versuchsrationen mit 18% isoliertem Sojaprotein oder 16,6% Casein. Am Ende betragen der Plasma-Glutaminspiegel (**I**) 14,4–16,8 und der Glutaminsäuregehalt (**II**) 2,7-4,0 mg/100 ml. Ersatz von Dextrose (8-12%) durch Diammoniumcitrat (DAC) führt zu einem **I**-Anstieg auf 21,2 mg/100 ml, während **II** unbeeinflußt bleibt. Zusätzlicher Einschluß von Glutaminsäure in das Futter erhöht **I** noch mehr, während ohne DAC-Gaben **II** und nicht **I** zunimmt. Die Harnsäureausscheidung wächst sowohl bei DAC- als auch bei Glutaminsäurefütterung. Die Ergebnisse zeigen, daß die Glutaminbildung den Hauptmechanismus zur Beseitigung überschüssigen Ammoniaks im Blut von Küken darstellt.

B. Gaßmann. 8050.

3-64/08-0622 *Tommé, M. F.* und *Modjanov, A. V.* **Zameniteli kormovogo proteina.** (Ersatz für Futterprotein.) Moskva: Izdatel'stvo sel'skochozjajstvennoj literatury, žurnalov i plakatov. 1963. (351 S. m. 57 Tab. u. 780 Lit.) 8°. Rbl. —,61. Die zunehmende Bedeutung des Einsatzes von Stickstoffverbindungen nichteiweißartiger Natur als Proteinersatz in Wiederkäuerrationen und von synthetischen Aminosäuren in Schweine- und Geflügelrationen veranlaßten die Vff., die auf diesem Gebiet vorliegende Literatur auszuwerten und in Form eines Buches herauszugeben. Das Werk vermittelt einen umfassenden Überblick über die bisher erzielten Ergebnisse und soll nach den Angaben der Vff. sowohl zu einer breiteren Anwendung von NPN-Verbindungen in der landwirtschaftlichen Praxis beitragen als auch der wissenschaftlichen Forschung weitere Anregung geben. Im einzelnen werden folgende Probleme behandelt: Bedeutung der Futterproteinerzeugung; Anwendung von NPN-Verbindungen in der UdSSR und in anderen Ländern; Verwertung der nichteiweißartigen N-Verbindungen beim Wiederkäuer und Faktoren, die die Verwertung beeinflussen; Wert des von den Mikroorganismen im Pansen produzierten Proteins; Verwertung von Proteinersatzstoffen durch Nichtwiederkäuer; verschiedene Möglichkeiten der Verabreichung von Harnstoff und anderen NPN-Verbindungen (u. a. als Amidschnitzel); Zusatz von Harnstoff und NH_4-Salzen bei der Silierung (insbesondere Maissilierung); Einsatz von Harnstoff in der Fütterung von Milchvieh, Jungvieh und Schafen, einschließlich ökonomischer Betrachtungen; Verwertung der verschiedenen NH_4-Salze und einer Reihe von ammonisierten Futtermitteln; neue Ersatzstoffe für Futterprotein, u. a. Biuret, Kreatin, Uramit, Sarkosin, Glyko-Ureid, Federmehl, Peramin, Keratin, Kollagen; Toxizität von Harnstoff und anderen NPN-Verbindungen. — Der letzte Abschnitt des Buches befaßt sich schließlich mit der Verwertung synthetischer Aminosäuren, dem Aminosäurenbedarf von Schweinen und Geflügel sowie den Aminosäure-Zusätzen in Schweine-, Geflügel- und Wiederkäuerrationen. J. Wünsche.

Stoffwechsel stickstofffreier Nährstoffe

3-64/08-0623 Cordiez, E., Bienfait, J. M. und Mignon, J. Importance de la glycemie dans l'étude de l'utilisation des glucides chez le jeune bovin. **(Die Bedeutung der Glykämie bei Untersuchungen über die Verwertung der Glucose bei Jungrindern.)** Ann. Méd. vétérin. [Bruxelles] **107** (1963) Nr. 4. S. 213-235. — 3 Abb., 4 Tab., 55 Lit.
Der Blutzuckeranstieg nach oraler Verabreichung von Kohlenhydraten ist ein ausreichend genaues Kriterium für den Grad und die Schnelligkeit der Resorption der verabreichten Kohlenhydrate. Der normale Blutzuckerwert bei der Kuh liegt nach älteren Angaben bei 46,52 mg/100 ml Blut. Spez. und individuelle Schwankungen spielen eine große Rolle. Bei rindernden Färsen z. B. kommt es nach Hewitt (1930) zu einem beträchtlichen Anstieg des Blutzuckerspiegels. Auch bei der Geburt ist der Wert bei der Kuh erhöht. Bei laktierenden Kühen ist er niedriger als bei Färsen und trockenstehenden Kühen. Beim Kalbe beläuft sich der Blutzuckergehalt 7 Stunden p.p. auf ca. 97 mg%. H. Busse. 8062.

3-64/08-0624 Marion, J. E. und Woodroof, J. G.; Experiment, Georgia Exp. Stat. The fatty acid composition of breast, thigh, and skin tissues of chicken broilers as influenced by dietary fats. **(Die Fettsäurezusammensetzung von Brust-, Schenkel- und Hautgeweben von Mastgeflügel unter dem Einfluß von Futterfetten.)** Poultry Sci. **42** (1963). Nr. 5. S. 1202-1207. — 5 Tab., 13 Lit.
White-Plymouth-Rock-Küken werden bei Batteriehaltung 8 Wochen mit einem Futter auf Mast gezogen, bei dem in 4 Versuchsgruppen Mais durch 6% Maisöl, 6% Rindertalg, 5% Maisöl + 1% Fischöl (*Alosa sapidissima*) oder 5% Rindertalg + 1% Fischöl ersetzt ist. Durch gaschromatographische Analyse der Fettsäuremethylester wird am Versuchsende festgestellt, daß sich die Fettsäurezusammensetzung in Brust- und Beinmuskel, der Haut und dem Bauchfett merklich voneinander unterscheidet, wenn auch jede von der Art des verfütterten Fettes ähnlich beeinflußt wird. Während in der Haut und im Fettgewebe Fettsäuren mit Kettenlängen über C_{20} nicht gefunden werden, lassen sich in den Muskelgeweben bemerkenswerte Mengen C_{22}- und C_{24}-polyungesättigter Fettsäuren nachweisen. B. Gaßmann. 8066.

3-64/08-0625 Hutcheson, Lilian M., Hill, D. C. und Jenkins, K. J.; Guelph, Ontario, Canada, Ontario Agric. Coll. Influence of dietary fat on the efficiency of agents protecting against muscular dystrophy in the chick. **(Einfluß des Futterfettes auf die Wirksamkeit von Schutzmitteln gegen die Muskeldystrophie des Kükens.)** Poultry Sci. **42** (1963) Nr. 4. S. 846-855. — 2 Tab., 36 Lit.
Durch 5wöchiges Füttern einer fettfreien Tocopherol(**I**)- und Cystin(**II**)-armen Grundkost erzeugen Vff. bei White-Plymouth-Rock-Küken eine schwere

Brustmuskeldegeneration, die durch Zulagen von 4% Schweineschmalz oder Kokosöl noch verstärkt wird und für die jedoch auf Grund niedriger Thiobarbitursäurewerte nicht eine Bildung von Fettsäureperoxyden verantwortlich gemacht werden kann. Ohne die Schweineschmalzzulage schützen vorher unwirksame Mengen von 0,1 ppm Se, 0,044% Diphenyl-p-phenylendiamin (DPPD), 3 ppm I-Acetat oder 0,08% **II** vor der Muskeldystrophie. Wie Zulagen von 4% Schweineschmalz äquivalenten Mengen ungesättigter Fettsäuren, gesättigter Fettsäuren, Ölsäure oder Linolsäure, 0,284% Linolensäure, 4% Kokosöl und 4% Erdnußöl zeigen, ist die Hemmung der Se-Schutzfunktion durch Schweineschmalz auf dessen Linolsäuregehalt zurückzuführen. Zwischen Se und I-Acetat, Se und DPPD und Se und **II** bestehen in ihrer Schutzwirkung gegen Muskeldegeneration synergistische Beziehungen. Die Anwesenheit eines ungesättigten Fettes setzt die Wirksamkeit in jedem Fall herab. B. Gaßmann. 8066.

3-64/08-0626 Acharya, U. Sitarama und Jayaraman, J. Influence of feeding rancid oil the tissue levels of coenzyme Q, ubichromenol and tocopherol in the rat. **(Über den Einfluß der Ernährung der Ratten mit ranzigem Fett auf den Gehalt der Gewebe an Coenzym Q, Ubichromenol und Tocopherol.)** Int. Z. Vitaminforsch. [Bern] **33** (1963) Nr. 4. S. 457-463. — 3 Tab. Zus. in Engl., Franz., Dtsch. — nach Zus.

Während Coenzym Q und Tocopherol bei der Inkubierung im ranzigen Öl während 30 Std. zerstört werden, ist im Rattengewebe nach Verfütterung dieses Öls keine Abnahme von Coenzym Q, Ubichromenol oder Tocopherol zu sehen. Verfüttert man ranziges Öl trächtigen Ratten, so ist der Tocopherolgehalt im Uterus nicht verändert, die Embryonen werden aber nach 14 Tagen resorbiert. 8066.

3-64/08-0627 Degkwitz, Eva und Lang, K. **Veränderungen des Gehaltes an Cholesterin, Gesamtlipid und Lipid-P im Serum von Ratten nach Fütterung von bestrahltem Sojaöl.** Z. Ernährungswiss. **3** (1963) Nr. 3/4. S. 164-167. — 3 Tab., 8 Lit. 8066.

3-64/08-0628 Wallgren, H. und Forsander, O. Effect of adaptation to alcohol and of age on voluntary consumption of alcohol by rats. **(Die Wirkung von Gewöhnung an Alkohol und des Alters auf die freiwillige Alkoholaufnahme bei Ratten.)** Brit. J. Nutrit. **17** (1963) Nr. 4. S. 453-457. — 1 Abb., 1 Tab., 11 Lit. 8068.

Mineralstoffwechsel

3-64/08-0629 Langendorf, H. **Säure-Basen-Gleichgewicht und chronische acidogene und alkalogene Ernährung.** Z. Ernährungswiss., Suppl. **3** (1963) Nr. 2. S. 1-72.

Vf. diskutiert zunächst die Säure-Basen-Theorien, wobei die von Bronstedt Anwendung findet. Säuren sind Protonen-Donatoren und Basen Protonen-Acceptoren. Die Verschiebung des Säure-Basen-Gleichgewichtes wurde durch Zugabe von Ammoniumchlorid oder Na-Bikarbonat herbeigeführt. Das Funktionieren des Säure-Basen-Gleichgewichtes findet seinen Ausdruck im pH-Wert. Wichtig sind jedoch die Informationen, wie es zur Regulierung kommt. Sie ist abhängig von der Pufferkapazität, deren Maß die Bicarbonatkonz. ist. Beziehungen zum Intermediärstoffwechsel werden besprochen. Ratten erhielten bei gleichem Futter einen Zusatz von 100-300 mÄqu/kg NH_4Cl oder $NaHCO_3$, um bei langfristiger acidogener oder alkalogener Gestaltung der Ration die Wirkung auf Stoffwechsel, Zuwachs und Lebensdauer zu erfassen. Nach einer Versuchsdauer von 8 bzw. 32 Mon. war die Elektrolyt-Conc. im Serum kaum verändert. Doch ergaben sich Abweichungen im Kohlenhydrat-, Fett- bzw. Cholesterin-Stoffwechsel. Eine Veränderung des

Säure-Basen-Gleichgewichtes — gleich nach welcher Richtung — setzte die Lebenszeit signifikant herab. Für die menschliche Ernährung wird geschlossen, daß eine gemäßigte einseitige Ernährungsform keine Gefährdung bedeutet, daß aber eine extrem einseitige Kostform als Dauernahrung nachteilige Auswirkungen zeigt. B. Piatkowski. 8110.

3-64/08-0630 Bruce, R. S.; Harwell, Med. Res. Council. Influence of calcium phosphate on the absorption of radioactive strontium. **(Einfluß von Calciumphosphat auf die Absorption von radioaktivem Strontium.)** Nature [London] **199** (1963) Nr. 4898. S. 1107-1108. — 1 Abb., 1 Tab., 1 Lit.
Versuche ergaben, daß Ratten, die vor und nach der intragastrischen Verabreichung einer ^{85}Sr-haltigen Lösung fasteten, etwa 3mal so viel ^{85}Sr absorbierten wie Ratten mit freiem Zugang zur Nahrung. Die ^{85}Sr-Absorption konnte auch auf das Niveau der gefütterten Ratten gesenkt werden, wenn die Grundnahrung unmittelbar nach ^{85}Sr verabreicht wurde. Hauptkomponente der Grundnahrung war Knochenmehl. Der gleiche Effekt wurde durch Mischungen von $CaHPO_4 \cdot 2\,H_2O$ mit Cellulose und Rohrzucker erzielt. Die Ergebnisse lassen vermuten, daß $CaHPO_4$ als sicheres Mittel zur Herabsetzung der Sr-Absorption nach zufälliger Einnahme von radioaktivem Sr durch den Menschen dienen kann. P. Stoß. 8123.

3-64/08-0631 Stoclet, J. C. und Cohen, Y.; Paris, Fac. de Pharmac. L'élution plasmatique de ^{45}Ca injecté au rat, analysée an fonction du sexe et de l'âge. **(Die Plasmaelution von Ratten injiziertem ^{45}Ca als Funktion des Geschlechtes und des Alters.)** Ann. Nutrit. Alimentat. [Paris] **17** (1963) Nr. 4/5. S. B 193-B 205. — 5 Abb., 1 Tab., 22 Lit.
Die Untersuchungen erlauben die Meinung, daß die Plasmaelution von Ratten injiziertem ^{45}Ca vom Geschlecht und vom Alter durch Zwischenschaltung eines 3. Faktors, der Wachstumsrate, abhängt. Alter und Geschlecht beeinflussen hauptsächlich die Intensität der Ca-Bewegung zwischen dem Blutplasma und dem Skelett. Im Gegensatz dazu ist die Aufnahme von Muskel-Ca aus dem Plasma-Ca unabhängig vom Alter, Geschlecht und der Wachstumsrate. R. Neseni. 8123.

3-64/08-0632 Aubert, J. P., Moukhtar, M. S. und Milhaud, G.; Paris, Inst. Pasteur. Le calcium ingéré comme variable déterminanta du métabolisme calcique chez le rat normal. **(Die Calcium-Aufnahme als variable Determinante des Calcium-Stoffwechsels bei normalen Ratten.)** Ann. Nutrit. Alimentat. [Paris] **17** (1963) Nr. 4/5. S. B 181-B 191. — 1 Abb., 5 Tab., 5 Lit.
Die an Wistar-Ratten durchgeführten Untersuchungen ergaben, daß die „Ingestion" (Vi) die einzige variable unabhängige Determinante des Ca-Stoffwechsels ist. Unter einer Ingestion werden 25-75 mg Ca pro Tag verstanden, deren Resorptionsgröße konstant und = 66% des aufgenommenen Ca beträgt. Die Intensität des Knochen-Anabolismus (Vo+) und des Knochenkatabolismus (Vo—) ergeben die Veränderungen der individuellen Unabhängigkeit der Ingestion (Vi). Für eine solche Bestimmung sind diese Variationen nicht beliebig, sondern sie sind im Gegenteil immer die Differenz zwischen Vo+ und Vo— und konstant = 48% des aufgenommenen Ca (Vo+ minus Vo— = 0,48). Für eine Ingestionsbestimmung ist die Bilanz unabhängig von den absoluten Werten des Vo+ und Vo—. Vo+ und Vo— hängen andererseits wieder von Ingestion ab. Die Veränderungen von Vo+ und Vo— sind eine Funktion von Vi und sind synthetisch. R. Neseni. 8123.

3-64/08-0633 Waldroup, P. W., Ammerman, C. B. und Harms, R. H.; Gainesville, Univ. of Florida. The relationship of phosphorus, calcium, and vitamin D_3 in the diet of broiler-type chicks. **(Die Beziehung zwischen Phosphor, Calcium und Vitamin D im Futter von Küken des Brathähnchen-Typs.)** Poultry Sci. **42** (1963) Nr. 4. S. 982-989. — 6 Abb., 3 Tab., 16 Lit.

Je 5 ♂ und 5 ♀ Eintagsküken werden bei Batteriehaltung 28 Tage lang ad libitum mit Rationen gefüttert, die Ca/P-Quotienten von 1:1, 1,4:1 und 1,8:1, P-Gehalte von 0,48; 0,59 und 0,70% Gesamt-P und Vit.-D-Konzentrationen von 45, 90, 180 und 360 ICE/lb aufweisen. Am Ende zeigt sich, daß Körpergewicht und Knochenasche mit dem P-Angebot (bis 0,7%), der Vit.-D_3-Versorgung (bis 180 ICE/lb) und dem Ca/P-Quotienten (bis 1,4:1) ansteigen. Der P-Bedarf liegt bei 0,64% Gesamt-P; bei nachteiligen Ca/P-Verhältnissen und Vit.-D_3-Angeboten liegt er höher. Bei hoher P-Versorgung sind auch hohe Ca/P-Quotienten wünschenswert. Die optimale Vit.-D-Zufuhr hängt von der P- und Ca-Versorgung ab. Hühnchen haben einen geringeren Mineralstoffbedarf als Hähnchen. B. Gaßmann. 8123.

3-64/08-0634 Sternkopf, G. **Über Calcium-Phosphor-Bilanzen an Kaninchen bei Fütterung mit Luzerne und Rotklee.** Arch. Tierernähr. **13** (1963) Nr. 4. S. 247-253. — 4 Tab., 6 Lit.

Vf. füttert in 2 Versuchen an je 3 Kaninchen frische Luzerne mit einem Ca/P-Verhältnis von ca. 10:1. Vom verabreichten Ca der Luzerne wurden 59,4 bis 74,0% verdaut (scheinbare Verdaulichkeit) und von P 61,7-81,3%. Die Bilanz zeigte einen Ca-Ansatz von 15,7-63,6% und einen P-Ansatz von 60,9 bis 79,4% der verabreichten Gabe. In einem weiteren Versuch mit 3 Kaninchen wurde frischer Rotklee mit einem Ca/P-Verhältnis von 7:1 gefüttert. Die scheinbare Verdaulichkeit des Ca lag zwischen 65,4 und 73,7% und die des P zwischen 45,7 und 49,1%. Retiniert wurden 5,9-17,6% der verabreichten Ca-Menge und 44,6-48,8% des aufgenommenen P. Vf. schlußfolgert, daß ein überhöhtes Ca-Angebot bei Kaninchen durch Ausscheidung im Harn auf eine für den Organismus geeignete Menge reduziert wird. H. Bergner. 8123.

3-64/08-0635 Storry, J. E. und Rook, J. A. F.; Shinfield, Reading, Berks., Nat. Inst. for Res. in Dairying. The magnesium nutrition of the dairy cow in relation to the development of hypomagnesaemia in the grazing animal. **(Die Magnesiumernährung der Milchkuh in Beziehung zur Entwicklung der Hypomagenesamie beim Weidetier.)** J. Sci. Food Agric. **13** (1962) Nr. 12. S. 621-627. — 2 Abb., 63 Lit.

In Form eines Referats wird die Bedeutung des Mg für die Wiederkäuer erläutert und als auslösende Ursache der Weidetetanie ein kurzfristiger Mg-Mangel des Futters angegeben. In übersichtlicher Weise ist die wichtigste Literatur dieses Gebietes zusammengefaßt. M. Anke. 8123.

3-64/08-0636 L'Estrange, J. L. und Axford, R. F. E. The effects of low magnesium intake on lactating ewes. **(Die Wirkungen niedriger Magnesiumaufnahme auf laktierende Schafe.)** Proc. Nutrit. Soc. **22** (1963) Nr. 1. S. I-II. 8123.

3-64/08-0637 Arrington, L. R., Outler, J. C., Ammerman, C. B. und Davis, G. K.; Gainesville, Florida Agric. Exp. Stat. Absorption, retention and tissue deposition of labeled inorganic phosphates by cattle. **(Resorption, Retention und Gewebeablagerung von markierten anorganischen Phosphaten bei Rindern.)** J. Animal Sci. **22** (1963) Nr. 4. S. 940-942. — 3 Tab., 5 Lit.

Um die P-Verfügbarkeit in verschiedenen anorgan. P-Verbindungen direkt messen zu können, wurden 3 mit ^{32}P-markierte Phosphate (Dicalciumphosphat, entfluoriertes Gesteinsphosphat und Weichphosphat) oral an Kälber und Ochsen verabreicht. Die Resorptions- und Retentionswerte betrugen in obiger Reihenfolge: 70,0; 61,2 und 53,5% bzw. 67,6; 47,7 und 45,8%. Der Hauptanteil des vergleichsweise i.v. applizierten ^{32}P wurde im Kot ausgeschieden. J. Wünsche. 8124.

3-64/08-0638 Hibbs, J. W., Conrad, H. R., Vandersall, deficiency. Gale, C.; Wooster, Ohio Agric. Exp. Stat. Occurrence of iron J. H. und

Anemia in dairy calves at birth and tis alleviation by iron dextran injection. **(Das Auftreten von Eisenmangel. Anämie bei Milchkälbern zum Zeitpunkt der Geburt und ihre Herabsetzung durch Eisendextran-Injektionen.)** J. Dairy Sci. **46** (1963) Nr. 10. S. 1118-1124. — 2 Abb., 3 Tab., 13 Lit.

Ca. 30% aller Kälber der Herde des Instituts wiesen im Verlaufe der letzten 12 Jahre einen zu niedrigen Oxyhämoglobingehalt (unter 9 g je 100 ml) auf. Eine Beziehung zu den Muttertieren bestand nicht, da alle Werte über 10,5 g/100 ml hatten. Bei allen geborenen Kälbern mit Anämie konnte Fe-Mangel festgestellt werden (niedriger Fe-Gehalt im Serum und in der Leber). Ein Anstieg des Oxyhämoglobins begann nach 2-3 Wo. mit der Trockenfutteraufnahme und nach ca. 8 Wo. waren Normalwerte von ca. 10 g/100 ml erreicht. Tiere mit einem mittleren Gehalt von 9-10,5 g/100 ml blieben konstant, während die anfänglich mit hohen Werten ($<$10,5 g) etwas absanken. Eine einmalige Fe-Injektion von 500 mg (10 ml „Armidexan") bewirkte einen Anstieg des Oxyhämoglobingehaltes, aber keinen Abfall nach 8 Wo. wie bei den Kälbern mit anfänglich hohen Werten ($<$10,5 g).
B. Piatkowski. 8127.

3-64/08-0639 Dunkley, W. L., Ronning, M. und Voth, J.; Davis, Univ. of California. Influence of injection of cows with copper glycinate on blood and milk copper and oxidized flavor in milk. **(Der Einfluß von Kupferglycinatinjektionen auf den Kupfergehalt in Blut und Milch und den Oxydationsgeschmack der Milch bei Kühen.)** J. Dairy Sci. **46** (1963) Nr. 10. S. 1059-1063.

S.c. Injektion einer Cu-Glycinat-Suspension bei der Milchkuh erhöht für einige Zeit den Gehalt an Cu im Blut. Unter der Voraussetzung, daß dieser erhöhte Cu-Gehalt auch die Cu-Conc. in der Milch steigert, soll der Versuch ein Beitrag zur Klärung und Entwicklung des Oxydationsgeschmackes der Milch sein. Nach Injektion von 300 mg Cu-Glycinat stieg der Cu-Gehalt in Blut und Milch für mindestens 4 Wo. an. Während dieser Zeit war die Milch auf den Oxydationsgeschmack keineswegs anfälliger geworden. Die niedrige Katalytaktivität des Cu läßt vermuten, daß es in ganz anderer Form in der Milch gebunden ist als in den ersten 6-8 Wo. der Laktation. Weil der Cu-Stoffwechsel durch Mo und Zn beeinflußt wird, wurden diese Elemente spektrographisch in Blut und Milch bestimmt. Nach Cu-Glycininjektionen waren Mo und Zn in höherer Conc. im Blut vorhanden als in der Milch. W. Gimmler. 8127.

3-64/08-0640 Jones, G. B. und Godwin, K. O.; Adelaide, Univ., C.S.I.R.O. Studies on the nutritional role of selenium. I. The distribution of radioactive selenium in mice. **(Untersuchungen über die Rolle des Selens in der Ernährung. 1. Mitt. Die Verteilung von radioaktivem Selen in Mäusen.)** Austral. J. agric. Res. **14** (1963) Nr. 5. S. 716-723. — 9 Abb., 2 Tab., 15 Lit.

Durch Züchtung auf ^{75}Se-haltigen Kulturen werden Luzernepflanzen (*Medicago sativa L.*) gewonnen, die vor allem in den Blättern ^{75}Se aufweisen. 70% des ^{75}Se sind im Blatteiweiß lokalisiert. Die getrocknete und gepulverte Luzerne wird in Dosen von 0,2 μg Gesamt-Se und 10 μc einmalig und 7 Tage lang an Mäuse gefüttert und die Radioaktivitätsverteilung in den Geweben sowohl durch Impulsdichtemessung als auch durch Autoradiographie festgestellt. Als Hauptstoffwechselorte ergeben sich Leber und Nieren. Bemerkenswert ist weiterhin die ^{75}Se-Anhäufung im Pankreas, in den endocrinen Drüsen und in der Magenwand. In den Zellen ist das Se vor allem in den Kernen lokalisiert. Bei laktierenden Mäusen tritt es innerhalb von 4 Std. nach der Verabreichung in der Milch auf. Im Verlauf von 24 Std. gehen 20% des resorbierten Se in die Milch über. B. Gaßmann. 8127.

3-64/08-0641 Balabanova, A. M. und Golovina, L. A. Vplyv kobal'tu i jodu na produktivnist koriv. **(Einfluß von Jod und Kobalt auf die Leistungen von Milchkühen.)** Socialistyčne tvarynnyctvo, Kyïv **35** (1963) Nr. 7. S. 52-53. — 1 Tab. 8127.

3-64/08-0642 *Sutmöller, Paul.* **A study of mineral nutrition in cattle under the conditions of an underdeveloped region.** Diss. Fac. d. Diergeneeskunde Utrecht. **1961.** (XII, 81 S. m. Taf. u. 1 Kt.) 8°. (Diss. 9417)

Wasserhaushalt

3-64/08-0643 Barber, R. S., Braude, R. und Mitchell, K. G.; Shinfield, Reading, Nat. Inst. for Res. in Dairying. Further studies on the water requirements of the growing pig. **(Weitere Studien über die Wasserbedürfnisse des wachsenden Schweines.)** Animal Product. **5** (1963) Nr. 3. S. 277–282. — 3 Tab., 5 Lit.

Insges. 48 Schweinen wurden vom Absetzen bis zum Schlachten (203 lb.) unterschiedliche Mengen Wasser angeboten, und zwar je lb. Trockenfutter: Behandlung I 3 lb. Wasser, II 2 lb., III 1½ lb., IV 1½ lb. und ständige Selbsttränke. Das Futter wurde unmittelbar vor dem Füttern mit dem Wasser vermischt. Gefüttert wurde zweimal täglich je ½ Stunde. Die maximale Futtermenge betrug 6½ lb. pro Tag. — Die signifikant höchsten Zunahmen zeigte IV. Hinsichtlich Futterverwertung und Schlachtkörpermaße gab es keine Unterschiede. Die Schlachtausbeute lag bei III signifikant höher. Der Gesamtwasserverbrauch (I–IV) betrug: 163,0, 107,3, 82,5 und 129,2 gal. Die geringe Wassermenge hatte keine Schäden zur Folge (III). — Obwohl durch I insges. mehr Wasser aufgenommen wurde, scheint IV die Futteraufnahme zu fördern, was mit der ständigen Möglichkeit der Wasseraufnahme zusammenhängen könnte. H. Jung. 8129.

3-64/08-0644 Kopfler, Eliska L. und Wilkinson, Walter S.; Baton Rouge, Louisiana State Univ. Water metabolism disturbances related to mortality in day-old chicks force-fed glucose solutions. **(Beziehungen zwischen Störungen des Wasserhaushalts und der Mortalität bei intensiv mit Glucoselösungen gefütterten Eintagsküken.)** Poultry Sci. **42** (1963) Nr. 5. S. 1166 bis 1171. — 3 Tab., 10 Lit.

18–20 Std. nach dem Schlupf erhalten Küken bis zu 9 Std. stündlich 0,2 g Glucose in Form 8 oder 40%iger Lösungen in den Kropf injiziert. Kontrolltieren werden entsprechende Mengen Wasser appliziert. Durch Bestimmung des aufgenommenen Wassers, der Darminhaltsflüssigkeit und der Faecesfeuchtigkeit wird die Wasserretention pro 9 Std. ermittelt. Die Bilanz ist bei der 8%igen Lösung positiv, bei der 40%igen negativ. Nach Verabreichung der 40%igen Glucoselösung wird die Mortalität auch durch ein ad libitum-Angebot von Wasser nicht gemindert. Durch Wasserbestimmungen, 2, 4, 6, 8 und 10 Std. nach Versuchsbeginn wird nachgewiesen, daß die 40%ige Lösung einen erheblichen Wasserverlust in allen 9 untersuchten Organen und Geweben zur Folge hat, während die 8%ige Lösung nur einen nichtkritischen Wasserentzug aus der Haut und dem Skelettmuskel bewirkt; diese beiden Gewebe enthalten die labilsten Wasserreserven des Kükens. Die Ergebnisse stützen die Auffassung, daß die Mortalität intensiv mit konzentriertem flüssigen Futter ernährter Eintagsküken im osmotisch bedingten Wasserverlust kritischer Gewebe und Organe ihre Ursachen hat. B. Gaßmann. 8129.

Stoffwechsel der Vitamine und anderer Wirkstoffe

3-64/08-0645 Mitoloe, M. und Marolla, I. L'azione vitaminica sulla crescita corporea, studiata in tre generazioni di ratti albini. **(Über die Vitaminwirkung auf das Körpergewicht nach Untersuchungen an 3 Generationen von Ratten.)** Int. Z. Vitaminforsch. [Bern] **33** (1963) Nr. 4. S. 379-404. — 8 Abb., 3 Tab., 8 Lit. — Zus. in Engl., Franz. Dtsch. — nach Zus.

Die Ratten wurden ernährt mit Brot, Käse und Mineralsalzen sowie einer tägl. Zulage der wichtigsten Vitamine. Die ♂ Tiere reagierten deutlicher als die ♀, und die Wachstumszunahme äußert sich am deutlichsten in den ersten 10 Versuchswochen; und zwar bei beiden Geschlechtern. Von der 2. Generation an vermindert sich die Vitaminwirkung auf das Wachstum der jungen Ratten, und in der 3. Generation ist sie beinahe vollständig aufgehoben. Die Wachstumswirkung ist geringer bei den Tieren, deren Eltern einen größeren Vitaminvorrat im Gewebe hatten. Die Vitaminwirkung auf das Wachstum äußert sich in quantitativer Weise, indem eine größere Nahrungsmenge aufgenommen wurde, zuweilen auch qualitativ, indem die Proteine animalischer Natur in größerer Menge aufgenommen werden als vegetative, aber auch, und dies besonders bei ♂ Ratten, durch eine bessere Ausnutzung der Proteine. 8150.

3-64/08-0646 Woelfel, C. G., Calhoun, M. C., Rousseau jun., J. E., Eaton, H. D. und Nielsen, S. W.; Storrs, Conn., Agric. Exp. Stat. Some biochemical constituents in urine of vitamin A-deficient Holstein calves. **(Einige biochemische Bestandteile im Harn von Vitamin-A-Mangel-Holstein-Kälbern.)** J. Dairy Sci. **46** (1963) Nr. 9. S. 947-954. — 6 Tab., 34 Lit.

An 30 ♂ Holstein-Kälber (Vit.-A-Mangeltiere, ∅ Alter 53 Tage, ∅ Lgw. 158 lb.) wurde eine Vit.-A-Mangelration gefüttert, die durch Ergänzung mit künstlich getrocknetem Luzerneblattmehl entweder eine nur mangelhafte oder eine angemessene Carotinversorgung (15 bzw. 150 μg je lb. Lgw. und Tag) gewährleistete. Bei den Mangeltieren war der Druck der Cerebrospinalflüssigkeit erhöht, verringert waren dagegen die Vit.-A-Gehalte in Plasma und Leber, das spez. Gew., der osmotische Druck und die Festbestandteile des Harns sowie die Konzentrationen und tägl. Ausscheidungen an Harnstoff-N und Kreatinin. Weitere Untersuchungen über die Zusammensetzung des Harns mit je 5 Kälbern ergaben wiederum bei den Mangeltieren einen niedrigeren osmotischen Druck sowie verringerte Gehalte und tägl. Ausscheidungen an Na und Cl; K blieb unbeeinflußt, P dagegen war erhöht. J. Wunsche. 8152.

3-64/08-0647 Harmon, B. G., Miller, E. R., Hoefer, J. A., Ullrey, D. E. und Luecke, R. W.; East Lansing, Mich., State Univ. Relationship of specific nutrient deficiencies to antibody production in swine. I. Vitamin A. **(Beziehung zwischen spezifischen Ernährungsmängeln und Antikörperbildung beim Schwein. 1. Mitt. Vitamin A.)** J. Nutrit. [Philadelphia] **79** (1963) Nr. 3. S. 263 bis 268. — 1 Abb., 4 Tab., 24 Lit.

Ferkel wurden im Alter von 5 Tagen (Gruppe I) und von 12 Std. (Gruppe 2) entwöhnt und mit einer Vit.-A-Mangelkost ernährt. Im Alter von 2 Wo. erhielten die Kontrolltiere als Zusatz Vit. A (3960 IE/kg Futter), die Versuchstiere weiterhin die Mangelkost. In Gruppe I war nach 8 Wo. der Vit.-A-Spiegel des Serums auf 13,8 μg/100 ml gefallen, in Gruppe II nach 4 Wo. auf 12,6 μg. Die Tiere beider Gruppen wurden nach Absinken des Vit.-A-Spiegels unter 14 μg/100 ml mit *Salmonella pullorum*-Antigen immunisiert. In beiden Gruppen war der Antikörpertiter der Vit.-A-Mangeltiere signifikant erniedrigt. Bei gleichem Gesamtproteingehalt im Serum hatten die Mangeltiere mehr α- und γ-Globulin und weniger Albumin als die Kontrollen. 6-7 Wochen nach Umstellung auf Normalkost hatten sich die immunologischen Reaktionen weitgehendst normalisiert. Gruppe II holte einen Gewichtsrückstand nur langsam auf. W. Goldbach. 8152.

3-64/08-0648 Harmon, B. G., Miller, E. R., Hoefer, J. A., Ullrey, D. E. und Luecke, R. W.; East Lansing, Mich., State Univ. Relationship of specific nutrient deficiencies to antibody production in swine. II. Pantothenic acid, pyridoxine or riboflavin. **(Beziehung zwischen spezifischen Ernährungsmängeln und Antikörperbildung beim Schwein. 2. Mitt. Pantothensäure, Pyridoxin oder Riboflavin.)** J. Nutrit. [Philadelphia] **79** (1963) Nr. 3. S. 269-275. — 1 Abb., 6 Tab., 31 Lit. 1. Mitt. vgl. vorst. Ref.

Ferkel wurden im Alter von 14 Tagen entwöhnt und mit einer Kost ernährt, die frei von Pantothensäure, Pyridoxin und Riboflavin war. Im Alter von

4 Wo. erhielten die Kontrolltiere ein vollwertiges Futter, bei den Versuchstieren fehlte jeweils eins der genannten Vitamine. Nach Immunisierung mit *Salmonella pullorum*-Antigen bzw. menschlichen Erythrocyten war bei den Mangeltieren der Antikörpertiter signifikant erniedrigt. Sie waren im Gewicht zurückgeblieben und zeigten eine schlechtere Futterverwertung. Die Pyridoxinmangeltiere wiesen Oligocythaemie und Oligochromaemie auf und hatten einen signifikant höheren Xanthurensäuregehalt im Urin. Der Gesamtproteingehalt im Serum blieb unverändert. Pantothensäuremangel erhöhte den Gehalt an α-Globulin, Pyridoxinmangel verminderte die β-Globulinfraktion. Umstellung auf Normalkost normalisierte die immunologischen Reaktionen. Der Gewichtsrückstand wurde nur langsam aufgeholt. W. Goldbach. 8158.

3-64/08-0649 Creek, R. D. nnd Vasaitis, Valeria; College Park, Univ. of Maryland. The effect of excess dietary protein on the need for folic acid by the chick. **(Der Einfluß eines Nahrungsproteinüberschusses auf den Folsäurebedarf des Küken.)** Poultry Sci. **42** (1963) Nr. 5. S. 1136-1141. — 4 Tab., 19 Lit.

Eintagsküken werden ad libitum mit Rationen gefüttert, deren Eiweißangebot bei gleicher Aminosäurenrelation den Bedarf um 0, 25 oder 50% übersteigt. Die Folsäureaufnahme wird dabei auf 0, 15, 30, 45 oder 150 μg/100 g Lgw. eingestellt. Verfolgt werden Wachstum, Mortalität, Fersenkrankheits-Index, Futterverwertung, N- und Harnsäureausscheidung. Dabei zeigt sich, daß der Verzehr von viel Eiweiß das Wachstum hemmt, den Folsäurebedarf steigert und die Zahl der Fersenkrankheits-Fälle ansteigen läßt. Bei adäquater Vitaminversorgung werden große Mengen an Eiweiß gut toleriert. Aus den Ergebnissen ergibt sich bei normaler Eiweißversorgung ein Folsäurebedarf von 300 μg/100 g Futter. B. Gaßmann. 8158.

3-64/08-0650 Kirchgessner, M. und Friesecke, H.; Freising-Weihenstephan, Inst. für Tierernähr. der TH München. **Entwicklung und Körperzusammensetzung von Mastküken bei unterschiedlicher Vitamin B_6-Versorgung.** Arch. Geflügelkunde **27** (1963) Nr. 5. S. 412-418. — 3 Tab., 20 Lit.

In 2 einleitenden Versuchsreihen von 5 Wochen Dauer verglichen Vf. an Eintagsküken a) 2,8; 3,3 und 3,8 mg Vit. B_6/kg Futter miteinander und anschließend b) 2,2; 3,6 und 5,0 mg. Bei a) ergaben sich keine Unterschiede zu der Standardmenge von 2,8 mg/kg. Bei b stieg der N-Ansatz bei der Gruppe mit 5 mg Vit. B_6 gegenüber der mit 2,2 mg etwas an; dieser Unterschied war signifikant. Daraufhin folgte ein 3. (u. 4.) Versuch mit 1,5 (bzw. 2,0); 3,6 u. 10,8 mg Vit. B_6. Die Küken wuchsen in den 2 Wochen um so besser, je größer der Vitaminanteil war. Der Futteraufwand je 100 g Zunahme verringerte sich dementsprechend. In einer abschließenden Versuchsreihe mit natürlichen Futtermischungen unterschiedlichen Proteingehaltes (18,7; 22,1; u. 28,1%) an Leghorns wurde offensichtlich, daß der Bedarf an Vit. B_6 mit steigendem Proteingehalt zunimmt; bei 2,0 mg Vit. B_6/kg traten Mangelerscheinungen in allen Gruppen auf, bei 22,1 und 28% Protein mehr als 60% Todesfälle. Das Huhn reagiert somit nicht anders als Säugetiere. C. Engelmann. 8158.

3-64/08-0651 Polin, Donald, Wynosky, Elizabeth R. und Porter, Curt C.; Rahway, N. J., Merck Inst. for Therapeutic Res. Amprolium. XI. Studies on the absorption of amprolium and thiamine in laying hens. **(Amprolium. 11. Mitt. Untersuchungen über die Resorption von Amprolium und Thiamin bei Legehennen.)** Poultry Sci. **42** (1963) Nr. 5. S. 1057-1061. — 3 Abb., 1 Tab., 8 Lit.

Mit steigender Aufnahme des Coccidiostaticums Amprolium (12,5 - 200 mg/Henne und Tag) über 3 Wochen sinkt zunehmend der Vit.-B_1-Gehalt des Eidotters, wobei die orale Aufnahme durch ad libitum-Fütterung wirksamer ist als die durch Kapselverabreichung und diese wiederum weit mehr als die s.c. Verabfolgung. Der Amproliumgehalt des Eidotters ist umgekehrt bei parenteralem Angebot am höchsten. Resorptionsversuche an Dünndarmschleifen in situ, bei denen gleichzeitig 28 μ Mol Amprolium und 2,0 oder 4,1 μ Mol B_1 eingebracht und die verbleibenden Anteile bestimmt werden, zeigen, daß das Coccidiostaticum kompetitiv die Thiaminresorption hemmt und hauptsächlich darum die Vit.-B_1-Ablagerung im Eidotter verringert. B. Gaßmann. 8158.

3-64/08-0652 Grzeszczak-Swietlikowska, U. und Abgarowicz, F. Zastosowanie dodatku witaminy B_{12} lub kobaltu do dawki roślinnej z udziałem poekstrakcyjnej mączki sojowej w żywieniu tuczników szynkowych. I Wpływ na przyrosty, wykorzystanie paszy, retencje azotu i strawność składników pokarmowych. **(Der Zusatz von Vitamin B_{12} oder Kobalt zu pflanzlichen Futterrationen mit extrahiertem Sojaschrot bei Baconschweinen. 1. Mitt. Der Einfluß auf den Zuwachs, die Futterverwertung, die N-Retention und die Verdaulichkeit der Futterbestandteile.)** Roczniki Nauk rolniczych, Ser. B **81** (1963) Nr. 4. S. 675 bis 693. — 13 Tab., 66 Lit.
Ein Zusatz von Vit. B_{12} zu dem im Versuch verwendeten pflanzlichen Eweiß erhöhte die BW des Eiweißes und ermöglichte eine Reduzierung der ungünstigen Auswirkungen des Fehlens von tierischem Eiweiß. Der Zusatz von $CoCl_2$ zur pflanzlichen Futterrration hat keinen wesentlichen Einfluß auf die angeführten Faktoren ausgeübt. PRL/CBR, übersetzt v. O. Kasperl. 8158.

3-64/08-0653 Coates, M. E., Gregory, M. E., Porter, J. W. G. und Williams, A. P.; Shinfield, Reading, Nat. Inst. for Res. in Dairying. Vitamin B_{12} and its analogues in the gut contents of germ-free and conventional chicks. **(Vitamin B_{12} und dessen Analoge im Darminhalt keimfreier und konventioneller Küken.)** Proc. Nutrit. Soc. **22** (1963) Nr. 2. S. XXVII-XXVIII. — 1 Tab., 2 Lit.
Keimfreie und konventionelle Küken erhalten ein Laboratoriumsfutter mit krist. Cyanocobalamin als der einzigen Vit.-B_{12}-Quelle. Im Futter und im Blinddarminhalt wird mit *E. coli*, *L. leichmannii* und *O. malhamensis* der B_{12}-Gehalt bestimmt. Dabei zeigt sich, daß die konventionellen Tiere weit mehr (hundertfach!) B_{12} aufweisen, wobei im Gegensatz zum Darminhalt keimfreier Tiere und zum Futter die Testkeime unterschiedlich ansprechen. Durch Chromatographie und Ionophorese lassen sich neben Cyanocobalamin die Faktoren A, B und F sowie Pseudovitamin B_{12} nachweisen. Es wird geschlossen, daß unter keimfreien Bedingungen B_{12}-ähnliche Faktoren nicht synthetisiert und eine Cyanocobalaminsynthese ebenso unwahrscheinlich ist.
B. Gaßmann. 8158.

3-64/08-0654 Roe, Joseph H. und Itscoitz, Samuel B.; Washington, G. Washington Univ., School of Med. Studies on the binding of ascorbic acid in animal tissues. **(Untersuchungen über die Bindung von Ascorbinsäure im tierischen Gewebe.)** Proc. Soc. exp. Biol. Med. **113** (1963) Nr. 3. S. 648-650. — 4 Tab., 3 Lit.
In Erweiterung der Untersuchungen von Summerwell u. Sealock (vgl. J. biol. Chemistry **196** [1952] S. 753.) homogenisieren Vff. Rattenleber unter H_2S-Einleitung in 10 T. H_2O, zentrigufieren 20 Min. bei 2500×g, stellen im Überstand den pH-Wert auf 6,5-6,9 ein und zentrifugieren 30 Min. bei 10000×g Der Überstand wird wiederum 18 Std. bei 4 °C und 100000×g zentrifugiert. Im Zentrifugenglas wird durch Best. der Ascorbinsäure-Konz. in 2,5-ml-Anteilen ein signifikanter Dichtegradient festgestellt. Bei 4 Fraktionen treten zwischen Boden und Oberfläche der Lösung Konz.-Unterschiede von 13-19% auf. Zugabe von Harnstoff (3 und 6 N) hat darauf keinen Einfluß. Die Ergebnisse stützen die Auffassung, daß Ascorbinsäure in Körpergeweben in gebundener Form vorliegt. B. Gaßmann. 8160.

3-64/08-0655 Karg, H.; München, Univ., Inst. für Physiol. und Ernähr. der Tiere. **Rückstandsprobleme nach Östrogenanwendung in der Nutztiermast.** Landwirtsch. Forsch., Sonderh. Nr. **17** (1963) S. 180-184. — 3 Abb.

Bei Verwendung der üblichen Menge von 10 mg Diaethylstilboestrol (I) pro Tier und Tag in der Rindermast konnten nach bislang 48 Std. in keinem Fall Rückstände in den zum Genuß bestimmten Schlachtprodukten nachgewiesen werden. In eignen Versuchen fand Vf. nach 20 mg I je Tier und Tag an Jungbullen und einem Zeitintervall von 24 Std. zwischen Verfütterung und Schlachtung im Muskelfleisch keine, jedoch in Leber und Niere geringe I-Rückstände. Abschließend beschreibt Vf. 3 verschiedene Oestrogentest-Methoden und gibt ihre Eignung für die Untersuchung von Futterzusätzen und Organrückständen an. H. Bergner. 8175.

3-64/08-0656 Steiguer, Don de, Hodnett, Ernest M., Morrison, Robert D. und Thayer, Rollin H. The use of tritium for the determination of residual estrogen in the tissues of broilers fed 3,4-dianisyl-2-t-3-hexene. **(Die Verwendung von Tritium für die Bestimmung von residualen Oestrogenen im Gewebe von Broilern, die 3,4-dianisyl-2-t-3-hexan erhielten.)** Poultry Sci. **41** (1962) Nr. 6. S. 1815-1822. 8175.

3-64/08-0657 Shifrine, M., Adler, H. E. und Burkhalter, A.; Davis, Univ. of California, School of Veterin. Med.; San Francisco, Univ. of California. Effect of histamine on egg production. **(Die Wirkung von Histamin auf die Eiproduktion.)** Proc. Soc. exp. Biol. Med. **113** (1963) Nr. 2. S. 479-481. — 4 Abb., 2 Lit.

In einem 95tägigen Versuch mit 6 Gruppen von je 5 Weißen-Leghorn-Hennen unterband die intermittierende Gabe von 0,25% Histamin die Legeleistung und hatte auch ein scharfes Absinken des Futterverzehrs zur Folge. Bei vorhergegangener Verfütterung von 0,1% Histamin wurde die Legeleistung nicht beeinflußt, wohl aber die Futteraufnahme. Die pathologische Untersuchung 10 getöteter Hennen ergab, daß die Abnahme der Eiproduktion mit der Wirkung des Histamins auf das Legeorgan oder das endokrine System in Beziehung steht. L. Sperling. 8175.

3-64/08-0658 Swanson, E. W.; Knoxville, Univ. of Tennessee. Effects of chlortetracycline in calf starter and milk. **(Wirkungen von Chlortetracyclin in Kälberstarterfutter und Milch.)** J. Dairy Sci. **46** (1963) Nr. 9. S. 955-958. — 2 Abb., 2 Tab., 11 Lit.

In einem Fütterungsversuch mit 4 Gruppen zu je 30 Kälbern wurde bis zu einem Alter von 16 Wochen der Einfluß einer Antibiotica(CTC)-Fütterung auf Gewichtszunahme und Futterverzehr geprüft. Die Tiere der Gruppe I (Kontrollgruppe) wurden ohne CTC gefüttert. Gruppe II erhielt 50 mg CTC je Tag mit der Milch, Gruppe III 25 mg CTC je lb. Starterfutter. Gruppe IV wurde mit CTC über Milch und Starterfutter versorgt. Während der ersten 8 Wochen zeigten die Tiere der Gruppe II signifikant bessere Gewichtszunahmen und einen höheren Futterverzehr als die der Gr. I und III; Gr. III wies signifikant bessere Gewichtszunahmen auf als Gr. I; Gr. IV war Gr. II geringfügig überlegen. Die CTC-Fütterung hatte keinen günstigen Einfluß auf die Sterblichkeit und die Vermeidung von Diarrhöen. Von der 8. bis zur 16. Woche (ohne Milch-Verabreichung) zeigten die Tiere der Gruppen III und IV nur noch eine geringfügig bessere Entwicklung. Aus den Ergebnissen geht hervor, daß eine CTC-Versorgung von Kälbern am wirkungsvollsten über die Milch erfolgt. Nach dem Entwöhnen ist die CTC-Versorgung nur noch von untergeordneter Bedeutung.
J. Wünsche. 8185.

3-64/08-0659 Aslanjan, M. M. Vlijanie kormovogo biomicina (BKV) na kačestvo semeni baranov. **(Der Einfluß von Futterbiomycin [BKV] auf die Qualität des Schafbockspermas.)** Ovcevodstvo, Moskva **9** (1963) Nr. 7. S. 31 bis 33. — 2 Tab.

Die Fütterung von Biomycin erhöht bei den Zuchtböcken Conc., Aktivität, Resistenz und Beweglichkeit der Samenzellen des Spermas. Zur endgültigen

Feststellung der Zweckmäßigkeit der Anwendung von Antibiotica in der Fütterung der männlichen Zuchttiere sind weitere Untersuchungen notwendig.
K. Witt. 8185.

3-64/08-0660 Holme, D. W. und Robinson, K. L.; Belfast, Min. of Agric. for Northern Ireland; Queens Univ. Some effects of dietary penicillin and zinc bacitracin on the performance of bacon pigs. **(Einige Wirkungen von Penicillin und Zinkbacitracin auf die Entwicklung von Baconschweinen.)** Animal Product. 5 (1963) Nr. 3. S. 251-257. — 4 Tab., 13 Lit.
Die Versuche wurden in Schweinebeständen (Versuchsställe) durchgeführt, in denen die Schweine vor einigen Jahren auf die Zufütterung von Penicillin (P.) mit verbesserten Zunahmen reagiert hatten. Neuerdings schien die Zufütterung von P. keinen Einfluß mehr auszuüben. — In insges. 3 Experimenten wurden an verschiedene Gruppen folgende Mengen verabreicht: 5 bzw. 10 g P. je to Trockenfutter und 5 bzw. 10 g Zinkbacitracin (Z.) je to. Nur in einem Falle wirkte sich die Beifütterung von 10 g (Z.)/to günstig auf die Wachstumsentwicklung aus. P. zeigte keine signifikante Wirkung. Die Futterverwertung wird nicht und die Schlachtkörperqualität nur unbedeutend beeinflußt.
H. Jung. 8185.

3-64/08-0661 Querner, H. und Becker, Kl.; Krefeld-Großhüttendorf, Lehr- und Versuchsanst. für Geflügel- und Kleintierzucht. **Vergleichende Untersuchungen von Taomyxin, Oleandomycin und Terramycin (R) bei Hühnerküken des Lege- und des Masttypus.** Arch. Geflügelkunde 27 (1963) Nr. 5. S. 419-429. — 4 Tab., 2 Lit.
Ein neues Antibioticum „Taomyxin", das aus 17,6 g Terramycin und 4,4 g Oleandomycin besteht, wurde a) in einem Versuch von 5 Wochen Dauer an Legehennenküken geprüft und b) an Mastküken. In Versuchsreihe a) wuchsen die Küken mit 2 g Oleandomycin/t Futter und 8 g Terramycin + 2 g Oleandomycin („Taomyxin")/t besser als die reinen Terramycingruppen und die Kontrollen, außerdem hatten sie die beste Rohverwertung. In Versuchsreihe b) entwickelten sich unter den 994 Mastküken (Nichols-Lohmann) von der 1.-8. Lebenswoche die Tiere mit Taomyxin-Zusatz am besten; sie übertrafen die Oleandomycingruppe um 15 g, die Terramycingruppe um 66 g und die Kontrolle um 81 g. Im Futterverzehr unterschieden sie sich nicht. Wiederum hatte die Taomyxingruppe die beste Rohverwertung.
C. Engelmann. 8185.

3-64/08-0662 Scholtyssek, S.; Stuttgart-Hohenheim, Landwirtsch. Hochschule, Inst. für Tierzuchtlehre. **Prüfungsbericht über den Einsatz von Zink-Bacitracin und Procain-Penicillin im Geflügelmastfutter.** Arch. Geflügelkunde 27 (1963) Nr. 5. S. 409-411. — 2 Tab.
In Versuchen mit insgesamt 216 Masthybriden (Nichols) bei Batteriehaltung und 1875 gleichen Tieren bei Bodenhaltung erwiesen sich 25 mg Zink-Bacitracin/kg Kükenstarterfutter und 5 mg/kg Geflügelmast-Alleinfutter entsprechenden Mengen von Procain-Penicillin völlig gleichwertig, ebenso den 50 mg Chlortetracyclin, die in jedem kg Kükenstarterfutter oder den 25 mg, die in jedem kg Mastalleinfutter enthalten waren. C. Engelmann. 8185.

3-64/08-0663 *Liebscher, W.* **Die Wirkstoffe in der Ernährung der landwirtschaftlichen Nutztiere.** Ein Vademekum über Vitamine, Mineralstoffe einschließlich Spurenelemente, Antibiotika, Antioxydantia, Kokzidiostatika mit einem Anhang über Aminosäuren. 4. Aufl. Wien: C. Gerolds Sohn. 1963. (96 S.) . Außer der Verarbeitung neuester Erkenntnisse enthält die 4. Auflage Kurzreferate über Beruhigungsmittel, Hormone u. Xanthophylle sowie Zahlen über Bedarf und Gehalt an einzelnen Wirkstoffen. E. Höpler.

E. VERWERTUNG DER NÄHRSTOFFE UND FUTTERMITTEL

3-64/08-0664 Jentsch, W. und Schiemann, R. **Die Verwertung reiner Nährstoffe. 5. Mitt. Versuche mit Nährstoffgemischen an Kaninchen und Ratten.** Arch. Tierernähr. **13** (1963) Nr. 4. S. 235-239. — 1 Tab., 5 Lit. 4. Mitt. vgl. LZ. Abt. III **8** (1963) Nr. 3. S. 605.

Vff. untersuchen 8 verschiedene Mischungen mit jeweils 2 oder 3 Komponenten von Dorschmehlprotein, Erdnußöl, aufgeschlossener Kartoffelstärke und Saccharose. Von diesen Mischungen bestimmen sie an Kaninchen (K.) und Ratten (R.) die verdauliche Energie (**I**), die umsetzbare Energie (**II**) und die Nettoenergie (**III**). Die gemessenen (g) Ergebnisse werden stets den aus den Einzelkomponenten berechneten (b) Werten gegenübergestellt. **I** in % der Bruttoenergie bei K. = 87,2 – 97,2 (g) und 92,2 – 96,1 (b); R. = 94,7 – 98,8 (g) und 96,7 – 99,0 (b); **II** in % von **I** bei K. = 93,5 – 100,5 (g) und 90,4 – 98,5 (b); R. = 95,5 – 104,6 (g) und 94,1 – 101,1 (b); **III** in % von **II** bei K. = 66,2 – 77,2 (g) und 65,0 – 81,4 (b); R. = 76,4 – 79,7 (g) und 69,3 – 78,4 (b). Signifikant höhere Verwertung von **II** lag bei R. (g) im Vergleich zu b vor, wenn in der Mischung 50% von **I** aus Protein bestand, obwohl die Proteinzufuhr für die Erhaltung quantitativ und qualitativ ausreichend war. Vff. berichten von weiteren Versuchen mit Kraftfutterstoffen. Im Gegensatz zu den reinen Nährstoffmischungen fällt die Verwertungshöhe dieser Futterstoffe mit steigendem Proteingehalt. Die bei der Zulage reiner Nährstoffgemische bei R. festgestellten Wechselwirkungen dürfen daher nicht auf Futterstoffe übertragen werden. H. Bergner. 8225.

3-64/08-0665 Brockway, J. M., McDonald, J. D. und Pullar, J. D. The energy rost reproduction in sheep. **(Der Energiehaushalt während der Reproduktion beim Schaf.)** J. Physiol. [London] **167** (1963) Nr. 2. S. 318 bis 327. — 3 Abb., 4 Tab., 18 Lit.

Mit Hilfe der direkten Calorimetrie werden Untersuchungen über den Wärmeverlust bei insges. 3 Mutterschafen (5-6 Jahre alt) während der Trächtigkeit, der Geburt und während der Laktation durchgeführt. Im Vergleich zu nichttragenden etwa gleichaltrigen Kontrolltieren geben trächtige Schafe für die Gesamtdauer der Trächtigkeit im Mittel 39,5 Mcal (1 Mcal = 10^6 cal) Wärme mehr ab. Der zusätzliche Energiebedarf für die Geburt liegt im Mittel bei 200-300 kcal. Für eine Laktationsperiode von 50 Tagen liegt die mittlere Gesamtwärmeabgabe 46,5 Mcal höher als bei entsprechenden nichtlaktierenden Kontrolltieren. H.-A. Ketz. 8240.

3-64/08-0666 Hencken, H., Freese, H. H. und Lenkeit, W.; Göttingen, Univ., Inst. für Tierphysiol. und Tierernähr. **Untersuchungen über den Umsatz wachsender Schweine ab Geburt. 1. Mitt. Untersuchungen über den Stickstoffumsatz bei Muttermilch und Muttermilchersatz (bis zum 56. Lebenstag).** Z. Tierphysiol., Tierernähr. Futtermittelkunde **18** (1963) Nr. 2. S. 69 bis 81. — 11 Tab. Zus. in Engl.

Trotz maximal möglicher Muttermilchaufnahme wird die N-Ansatzfähigkeit von Saugferkeln nicht ausgenutzt. Es gilt zu überprüfen, ob durch Fütterungsmaßnahmen der maximale N-Ansatz erreicht werden kann. — Aus jedem der 4 Würfe (veredeltes Landschwein) wurde mit 10, 21, 28 und 56 Tagen je ein Tier abgesetzt. Die früh abgesetzten Ferkel erhielten einen Milchersatz (Tabelle). Allen Ferkeln wurde ab 3 Wochen ein Trockenbeifutter verabreicht. Bei Muttermilchernährung stieg der tägl. N-Ansatz vom 5. bis zum 46. Lebenstag von 5,6 auf 14,0 g. Der N-Ansatz der Saugferkel liegt bis zum 28. Lebenstag etwa 12% unter der maximalen Retention, als welche sich der N-Ansatz der mit Milchersatz ernährten Ferkel erwies. Die Saugferkel nehmen 30-40% weniger N auf als jene. Die Gewichtsentwicklung der mit Ersatznahrung ernährten Ferkel ist besser. Im Gegensatz zu der beobachteten tägl. Fettaufnahme von 10-15 g liegt die Aufnahme der Saugferkel zwischen 66 und 88 g. H. Jung. 8265.

3-64/08-0667 Hencken, H., Freese, H.-H., Addicks, J. und Lenkeit, W.; Göttingen, Univ., Inst. für Tierphysiol und Tierernähr. **Untersuchungen über den Umsatz wachsender Schweine ab Geburt. 2. Mitt. Untersuchungen über den Stickstoffumsatz vom 56. Lebenstag ab.** Z. Tierphysiol., Tierernähr. Futtermittelkunde **18** (1963) Nr. 2. S. 81-98. — 23 Tab., 60 Lit. Zus. in Engl. 1. Mitt. vgl. vorst. Ref.
Mit Hilfe von Stoffwechseluntersuchungen sollte im Abschnitt vom 56. bis zum 180. Lebenstag der maximale N-Ansatz und die dazu erforderliche Menge verdaul. Rohproteins gefunden werden. Im Verlauf der Entwicklung wurde den eiweißreich ernährten Tieren 26-22% verdaul. Rohprotein verabreicht, den normal ernährten 15-12,4%. Der ermittelte maximale N-Ansatz in den einzelnen Wachstumsstadien war von Tier zu Tier Schwankungen unterworfen. Der im Gegensatz zu üblichen Normen ermittelte Bedarf war deutlich höher. — Der N-Ansatz je kg Körpersubstanz ging von 1,60 g bei 5,5 kg Lgw. auf 0,27 g bei 100 kg Lgw. zurück. — Ein linearer Verlauf des N-Ansatzes konnte nicht gefunden werden. Die oftmals beobachteten Höhenänderungen können nicht ohne weiteres erklärt werden, wenngleich auch Hypothesen vorhanden sind. Ein späteres Absetzen der Ferkel scheint das Erreichen des maximalen N-Ansatzes hinauszuzögern. Der N-Ansatz der eiweißreich ernährten Schweine fällt gegen Ende der Mast schneller ab als der normal ernährten.
H. Jung. 8265.

3-64/08-0668 *Wienecke, Josef.* **Serienversuche mit Sprague-Dawley- und Haubenratten im Hinblick auf reproduzierbare Daten bei der Protein-Bewertung, aufgezeigt an der Trockenmagermilch.** Diss. Landwirtsch. Fak. Bonn. 1962. (1124 S.) 8°. (Diss. 9215)

F. ERNÄHRUNGSSTÖRUNGEN UND MANGELKRANKHEITEN

3-64/08-0669 Borgman, R. F., Edwards, R. L., Godley, W. C. und Moore, S. L.; Clemson, S. C., Clemson Coll. Muscular dystrophy in early weaned lambs. **(Muskeldystrophie bei früh entwöhnten Lämmern.)** J. Animal Sci. **22** (1963) Nr. 4. S. 1046-1050. — 1 Abb., 2 Tab., 21 Lit.
Mit 30-35 lb. abgesetzte Lämmer, die anschließend 14 Tage lang mit getrocknetem pelletiertem Bermudagras und einem Kraftfutter gefüttert wurden, entwickelten eine Muskeldystrophie, wie post mortem-Untersuchungen, Gewichtszunahmen und genaue Beobachtungen zeigten. Unterschiede zwischen den Geschlechtern wurden nicht festgestellt. Gaben von Vit. E, Na-Selenat oder beiden beeinflußten in den angewandten Dosen (500 mg DL-α-Tocopherol 1× je Woche, 1,0 mg Na-Selenat 1× je Woche) den Krankheitsverlauf nicht. Sowohl getrocknete Magermilch als auch besonders getrocknete Vollmilch verzögerten die Dystrophie. Die Ätiologie der hier beobachteten Krankheit beruht offenbar nicht auf Vit. E und/oder Se-Mangel.
J. Wünsche. 8330.

3-64/08-0670 Liebenow, H. **Nitrate und Nitrite in ihrer Beziehung zu Mensch und Tier.** Arch. Tierernähr. **13** (1963) Nr. 4. S. 255-260. — 56 Lit.
Im Raum der Berliner Rieselfelder treten alljährlich nach Rieselgrünfutterverabreichung Vergiftungsfälle an Milchkühen und Jungrindern auf. Die Tiere brechen 1-2 Std. nach der Futteraufnahme zusammen und verenden meistens nach kurzen tetanoiden Krämpfen. Die Dunkelfärbung des Blutes weist auf eine Umwandlung des Hämoglobins zu Methämoglobin (Mhb) hin. Da dafür auch Nitrat- und Nitritvergiftungen in Frage kommen, berichtet Vf. über die in der Literatur vorhandenen Untersuchungen. Die Mhb-ämie wird bei Mensch und Tier wahrscheinlich durch Nitrit verursacht, das auch durch bakterielle Nitratreduktion im Magen-Darm-Trakt gebildet werden kann. Bei

Rindern soll die letale Dosis bei 550–750 mg Nitrat/kg Lgw. liegen. Manche Pflanzen (Hafer, grüner Klee, Rübenblätter) können unter bestimmten Bedingungen (hohes N-Angebot, Mangel an Spurenelementen und Sonnenschein) Nitrat und Nitrit speichern. Abschließend referiert Vf. einige Literaturangaben zur Frage der Mhb-ämie-Behandlung. H. Bergner. 8330.

3-64/08-0671 Bonetti, E. und Stirpe, F. Effect of selenium on muscular dystrophy in vitamin E-deficient rats and guinea pigs. **(Der Einfluß von Selen auf die Muskeldystrophie bei Ratten und Meerschweinchen mit Vitamin-E-Mangel.)** Proc. Soc. exp. Biol. Med. **114** (1963) Nr. 1. S. 109–115. — 7 Abb., 3 Tab., 31 Lit.

Der Einfluß einer Selenverabreichung (0,15 mg Na-Selenit/kg Futter) auf den Verlauf einer infolge Vit.-E-Mangels entstandenen Muskeldystrophie wurde bei Ratten, welche 2 Diäten unterschiedlichen Proteingehalts (20% Casein — ausreichend, 5% Casein — Mangelkost) erhielten und bei Meerschweinchen überprüft. Dabei ergab sich, daß Se bei Ratten die Schwere der Muskeldystrophie sowohl bei ausreichender als auch bei mangelnder Eiweißzufuhr zu vermindern vermag, jedoch bei der Verhinderung der Erkrankung nicht so wirksam wie Vit. E ist. E. Grün. 8335.

3-64/08-0672 Larvor, P.; Alfort/Seine, École Nat. Vétérin. Relations entre la composition du plasma sanguin et les symptômes de tétanie d'herbage chez les bovins. **(Beziehungen zwischen der Zusammensetzung des Blutplasmas und den Symptomen der Weidetetanie bei Boviden.)** Ann. Zootechnie **11** (1962) Nr. 2. S. 135–149. — 7 Abb., 34 Lit.

Die Beziehungen zwischen der Zusammensetzung des Blutplasmas (Ca., Gesamt-P, Mg, Na, K, pH-Wert und Eiweiß) und den Symptomen der Weidetetanie wurden an 43 Plasmaproben, die von 12 gesunden und 31 Kühen mit verschiedenen Krankheitsstadien stammten, untersucht. Lediglich die Verminderung des Plasma-Ca und -Mg ist geeignet, einen nennenswerten Teil der Symptomveränderungen zu erklären. Die Korrelation zwischen dem Plasma-Ca und -Mg zu den Symptomen der Weidetetanie ist $r = 0{,}703$. Trotz der zahlreichen Fehlerquellen scheint es also doch möglich zu sein, daß die Variation des Plasma-Ca zu Mg die Gesamtheit der beobachteten Symptome erklären kann. Man hat übrigens eine positive Korrelation gefunden zwischen dem pH-Wert des Plasmas und dem Luftdruck ($r = +0{,}359$) und eine weitere positive Korrelation zwischen dem Plasma-Mg und der Zahl der Tage, welche seit dem Abkalben vergangen sind ($r = +0{,}506$). R. Neseni. 8350.

3-64/08-0673 Fowler, H. D. Grass tetany and histamine. **(Grastetanie und Histamin.)** Nature [London] **197** (1963) Nr. 4867. S. 619. 8350.

3-64/08-0674 Minyard, J. P. und Jackson, E. R. Pesticide residues in commercial animal feeds. **(Rückstände von Schädlingsbekämpfungsmitteln in handelsüblichen tierischen Futterstoffen.)** J. Assoc. off. agric. Chemists **46** (1963) Nr. 5. S. 843–859. — 6 Abb., 8 Tab., 24 Lit.

Mittels Gaschromatographie (Methode ausführlich beschrieben) wurden 101 handesübliche Futterstoffe (darunter 87 Milchviehfutterstoffe bzw. Beifutter) auf ihren Gehalt an den chlorierten org. Schädlingsbekämpfungsmitteln γ-BHC, Aldrin, Dieldrin, Endrin, DDD, DDT, Methoxychlor, Heptachlor, Heptachlor-Epoxyd, Chlordane und Toxaphen untersucht. Obwohl z. T. Mengen bis zu einigen Hundert ppb gefunden wurden, lagen die Verunreinigungen doch größtenteils unterhalb der Größenordnung, bei der nachweisbare Gehalte in der Milch zu erwarten sind. Höhere Verunreinigungen korrelierten dabei mit einem höheren Rohfaser- und einem niedrigeren Rohproteingehalt der Futterstoffe (bzw. traten auf, wenn Siebgetreide, Reiskleie oder Reismehl als Bestandteile enthalten waren). Niedrigere Werte wurden in gemahlenem

Milo, Weizenkleie (und Mittelmehl), gepreßtem Hafer, Leinsamenölmehl und verschiedenen anderen Kornprodukten gefunden. U. Zelck. 8360.

G. BEWERTUNG DER FUTTERSTOFFE

3-64/08-0675 Blaxter, K. L.; Ayr, Hannah Dairy Res. Inst. Progress in assessing the energy value of feedingstuffs for ruminants. **(Fortschritte in der Einschätzung des Energiewertes von Futterstoffen für Wiederkäuer.)** J. Roy. agric. Soc. England **123** (1962) S. 7-21. — 6 Tab., 38 Lit.
Vf. beleuchtet kritisch die Vor- und Nachteile des TDN- und des Stärkewertsystems zur energetischen Bewertung der Futterstoffe und Rationen. Wegen der nicht proportionalen Übertragbarkeit der Ergebnisse zwischen den verschiedenen Leistungsrichtungen hält Vf. sowohl das TDN- als auch das Stärkewertsystem für wissenschaftlich ungeeignet (unter bestimmten Bedingungen aber als praktisch brauchbar), als Grundlage eines Fütterungssystems zu dienen. Er macht Vorschläge für ein neues energetisches „Fütterungssystem", das die verschiedenen Verwertungsverhältnisse bei den einzelnen Produktionsleistungen, ausgehend von einer korrigierten umsetzbaren Energie der Futterstoffe innerhalb der Gesamtration, berücksichtigen soll. R. Schiemann. 8405.

H. FÜTTERUNG DER LANDWIRTSCHAFTLICHEN NUTZTIERE

3-64/08-0676 Kress, H. **Möglichkeiten zur Verkürzung der Winterfutterperiode.** Dtsch. Landwirtsch. **15** (1964) Nr. 2. S. 89-92. — 4 Abb. — nach Zus.
Es wird dargelegt, wie der Futteranbau für die LPG mit Weidewirtschaft in den nördlichen Bezirken zu organisieren ist. Die Grünfütterungsperiode ist maximal auszudehnen, damit für hohe Leistungen ausreichend sowie vielseitiges Futter zur Verfügung steht, das mit geringstem Arbeitsaufwand und Verlusten eingesetzt werden kann. — Angabe von Beispielen. 8451.

3-64/08-0677 Buysse, F.; Gontrode, Stat. de Rech. de l'Etat pour l'Alimentat. du Bétail. Le lait artificiel dans l'engraissement des veaux. **(Die künstliche Milch in der Kälbermast.)** Rev. Agric. [Bruxelles] **16** (1963) Nr. 7. S. 1067-1078. — 3 Abb., 3 Tab., 3 Lit.
60 Kälber, von denen 36 in Boxen mit Gitterboden ohne Einstreu und 24 frei im Stall auf Streu gehalten wurden, wurden mit verschiedenen Milchersatz-Präparaten über den Gewichtsabschnitt von ∅ 42-138 kg gemästet. Die Anwendung der künstlichen Milch war mit einem wirtschaftlichen Vorteil verbunden. An Hand graphischer Darstellungen leitet der Vf. mathematische Beziehungen zwischen dem tägl. Futterverzehr und der Wachstumsschnelligkeit sowie dem tägl. Wachstum und der Futterverwertung ab und weist nach, daß zwischen dem Geburtsgewicht und der Wachstumsintensität keine derartigen Beziehungen bestehen. L. Sperling. 8454.

3-64/08-0678 Jasiorowski, H., Zielinski, W. und Obrusiewicz, T. Preparat mlekozastępczy do żywienia cieląt rzeźnych. **(Ein Milchersatz-Präparat für die Fütterung der Schlachtkälber.)** Nowe Rolnictwo **12** (1963) Nr. 18. S. 13-14. — 2 Tab.
Die Hauptbestandteile eines hergestellten Milchersatzpräparates sind entfettete Milch und Talg. Der Fettgehalt der Trockenmasse beträgt etwa 20%. Dem Präparat sind die Vit. A und D sowie Vitamine der B-Gruppe und Vit. K_3 zugesetzt. Sein Aussehen erinnert an Trockenmilch, es hat eine Löslichkeit in Wasser von 94%, die Acidität beträgt nach Regeneration der Milch nicht mehr als 8°SH. Wert und Eignung des Präparates bei der Kälberernährung auf weißes Fleisch hin wurde an Rotbunten Niederungsvieh-Bullenkälbern geprüft. übersetzt v. R. Hüffer. 8454.

3-64/08-0679 Preś, J. Wpływ różnych ilości i sposobu skarmiania odtłuszczonego mleka w proszku oraz dodatku wit. A + D_2 na przyrosty wagowe i zużycie pasz u cieląt. **(Der Einfluß verschiedener Mengen und der Art der Verfütterung von pulverisierter Magermilch sowie eines Zusatzes der Vitamine A und D_2 auf Gewichtszuwachs und Futtermittelverbrauch bei Kälbern.)** Zeszyty naukowe wyższej Szkoły rolniczej Wrocławiu **10** (1963) Nr. 45. S. 87-95. — 3 Tab., 20 Lit.
Der Vf. versucht in der vorliegenden Arbeit ein vereinfachtes Verfahren der Kälberfütterung zu entwickeln. Beginnend mit der 4. Woche erhielten sie ausschließlich Trockenfutter mit hohem Magermilchgehalt. Die Untersuchungen ergaben, daß die den Kälbern im 2. und 3. Lebensmonat zusammen mit Kraftfutter verabfolgte Trockenmilch in Pulverform im Vergleich zur anderen Kälbergruppe, welche die gleiche Milch in flüssiger Form erhielt, eine Verringerung des Zuwachses und eine Steigerung der Fütterungskosten um etwa 20% zur Folge hatte (stat. erfaßbare Unterschiede). Die einmalige Injektion A + D hatte den gleichen Erfolg wie die Dauergaben in Milch oder Kraftfutter. PRL/CBR, übersetzt v. R. Hüffer. 8454.

3-64/08-0680 Ruszczyc, Z. und Glapś, J. Wpływ żywienia cielat dużymi ilościami pasz objętościowych na późniejszą strawność różnych zestawów paszowych przęz jałowice cielne. **(Der Einfluß der Fütterung der Kälber mit großen Rauhfuttermengen auf die spätere Verdaulichkeit der verschiedenen zusammengesetzten Futtermittel bei trächtigen Färsen.)** Roczniki Nauk rolniczych, Ser. B. **81** (1963) Nr. 3. S. 411-418. — 3 Tab., 17 Lit.
An 10 trächtigen Färsen im Alter von 2-2 ½ Jahren wurden Verdaulichkeitsversuche durchgeführt. Die 1. Gruppe erhielt viel Kraftfutter, die 2.Gruppe (5 Tiere) bekam viel Rauh- und wenig Kraftfutter. Die trächtigen Färsen der 1. Gruppe verdauten Rohfaser und Rohfett wesentlich schlechter als die Färsen der 2. Gruppe. In der Verdaulichkeit der Tr.-Subst., des Rohproteins und der N-fr. E. wurden keinerlei wesentliche Unterschiede festgestellt. Färsen, die eine Futterration mit viel Kraftfutter erhielten, verdauten Rohfett und Rohfaser besser und Rohprotein und die N-Fr. E. schlechter. In der Verdaulichkeit der Tr.-Subst. wurden keine Unterschiede festgestellt.
PRL/CBR, übersetzt v. O. Kasperl. 8454.

3-64/08-0681 Preś, Jerzy. Różne metody żywienia i opasu młodego bydła rasy n. c. b. w ujęciu fizjologiczno-żywieniowym i ekonomicznym. **(Verschiedene Fütterungs- und Mastmethoden vom ernährungsphysiologischen und wirtschaftlichen Standpunkt aus betrachtet.)** Roczniki Nauk rolniczych, Ser. B **81** (1962) Nr. 1. S. 1-21. — 12 Tab., 13 Lit. Zus. in Russ., Engl. 8458.

3-64/08-0682 Turner, R. R. The value of nitrogen for milk production. **(Der Wert von Stickstoff für die Milchproduktion.)** J. Brit. Grassland Soc. **18** (1963) Nr. 2. S. 119-125.
Zwei Untersuchungen über den Wert des N für die Milchproduktion werden beschrieben. Aus ökonomischen Untersuchungen auf landwirtschaftlichen Betrieben von 1946-1961 ging hervor, daß Weidefutter und Graskonservierungsprodukte billiger als andere Futtermittel sind. Daher können die Futterkosten, die sich auf $^2/_3$ der Gesamtkosten der Milchproduktion belaufen, durch umfangreichere Verwendung von Gras gesenkt werden. Am häufigsten wurde das durch die N-Düngung zusätzlich gewonnene Gras durch erhöhte Viehbestände ausgenutzt, weniger zur Erhöhung der Milchleistung bzw. seines Anteils in der Ration. In den meisten Betrieben wird durch eine Verlagerung des Aufwandes von Zukauffutter auf Düngemittel für das Grünland das Betriebsergebnis verbessert. Obwohl von 1953-1961 die Arbeitskosten stiegen und die Milchpreise fielen, erhöhte sich infolge intensiver Grünlandbewirtschaftung (N-Düngung) bei vermindertem Kraftfutterverbrauch der Reinertrag der Betriebe. Weiterhin wurden in einem Versuch 2 Grünlandfarmen

(jeweils 54 acre) verglichen. In einer wurde intensiv, in der anderen überhaupt nicht mit N gedüngt. Auch hier wurde das durch die N-Düngung zusätzlich gewachsene Gras durch erweiterte Herden genutzt. Es zeigte sich klar, daß die starke N-Düngung sich günstig auf den Reinertrag auswirkt.
W. Holzschuh. 8460.

3-64/08-0683 Lovell, R. T. und Rusoff, L. L.; Baton Rouge, Louisiana State Univ. Effect of a highly fortified vitamin-mineral supplement in high- and low-concentrate rations for dairy cows. **(Einflüsse einer starken Vitamin-Mineralstoff-Supplementierung in hohen und niedrigen Kraftfutterrationen auf Milchkühe.)** J. Dairy Sci. **46** (1963) Nr. 10. S. 1089-1093.
In einem 112tägigen Fütterungsversuch an 16 Hochleistungskühen der Holstein-Rasse wurde der Einfluß einer starken Vitamin-Mineralstoffgabe auf den Milchertrag, die Milchzusammensetzung, die Umwandlung von TDN in FCM und die Verdaulichkeit der Rationen untersucht. Die Kühe, denen die supplementierte Kraftfuttermischung geringer Conc. verabfolgt wurde, hielten ihre FCM-Produktion besser aufrecht als jene, die nur das Kraftfutter ohne Mineralstoffbeigabe erhielten. Die Supplementierung zeigte bei hochconcentriertem Kraftfutter keinen Vorteil. In der Produktion von FCM ergab sich zwischen hoch- und niedrigconcentrierten Rationen kein signifikanter Unterschied. Die Umwandlung von TDN in FCM war in hochconcentrierten Rationen besser als bei niedriger Concentration. Die Supplementierung hatte aber auf die Umwandlung keinen Einfluß. Der Fettgehalt der Milch nahm merklich während der ersten 4 Wochen bei hochconcentrierter Futterration ab, stieg aber später wieder. W. Gimmler. 8460.

3-64/08-0684 Wing, J. M. und Wilcox, C. J.; Gainesville, Florida Agric. Exp. Stat. Effects of supplementary bulky concentrate feeding on milk production. **(Einflüsse einer zur Grundration supplementären Fütterung auf die Milchproduktion.)** J. Dairy Sci. **46** (1963) Nr. 10. S. 1069-1072.
An 90 Jersey-, Guernsey- und Holsteinkühen wurden vom 15. bis 72. Tage nach dem Kalben Grünfutter und normales Kraftfutter verabreicht. Dann wurden 3 Gruppen gebildet und jede Gruppe erhielt zum Grundfutter folgende Ration: Gruppe A bekam Kraftfutter nach Leistung gemäß dem Morrison-Standard. Die Kühe von Gruppe B erhielten das gleiche Futter und zusätzlich je nach Leistung ein weiteres Konzentrat in Höhe von 1 lb. pro 7 lb. 4%iger FCM. Die Tiere der Gruppe C erhielten das gleiche Futter wie die von Gruppe B, aber nicht leistungsgerecht zugeteilt. Allen Gruppen gemeinsam wurde qualitativ gleich gutes Saftfutter ad libitum verabfolgt. Der tägl. Verzehr an Kraftfutter und Zusatzkonzentraten betrug im Durchschnitt für Gruppe A: 8,44 und 0 lb., Gruppe B: 8,51 und 4,91 lb. und Gruppe C: 7,96 und 4,91 lb. Die Grundfutteraufnahme wurde nicht ermittelt. Die tägl. Durchschnittsleistung einer FCM lag bei Gruppe A bei 33,3 lb. Milch, bei Gruppe B bei 34,2 lb. und bei Gruppe C bei 32,8 lb. Milch. Die Unterschiede waren nicht signifikant. W. Gimmler. 8460.

3-64/08-0685 Jones, J. R. und Pond, W. G.; Ithaca, N. Y., Cornell Univ. Effect of the addition of lysine and virginiamycin to corn-soybean meal rations on performance of weanling pigs. **(Wirkung einer Lysin- und Virginiamycin-Zugabe zu Mais-Sojamehl-Rationen auf die Leistung von Absatzferkeln.)** J. Animal Sci. **22** (1963) Nr. 4. S. 1033-1037. — 5 Tab., 14 Lit.
Um den Einfluß des Zusatzes von Lysin (Ly) und/oder Virginiamycin (VM = ein Engspektrum-Antibioticum) zu einer Mais-Soja-Ration auf Gewichtszunahmen und Futterverwertung zu prüfen, wurden 4 Versuche mit Absatzferkeln und 2 mit entwöhnten Ratten durchgeführt. Die Ly-Ergänzung wirkte sich bei beiden Tierarten günstig aus; **VM** dagegen zeigte bei Ratten keine Wirkung. Eine **Ly** × **VM**-Wechselwirkung wurde nicht festgestellt. J. Wünsche. 8532.

3-64/08-0686 Fritz, Z. und Preś, J. Skarmianie dawek o różnej zawartości białka i energii u odsadzonych prosiąt. **(Futtergaben an abgesetzte Ferkel mit unterschiedlichem Eiweiß- und Energie-Gehalt.)** Zeszyty naukowe wyższej Szkoły rolniczej Wrocławiu **10** (1963) Nr. 45. S. 111-116., — 2 Tab., 6 Lit.
Die angestellten Untersuchungen ergaben, daß der tägl. Zuwachs 504-520 g betrug, er war trotz des verschiedenen Eiweißgehaltes (etwa 14,6% in Gr. I, 19,6% in Gr. II und 18,6% in Gr. III) in allen Gruppen ziemlich der gleiche. Deutliche Unterschiede im Verbrauch an Gesamteiweiß je kg Zuwachs traten in Abhängigkeit vom Verhältnis von Energie und Eiweiß im Futter auf. Der geringste Eiweißverbrauch betrug 273 g bei einem Energie- und Eiweißverhältnis von 341:1. Eine Steigerung des Gehaltes an tierischem Eiweiß über die Norm in der Kontrollgruppe hatte auf die Ergebnisse keinen Einfluß. Das Verabfolgen des Eiweiß-Vitaminpräparates „Prowit" statt Speckgrieben-Ölkuchen brachte keinen Erfolg. PRL/CBR, übersetzt v. R. Hüffer. 8532.

3-64/08-0687 Bowden, D. M. und Clarke, M. F.; Agassiz, Brit. Columbia, Canada Dep. of Agric. Gras-legume forage fed fresh and as silage for market hogs. **(Gras-Leguminosen-Futter, frisch und als Silage an Marktschweine verfüttert.)** J. Animal Sci. **22** (1963) Nr. 4. S. 934-939. — 6 Tab., 25 Lit.
In 5 Versuchen mit Yorkshire-Schweinen (50-200 lb.) wurde geprüft, welchen Einfluß die verschiedenartige Verabreichung eines Weißklee-Knaulgras-Gemenges a) frisch geschnitten, b) als Weide und c) als Silage auf Gewichtszunahmen, Futterverwertung, Schlachtkörperqualität und Größe des Verdauungstraktes und anderer Organe hat. Die Fütterungssysteme a) und b) erfolgten bei Selbstfütterung eines Kraftfuttergemisches, dessen (errechneter) Gehalt an B-Vit. als unzureichend anzusehen war. Die mit frischem Grünfutter gefütterten Schweine zeigten um 0,11 bzw. 0,14 lb. höhere ∅ tägl. Gewichtszunahmen als die nur mit Kraftfutter (ohne Grünfutter) bzw. auf der Weide gefütterten Tiere. Bei letzteren waren die Schlachtkörper magerer, Herz und Milz schwerer und Leber und Darmtrakt leichter als bei den Stallfütterungsschweinen. Der Silage-Verzehr der Schweine lag bei Selbstfütterung des Kraftfutters sehr niedrig. Die Verringerung der Kraftfutteraufnahme um 25% hatte eine Erhöhung des Silageverzehrs um 200% zur Folge; die aus der Kraftfutter-Restriktion resultierende Verschlechterung der Zunahmen konnte dadurch jedoch nicht wettgemacht werden. Melassezusätze zur Silage führten zu keiner erhöhten Silageaufnahme. Die Silage mit 24% Tr.-Subst. wurde lieber gefressen als die mit 17-19% Tr.-Subst. J. Wünsche. 8536.

3-64/08-0688 Witczak, Fr., Kotarbińska, M. und Abgarowicz, Fr. Ilość i jakość białka w żywieniu tuczników. I. Śruta sojowa poekstrakcyjna w porównaniu z mlekiem chudym suszonym metodą rozpyłową i mączką rybną w szybkim tuczu świń. **(Menge und Qualität der Eiweißstoffe in der Mastschweinefütterung. 1. Mitt. Sojaextraktionsschrot im Vergleich zu Sprühtrockenmagermilch und Fischmehl in der Schweineschnellmast.)** Roczniki Nauk rolniczych, Ser. B **81** (1963) Nr. 4. S. 641-653. — 8 Tab., 44 Lit.
In beiden Versuchen, die an 32 Schweinen mit einer Lebendkörpermasse von 35 bis 90 kg durchgeführt wurden, verglich man: Sprühtrockenmagermilch, Fischmehl und Sojaextraktionsschrot. Für den Vergleich aller 3 Futtermittel berücksichtigte man die Ergebnisse, die bei 48 Tieren erzielt wurden. (Für jedes Futtermittel 11 Schweine der Großen Weißen Rasse und 5 Schweine der Puławy-Rasse.) Die Mastschweine, die Fischmehl erhielten, hatten schlechtere tägl. Zunahmen und eine längere Mastperiode. Die Zunahmen betrugen: 508, 476 und 570 g entsprechend für Milch, Fischmehl und Sojaschrot. Bei einem Vergleich zwischen Magermilch und Fischmehl berücksichtigte man die Ergebnisse von 76 Mastschweinen (28 Stück der Weißen Rasse und 10 Stück der Puławy-Rasse für jede Futterart). Die tägl. Zunahmen unterschieden sich nicht wesentlich und betrugen 528 g für Milch

und 509 g für Fischmehl. Die Futterverwertung je kg Gewichtszunahme, ausgedrückt in Hafereinheiten und verd. E. zeigten in keinem Fall stat. Unterschiede. PRL/CBR, übersetzt v. O. Kasperl. 8536.

3-64/08-0689 Fender, M., Kirsch, W. und Fewson, D.; Hohenheim, Landwirtsch. Hochschule, Inst. für Tierzuchtlehre. **Beitrag zur Hackfruchtmast mit Schweinen unter besonderer Berücksichtigung des Nährstoffgehaltes der Beifuttermischungen und der Fütterungstechnik.** Z. Tierphysiol., Tierernähr. Futtermittelkunde **18** (1963) Nr. 3. S. 175-181. — 4 Tab., 4 Lit. Zus. in Engl.

128 Schweine wurden in 4 Blöcken zu je 32 Tieren geprüft. 2 Kraftfuttergemische kamen zur Anwendung (A und B). Mischung A enthielt 17% mehr GN als B. Die beiden Mischungen wurden je mit Fütterungstechnik A oder B gekoppelt. Technik A: Hackfruchtmast ab 40 kg, Kraftfutterhöchstgabe 1,3 kg/Tag; Technik B: Hackfruchtmast ab 25 kg, Kraftfutter max. 1,0 kg/Tag. — Bei 5% Irrtumswahrscheinlichkeit (P = 0,05) erwiesen sich nur die ∅ tägl. Zunahmen (25-100 kg) bei Mischung A sowie Technik A signifikant höher. Die Futterverwertung und die Schlachtkörpereigenschaften blieben unbeeinflußt. Bei der Mastmethode B wurden für 100 kg Zuwachs 156 kg Kraftfutter und 724 kg Kartoffeln benötigt. H. Jung. 8536.

3-64/08-0690 Dunklin, A. C. A comparison of barley meal, meat meal, and dried buttermilk, feed alone and in various combinations, as supplements to whey for fattening pigs. **(Ein Vergleich von Gerstenschrot, Fleischmehl und getrockneter Buttermilch, allein oder in verschiedenen Kombinationen, als Beifutter zu Molke bei Mastschweinen.)** New Zealand J. agric. Res. **4** (1961) Nr. 1/2. S. 45-56. 8536.

3-64/08-0691 Gonzales, R. R., Supnet, M. G., Puyaoan, R. B. und Rigor, E. M. The effcet of different levels of protein with and without terramycin on growth rate and feed efficiency of growing-fattening pigs. **(Die Wirkung verschiedener Proteingaben mit und ohne Terramycin auf Wachstum und Futterverwertung bei Mastschweinen.)** Philippine Agriculturist **46** (1962) Nr. 7. S. 525-538. — 12 Tab., 17 Lit. 8536.

3-64/08-0692 Jeroch, H. und Hähnel, H. **Vergleichender Fütterungsversuch mit einem Oxytetracyclin-Zusatz an wachsenden Hühnerküken verschiedener Rassen.** Tierzucht **17** (1963) Nr. 4. S. 184-187. — 2 Abb., 4 Tab.

Es wurde die Wirkung von Oxytetracyclin-Zusätzen (20 mg OTC je kg Futter) bei Küken der Rassen White Rock, Sussex und New Hampshire geprüft (6 Gruppen zu je 75 Tieren). Der Futterverzehr erhöhte sich durch die Gabe von OTC geringfügig. Der Antibioticazusatz steigerte bei allen 3 Rassen die Lebendmassezunahmen. Die Futterverwertung konnte um 5,6% bis 11,5% verbessert werden. K. Löhle. 8544.

3-64/08-0693 Henry, Y. und Rérat, A.; Jouy-en-Josas, Seine-et-Oise, Stat. de Rech. sur l'Élevage des Porcs. Étude de l'ingestion spontanée d'éléments énergétiques et de protéines chez le rat en croissance par la méthode du libre choix. **(Die Aufnahme von Energie und Protein durch die Ratte bei freier Futterwahl.)** Ann. Biol. Animale, Biochim. Biophys. **3** (1963) Nr. 2. S. 103 bis 117. — 2 Abb., 10 Tab., 23 Lit. Zus. in Engl.

An 3 Gruppen von je 9 (5♂, 4♀) entwöhnten weißen Ratten wurde in einem 8wöchigen Fütterungsversuch die Aufnahme an Energie und Eiweiß bei gleichzeitigem ad libitum-Angebot einer eiweißhaltigen und einer eiweißfreien Ration und ihre Folgen auf das Wachstum der Ratten untersucht. Als Eiweiß dienten 3 verschiedene Quellen: Fischmehl, Erdnußextraktionsschrot und Weizenkleber. Die Ratte ist nach den erhaltenen Ergebnissen nicht in der Lage, den Proteinverzehr dem Bedarf anzupassen. Dagegen besteht eine enge Beziehung zwischen der freiwilligen Energieaufnahme und dem Gewicht. Offenbar gleicht die Ratte ihren Energieverzehr dem durch das Protein ermöglichten Wachstum an, ohne jedoch die richtige Auswahl des Proteins zu treffen. L. Sperling. 8570.

3-64/08-0694 Dalton, D. C. und Bywater, T. L.; Leeds, Univ. The effect of selection for litter size and litter weight at weaning in mice maintained on two diets. **(Der Einfluß einer Selektion auf Wurfgröße und Wurfgewicht zum Zeitpunkt der Entwöhnung bei Mäusen, die mit zwei Rationen ernährt wurden.)** Animal Product. **5** (1963) Nr. 3. S. 317-326. — 3 Abb., 2 Tab., 4 Lit.

Über 24 Generationen wurden an je 2 Gruppen von Mäusen unterschiedliche Rationen verfüttert. Ration I war eine normale Mäusenahrung mit 16,2% Protein und 5,3% Rohfaser, Ration II war ein Gemisch von Ration I mit 30% Cellulose und enthielt 11,5% Protein und 24,2% Rohfaser. In jeweils 1 Gruppe wurde von der 3. bis zur 17. Generation auf Wurfgröße und Wurfgewicht zum Zeitpunkt der Entwöhnung (25 Tage alt) selektiert. Von der 17. Generation an wurde die Selektion eingestellt und die Hälfte der Tiere jeder Gruppe erhielt die Nahrung der anderen Gruppe. — Die Selektion auf Wurfgröße und Wurfgewicht führte in keiner der beiden unterschiedlich gefütterten Mäusegruppen gegenüber den Kontrollgruppen zu einer Verbesserung der genetischen Anlagen. Die Wirkung des Nahrungswechsels war geringfügig und von temporärem Charakter. L. Hoffmann. 8570.

FUTTERMITTELKUNDE

A. FUTTERSTOFFE, IHRE BEEINFLUSSUNG, KONSERVIERUNG UND ZUBEREITUNG

3-64/08-0695 Jones, Edryd; Transcoed, Aberystwyth, Nat. Agric. Advisory Serv. Studies on the magnesium content of mixed herbage and some individual grass and clover species. **(Untersuchungen über den Magnesiumgehalt von gemischtem Grünfutter und einigen einzelnen Gräsern und Kleearten.)** J. Brit. Grassland Soc. **18** (1963) Nr. 2. S. 131-138.

An einem gemischten Grünlandbestand und 4 Gras- und Kleearten wurde die Wirkung von 4 verschiedenen Behandlungen (Kontrolle, Magnesiumsulfat, Mergel (10% Mg) und kohlensauer Kalk) untersucht. Im 1. Jahr erhöhte Magnesiumsulfat den Mg-Gehalt der gemischten Bestände um 18% gegenüber der Kontrolle, diese Erhöhung schwächte sich jedoch in den folgenden Jahren ab. Mergel wirkte sich demgegenüber im 1. Jahr nur wenig aus, brachte aber bis zum 4. Jahr eine ständige Steigerung (42%), während kohlensaurer Kalk ein geringes Absinken hervorrief. Die Mg-Werte stiegen vom Frühjahr zum Herbst an. Bei den einzelnen Arten lag der Mg-Gehalt des Rotklees um 50% höher als in Welschem Weidelgras, Knaulgras und Weißklee. Jahreszeitliche Veränderungen waren bei den Kleearten viel geringer als bei den Gräsern. Im Gegensatz zu den gemischten Beständen war die Auswirkung des Mg-Sulfats in allen Arten sehr gering im 1. und 2. Jahr nach der Düngung. Den Mergel nutzten die Kleearten besser als die Gräser. Die Ergebnisse werden diskutiert. W. Holzschuh. 8630.

3-64/08-0696 Barker, Allen V. und Bradfield, Richard; Ithaca, N. Y., Cornell Univ. Effect of potassium and nitrogen on the free amino content of corn plants. **(Wirkung des Kaliums und Stickstoffs auf den Gehalt an freien Aminosäuren in Maispflanzen.)** Agronomy J. **55** (1963) Nr. 5. S. 465-470. — 5 Abb., 5 Tab., 18 Lit.

In Gefäßversuchen zu Mais wurden das Pflanzenwachstum und die Aminosäureverteilung in der löslichen N-Fraktion 5 Wochen alter Pflanzen in Abhängigkeit von N- und K-Zufuhr untersucht. Die Nährlösungen umfaßten bei N und K den Konzentrationsbereich von 10-500 ppm, wobei N zu 12, 25, 50 und 75% des Gesamt-N in der NH_4^+-Form vorlag. N-Mangel und -Überschuß senkten am stärksten die Erträge. Das beste Wachstum wurde durch Erhöhung des NH_4^+-Anteils der Gesamt-N-Zufuhr erreicht. Unter den Aminosäuren herrschte Asparagin vor, dessen abs. und rel. Gehalt durch steigende N-Düngung sowie durch Erhöhung des NH_4^+-Anteiles stark zunahm. Der Gehalt an freien Aminosäuren sank bei Steigerung der K-Zufuhr auf 250 ppm. G. Loßner. 8630.

3-64/08-0697 Biłowicki, J. Dosuszanie siana prasowanego w stertach. **(Das Trocknen von Heuballen in Schobern.)** Mechanizacja Rolnictwa **11** (1963) Nr. 8. S. 14-17. — 10 Abb., 2 Tab.
Der Beginn der Produktion von Pressen erfordert die Bearbeitung der Technologie der Nachtrocknung der Grünmasse, die in Ballen gepreßt wurde. Die Grünmasse wird in Schober gelegt, die manuell geformt wurden. Zum Aufladen der oberen Schichten wurde der Schobersetzer SEG-8 verwendet, mit dem man eine Leistung von 6-3 t/Std. erzielte. Der Verbrauch an AK/h betrug 2,0-3,2/t. In der Mitte des Schobers läßt man einen Kanal für den Durchzug der Warmluft frei, die mit Hilfe von Ventilatoren hineingelangt. Die Verluste während der Nachtrocknung im Schober und der 2-3monatigen Lagerung betrugen 16,9-17,9%. Die Nachtrocknungskosten mit elektrischem Ventilator (37,80 Zloty/t) waren niedriger als mit dem Verbrennungsaggregat polnischer Produktion Zefir (75,25 Zloty/t).
PRL/CBR, übersetzt v. I. Roesler. 8720.

3-64/08-0698 Owen, F. G. und Senel, S. H.; Lincoln, Univ. of Nebraska. Effect of moisture level and grain addition on organic acids in alfalfa silage. **(Wirkung des Wassergehalts und einer Korn-Zugabe auf die organischen Säuren in Luzernesilage.)** J. Dairy Sci. **46** (1963) Nr. 9. S. 993-995.
In 3,8 l-Gläser wurde abgewelkte, gehäckselte Luzerne (Wassergehalt 58,8% = „haylage" [**I**]) und dieselbe Luzerne zusätzlich getrocknet (Wassergehalt 37,5% = „low-moisture haylage" [**II**]) ohne und mit Zusatz von getrocknetem Milo-Korn einsiliert. Nach 8 Wochen wurden die Silageproben auf Wassergehalt, pH-Wert und Gehalt an org. Säuren analysiert. Die Verringerung des Wassergehalts von 52,6 (**I**) auf 35,1 (**II**)% hatte im ∅ eine um 58% veringerte Gesamtsäureproduktion und eine Erhöhung des pH-Wertes von 4,54 auf 5,46 zur Folge. Die Propion- und Buttersäuregehalte gingen von 1,7 bzw. 1,3% auf Spuren zurück, der Milchsäuregehalt verringerte sich auf etwa die Hälfte (1,8%), die Essigsäurewerte blieben unbeeinflußt. Der Milo-Zusatz verursachte bei **I** und **II** unterschiedliche Wirkungen. Bei **I** wurden die Essig- und Gesamtsäuregehalte durch Milo-Zusatz erhöht, bei **II** dagegen stark verringert. Umgekehrt lagen die Verhältnisse bei der Milchsäure. Die Propionsäure blieb unbeeinflußt; die Buttersäure erfuhr nur bei **I** eine Erhöhung auf etwa das 3fache. J. Wünsche. 8730.

3-64/08-0699 Gross, F.; Grub, Bayer. Landesanst. für Tierzucht. **Grundlagen und Maßnahmen für die Erzeugung guten Gärfutters.** Bayer. landwirtsch. Jb. **40** (1963) Nr. 4. S. 445-462. — 7 Abb., 8 Tab., 14 Lit.
Vf. gibt eine Übersicht über die direkte Abhängigkeit des Nährstoffgehaltes vom Tr.-Subst.-Gehalt. — Luftdichtigkeit des Silos ist am besten im Hochsilo zu erzielen; die Verluste im offenem Flachsilo können so hoch wie bei der Heuwerbung werden. Weiter besteht eine Abhängigkeit von Silomaterial (Schutzanstrich beachten!), Lukenverschluß und Abdeckung. Silierhilfsmittel sind je nach Futtermittelart und Wirtschaftlichkeit zu verwenden. L. Wohlrabe. 8730.

FISCHEREI

A. ALLGEMEINES

3-64/08-9001 A provisional list of experts concerned with diseases of aquatic organisms and associated parasites. Rome: Food and Agriculture Organization of the United Nations, Fisheries Division, Biology Branch. 1962. (24 S.) 22 × 28 cm = FAO Fisheries Biology Technical Paper No. 11. Die vorläufige Liste der Experten, die sich mit Krankheiten und Parasiten von Wasserorganismen befassen, enthält in ihrer 2. Ausgabe die Namen aller derjenigen, die ihre Fragebögen bis zum 30. Sept. 1962 zurücksandten. ImAnhang sind Personen aufgeführt, die diesen Termin nicht einhielten. Im Hauptteil werden in alphabetischer Reihenfolge 233 Spezialisten genannt. Für jeden sind Arbeitsstätte und Adresse angegeben. Eine Vervollständigung des Verzeichnisses durch die Mitarbeit aller auf diesem Gebiet Tätigen wäre sehr erwünscht.
W. Steffens.

3-64/08-9002 A provisional list of inland fishery workers in Europe. Rome: Food and Agriculture Organization of the United Nations, Fisheries Division, Biology Branch. 1961. (48 S.) 22 × 28 cm = FAO Fisheries Biology Technical Paper No. 15. Die Liste der auf dem Gebiet der Binnenfischerei in Europa tätigen Wissenschaftler entspricht den Informationen, die die FAO bis Okt. 1961 erhielt. Es werden zunächst in alphabetischer Reihenfolge 429 Personen mit Arbeitsstätte und Anschrift aufgeführt. Daran schließen sich ein geographischer Index, ein Sprachenindex und ein taxionomischer Index an. Am Schluß gibt ein Sachregister Auskunft über die wichtigsten Arbeitsgebiete der einzelnen Forscher. Die nächste Ausgabe dieses Verzeichnisses müßte in personeller Hinsicht eine wesentliche Erweiterung erfahren, wofür die Mithilfe aller erforderlich ist.
W. Steffens.

B. BIOLOGIE DER FISCHEREILICHEN NUTZTIERE

Biologie der Fische

3-64/08-9003 Zanandrea, Guiseppe S. J.; Milan, Italy, Univ., Inst. of Zool. Studies on European lampreys. **(Untersuchungen über europäische Lampreten.)** Evolution [Lancaster] **15** (1961) Nr. 4. S. 523-534. — 3 Abb., 1 Tab., 64 Lit.

Die Arbeit enthält eine Zusammenstellung der Ergebnisse von 20jährigen Untersuchungen über die Lampreten Italiens und des Donaugebietes. Die Dauer des Larvenstadiums, der Zeitpunkt der Geschlechtsreife, Größenverminderung, Geschlechtsverhältnis, Körperproportionen, Färbung und geographische Verteilung werden dargestellt. Von den 3 in Italien vorkommenden Arten *Lampetra zanandreai*, *L. planeri* und *Petromyzon marinus* wurden Längen-Massen-Analysen durchgeführt und deren Werte mit denen anderer europäischer Lampreten verglichen. Fragen der Phylogenie und der Systematik, insbesondere bei den Formen des Donaugebietes, werden erörtert.
G. Seifert. 6080.

3-64/08-9004 David, A.; Allahabad, India, Centr. Inland Fisheries Res. Substat. Sexual dimorphism, fecundity and food of the estuarine bagrid, *Mystus gulio* (Ham.). **(Sexualdimorphismus, Fruchtbarkeit und Nahrung von Mystus gulio.)** Proc. nat. Acad. Sci., India, Sect. B **33** (1963) Nr. 3. S. 385-410. — 8 Abb., 8 Tab., 15 Lit.

In den zum Studium der Biologie von *Pangasius pangasius* im Mündungsgebiet des Matlah und Kulti (Gangesdelta) 1954/55 angesetzten Fängen fand Vf., daß der Stachelwels *Mystus gulio* mit Exemplaren von 75-180 mm (Lt.) den bedeutendsten Anteil bildete und im Juni -Aug. alle anderen Arten nach Zahl und Masse übertraf. Obwohl *M. gulio* in den Küstengebieten der Großen Sundainseln und des Festlandes bis zum Indusdelta hin vorkommt, ist über die Lebensweise keiner der Arten der Gattung *Mystus* auch nur das geringste bekannt. *M. gulio* ist nach den Feststellungen des Vf. extrem euryhalin und kommt sowohl im Süßwasser, im verschmutzten Süß- und Brackwasser und im stark salzigen Brackwasser vor. Stets benutzbare signifikante äußere Geschlechtsmerkmale fehlen, lediglich in der Fortpflanzungszeit sind die ♂♂ durch die Ausbildung der Genitalpapille von den ♀♀ zu unterscheiden. Die Inspektion der Gonaden gestattet andererseits die einwandfreie Unterscheidung der Geschlechter von einer Lt. $\geqq$ 37 mm an. Die Fortpflanzungszeit liegt im Süßwasser zwischen Mai und Sept. Die ♀♀ übertreffen in den

Fängen an Zahl die ♂♂ zwischen April-Juli um 10-38%. Im Sept. und Okt. werden abgelaichte ♀♀ um 60%-100% zahlreicher als ♂♂ angetroffen, während im Nov.-Dez. die ♂♂ um 20-40% überwiegen. Die Längenzuwachsrate beträgt 10 mm/Mon. Die Fortpflanzung findet im 10. Lebensmon. statt, die Lebensdauer überschreitet nicht das erste Jahr. Die Ernährungsweise ist omnivor unter deutlicher Bevorzugung der Krebstiere und Fische. Aus dem gesammelten Material wurden für die einzelnen Untersuchungen ca. 500-1400 Fische berücksichtigt. Eingehende variationsstatistische Auswertungen wurden vorgenommen und ihre Ergebnisse dargestellt. H.-J. Rümmler. 6080.

3-64/08-9005 Tilak, Raj; Pilanie, Rajastan, India, Birla Coll. The osteocranium and the Weberian apparatus of a few representatives of the families Siluridae and Plotosidae (Siluroidea): a study of inter-relationship. **(Das Osteocranium und der Webersche Apparat einiger Vertreter der Siluridae und Plotosidae [Siluroidea] — eine Untersuchung der verwandtschaftlichen Beziehungen.)** Zool. Anz. **171** (1963) Nr. 11/12. S. 424-439. — 40 Abb., 1 Tab., 20 Lit.
Bei folgenden 4 Arten wurden Osteocranium und Weberscher Apparat untersucht: *Callichrous bimaculatus, Wallago attu, Plotosus arab, Plotosus canius.* Ein taxionomischer Bestimmungsschlüssel craniologischer Merkmale zur Unterscheidung der beiden Familien und der 4 Arten schließt die Untersuchung ab. Beide Familien, Siluridae und Plotosidae, sind hinsichtlich der Ausbildung des Weberschen Apparats eng verwandt und die primitivsten Mitglieder der Unterordnung. Allerdings sind die Plotosidae gegenüber den Siluridae als etwas weniger primitiv anzusprechen. 3 primitive Merkmale der Siluridae werden herausgestellt. H.-J. Rümmler. 6085.

3-64/08-9006 Rastogi, Manjula. The head skeleton of Indian schilbeid, Clupisoma garua (Ham.). **(Das Kopfskelett von Clupisoma garua.)** J. Morphol. [Philadelphia] **113** (1963) Nr. 2. S. 205-214. — 5 Abb., 34 Lit
C. garua aus der Familie Schilbeidae (Glaswelse) besitzt ein gut verknöchertes Kopfskelett mit 2 hintereinanderliegenden Fontanellen. Parietalia, Opisthotica, Symplectica, Subopercularia, Supratemporalia und Entopterygoide fehlen. Die Orbitosphenoide bilden eine Einheit. Die Orbita sind groß und besitzen 4 Suborbitalia. Das Nasale ist hohl, der Vomer T-förmig und bezahnt. Der Oberkiefer wird von den Praemaxillen gebildet. Die Maxillen sind reduziert und tragen die Maxillarbarteln. Das Palatinum ist gut entwickelt und bildet mit den Maxillae den Bewegungsapparat der Barteln. Das Pterygoid fehlt, während Meta- und Ectopterygoid wohlentwickelt sind. M. Hegemann. 6085.

3-64/08-9007 Wahlert, Gerd von und Wahlert, Heidi von. **Eine bemerkenswerte Anordnung von Schuppenfortsätzen beim Knochenfisch Balistes bursa und ihre hydrodynamische Erklärung.** Naturwissenschaften **51** (1964) Nr. 2. S. 45. — 1 Abb., 7 Lit. 6085.

3-64/08-9008 Sinha, B. M.; Meerut, Coll. The urinogenital organs of Wallago attu (Bl. & Schn.). **(Die Urogenitalorgane von Wallago attu.)** Proc. nat. Acad. Sci., India, Sect. B **31** (1961) Nr. 3. S. 296–304. — 16 Abb., 15 Lit.
Die Ergebnisse histol. und anatom. Serienuntersuchungen an den Nieren, Harnleitern, Harnblasen, Testes, Vasa deferentia, Ovarien, Eileitern und pseudocopulatorischen Papillen von *Wallago attu* werden in ausführlicher Weise zusammengestellt und diskutiert. Es existiert ein gewisser Sexualdimorphismus, der Stachel der Pectoralflosse ist beim Männchen kräftiger entwickelt und tiefer eingekerbt als beim Weibchen. G. Seifert. 6085.

3-64/08-9009 Belsare, D. K.; Ujjain, India, Vikram Univ., School of Studies in Zool. Development of the pituitary gland in Ophicephalus punctatus, Bloch. **(Die Entwicklung der Hypophyse bei Ophicephalus punctatus.)** J. Morphol. [Philadelphia] **113** (1963) Nr. 2. S. 151-160. — 17 Abb., 27 Lit.

Die Entwicklung der Hypophyse wurde an 7 Stadien von 3-135 mm langen Fischen histol. untersucht. Das 1. Stadium der Bildung der Hypophysenanlage ist erreicht, wenn das orale Ektoderm dem Hirnboden im Bereich des Diencephalons eng anliegt. Die Neurohypophyse erscheint bei 62 h alten Tieren. Eine Unterscheidung der Zellstadien ist hierbei nicht vorgenommen worden. Bei 2 Mon. alten und 20 mm langen Larven ist die Unterteilung in Pro-, Meso- und Meta-Adenohypophyse abgeschlossen. Die Zellen zeigen jetzt Chromophilie. PAS-positive Zellen beginnen mit der Abgabe von Glykoprotein, wodurch der Beginn der Kontrolle über Gonaden und Schilddrüse angedeutet ist. Das Fehlen der Chromophilie in früheren Stadien wird mit der späteren Aktivierung der Hypophyse im Leben der Fische erklärt. Im Vorderlappen sind schwach färbbare Azidophile und Basophile und verstreut auch stark färbbare Basophile festzustellen. Im Zwischenlappen sind 1 Typ azidophiler und 2 basophiler Zellen vorhanden. Letztere sind PAS-positiv. Im Hinterlappen sind Azido- und Basophile von gleichförmiger Größe vorhanden. Das „neurosekretorische Material" ist im praeoptico-neurohypophysären Strang gefunden worden. M. Hegemann. 6085.

3-64/08-9010 Peters, A. An electron microscope study of the peripheral nerves of the hagfish (Myxine glutinosa, L.). **(Eine elektronenmikroskopische Untersuchung der peripheren Nerven von Myxine glutinosa.)** Quart. J. exp. Physiol. cognate med. Sci. **49** (1964) Nr. 1. S. 35-42. — 9 Abb., 24 Lit. 6085.

3-64/08-9011 O'Connell, Charles P.; La Jolla, Calif., U.S. Fish and Wildlife Serv. The structure of the eye of Sardinops caerulea, Engraulis mordax, and four other pelagic marine teleosts. **(Die Struktur des Auges von Sardinops caerulea, Engraulis mordax und vier anderen pelagischen Meeresfischen.)** J. Morphol. [Philadelphia] **113** (1963) Nr. 2. S. 287-319. — 54 Abb., 14 Tab., 25 Lit.

Vf. gibt eine ausführliche Beschreibung der Retinae von *Sardinops caerulea, Alosa sapidissima, Engraulis mordax, Anchoa compressa, Trachurus symmetricus* und *Pneumatophorus diego*. Alle Arten besitzen gut ausgebildete Stäbchen und Zapfen. Die Zapfen sind in allen Fällen im ventro-temporalen Quadranten der Retina zahlreicher, während mehr Stäbchen in der nasalen Hälfte der Retina vorhanden sind. Die beiden Sardellenarten besitzen Reflexionsmechanismen in der Retina, die ihnen die Lichtperzeption auch unter ungünstigen Bedingungen erleichtern. Sie besitzen keine einfachen Zapfen, so daß vom Vf. angenommen wird, daß sie im hellen Licht nicht so gut angepaßt sind wie Tiere, die einfache und doppelte Zapfen haben. Bei *S. caerula* und *P. diego* vermindert sich mit zunehmender Augengröße die Zahl der Zapfen. Vor allem die Doppelzapfen scheinen in der ventrotemporalen Region abzunehmen. Die Dichte der Zapfen ist bei *Trachurus* und *Pneumatophorus* in der Nasalregion größer und gleichmäßiger als bei den Clupeiden. Ansatz und Stärke des Musculus rectus ant. zeigen an, daß horizontale Augenbewegungen wahrscheinlich bei *Trachurus* und *Pneumatophorus* am größten sind und am geringsten bei den Engraulidae. M. Hegemann. 6085.

3-64/08-9012 Pfeiffer, Wolfgang; Vancouver, Univ. of Brit. Columbia. The morphology of the olfactory organ of the Pacific salmon (Oncorhynchus). **(Die Morphologie des Riechorgans des Pazifiklachses [Oncorhynchus].)** Canad. J. Zool. **41** (1963) Nr. 7. S. 1233–1236. — 11 Abb., 2 Tab., 6 Lit.

An 4 Arten der Gattung *Oncorhynchus* (*O. nerka, O. kisutch, O. gorbuscha* und *O. keta*) konnte festgestellt werden, daß die Fläche des Riechepithels bei 10–60 cm langen Fischen 40% der Retinafläche ausmacht. Bis zu 12 cm

Länge des Fisches nimmt das Riechepithel an Größe und Zahl der Lamellen zu. Später wachsen nur noch die schon vorhandenen Lamellen. Beim erwachsenen Fisch sitzen den primären Lamellen bis zu 10 sekundäre auf, die allerdings nur aus einem nichtsensorischen Schleimhautepithel bestehen. Die sek. Lamellen sind anscheinend ein für die Salmoniden typisches Merkmal.
M. Hegemann. 6085.

3-64/08-9013 Branson, Branley A.; Pittsburg, Kansas City Coll. The olfactory apparatus of Hybopsis gelida (Girard) and Hybopsis aestivalis (Girard) (Pisces: Cyprinidae). **(Das Riechorgan von Hybopsis gelida und Hybopsis aestivalis [Pisces: Cyprinidae].)** J. Morphol. [Philadelphia] **113** (1963) Nr. 2. S. 215–220. — 39 Abb., 41 Lit.
Vf. versucht, morphol. Erscheinungen mit Sinnesleistungen zu korrelieren. Die beiden Fischarten leben in trüben, daher lichtarmen Gewässern. *H. aestivalis* ist von beiden Arten die plastischere. Sie kommt sowohl im klaren, als auch trüben Wasser vor. Die Augen sind bei dieser Art größer, die Zahl der Nasenlamellen dagegen geringer. Von beiden Fischarten sind die Geruchsorgane eingehend mikroskopisch und histol. untersucht worden.
M. Hegemann. 6085.

3-64/08-9014 Kleerekoper, H. und Mogensen, J.; Hamilton, Ontario, McMaster Univ. Role of olfaction in the orientation of Petromyzon marinus. I. Response to a single amine in prey's body odor. **(Die Rolle des Geruchs bei der Orientierung von Petromyzon marinus. 1. Mitt. Wirkung eines einfachen Amins im Geruch der Beute.)** Physiol. Zoöl. **36** (1963) Nr. 4. S. 347 bis 360. — 4 Abb., 3 Tab., 88 Lit.
Der Geruch der Beute bewirkt Aktivitätszunahme bei Neunaugen. Dies konnte in einem in 16 Sektoren geteilten Rundbecken mit automatischer Kontrolle der Aktivität und der Schwimmrichtung nachgewiesen werden. Der „komplette" Körpergeruch der Forelle wurde durch 9 Aminosäuren und 11 Amine ersetzt. Davon erwiesen sich 2 nicht näher genannte, nur mit C und F bezeichnete Amine als am wirkungsvollsten bei der Auslösung des Suchverhaltens der Neunaugen. M. Hegemann. 6085.

3-64/08-9015 Dijkgraaf, S. und Kalmijn, A. J.; Utrecht, Inst. für Vergleichende Physiol. **Untersuchungen über die Funktion der Lorenzinischen Ampullen an Haifischen.** Z. vergleich. Physiol. **47** (1963) Nr. 4. S. 438–456. — 7 Abb., 22 Lit.
Reflektorische Reaktionen von *Scyliorhinus canicula* bei lokaler Reizung des Kopfes mit Serien schwacher elektrischer Rechteckimpulse von 5 Hz/s und 0,02–2000 μV/cm Seewasser, übertragen durch Bownsche Elektroden, sind beobachtet worden. Die Reizschwelle liegt bei ca. 3 μV/cm. Einseitige Durchtrennung des Nervus maxillaris V + Nervus buccalis VII setzt alle Lorenzinischen Ampullen zwischen Spritzloch und Kiemenspalte dieser Seite außer Funktion; Sinnesorgane bleiben jedoch intakt; Reizschwelle ist ca. 10fach erhöht. Beiderseitige Durchtrennung der genannten Nerven hebt die Reizschwelle auf das 100fache. Werden die rostralen Ampullen durch zusätzliche Durchschneidung der *Nn. ophthalmici sup. V + VII* außer Funktion gesetzt, treten auch bei max. Reizstärke keine Effekte auf. Die Lorenzinischen Ampullen fungieren demnach als Elektrorezeptoren.
M. Hegemann. 6085.

3-64/08-9016 Stockfleth Enger, Per; Oslo, Univ., Inst. of Zoophysiol. Single unit activity in the peripheral auditory system of a teleost fish. **(Die Aktionspotentiale einzelner Neuronen im peripheren Bereich des N. acusticus bei einem Knochenfisch.)** Acta physiol. scand., Suppl. **59** (1963) Nr. 210. S. 1-48. — 17 Abb., 2 Tab., 53 Lit.
Am freigelegten Labyrinth kurarisierter Seeskorpione (*Cottus scorpius*), insges. 43 Expl., Lt. 18–25 cm, wurden durch Mikroelektroden einzelne Neuronen

des N. statoacusticus erfaßt und ihre Aktionspotentiale aufgezeichnet. 4 verschiedene Arten von Potentialen kommen vor, und zwar in jedem der 3 zum Sacculus, Utriculus und zur Lagena führenden Zweige, wenn auch mit verschiedener Häufigkeit. Aktionspotentiale als Antwort auf reine Tonreize (Dauer 1–2 s; Frequenz 60–500 cps) wurden von fast allen Neuronen des Sacculus, von $^2/_3$ derjenigen der Lagena und $^1/_3$ der Utriculus-Neuronen erhalten. Die drei Aktivitätsgruppen der Neuronen wiesen spez. untere und obere Grenzen der reizauslösenden Frequenzen auf (— 200; 200–300; 300–500 cps). H.-J. Rümmler. 6085.

3-64/08-9017 Yagi, Kinii und Bern, Howard A.; Berkeley, Univ. of California. Electrophysiologic indications of the osmoregulatory role of the teleost urophysis. **(Elektrophysiologische Anzeigen der osmoregulatorischen Funktion der Urophyse von Teleostiern.)** Science [Washington] **142** (1963) Nr. 3591. S. 491–493. — 1 Abb., 7 Lit.
In Salzlösungen zeigte *Tilapia mossambica* eine Zunahme der Häufigkeit von Spontan-Impulsen in einigen neurosekretorischen Fasern der Neurophyse des caudalen neurosekretorischen Systems. Exposition im Leitungswasser unterdrückte diese Aktivität. Die bisherigen Erkenntnisse weisen auf die mögliche Produktion von 2 Arten von Neurohormonen hin; das eine begünstigt die Ionen-Wanderung in der normalen Richtung und das andere besitzt entgegengesetzte Wirkung als Reaktion auf abnormale osmotische Verhältnisse. Th. Mattheis. 6085.

3-64/08-9018 Cédard, Lise und Fontaine, Mauriee; Port-Royal, Musée et Inst. Océanographique. Sur la présence de stéroides sexuels dans les corpuscules de Stannius du saumon atlantique (Salmo salar L.). **(Über das Auftreten von Sexual-Steroiden in den Stannius'schen Körperchen von Salmo salar.)** C. R. hebd. Séances Acad. Sci. **257** (1963) Nr. 21. S. 3095–3097. — 9 Lit.
Die Stannius'schen Körperchen des atlantischen Lachses enthalten Östrogene und 17 Cetosteroide. Während sich beim Rogener vom Beginn der anadromen Wanderung bis zur Laichzeit der Gehalt an Östriol knapp verdoppelt und der Gehalt an Androgenen ungefähr gleichbleibt, verzehnfacht sich beim Milchner die Menge der Androgene in den Stannius'schen Körperchen. D. Barthelmes. 6085.

3-64/08-9019 Olivereau, Madeleine; Paris, Inst. Océanographique. Action de l'aldactone sur les corpuscules de Stannius de l'anguille. **(Die Wirkung von Aldacton auf die Stannius'schen Körperchen beim Aal.)** C.R. hebd. Séances Acad. Sci. **257** (1963) Nr. 25. S. 4035–4038. — 1 Tab., 19 Lit.
Beim Aal (*Anguilla anguilla*) bewirkt die Injektion von Aldacton eine Veränderung in der histol. Struktur der Stannius'schen Körperchen und ruft eine sehr deutliche Hypertrophie der Kerne und Nucleolen hervor. Diese Wirkung deutet darauf hin, daß die Stannius'schen Körperchen bei den Teleosteern regulierend in den Stoffwechsel der osmotisch wirksamen Mineralien eingreifen. D. Barthelmes. 6085.

3-64/08-9020 Buclon, Maurice und Pérès, Gabriel; Lyon, Fac. des Sci.; Tamaris-sur-Mer, Stat. Maritime de Biol. De l'absorption intestinale du glycocolle chez la roussette. **(Über die Absorption von Glykokoll im Darm von Scyliorhinus canicula.)** C. R. hebd. Séances Acad. Sci. **257** (1963) Nr. 25. S. 4039–4041. — 1 Abb., 2 Tab., 9 Lit.
Die vom Darm des kleingefleckten Katzenhais in vivo absorbierten Glykokollmengen wachsen nicht im gleichen Verhältnis wie die verabreichten Mengen. Ferner vermindert Phloridzin die Glykokollabsorption. Beide Fakten führen zu der Vermutung, daß die Glykokollabsorption des Darmes durch einen aktiven Mechanismus geregelt wird. D. Barthelmes. 6085.

3-64/08-9021 Steen, Johan B.; Oslo, Univ., Inst. of Zoophysiol. The physiology of the swimbladder in the eel Anguilla vulgaris. III. The mechanism of gas secretion. **(Die Physiologie der Schwimmblase des Aals, Anguilla vulgaris. 3. Mitt. Der Mechanismus der Gassekretion.)** Acta physiol. scand. **59** (1963) Nr. 3. S. 221–241. – 6 Abb., 2 Tab., **44** Lit. 2. Mitt. vgl. 3-64/06-9023.

Während der Gasabscheidung ist das im Schwimmblasenepithel zirkulierende Blut mit Milchsäure angereichert. Der pH dieses Blutes ist um eine pH-Einheit niedriger als in dem Blut, welches in das Rete von den Kiemen her einströmt. Es ist anzunehmen, daß es zu einer Druckerhöhung durch Veränderung der Gaskonzentration dadurch kommt, daß dem venösen Blut saure Elektrolyte zugefügt werden. M. Hegemann. 6085.

3-64/08-9022 Hoar, W. S. und Eales, J. G.; Vancouver, Univ. of Brit. Columbia. Dependence of conversion ratio on the dose of radioiodine in fish. **(Die Abhängigkeit des Umsatzwertes von der Höhe der Jod-131-Dosis bei Fischen.)** Canad. J. Zool. **41** (1963) Nr. 6. S. 1061–1067. – 3 Abb., 4 Tab., 11 Lit.

Zur Klärung der Frage, in welcher Dosis radioaktives Jod auf Fische gerade noch nicht schädigend wirkt, wurden an bei 20 °C und 4 °C gehaltenen Goldfischen (*Carassius auratus*) nach Injektion von $Na^{131}J$ in Dosen von 1,09 bis 8,14 μc/g die Umsatzwerte nach Hickmann **(1961)** bestimmt. Zum Vergleich wurden Exemplare von *Couesius plumbeus, Salmo gairdneri, Oncorhynchus keta* und *O. nerka* der gleichen Behandlung unterzogen. Nur beim Goldfisch (20 °C) und schwächer beim Keta-Lachs (12 °C) zeigte sich eine positive Korrelation der Umsatzwerte und der Radiojod-Dosen. Ausschließlich bei den behandelten Goldfischen wurden Follikelrupturen und im Kolloid Blutzellen angetroffen, die aber auch bei unbehandelten Goldfischen gefunden werden konnten. Die als Reaktion der Schilddrüse auf ^{131}J eintretende Zunahme der proteingebundenen Radiojodmenge scheint abhängig zu sein von der Temperatur, dem jeweiligen Zustand des Jodumsatzes und der Fischart. Die Wirkung vergrößerter Dosen kann nicht vorausgesagt werden. Dosen von mindestens 1 μc/g können den Jodumsatz durch Vergrößerung der Abgabe von radioaktivem Hormon beeinflussen. H.-J. Rümmler. 6085.

3-64/08-9023 Heath, Wallace G.; Bellingham, Western Washington State Coll. Thermoperiodism in sea-run cutthroat trout (Salmo clarki clarki). **(Thermoperiodismus bei Salmo clarki clarki.)** Science [Washington] **142** (1963) Nr. 3591. S. 486–488. – 1 Abb., 13 Lit.

Die Wärmetoleranzwerte nach Akklimatisierung bei zyklischen und konstanten Temperaturen werden verglichen. Eine Anpassung an die Maximumtemperaturen der zyklischen Akklimatisierung wurde beobachtet. Die Zeitdauer der Akklimatisierung wurde variiert zwischen einem Viertel und dem Zweifachen des 24-Stunden-Zyklus. Die max. Toleranz ergab der 24-Stunden-Zyklus, wie er in der Natur vorliegt. Th. Mattheis. 6085.

3-64/08-9024 Arai, Mary Needler, Cox, E.T. und Fry, F.E.J.; Toronto, Ontario, Univ. An effect of dilutions of seawater on the lethal temperature of the guppy. **(Der Einfluß von Meerwasser-Süßwasser-Mischungen auf die letale Wassertemperatur beim Guppy.)** Canad. J. Zool. **41** (1963) Nr. 6. S. 1011–1015. – 2 Abb., 1 Tab., 10 Lit.

Vff. wiederholten und vollendeten die von Gibson begonnenen, aber nicht zu Ende geführten Versuche und fanden die zunächst angezweifelte Neigungsabweichung der Überlebensdauer-Kurve zwischen 36 °C und 37 °C Wassertemperatur (Süßwasser) bestätigt. Auch die von den Vff. an bei 25 °C akklimatisierten Abkömmlingen des Gibson-b-Stammes mit 1/8 + 7/8 und 1/4 + 3/4 (dem Guppy-Blut isotonischen) Meerwasser-Süßwasser-Mischungen (min. 34 °C, max. 39 °C) durchgeführten Versuche wichen ab. Während bei 34 °C und 39 °C praktisch keine Beeinflussung durch den Salzgehalt festzustellen war, vergrößerte sich die Resistenz bei 38 °C merklich, bei 37 °C beträchtlich gegenüber der Überlebensdauer in reinem Süßwasser. Bei 36 °C war die Resistenz im 1/4 — Meerwasser geringer, im 1/8 — Meerwasser größer als ohne Salzzusatz. Bei 39 °C tritt der Tod so schnell ein, daß ein Salzgehalt nicht zur Wirkung kommt. H.-J. Rümmler. 6085.

3-64/08-9025 Aparicio Ruiz, Daniel; Córdoba, Fac. de Veterin. Contribution study of muscle proteins. I. Electrophoretic study of the muscle proteins in Engraulis encrasicholus. **(Beitrag zum Studium der Muskelproteine. 1. Mitt. Elektrophoretische Untersuchungen der Muskelproteine von Engraulis encrasicholus.)** Arch. Zootecn. [Córdoba] **12** (1963) Nr. 47. S. 209 bis 251. — 8 Abb., 8 Tab., 167 Lit.
Vf. extrahierte die Muskelproteine von *Engraulis encrasicholus* unter verschiedenen Bedingungen. Die anschließende Elektrophorese wurde stets 8 h lang bei 125 V durchgeführt. Dabei wurden die verwendete Pufferlösung, der Salzgehalt und der pH-Wert variiert. An Salzen wurde NaCl und KCl zugesetzt. Das Puffersystem bestand aus Na_2HPO_4 + KH_2PO_4 im pH-Bereich zwischen 7,0 und 7,8. In Abhängigkeit von diesen Faktoren wurden 8–10 verschiedene Proteinfraktionen erhalten. Einleitend wird eine ausführliche Literaturzusammenstellung dieses Arbeitsgebietes gegeben. D. Nehring. 6085.

3-64/08-9026 Geiger, W. **Naturverlaichung und Ausbrütungserfolg.** Schweiz. Fischerei-Ztg. **71** (1963) Nr. 12. S. 345–347.; **72** (1964) Nr. 1. S. 15–18. — 8 Abb., 2 Tab. Vgl. LZ. Abt. III 8 (1963) Nr. 7, S. 1538.
Vf. erbrütete Eier von Bachforellen (*Salmo trutta fario*) einmal in einer 2 m langen Holzrinne, die mit Kies gefüllt war und 2 cm hoch von Bachwasser überspült wurde (Oberflächenfließgeschwindigkeit 50 cm/s); die Beobachtung der eingelegten Eier war durch ein seitliches Fenster möglich, das verdunkelt werden konnte. Zum anderen wurden Bachforelleneier in einem kleinen Plexiglasbehälter, der mit Glasperlen gefüllt war, unter Verwendung eines Kohlefilters und einer Pumpe bei geschlossenem Wasserkreislauf in einem Kühlschrank erbrütet. Die Erbrütungstemperatur betrug 7–10 °C. Die Eier befanden sich 6–15 cm unterhalb der Oberfläche des Bodensubstrates. Nach dem Schlüpfen wandern die Larven zunächst in die Tiefe. Nach 2–3 Wochen beginnen sie, zur Kiesoberfläche aufzusteigen. Im Alter von 6–10 Wochen verlassen sie das Kiesbett als schwimm- und freßfähige Brut, der Dottersack ist zu dieser Zeit fast völlig aufgebraucht. Infolge stärkerer Verschlammung kamen in der Rinne nur 27% der eingelegten Eier als Brut aus dem Kies hervor, im Plexiglasbehälter waren es dagegen 78%. Die Fische, die sich nicht an die Oberfläche emporarbeiten können, verhungern. W. Steffens. 6090.

3-64/08-9027 Kraft, Arne von, Nümann, Willy und Peters, Hans M.; Langenargen/Bodensee, Staatl. Inst. für Seenforsch. und Seenbewirtsch.; Tübingen, Univ., Zoophysiol. Inst. **Untersuchungen über die Fruchtbarkeit des Blaufelchens (Coregonus wartmanni Bloch) im Bodensee.** Schweiz. Z. Hydrol. **25** (1963) Nr. 1. S. 84–118. — 14 Abb., 4 Tab., 16 Lit. Vgl. LZ. Abt. III 8 (1963) Nr. 2. S. 428.; 3-64/01-9050.
Vff. untersuchten in der Laichzeit 1960 sowie im Verlauf des Jahres 1961 über 400 weibliche Felchen aus dem Obersee. 90% aller Rogener wurden reif, die reifen Tiere gehörten zu 75% der Klasse II+, zu 25% der Klasse I+ an. Die Beziehungen zwischen Totallänge und Masse, Alter und Reifezustand werden ausführlich dargestellt. Die Ovarmasse der laichreifen Fische nimmt mit der Totalmasse linear zu. Ebenso steigt die Eizahl mit der Ovarmasse

etwa linear an. Die Eigröße nimmt mit zunehmender Ovar- bzw. Körpermasse zunächst zu, ab einer Ovarmasse von 50 g und einer Gesamtmasse von 320 g bleibt die Eigröße unverändert. Weiterhin werden die Entwicklung des Ovars von einer Laichzeit bis zur nächsten sowie die cytologischen Veränderungen der reifenden Eizellen geschildert. Infolge der mannigfaltigen biologischen Veränderungen wird eine Erhöhung der Schonmaße gefordert. W. Steffens. 6090.

3-64/08-9028 Peters, Hans M.; Tübingen, Univ., Zoophysiol. Inst. **Eizahl, Eigewicht und Gelegeentwicklung in der Gattung Tilapia (Cichlidae, Teleostei).** Int. Rev. ges. Hydrobiol. **48** (1963) Nr. 4. S. 547-576. — 14 Abb., 41 Lit.
Die Untersuchung erstreckt sich auf folgende *Tilapia*-Arten: *tholloni, guineensis, zilii, mossambica, nilotica, galilaea, macrocephala.* Unter „Gelege" will Vf. die Gesamtheit der zur Ablage bereiten Eier im Ovar verstanden wissen; Gelege = verlaichte Eier + Resteier. Die einzelnen aufeinanderfolgenden, als geschlossene Formationen von Oocyten heranreifenden Gelege sind im typischen Fall durch einen Größensprung der Durchmesservariabilität voneinander getrennt. Durch häufig auftretende Rückresorption reifer Gelege — Ausbildung von atretischen Follikeln — wird die Beurteilung der Produktivität erschwert. Die Eizahl pro Gelege variiert bei gleicher Körpermasse erheblich und nimmt mit ihr gleichsinnig zu; sie steht in umgekehrtem Verhältnis zur mittleren Eimasse. Einer bestimmten Körpermasse entsprechen rel. viele kleine oder verhältnismäßig wenige große Eier. Dabei besteht zwischen der Gesamtmasse des Geleges und der Körpermasse eine eindeutige, positive, einfache funktionale Abhängigkeit. Die mittlere Eimasse je Gelege ist bei den Maulbrütern erheblich größer als bei den Substratbrütern und von der Dottermenge abhängig. Der Wassergehalt der Eier variiert artspezifisch, er schwankt zwischen 50% und 60% der Eimasse und ist bei den Substratbrütern größer als bei den Maulbrütern. Die Angaben anderer Autoren zum Zusammenhang zwischen Eizahlen und Eimassen werden mit den bei *Tilapia* gefundenen Verhältnissen verglichen und diskutiert. H.-J. Rümmler. 6090.

3-64/08-9029 Kraft, Arne v. und Peters, Hans M.; Tübingen, Univ., Zoophysiol. Inst. **Vergleichende Studien über die Oogenese in der Gattung Tilapia (Cichlidae, Teleostei).** Z. Zellforsch. mikroskop. Anatom. **61** (1963) Nr. 3. S. 434-485. — 26 Abb., 1 Tab., 100 Lit.
Die Eibildung folgender *Tilapia*-Arten wird eingehend untersucht: *tholloni, guineensis, mossambica, galilaea, macrocephala.* Ferner werden die Besonderheiten der Oogenese bei Bastarden (*tholloni* × *mossambica*), die Ovulation und die Haftvorrichtungen der Eier behandelt. Zwischen Maulbrütern und Substratbrütern bestehen in der Oogenese keine wesentlichen Unterschiede, jedoch sind die Eier der Maulbrüter erheblich größer (schon vor der Dotterbildung) und dotterreicher, und bei den Substratbrütern bilden die Zellen des Follikelepithels Klebschicht und Haftfäden. *Tilapia galilaea* steht durch Reduzierung des Haftapparates zwischen beiden Gruppen.
H.-J. Rümmler. 6090.

3-64/08-9030 Woynárovich, E. **Chemische Stimulierung von Fisch-Spermien und deren Wirkung auf die Befruchtung.** Acta Univ. Debreceniensis, Biol. 8 (1962) S. 128-133. — Aus: Ung. Agrar-Rdsch. **1964** Nr. 1. 6090.

3-64/08-9031 Hámor, Tamás; Gödöllö, Ungarn, Inst. für Kleintierzucht. **Auswirkung der Strombetäubung und anderer äußerer Faktoren auf das Laichen und die Laichergebnisse einzelner Fischsorten.** Fischwirt **13** (1963) Nr. 12. S. 350-353.
Karpfen (*Cyprinus carpio*) und Welse (*Silurus glanis*), die 2-11 Tage vor dem Laichen mit elektrischem Strom betäubt und gefangen worden waren, be-

gannen gleichzeitig mit den Kontrollfischen mit dem Ablaichen. Die aufkommende Brut entwickelte sich normal. Der prozentuale Bruterfolg war in allen Fällen etwa gleich. Auch die Betäubung mittels 2-Methyl-chinolin oder das Impfen mit Chlorocid bzw. Chloramphenicol übte auf das Laichen bzw. auf die aufgezogene Brut keinen schädlichen Einfluß aus. Bei allen Versuchen konnte festgestellt werden, daß das Ausbleiben des Laichens sowohl bei den betäubten Fischen wie auch bei den Kontrolltieren die Folge unsachgemäßer Behandlung war. Vf. kommt daher zu dem Schluß, daß bei Einhaltung der geltenden Vorschriften die untersuchten Mittel ohne Nachteile für das Laichen und die Nachkommenschaft eingesetzt werden können.

D. Nehring. 6090.

3-64/08-9032 Ahsan, S. Nazar und Hoar, Wiliam S.; Vancouver, Univ. of Brit. Columbia. Some effects of gonadotropic hormones on the threespine stickleback, Gasterosteus aculeatus. **(Die Wirkung von gonadotropen Hormonen bei Gasterosteus aculeatus.)** Canad. J. Zool. **41** (1963) Nr. 6. S. 1045 bis 1053. — 2 Abb., 1 Tab., 19 Lit.

Im Herbst gefangene Stichlinge wurden einem regelmäßigen täglichen Wechsel von Licht (8 oder 16 h) und Dunkelheit (16 oder 8 h) ausgesetzt. Die Gonaden der 1. Reihe entwickelten sich nicht weiter (Entwicklungsstadium I oder II), während die Gonaden der 2. Reihe ohne Ausnahme reiften und das Stadium III und IV erreichten. Fischen der 1. Reihe wurden Hormone injiziert. Gereinigtes Gelbkörperhormon (LH) wirkte einwandfrei gonadotrop (80% der Tiere wurden geschlechtsreif), während beim Follikelhormon (FSH) die Wirkung ausblieb. Das Säugetier-LH-Hormon vereinigt charakteristische Eigenschaften beider Hypophysenhormone des Stichlings, erreicht jedoch nicht ganz deren gemeinsame Wirkung. Choriongonadotropin (HCG) und Serumgonadotropin (PMS) brachten die Entwicklung der Gonaden in Gang, jedoch nicht zur Vollendung. PMS wirkte stärker als HCG. Extrakt von *Oncorhynchus*-Hypophysen brachte nicht ganz 40% der behandelten Fische zur Reife. Das thyreotrope Hypophysenhormon (TSH) wirkte gonadotrop (und thyreotrop) in etwa demselben Grade wie die Plazenta-Gonadotropine.

H.-J. Rümmler. 6090.

3-64/08-9033 Harrington jun., Robert W.; Vero Beach, Florida State Board of Health. Twenty-four-hour rhythms of internal self-fertilization and of oviposition by hermaphrodites of Rivulus marmoratus. **(24-Stunden-Rhythmen der Selbstbefruchtung und Eiablage bei Hermaphroditen von Rivulus marmoratus.)** Physiol. Zoöl. **36** (1963) Nr. 4. S. 325-341. — 6 Abb., 4 Tab., 10 Lit.

6 Hermaphrodite des oviparen Cyprinodonten *Rivulus marmoratus* wurden bei 25 °C gehalten. 80% der Eier wurden von den Tieren 24 h nach der Befruchtung abgelegt, 20% innerhalb 25-77 h und weniger als 1% innerhalb 1 h. Die Entwicklungsstadien bei der Eiablage waren unterschiedlich. Sie reichten vom Dotterbläschen bis zum Stadium mit hervortretenden Flossenknospen. Die Eier wurden nicht in der Reihenfolge der Befruchtung abgelegt. 78% der Eier wurden innerhalb des Befruchtungszyklus von 24 h abgelegt, 16% innerhalb des nächsten Zyklus, 5% im 2. und 1% im 3. Zyklus.

M. Hegemann. 6090.

3-64/08-9034 Zubova, S. È.; Moskau, Sewerzow-Inst. für Tiermorphol. der Akad. der Wiss. der UdSSR. Charakteristika variabil'nosti skorosti razvitija zarodyšej osetrovych ryb. **(Charakteristik der Entwicklungsgeschwindigkeit von Acipenseriden-Embryonen.)** Doklady Akademii nauk SSSR, Moskva **145 (30)** (1962) Nr. 3. S. 694-697. — 2 Abb., 2 Lit.

Zur Erforschung der Entwicklungsgeschwindigkeit verschiedener Embryonen einer bestimmten Eimenge wurden Eier von *Acipenser gueldenstaedti colchicus* und *Huso huso* künstlich erbrütet. Die optimale Erbrütungstemperatur war für die Eier beider Fischarten gleich hoch. Die Entwicklung der Embryonen wurde von der Befruchtung der Eier an bis kurz vor dem Schlupf in 32 Stadien eingeteilt und daraufhin laufend überprüft. Die Ergebnisse sind vom Vf. miteinander verglichen und ausgewertet worden. A. Kozianowski. 6090.

3-64/08-9035 Chouinard, L. A.; Quebec City, Laval Univ., Fac. of Med. Sites of formation of the extra nucleoli during early oocyte growth in the freshwater teleost Salvelinus fontinalis Mitchill. **(Entstehungsort und -art der Nebenkernkörperchen während des frühen Oozytenwachstums beim Bachsaibling.)** Canad. J. Zool. **41** (1963) Nr. 6. S. 997-1010. – 24 Abb., 1 Tab., 36 Lit.

In der Wachstumsperiode der Oogenese des Bachsaiblings bilden sich neben dem Hauptkernkörperchen des Oozytenkerns etwa 150 Nebennukleolen. An Hand von Schnittserien durch 97 Ovarien, vom Präleptotän- bis zum Spät-Strepsitän-Stadium, werden die Beziehungen der Nebenkernkörperchen zu den Chromosomen untersucht. Der von den bis zu 8 in der Oogonie vorkommenden Nukleolen am Ende nur noch vorhandene eine Nukleolus wird mit dem Hauptkernkörper der Oozyte identifiziert. Der im Pachytän-Stadium auftretende, mit dem Hauptkernkörper assoziierte, stark Feulgen-positive, heterochromatische Körper enthält eins der vier Nukleolar-Chromosomenpaare der somatischen Zellen und ist Entstehungsort einer kleinen Anzahl von Nebenkernkörperchen bis zum Beginn des mittl. Strepsitän-Stadiums. Die Entstehung von weiteren Nebenkernkörperchen, die sich in engem Kontakt mit kleinen Chromozentren an der Peripherie des Kerns bilden, wird auf den Einfluß der drei anderen Nukleolar-Chromosomenpaare zurückgeführt. Nach Beginn des mittl. Strepsitän-Stadiums erscheinen viele kleine Nebenkernkörperchen, die an einer Anzahl von Chromosomen entstehen und dann an die Kernmembran wandern. Für sie wird ein chromosomaler Ursprung angenommen.
H.-J. Rümmler. 6090.

3-64/08-9036 Lieder, Ulrich; Berlin, Humboldt-Univ., Inst. für Fischereiwes. **Über vermutliche Gonosomen bei Perca, Acerina und Anguilla (Vertebrata, Pisces).** Biol. Zbl. **82** (1963) Nr. 3. S. 297-302. — 3 Abb., 27 Lit.

Bei *Acerina cernua, Perca fluviatilis* und *Anguilla anguilla* fand Vf. in Regenerationsmitosen, beim Barsch außerdem in embryonalen Metaphasen, Heterochromosomen, die von ihm als männchenbestimmende Y-Chromosomen angesprochen werden. Beim Kaulbarsch ließ sich, dem Befunde von Svärdson bei *Coregonus larvaretus* entsprechend, ein heterochromatisches Fragment, beim Aal ein keulenartig verdickter Terminalauswuchs, beim Barsch ein abgesetzter Satellit, jeweils nur im männlichen Geschlecht, feststellen. Die Partner der Satellitenchromosomen sollen nicht X-Chromosomen, sondern Homologe des Hauptchromosoms sein. Möglicherweise handelt es sich um verschiedene Entwicklungsstufen ein und desselben Geschlechtsbestimmungsmechanismus, der wohl als YO-Typ bezeichnet werden müßte.
H.-J. Rümmler. 6090.

3-64/08-9037 Muir, Barry S.; Toronto, Ontario, Univ. Vital statistics of Esox masquinongy in Nogies Creek, Ontario. I. Tag loss, mortality due to tagging, and the estimate of exploitation. **(Fang- und bestandsstatistische Untersuchungen an Esox masquinongy im Nogies Creek, Ontario. 1. Mitt. Verlust der Marken, Ausfälle als Folge der Markierung, Abschätzung der Nutzung.)** J. Fisheries Res. Board Canada **20** (1963) Nr. 5. S. 1213-1230. –. 4 Abb., 8 Tab., 8 Lit.

Der Hechtbestand des Nogies-Schutzgebiets (32 ha See + 6,5 km Flußlauf) wurde unter Aufsicht des Vf. von 1952-1960 jeweils im Frühjahr und Herbst

mit stets den gleichen Fanggeräten befischt. Die gefangenen Hechte wurden markiert (Präoperkularplättchen); im Frühjahr wurden sie wieder eingesetzt, während die Herbstfänge mit Ausnahme von 2 Jahren entnommen und anderweitig eingesetzt wurden. Die durch Auswertung der Markierungs- und Wiederfangdaten gewonnenen Schätzwerte der Bestandsausnutzung und der Fangmöglichkeit (catchability) wurden auf ihre Fehlerquellen untersucht. Die Markierungsmarken gehen schätzungsweise im 1. Jahr zu 8,5%, in den ersten beiden Jahren zu 30% und in den ersten drei Jahren zu 100% verloren. Zur Herbstabfischung sind schätzungsweise noch $^1/_3$-$^3/_4$ des im Frühjahr vorhandenen markierten Bestandes vorhanden, wie aus der Menge des Wiederfanges geschlossen wird. Für Hechte der Alterstufe IV und älter wird ein Durchschnittskoeffizient der Fangmöglichkeit von 0,0026 abgeleitet. Zur Berechnung dieses Koeffizienten für die einzelnen Altersstufen werden Formeln entwickelt, die für die Altersgruppe IV und älter einen Wert von 0,0025 in Übereinstimmung mit dem nach der anderen Methode errechneten ergeben.
H.-J. Rümmler. 6095.

3-64/08-9038 Ahlstrom, Elbert H.; La Jolla, U. S. Bureau of Commercial Fisheries. Distribution and relative abundance of rockfish (Sebastodes spp.) larvae off California and Baja California. **(Verbreitung und relative Häufigkeit der Scorpaenidenlarven [Sebastodes spp.] an der Küste Kaliforniens und Niederkaliforniens.)** Cons. permanent int. Explorat. Mer [Copenhague], Rapp. Procès-Verbaux Réunions **150** (1961) S. 169-176. — 4 Abb., 4 Tab., 6 Lit.

Die *Sebastodes*-Fischerei an der pazifischen Küste Nordamerikas ist nicht so bedeutend wie die atlantische *Sebastes*-Fischerei, stieg von 1940-1945 jedoch von 5 auf 60 Mill. Pfund und hält sich seither auf ca. 25 Mill. Pfund (12000 t). Während bei Oregon und Washington hauptsächlich *S. alutus* gefangen wird, ist es bei Kalifornien u. a. *S. paucispinus*. Das Genus *Sebastodes* hat sein Verbreitungszentrum vor der kalifornischen Küste und umfaßt dort 49 Arten, während der Familie der Scorpaeniden 61 Arten angehören. Die *Sebastodes*-Larven zeigten in den Jahren 1955-1957 eine sehr ähnliche Verbreitung an der Küste und standen mit 7-8% der Larvenfänge an 3.-4. Stelle, übertroffen von dem nördlichen Anchovis (*Engraulis mordax*) und dem pazifischen Hecht (*Merluccius productus*). Die meisten *Sebastodes*-Larven wurden von Dez.-Apr., mit einem Maximum im Febr., gefangen. M. Berner. 6095.

3-64/08-9039 Baranenkova, A. S. und Khokhlina, N. S. The distribution and size composition of larvae and young redfish in the Norwegian and Barents Seas. **(Verbreitung und Größenzusammensetzung der Larven und Jungfische des Rotbarsches [Sebastes sp.] in der Norwegischen See und der Barents-See.)** Cons. permanent int. Explorat. Mer [Copenhague], Rapp. Procès-Verbaux Réunions **150** (1961) S. 177-187. — 10 Abb., 5 Tab., 19 Lit.

Aus dem Material der Jahre 1934-1935 und 1959 geht hervor, daß die Rotbarschlarven in der Regel in der 2. Aprilhälfte im Plankton der nordwestlichen Küste Norwegens, südwestlich des Kopytov-Gebietes und im östlichen Teil der Norwegischen See auftreten, später bis zu 76 °N und bis zur Länge von Teriberka in der Barents-See. Die Laichzeit dauert bis Aug. an und hat im Mai ihren Höhepunkt. 1-3 Jahre alte Rotbarsche sind 7-8, 12 und 15 cm lang. Sie treten in der südlichen Barents-See bis zu 35-40 °E und im Raum von Island/Spitzbergen auf. Fortgesetzte Bemühungen zur einwandfreien Identifizierung der Larven würden zum besseren Verständnis der Biologie der Arten und zur Auffindung neuer Fangplätze beitragen. M. Berner. 6095.

3-64/08-9040 Dadikjan, M. Ozero Sevan i ego foreli. **(Der Sewan-See und seine Forellen.)** Rybovodstvo i rybolovstvo, Moskva **5** (1962) Nr. 2. S. 19-21. — 2 Abb.

In dem etwa 2000 m über NN liegenden Sewan-See haben sich seit mehreren Jahrhunderten 4 ökologische Rassen der Sewan-Forelle (*Salmo ischchan*) ausgebildet. Der hohe Sauerstoffgehalt des Wassers, die große Sichttiefe und das hohe Nahrungsangebot charakterisieren den See als ein gutes Salmonidengewässer. Zur besseren Ausnutzung der vorhandenen Nahrungsreserven wurden Ladoga-Maränen eingeführt, die in den letzten Jahren einen Ertrag bis zu 200 t jährlich brachten. A. Kozianowski. 6095.

3-64/08-9041 Balon, Eugeniusz K.; Bratislava, ČSSR, Lab. der Ichthyol. **Einige Fragen über das Vorkommen und Biomasse der Fische in Inundationsseen und im Hauptstrom der Donau in der Zeit des niedrigen Wasserstandes.** Zool. Anz. **171** (1963) Nr. 11/12. S. 415-423. — 7 Abb., 2 Tab., 9 Lit.

Von 1959-1961 führte Vf. quantitative Untersuchungen der Ichthyofauna des tschechoslowakischen Donauabschnittes durch. Im Hauptlauf wurden bei Medvedov entlang der Uferdämme und der Querdeiche Elektrofänge bei Niedrigwasser vorgenommen. 20 Fischarten wurden festgestellt. Im Überschwemmungsgebiet wurde durch Vergiften in insgesamt 14 Seen im oberen und unteren Teil des Abschnittes mit Kupfervitriol eine größere Genauigkeit in der Feststellung der quantitativen Beziehungen erreicht als bei den Elektrofängen: Hier wurden 34 Fischarten und 5 Hybriden von Cypriniden festgestellt. Es wurde die Fisch-Biomasse und die Regressionsgerade der Biomasse zur Artenzahl einerseits und zur Seenfläche andererseits errechnet. Die Biomasse wächst viel schneller mit der Vergrößerung der Artenzahl als mit der Flächenvergrößerung der Seen. Größere Artenzahl ist ein wichtiger Faktor größerer Produktivität. Die Analyse nach Swingle vom Gesichtspunkt der ausgleichenden und nicht ausgleichenden Populationen weist auf eine gegenwärtig vorhandene außerordentlich große Unausgeglichenheit hin. Die Adaption der Fische auf die durch die wasserwirtschaftlichen Regulierungen hervorgerufenen neuen, künstlichen Bedingungen wirkt in Richtung der Zahlenvergrößerung weniger anspruchsvoller phytophiler Arten. Weitere Fortsetzung der funktionellen Liquidation des Überschwemmungsgebietes durch Niedrigwasserregulierungen kann die Vernichtung der letzten Fischreste der heute massenhaftesten phytophilen ökologischen Gruppe herbeiführen.
H.-J. Rümmler. 6095.

3-64/08-9042 Ostroumov, A.; Kamtschatka-Abt. des Forsch.-Inst. für Hochseefischerei und Ozeanogr. des Pazifiks. Presnovodnye ryby Kamčatki. **(Die Süßwasserfische Kamtschatkas.)** Rybovodstvo i rybolovstvo, Moskva **5** (1962) Nr. 3. S. 23-25. — 2 Abb.

In den Binnengewässern der bergigen Halbinsel Kamtschatka leben z. Z. mehrere Süßwasserfischarten, unter denen *Thymallus arcticus*, *Carassius carassius*, *Cyprinus carpio*, *Coregonus cylindraceus* *Neogobius*, *Exos lucius*, *Gasterosteus*, *Osmerus eperlanus dentex*, *Nemachilus*, *Salmo mykiss* und einige Pazifiklachse die häufigsten sind. Einige unter ihnen sind erst kürzlich auf Kamtschatka eingebürgert worden. A. Kozianowski. 6100.

3-64/08-9043 Malaviya, R. B.; Jabalpur, Madhya Pradesh, Dep. of Zool. A list of fishes from Jabalpur, M. P., India. **(Eine Liste von Fischen aus Jabalpur, M. P., Indien.)** Proc. nat. Acad. Sci., India, Sect. B **31** (1961) Nr. 3. S. 349–354. — 1 Abb., 13 Lit.

Vf. bringt eine Aufstellung von 54 Fischarten des Jabalpur-Distrikts mit den Lokalnamen, die als repräsentativ für dieses Gebiet angesehen werden können. Das Gewässersystem wird ebenfalls beschrieben. 10 Species sind von hoher wirtschaftlicher Bedeutung als Nahrungsmittel. Die Cypriniden *Labeo rohita*, *Labeo calbasu*, *Catla catla* und *Cirrhinus mrigala* sollen zukünftig in stärkerem Maße in Teichwirtschaften gezüchtet werden. Weitere 8 Arten sind als Vertilger der Larven malariaübertragender Mücken von großer hygienischer Bedeutung. G. Seifert. 6100.

3-64/08-9044 Rees, E. I. S. Nessorhamphus ingolfianus Schmidt, an oceanic eel, recorded in Canadian continental waters. **(Ein Fund des ozeanischen Aals Nessorhamphus ingolfianus in kanadischen Kontinentalgewässern.)** J. Fisheries Res. Board Canada **21** (1964) Nr. 1. S. 209-211. – 1 Abb., 1 Tab., 3 Lit. 6100.

3-64/08-9045 Fedorov, S. S. und Kopytov, V. I.; Moskau, Unions-Forsch.-Inst. für Hochseefischerei und Ozeanogr.; Atlant. Forsch.-Inst. für Hochseefischerei und Ozeanogr. Nekotorye dannye o raspredelenii letnenerestujuščich sel'dej v Norvežskom more. **(Einige Angaben über die Verteilung der im Sommer laichenden Heringe im Norwegischen Meer.)** Rybnoe chozjajstvo, Moskva **39** (1963) Nr. 7. S. 11-12. – 2 Abb.

Der im Gebiet von Island im Sommer laichende Hering ist seit Jahren Gegenstand wiss. Untersuchungen. Bisher gab es jedoch keine klaren Vorstellungen über den Aufenthalt dieser Heringe im Winter und zeitigen Frühjahr. Im März 1962 fanden sowjet. Forscher im Gebiet 0°-7° 30' W und 62° 40' bis 64° N fangwürdige Ansammlungen dieser Heringe. Kontrollfänge mit Treibnetzen ergaben 50-70 kg Heringe pro Netz. Die Heringe hatten eine Länge zwischen 28 und 30 cm und waren im II. und III. Reifestadium. G. Predel. 6100.

3-64/08-9046 Karaman, Mladen S. **Eine neue Unterart des Steinpeitzgers, Cobitis aurata bosniaca n. ssp. (Cobitidae, Pisces), aus Jugoslawien.** Int. Rev. ges. Hydrobiol. **48** (1963) Nr. 4. S. 629-632. – 2 Abb., 2 Tab., 9 Lit.

Als 5. Unterart der Spezies *Cobitis aurata* im Donausystem beschreibt Vf. die ssp. n. *bosniaca* nach einem Material von 144 Exemplaren, die von Horvat in den Bächen Suturlija und Siroka rijeka, Fluß Vrbas, bei Banja Luka gesammelt wurden. H.-J. Rümmler. 6100.

3-64/08-9047 Caldwell, David K.; Los Angeles, Calif., County Museum. An announcement of specimens available as types for the istiophorid fishes Istiompax marlina and Istiophorus greyi. **(Eine Mitteilung über Exemplare, die als Typen der Istiophoriden Istiompax marlina und Istiophorus greyi betrachtet werden können.)** Copeia [Philadelphia] **1962** Nr. 2. S. 467-468. – 1 Lit.

In der Systematik der Istiophoriden bestehen noch eine ganze Reihe von Unklarheiten, die durch das Fehlen von gut erhaltenen Exemplaren noch verstärkt werden. Das Standardwerk „A review of the giant mackerel-like fishes, tunnies, and swordfishes" (Jordan und Evermann, 1926) hat durch Verwendung von Fotographien fraglicher Qualität zu dieser Verwirrung beigetragen. Vf. vertritt die Auffassung, daß 2 im Los Angeles County Museum vorhandene Exemplare von *Istiompax marlina* und *Istiophorus greyi* besser als Typen dieser Arten betrachtet werden können als die verwendeten Fotografien. G. Seifert. 6100.

3-64/08-9048 Heiligenberg, Walter; Seewiesen/Obb., Max-Planck-Inst. für Verhaltensphysiol. **Ursachen für das Auftreten von Instinktbewegungen bei einem Fische (Pelmatochromis subocellatus kribensis Boul., Cichlidae).** Z. vergleich. Physiol. **47** (1963) Nr. 4. S. 339-380. – 20 Abb., 3 Tab., 17 Lit.

Ohne äußere Ursachen auftretende Instinktbewegungen werden wahrscheinlich durch Bereitschaft oder Drang genannte Elemente bedingt. Zwischen der Häufigkeit der Bewegungen untereinander bestehen Korrelationen, so daß die zugeordneten Bereitschaften wahrscheinlich von übergeordneten Bereitschaften oder Drängen gesteuert werden. Die Dränge haben folgende Eigenschaften: sie sind durch bestimmte Außenreize zu steigern; durch Gebrauch

werden sie trainiert; bei Überbeanspruchung tritt Erschöpfung der Dränge ein und sie laden sich wieder auf, wenn Ruhezeiten eintreten. Ein übergeordneter Drang steigert untergeordnete. Je stärker ein Drang ist, um so mehr kann er einen anderen unterdrücken. Wechselseitig einander unterdrückende Dränge rufen Bewegungen mit Kompromißcharakter hervor.
M. Hegemann. 6105

3-64/08-9049 Wickler, Wolfgang; Seewiesen/Obb., Max-Planck-Inst. für Verhaltensphysiol. **Zum Problem der Signalbildung, am Beispiel der Verhaltens-Mimikry zwischen Aspidontus und Labroides (Pisces, Acanthopterygii).** Z. Tierpsychol. **20** (1963) Nr. 6. S. 657-679. — 10 Abb., 17 Lit.
Der Lippfisch *Labroides dimidiatus* frißt anderen Fischen, seinen Putzkunden, als Putzer Ektoparasiten sowie kranke Haut- und Flossenteile ab. Der von ihm in Größe, Form, Färbung und Tanz kaum zu unterscheidende Blenniide *Aspidontus taeniatus* nutzt diese Ähnlichkeit aus, um seinen Opfern ungefährdet nahekommen zu können, und frißt aus ihren Flossen mit einem schnellen Biß ausgestanzte Randstücke. Vf. beobachtete das Verhalten der beiden genannten Arten sowie einiger anderer Fische als Putzer, nachahmende Räuber und Putzkunden. Es werden die Befunde mit dem Verhalten weiterer hauptamtlicher Putzer verglichen und die Stammesgeschichte des Nachahmertanzes untersucht. Der Nachahmer ist bemüht, jegliche Abweichung vom Vorbild durch Nachbildung auch der einzelnen Altersstufen und Lokalrassen zu vermeiden. Die Lokalrassenbildung des Putzers wird als Ausweichentwicklung vor dem Nachahmer gedeutet. H.-J. Rümmler. 6105.

3-64/08-9050 Qayyum, A. und Qasim, S. Z.; Aligarh, India, Aligarh Muslim Univ. Behavior of the Indian murrel, Ophicephalus punctatus, during brood care. **(Das Verhalten von Ophicephalus punctatus während der Brutpflege.)** Copeia [Philadelphia] **1962** Nr. 2. S. 465-467. — 1 Abb., 1 Tab.
Ophicephalus punctatus ist der verbreitetste Süßwasserfisch Indiens. Wegen seiner Fähigkeit, Luft zu atmen, kann er sehr dicht zusammengedrängt in kleinen Teichen leben. Vff. geben einen Überblick über das bisher noch wenig bekannte Verhalten dieser Fischart während der Brutpflege. Die Jungen werden 15-20 d lang von den Eltern geführt und verteidigt. Am aktivsten verhält sich dabei das Weibchen. Die Zahl der Jungfische betrug 943-1748. In Aquarienversuchen konnte festgestellt werden, daß die Eltern trotz Hungerns ihre Jungen nicht anrühren, während fremde Artgenossen den Jungen häufig nachstellen. Die Ovarien reifer Weibchen enthielten 2 Größengruppen von Eiern, die von abgelaichten Weibchen nur noch eine Gruppe. Die Nahrung der Jungfische bestand vor allem aus Copepoden, Daphniden und Rotatorien. G. Seifert. 6105.

3-64/08-9051 Greenberg, Bernard; Chicago, Ill., Roosevelt Univ. Parental behaviour and recognition of young in Cichlasoma biocellatum. **(Elternverhalten und Anerkennung des Nachwuchses bei Cichlasoma biocellatum.)** Animal Behaviour **11** (1963) Nr. 4. S. 578-582. — 2 Tab., 8 Lit.
C. biocellatum zog von der ersten Nachkommenschaft 18-29 Tage lang die eigenen Jungen auf. Danach wurde von ihnen im Wechsel eine Gruppe von jungen *Aequidens portalegrensis* geführt. Gemischte Schulen werden von ihnen ohne daß ein Tier ausgeschlossen wird, in gleicher Weise anerkannt. Unter den Jungfischen ist innerhalb von 3 Wochen Nahrungskonkurrenz zu beobachten. M. Hegemann. 6105.

3-64/08-9052 Albrecht, Helmut; Seewiesen/Obb., Max-Planck-Inst. für Verhaltensphysiol. **Das Jungeführen bei Haplochromis (Pisces, Cichlidae).** Z. Tierpsychol. **20** (1963) Nr. 6. S. 680-687. — 1 Tab., 23 Lit.
Im Komplex der Mutter-Kind-Beziehungen bei maulbrütenden Cichliden ist die Frage, wie finden überhaupt die Kinder die Mutter, noch nicht hinreichend

geklärt. Vf. untersuchte bei Nachzuchten von *Haplochromis wingatii* und *H. burtoni* diese Beziehungen und erörtert Standorttreue, Schardichte, Reaktion der Jungen auf die Mutter, Schwarmbildung, Schwarmfunktionen und Schwarmtypen. Das Verhalten der Jungen wird als Ausgleich für den fehlenden Elternteil angesprochen, der das Führen der Mutter erleichtern soll. Die Jungen bilden keinen ziehenden Schwarm, sondern eine Schar, deren Dichte abhängig ist vom Alarmzustand, der Tageszeit und dem Hungerzustand. Sie reagieren erst dann positiv auf die Mutter, wenn sie sich in der Mitte des Heimgebiets zusammengeschart haben. Es wird vermutet, daß die Jungen nur auf höchstens 10 cm Entfernung die Gesichtsstreifen der Mutter erkennen können. Die von anderer Seite gebrauchte Bezeichnung der Strichzeichnung der Mutter als „Mutterkleid" wird verworfen. H.-J. Rümmler. 6105.

3-64/08-9053 Kühme, Wolfdietrich; Seewiesen/Obb., Max-Planck-Inst. für Verhaltensphysiol. **Chemisch ausgelöste Brutpflege- und Schwarmreaktionen bei Hemichromis bimaculatus (Pisces).** Z. Tierpsychol. **20** (1963) Nr. 6. S. 688 bis 704. — 10 Abb., 12 Lit.

Es wurde untersucht, wie von ihrer Brut getrennte Elternpaare kurze Zeit nach dem Ablaichen auf das Wasser, in dem die Brut lebt (Ei-, Larven- oder Jungfischwasser), reagieren. Eiwasser erzeugt keine Reaktion. Auf Larven- und Jungfischwasser reagieren die ♀♀ deutlich und unterscheiden das Wasser ihrer eigenen Brut von fremdem gleichaltem oder verschieden altem Wasser der gleichen Art oder fremder Arten. Die Reaktion ist unabhängig von der Anzahl der Jungen, der Durchlaufgeschwindigkeit und seinem pH-Wert und, während der Larventage, von der Zugabe von O_2 oder CO_2 ins Brutwasser. Auf Grund von Mischwasserversuchen wird geschlossen, daß die ♀♀ das Brutwasser an einem typischen Schwarmgeruch, nicht aber an der Konzentration erkennen. Sie unterscheiden arttypische und schwarmtypische Wirkstoffe durch chem. Differenzierung der Ausscheidungen der Jungfische. Mittels schwarmtypischer Markierungen ist eine gleichmäßige Verteilung der Familien über den Aufzuchtbiotop möglich. Die gegenseitige Schwarmisolierung wäre bes. wirksam, wenn auch die Jungfische sich nach dem Schwarmindividualgeruch und/oder dem der Eltern richten könnten. H.-J. Rümmler. 6105.

3-64/08-9054 Heubach, William, Toth, Robert J. und McCready, Alan M. Food of young-of-the-year striped bass (Roccus saxatilis) in the Sacramento-San Joaquin River system. **(Nahrung der Brut von Roccus saxatilis im Sacramento-San-Joaquin-Fluß-System.)** Calif. Fish and Game **49** (1963) Nr. 4. S. 224-239. — 3 Abb., 8 Tab., 29 Lit.

Nach der Verwirklichung des „Kalifornischen Gewässerplanes" ist mit einer erheblichen Veränderung von Strömung und Salinität in diesem Delta zu rechnen, was eine umfassende Umgestaltung in der Nahrungsfauna der *R.-saxatilis*-Brut zur Folge haben wird. Vor den Milieu-Veränderungen wurden deshalb umfangreiche Untersuchungen über die jahreszeitlichen und salinitätsabhängigen Wechsel in der Nahrungszusammensetzung dieser Fische durchgeführt, um danach evtl. Ausgleichsmaßnahmen vornehmen zu können. Die Nahrung bestand hauptsächlich aus *Neomysis*, Copepoden, Cladoceren, *Corophium* und Tendipedidenlarven mit jahreszeitlich verschiedenen Anteilen. I. allg. stimmte der Mageninhalt mit der Zusammensetzung des jeweiligen Planktons überein, wonach also die Salinität als Hauptfaktor für die Nahrungszusammensetzung zu betrachten ist. G. Seifert. 6110.

3-64/08-9055 MacPhee, Craig; Moscow, Univ. of Idaho, Coll. of Forestry. An experimental study of competition for food in fish. **(Eine experimentelle Untersuchung über die Nahrungskonkurrenz bei Fischen.)** Ecology **42** (1961) Nr. 4. S. 666-681. — 10 Abb., 4 Tab., 25 Lit.

Um einige quantitative Werte über die Bedeutung der Nahrungskonkurrenz zu erhalten, wurden Fütterungsversuche mit *Oncorhynchus kisutch*, *Micropterus salmoides* und *Lepomis gibbosus* angestellt. Fische einer oder verschiedener Arten wurden meist paarweise zusammen gehalten und in unterschiedlicher Weise mit *Drosophila*-Fliegen gefüttert. Bei den Versuchen stand die Überlegenheit von *O. kisutch* an erster Stelle, danach folgte *M. salmoides*, an letzter Stelle stand *L. gibbosus*. Innerhalb einer Art war eine deutliche Abhängigkeit zwischen der Masse eines Fisches und dem Grad seiner Überlegenheit zu beobachten. Die Nahrungskonkurrenz, in der sich die physische Kraft durch Kämpfen, Beißen und Verfolgen äußert, führt hier zu einer ungleichmäßigen Futteraufteilung und läßt den Größenunterschied der Exemplare weiter anwachsen. G. Seifert. 6110.

3-64/08-9056 Ursin, Erik. On the incorporation of temperature in the von Bertalanffy growth equation. **(Die Einführung der Temperatur in die Wachstumsgleichung nach von Bertalanffy.)** Medd. Danmarks Fiskeri- og Havundersøgelser [N. S.] **4** (1963) Nr. 1. S. 1-16. — 9 Abb., 31 Lit.
In Weiterentwicklung eines von Boëtius (1962) angewandten Darstellungsverfahrens der Abhängigkeitsverhältnisse von Längenwachstum und Temperatur unter Verwendung der „Tagesgrade“ und in Ausnutzung der Hinweise von Janisch (1927) und von Bertalanffy (1951) auf die Kettenliniennatur der Abhängigkeit von Entwicklungszeit und Temperatur wird eine Körperlänge/Entwicklungszeit : Temperatur-Funktion entwickelt, die auch bei kurzen Beobachtungszeiträumen die temperaturabhängigen Saisonschwankungen des Längenwachstums eliminiert. Näherungsverfahren und Berechnungsweisen werden angegeben und an folgenden 6 Beispielen erläutert, in denen die von den jeweiligen Autoren veröffentlichten Werte verarbeitet wurden: (1) *Venus striatula* nach Ansell 1961; (2) *Platessa platessa* nach Johannsen und Krogh 1914 und dem Vf.; (3) *Pseudopleuronectes americanus* nach Pearcy 1962; (4) *Cyprinodon macularius* nach Kinne 1960; (5) *Lebistes reticulatus* nach Gibson 1954 sowie Gibson und Hirst 1955; (6) *Gadus morhua* nach Taylor 1958. H.-J. Rümmler. 6110.

C. LEBENSRAUM DER FISCHE
(Hydrographie und Hydrobiologie)

3-64/08-9057 Rémy-Berzencovich, Eduard. **Hydrographie. Wasserwirtschaftliche Grundlagenforschung.** Österr. Wasserwirtsch. **14** (1962) Nr. 10/11. S. 196-203. — 5 Abb., 2 Tab., 9 Lit.
Die Hydrographie hat die Aufgaben, eine große Anzahl von Meßwerten und Erhebungen zu sammeln und zu ordnen. Die am meisten benötigten Unterlagen beziehen sich auf die Bewirtschaftung der Wassermengen. Hierzu gehört insbesondere die Messung der Niederschläge mittels Regenmessern und -schreibern und Totalisatoren. Häufig muß auch der Wasserstand an Flußläufen oder stehenden Gewässern mit einem Lattenpegel oder Schreibpegel festgestellt werden. Zur Durchflußmengenmessung dienen hauptsächlich hydrometrische Flügel, daneben Staurohre, Schwimmermessungen, Hitzdrahtmeßgeräte usw. Weiterhin werden Untersuchungen des Grundwassers durchgeführt. Für die Wassergütewirtschaft werden chem. und bakteriol. Untersuchungen sowie Messungen der Radioaktivität durchgeführt. Eine weitere Hauptaufgabe der Hydrographie ist die Erhebung der Feststofführung in den Flußläufen. Aufbau und Arbeit des Hydrographischen Dienstes werden am Beispiel Kärntens gezeigt. D. Nehring. 6130.

3-64/08-9058 Schellenberger, G. **Die räumliche Strahlungsverteilung in großen Gewässertiefen.** Acta hydrophys. [Berlin] 8 (1964) Nr. 2. S. 113-135. 6130.

3-64/08-9059 Špet, G. I.; Kiew, Forsch.-Inst. für Fischwirtsch. O zavisimosti meždu razmerami, zanimaemym prostranstvom i bioproduktivnost'ju nekotorych vodnych organizmov. **(Über die Zusammenhänge zwischen der Größe, dem benötigten Raum und der Bioproduktivität einiger Wassertiere.)** Žurnal obščej biologii, Moskva **23** (1962) Nr. 4. S. 283-288. — 3 Tab., 9 Lit.

Die Bioproduktivität wird durch den Umfang der Produktion innerhalb einer bestimmten Zeit und eines bestimmten Raumes geprägt. Unter optimalen Bedingungen befinden sich z. B. in einer Volumeneinheit weit mehr Individuen der kleinen *Keratella cochlearis* als der etwas größeren *Asplanchna priodonta*. Die Biomasse ist jedoch im Falle von *Asplanchna* 3-8mal größer. Kleinere Organismen bedürfen demnach eines verhältnismäßig größeren Lebensraums (pro Einheit ihrer Masse) als größere Formen. Am produktivsten sind also nicht nur die schnellwachsenden Organismen, sondern auch solche, die in der gleichen Zeit den ihnen zur Verfügung stehenden Raum am besten ausnutzen.
A. Kozianowski. 6130.

3-64/08-9060 Kalbe, Lothar und Randow, Friedrich; Rostock, Univ., Hyg. Inst. **Mitteilungen zur Limnologie des Kummerower Sees in Mecklenburg.** Wiss. Z. Univ. Rostock, math.-naturwiss. R. **12** (1963) Nr. 1. S. 81-89. — 3 Abb., 1 Tab., 14 Lit.

Vff. untersuchten den See im Mai, Juni und Aug. 1962 und teilen die chem. Ergebnisse zweier Vertikalserien sowie die biol. Ergebnisse von 2 Plankton- und 3 Litoralproben ausführlich mit. Der durchschnittl. 17 m tiefe See war ungeschichtet, die Sichttiefe betrug 2-3 m. Auffällig häufig waren im Plankton *Melosira ambigua*, *M. granulata* und *M. islandica helvetica*. Der See stellt einen eutrophen *M.-granulata*-See (Hustedt) dar, doch soll die Eutrophierung nach den biol. Befunden noch nicht sehr weit fortgeschritten sein, obwohl Wasserblüten von *Microcystis* und *Aphanizomenon* auftreten. Trotz dieser Befunde und einer Wassertemperatur von 17 °C in 15 m Tiefe (Aug.) wird der See als geeignet zur Trinkwassergewinnung angesehen.
W. v. Tümpling. 6135.

3-64/08-9061 Olszewski, P.; Olsztyn, Polen, Landwirtsch. Hochschule, Inst. für Limnol. **Wirbelströmungen in den Hypolimnien der Seen.** Schweiz. Z. Hydrol. **25** (1963) Nr. 1. S. 1-8. — 3 Abb., 18 Lit.

Bei Auftreten von internen Seiches ändern sich die Lebensbedingungen in einem $\pm$ breiten Gebiet des Seebeckenhanges periodisch. Der ständige Wechsel zwischen epilimnischen und hypolimnischen Verhältnissen schafft in diesem Gebiet eine an Lebewesen verarmte Zone. Im Hypolimnion erfolgt durch die horizontalen Strömungen, die die Seiches begleiten, eine starke Durchmischung. An 2 Beispielen wird nachgewiesen, daß diese seichebedingten Wirbelströme im Hypolimnion u. U. wichtiger sind als die klassische „sekundäre Zirkulation", die durch die epilimnische Zirkulation angeregt werden soll.
D. Barthelmes. 6135.

3-64/08-9062 Small, Lawrence F.; Corvallis, Oregon State Univ. Effect of wind on the distribution of chlorophyll a in Clear Lake, Iowa. **(Der Einfluß des Windes auf die Verteilung von Chlorophyll a im Clear Lake, Iowa.)** Limnol. and Oceanogr. 8 (1963) Nr. 4. S. 426-432. — 3 Abb., 19 Lit.

In dem flachen, eutrophen Clear Lake wurde eine gewisse Abhängigkeit zwischen der Verteilung des Chlorophylls a und den Windverhältnissen festgestellt. Unter Berücksichtigung von Geschwindigkeit, Dauer und Richtungsstabilität des Windes läßt sich die Chlorophyllverteilung an der Seeoberfläche ungefähr vorausberechnen. Die Methode versagt nur bei starker Wasserblüte. Vf. ist der Meinung, daß die Bestimmung der Primärproduktion genauer erfolgen kann, wenn die Stationen unter Berücksichtigung der dargelegten Abhängigkeiten ausgewählt werden.
D. Barthelmes. 6135.

3-64/08-9063 Cholnoky, B. J.; Pretoria, Nat. Inst. for Water Res. **Beiträge zur Kenntnis der Ökologie der Diatomeen in Ost-Transvaal.** Hydrobiologia [Den Haag] **19** (1962) Nr. 1. S. 57-119. – 25 Abb., 3 Tab., 72 Lit.
Vf. teilt aus 35 Proben aus Ost-Transvaal 240 Diatomeen-Arten, -Varietäten und -Formen mit, darunter 5 neue Arten und 1 neue Varietät. Vf. vertritt die Meinung, daß eine Florenliste für ökologische Folgerungen völlig ungeeignet sei(?). Es werden ferner das Vorhandensein von Leitformen abgelehnt und die Saprobien- und Halobiensysteme als nicht den in der Natur herrschenden Verhältnissen entsprechend bezeichnet(?). Stattdessen wird die statistische Methode von Thomasson (1925) mit rel. Häufigkeitsangaben der vertretenen Arten benutzt, um die benthischen Assoziationen zu analysieren. Daraus werden dann Rückschlüsse auf die Ökologie der Standorte gezogen(?).
M. Schlüter. 6135.

3-64/08-9064 Parke, M., Lund, J. W. G. und Manton, I. Observations on the biology and fine structure of the type species of Chrysochromulina (C. parva Lackey) in the English lake district. **(Beobachtungen über die Biologie und Feinstruktur des Typus von Chrysochromulina [C. parva] im englischen Seendistrikt.)** Arch. Mikrobiol. **42** (1962) Nr. 4. S. 333-352. – 48 Abb., 12 Lit.
Chrysochromulina parva wurde im Plankton englischer Seen entdeckt, kultiviert und elektronenmikroskopisch untersucht. Der Flagellat ist in verschiedenen Seen häufig, besitzt wie die marinen Vertreter der Gattung 2 Geißeln und ein Haptonema; unterscheidet sich von den letzteren durch geringe Unterschiede am Golgikörper und den Besitz einer kontraktilen Vakuole. Vff. geben eine verbesserte Art-Diagnose und Hinweise, wie der sehr empfindliche Flagellat festgestellt und konserviert werden kann. M. Schlüter. 6135.

3-64/08-9065 Zahalsky, Arthur C., Hutner, S. H., Keane, Mary und Burger, Richard M.; New York, Haskins Lab. Bleaching Euglena gracilis with antihistamines and streptomycin-type antibiotics. **(Bleichen von Euglena gracilis mit Antihistaminen und Antibiotica vom Typ des Streptomycins.)** Arch. Mikrobiol. **42** (1962) Nr. 1. S. 46-55. – 5 Tab., 28 Lit.
Vff. stellten fest, daß Vertreter der Streptomycingruppe *Euglena gracilis* dauerhaft bleichen. Unter den Antihistaminen verursachen manche ein permanentes, andere ein temporäres und andere überhaupt kein Bleichen. Es wird angenommen, daß der Bleichvorgang auf einer Störung der Pentosen der Plastiden-Nukleinsäuren durch die seltenen Zucker der Antibiotica beruht; gleichzeitig rechnet man mit geförderter Aufnahme und besserem Transport der wirksamen Zucker. M. Schlüter. 6135.

3-64/08-9066 Tamiya, Hiroshi, Morimura, Yuji und Yokota, Mizue; Tokyo, Tokugawa Inst. for Biol. Res. Effects of various antimetabolites upon the life cycle of Chlorella. **(Wirkungen verschiedener Anti-Stoffwechsel-Agenzien auf den Lebenszyklus von Chlorella.)** Arch. Mikrobiol. **42** (1962) Nr. 1. S. 4-16. – 11 Abb., 17 Lit.
Vff. untersuchten die Wirkung von mehr als 50 Substanzen auf den Lebenszyklus synchroner Kulturen von *Chlorella ellipsoideus* und stellten dabei verschiedene Wirkungsgruppen fest. Von den Stoffen, die das Wachstum höherer Pflanzen schädigen, hatten Giberillinsäure, Kinetin und Colchicin keine Wirkung auf den Lebenszyklus von *Chlorella*. Bei einer bestimmten Konzentration hemmten u. a. Indolylessigsäure und eine Anzahl von Antibiotica das Wachstum völlig. Bei einer Konzentration von 10^{-3} M 8-Azaguanin und 8-Azaxanthin wuchsen die Zellen zu einer enormen Größe heran, ohne sich vorher zu teilen. Chloramphenicol (Konzentration 10^{-2}-$10^{-2,5}$ M) unterdrückte das Wachstum völlig, während die Zellteilungen fast normal verliefen. Die jeweils herrschenden Kernverhältnisse wurden mit Feulgenschem Reagenz überprüft. M. Schlüter. 6135.

3-64/08-9067 Herbst, Hans Volkmar. **Das Zooplankton des Holzmaares.** Limnol. Schriftenr., Gewässer und Abwässer **1961** Nr. 29. S. 56-74. – 4 Abb., 1 Tab., 8Lit.
Die planktischen Metazoen des Holzmaares, ihr Auftreten im Laufe des Jahres und ihre Vertikalverteilung werden besprochen. In der Zusammensetzung des Zooplanktons spielen 8 Rotatorien (4 perennierend und 4 Sommerplankter) eine große Rolle. Die Zooplankton-Verteilung des eutrophen, rel. flachen Holzmaares wird mit der des ebenfalls eutrophen, aber tieferen großen Plöner Sees verglichen. Im Holzmaar stellt sich im Frühjahr, unabhängig von O_2-Schwund in der Tiefe, ein epilimnisches Individuenmaximum ein, während für den Plöner See ein Maximum in der Tiefe charakteristisch ist, dessen Höhenlage vom O_2-Gehalt des Tiefenwassers abhängig ist.
G. Seifert. 6135.

3-64/08-9068 Kiefer, Friedrich; Konstanz, Anst. für Bodenseeforsch. **Bemerkenswerte Copepodenfunde im Pelagial des Bodensees.** Schweiz. Z. Hydrol. **25** (1963) Nr. 1. S. 30-39. – 1 Abb., 7 Lit.
Von 1955-1962 wurden neben den 4 häufigen Copepoden weitere 18 Arten im Plankton erbeutet, von denen 10 schon aus früherer Zeit im Bodensee bekannt waren, während 8 Arten erstmalig festgestellt wurden. Dabei hat die Häufigkeit von *Cyclops vicinus* seit 1954 auf das 1300fache zugenommen. Ähnliches gilt für *C. strenuus* und *Diacyclops bicuspidatus*. In diesen Beispielen zeigt sich, daß in einem seit Jahrtausenden stabilen, kaum gestörten Biotop sich eine ganz bestimmte, sehr stabile Lebensgemeinschaft herausbildet, in der ,,Irrgäste" keine Existenzmöglichkeit finden. Veränderungen in den Umweltverhältnissen (Steigerung der Primärproduktion) ermöglichen es diesen jedoch, sich explosionsartig zu vermehren.
W. v. Tümpling. 6135.

3-64/08-9069 Kiefer, Friedrich; Konstanz, Anst. für Bodenseeforsch. **Zur Kenntnis freilebender Ruderfußkrebse alpiner Biotope.** Schweiz. Z. Hydrol. **25** (1963) Nr. 1. S. 40-48. – 19 Abb., 9 Lit.
Das Plankton des Sämlisersees (1220 m) besteht hauptsächlich aus *Acanthodiaptomus denticornis, Cyclops tatricus,* wenigen Daphnien und Rotatorien, das Plankton des Fählensees (1451 m) aus den beiden erstgenannten Arten und *Daphnia longispina*. Außerdem werden aus 8 Moosrasen zwischen 1250 und 2510 m ü. NN 6 Harpacticiden z. T. ausführlich beschrieben.
W. v. Tümpling. 6135.

3-64/08-9070 Szlauer, Lech. Diurnal migrations of minute invertebrates inhabiting the zone ob submerged hydrophytes in a lake. **(Tägliche Wanderungen kleiner Wirbelloser, die die Zone der submersen Hydrophyten eines Sees bewohnen.)** Schweiz. Z. Hydrol. **25** (1963) Nr. 1. S. 56-64. – 1 Abb., 1 Tab., 12 Lit.
Im Leginy-See bestehen die unterseeischen Wiesen hauptsächlich aus *Myriophyllum spicatum, Ranunculus circinatus* und *Ceratophyllum demersum*. Die Pflanzen sind 30-40 cm hoch und bilden in 1-2,5 m Tiefe einen ca. 4 m breiten Gürtel um den See. Über dem Pflanzenbestand wurden Netzfänge durchgeführt, innerhalb des Pflanzenbestandes kamen Sammelfallen zur Anwendung, die jeweils 6^{00} h und 18^{00} h geleert wurden. Fast alle21 nachgewiesenen Plankter finden sich am Tage hauptsächlich unterhalb der Pflanzen, während nachts ein Teil der Population nach oben wandert und über den Pflanzen steht. Der Anteil der aufsteigenden Individuen ist bei den Arten unterschiedlich.
W. v. Tümpling. 6135.

3-64/08-9071 Iyengar, V. K. S., Davies, D. M. und Kleerekoper, H. Some relationships between chironomidae and their substrate in nine freshwater lakes of Southern Ontario, Canada. **(Einige Beziehungen zwischen**

Chironomiden und ihrem Substrat in 9 Süßwasserseen im südlichen Ontario, Kanada.) Arch. Hydrobiol. **59** (1963) Nr. 3. S. 289-310. — 21 Abb., 12 Tab., 13 Lit.
Das Kopflängen-Gewichtsverhältnis der Chironomidenlarven entwickelt sich in verschiedenen Seen unterschiedlich. In dichtbesiedelten Sedimenten haben die Larven geringes Stückgewicht. Die chem. Zusammensetzung, das Wachstum und die Mengenentfaltung der Larven werden bes. vom Gesamt-C-Gehalt des Sediments beeinflußt, weniger vom Gesamt-N-Gehalt und vom Gesamt-H-Gehalt. Der P-Gehalt des Bodens spiegelt sich nicht in der chem. Zusammensetzung der Larven wider. Der P-Gehalt der Larven ist alters- oder größenbedingt. Sedimente mit hohem Gehalt an C, H usw. sind nach Masse und Anzahl schwach besiedelt, Sedimente mit geringem N-Gehalt waren dagegen stark besiedelt. Bei den Untersuchungen blieb die systematische Zusammensetzung der Larvenfänge weitgehend unberücksichtigt!
D. Barthelmes. 6135.

3-64/08-9072 Rodina, A. G.; Leningrad, Acad. of Sci., Zool. Inst. Microbiology of detritus of lakes. **(Die Mikrobiologie des Detritus von Seen.)** Limnol. and Oceanogr. **8** (1963) Nr. 4. S. 388-393. — 5 Abb., 3 Tab., 1 Lit.
Aus 7 Seen in der Nähe des Ladogasees wurde Detritus mikroskopisch (Tageslicht und UV-Licht) untersucht. Keimzahlen und das Vorkommen von bestimmten Mikrobengruppen wurden bestimmt. Experimentell konnte die Bedeutung des Detritus für die normale Entwicklung von Cladoceren nachgewiesen werden. Der Detritus stellt eine große Anzahl von mikroskopischen Biotopen für Bakterien dar, auf denen Kolonien gebildet werden. Anhäufungen von Bakterien sind Komponenten des normalen Detritus. Abbauprozesse org. Substanz und Oxydation und Reduktion sind typische Leistungen bestimmter Bakteriengruppen. Th. Mattheis. 6135.

3-64/08-9073 Trifonova, N. A.; Borok, Inst. für Biol. der Stauseen der Akad. der Wiss. der UdSSR. Gidrochimičeskij režim Ivańkovskogo vodochranilišča. **(Hydrochemische Verhältnisse im Staubecken Iwankowsk.)** Trudy soveščanij. Ichtiologičeskaja komissija. Akademija nauk SSSR, Moskva-Leningrad **10** (1962) S. 76-79. — 2 Tab.
Das Wasser des Stausees Iwankowsk zeichnet sich durch einen rel. hohen Gehalt an gelösten org. Substanzen aus. Die Sichttiefe schwankt zwischen 50 und 190 cm. Bei einem pH-Wert von 7,1-8,7 hält sich der Sauerstoffgehalt bei 6,5-12,5 mg/l an der Oberfläche und 2,4-12,2 mg/l am Boden. In den Haffen, Seen und Buchten tritt sogar Sauerstoffdefizit auf. Entsprechend der vorhandenen Sauerstoffmenge gestaltet sich der Kohlensäuregehalt. In den bodennahen Schichten tritt CO_2 in Mengen von 19-21 mg/l und im Winter sogar bis zu 88 mg/l auf. A. Kozianowski. 6138.

3-64/08-9074 Zenin, A. A., Borok, Inst. für Biol. der Stauseen der Akad. der Wiss. der UdSSR. Neodnorodnost' chimičeskogo sostava vody Gor'kovskogo i Kujbyševskogo vodochranilišč. **(Die Ungleichmäßigkeit der chemischen Zusammensetzung des Wassers der Staubecken Gorki und Kuibyschew.)** Trudy soveščanij. Ichtiologičeskaja komissija. Akademija nauk SSSR, Moskva- Leningrad **10** (1961) S. 80-83. — 2 Abb., 3 Lit.
Die chem. Zusammensetzung des Wassers der Stauseen Gorki und Kuibyschew wurde in den Jahren 1956-58 durch die Bestimmung der elektrischen Leitfähigkeit des Wassers und seines Chlorionengehalts untersucht. Die Ergebnisse zeigten eine unterschiedliche Qualität des Wassers der einzelnen Stauseeteile und ihrer Zuflüsse, die durch die Vermischung der zufließenden Wassermassen mit dem Wasser der Stauseen entstanden ist.
A. Kozianowski. 6138.

3-64/08-9075 Fesenko, N. G. und Rogožkin, V. I.; Hydrochem. Inst. der Akad. der Wiss. der UdSSR. Režim rastvorennych gazov na otdel'nych učastkach Cimljanskogo vodochranilišča s zatoplennym rastitel'nym pokrovom. **(Gelöste Gase in einzelnen Teilen des Staubeckens Zimljansk mit überschwemmtem Bewuchs.)** Trudy soveščanij. Ichtiologičeskaja komissija. Akademija nauk SSSR, Moskva-Leningrad **10** (1961) S. 84-86. — 1 Abb., 4 Lit.

In den ersten Jahren nach der Füllung der Stauseen kann infolge starker Mineralisierungsprozesse der Sauerstoffgehalt des Wassers absinken. Im Stausee Zimljansk waren z. B. 12% der Fläche mit Wald und Gestrüpp bewachsen, die mit überstaut wurden. Der Sauerstoffgehalt des Wassers betrug auf diesem Gebiet am Boden nur 6,4 mg/l, in den oberen Schichten dagegen 13,4 mg/l. Bei überstauten Steppen- und Weidegebieten ist die Sauerstoffzehrung geringfügig. Der überstaute Bewuchs übte nicht nur auf die vertikale Verteilung des Sauerstoffs einen Einfluß aus, sondern auch auf seine abs. Menge. An Stellen mit überstautem Gestrüpp sank der O_2-Gehalt während des Winters um 15-20%, an Stellen mit überstauten Steppen- und Weidepflanzen um 10-12% und am meisten (33%) bei überstauten Waldgebieten.

A. Kozianowski. 6138.

3-64/08-9076 Sorokin, Ju. I.; Borok, Inst. für Biol. der Stauseen der Akad. der Wiss. der UdSSR. Process obrazovanija serovodoroda v Volžskich vodochraniliščach i ego vlijanie na kislorodnyj režim. **(Der Prozeß der Bildung von Schwefelwasserstoff in den Wolga-Staubecken und sein Einfluß auf den Sauerstoffgehalt.)** Trudy soveščanij. Ichtiologičeskaja komissija. Akademija nauk SSSR, Moskva-Leningrad **10** (1961) S. 65-70. — 1 Tab., 18 Lit.

In den Böden der Stauseen bilden sich bes. in den ersten Jahren ihres Bestehens große Mengen Schwefelwasserstoff. Der Hauptgrund dafür ist in der bakteriellen Neubildung von Sulfaten zu suchen, die bes. auf überstauten unbearbeiteten Böden sehr schnell verläuft. Die tiefen Stellen der größeren Stauseen füllen sich mit fäulnisfähigem org. Schlamm, der durch seine Zersetzung anaerobe Verhältnisse schafft. In diesen Verhältnissen werden die Sulfate durch Bakterien zu Schwefelwasserstoff reduziert. Im Gorkowski-Stausee hat sich z. B. auf diesem Wege in der 2. Hälfte des 1. Jahres eine Menge von 60-120 mg/l H_2S gebildet. A. Kozianowski. 6138.

3-64/08-9077 Fesenko, N. G. und Rogožkin, V. I.; Hydrochem. Inst. der Akad. der Wiss. der UdSSR. Osnovnye čerty akkumuljacii biogennych ėlementov i vzvešennych veščestv Cimljanskim vodochraniliščem. **(Grundzüge der Akkumulation biogener Elemente und schwebender Stoffe im Staubecken Zimljansk.)** Trudy soveščanij. Ichtiologičeskaja komissija. Akademija nauk SSSR, Moskva-Leningrad **10** (1961) S. 71-75. — 1 Abb., 2 Tab., 4 Lit.

Um die Veränderungen, die in der Abflußmenge der biogenen Stoffe nach der Regulierung des Don eingetreten sind, zu untersuchen, haben Vff. anhand von Proben den monatl. Durchschnittsgehalt des Wassers an einzelnen Bestandteilen ermittelt. Ihre bes. Aufmerksamkeit haben sie der Akkumulation von Phosphor- und Stickstoffverbindungen gewidmet. Die Ergebnisse der Untersuchungen sind in einer Tab. zusammengefaßt.

A. Kozianowski. 6138.

3-64/08-9078 Kurdin, V. P.; Borok, Inst. für Biol. der Stauseen der Akad. der Wiss. der UdSSR. Osnovnye položenija o processach obrazovanija i raspredelenija gruntov v verchnevolžskich vodochraniliščach. **(Grundsätze der Prozesse der Bildung und Verteilung des Bodens in den Staubecken der oberen Wolga.)** Trudy soveščanij. Ichtiologičeskaja komissija. Akademija nauk SSSR, Moskva-Leningrad **10** (1961) S. 53-60. — 1 Abb., 1 Tab., 5 Lit.

Durch den Bau von Stauseen entstehen auf den frisch überstauten Flächen neue hydrol. Verhältnisse, die zur Bildung sekundärer Ablagerungen führen können. An schwach durchströmten Stellen wird der org. Schlamm abgetragen; der Boden bleibt jedoch unverändert. An Stellen mit hoher hydrodynamischer Aktivität wird Sand und Kies abgelagert, der am Rande der Ablagerungen oft mit Schlamm vermischt ist. Die mit dem fließenden Wasser in den Stausee hereingetragenen (alluvialen) oder aus dem Boden des Beckens herausgewaschenen (örtlichen) kleinen Mineralteilchen werden an ruhigen Stellen abgelagert und bilden Schlammfelder. Eine bes. Schlammart ist der Torfschlamm, der vom durchfließenden Wasser aus Torfkulen ausgewaschen und in den Stausee getragen wird. A. Kozianowski. 6138.

3-64/08-9079 Salmanov, M. A. und Sorokin, Ju. I.; Borok, Inst. für Biol. der Stauseen der Akad. der Wiss. der UdSSR. Pervičnaja produkcija i destrukcija organičeskogo veščestva v Kujbyševskom vodochranilišče. **(Die Primärproduktion und die Zersetzung organischer Stoffe im Kuibyschew-Staubecken.)** Trudy soveščanij. Ichtiologičeskaja komissija. Akademija nauk SSSR, Moskva-Leningrad **10** (1961) S. 61-64. – 2 Abb., 1 Tab., 7 Lit.
Der Verlauf und die Ausmaße der Produktion und des Zerfalls org. Stoffe üben einen bestimmten Einfluß auf die biol. und chem. Verhältnisse der Gewässer aus. Zur Erforschung der Primärproduktion des Kuibyschew-Stausees wurden mehrere Versuchsstationen angelegt, wo mit radioaktivem Kohlenstoff die tägl. erzeugte Masse org. Substanz unter 1 m^2 Oberfläche bestimmt wurde. Die Ergebnisse konnten dann in Tab. zusammengefaßt und graphisch dargestellt werden. Die Primärproduktion des Kuibyschew-Stausees ist durch die mit der Wolga und Kama einfließenden biogenen Stoffe rel. hoch und beträgt umgerechnet auf Glukose 356 g/m^2. A. Kozianowski. 6138.

3-64/08-9080 Kuznecov, S. I.; Borok, Inst. für Biol. der Staubecken der Akad. der Wiss. der UdSSR. Osnovnye faktory formirovanija bakterial'nogo naselenija Volžkich vodochranilišč. **(Die Hauptfaktoren für die Entwicklung der Bakterien in den Wolgastaubecken.)** Trudy soveščanij. Ichtiologičeskaja komissija. Akademija nauk SSSR, Moskva-Leningrad **10** (1961) S. 114-118. – 6 Abb., 1 Tab., 12 Lit.
In den Wolga-Stauseen kann die Individuenzahl der Bakterien 3 Maxima erreichen: im zeitigen Frühjahr, im Sommer und im Herbst. Nach eingehenden Untersuchungen konnten als wichtigste entwicklungsfördernde Faktoren die Einschwemmung im Wasser gelöster org. Stoffe, das Absterben des Phytoplanktons, die sich zersetzenden Wasserpflanzen im Litoral und die rasche Vermehrung der autotrophen Bakterien genannt werden. Eine übermäßige Bakterienentwicklung wird durch das Absetzen der im Wasser freischwebenden Zellen auf dem Boden und durch die Freßlust des Zooplanktons verhindert. A. Kozianowski. 6138.

3-64/08-9081 Natermann, Ernst. **Das Wesen der Fließbewegung (Wasser im offenen Gerinne).** Dtsch. gewässerkundl. Mitt. **7** (1963) Nr. 6. S. 133 bis 149.; **8** (1964) Nr. 1. S. 17-21. – 11 Abb., 4 Tab., 13 Lit. 6145.

3-64/08-9082 Ulken, Annemarie; Hamburg, Inst. für Allg. Bot. **Die Herkunft des Nitrits in der Elbe.** Arch. Hydrobiol. **59** (1963) Nr. 4. S. 486-501. – 8 Abb., 4 Tab., 14 Lit.
Im Gegensatz zu Ackerböden läßt sich in Fließgewässern häufig Nitrit nachweisen. Vf. untersuchte daher den Einfluß der Substratkonzentration auf *Nitrosomonas* und *Nitrobacter*, des Ammoniaks auf *Nitrobacter* und des Lichts auf beide Nitrifikanten. Es zeigte sich, daß *Nitrobacter* bei niedrigen Nitritkonzentrationen langsamer oxydiert als *Nitrosomonas* bei entsprechenden NH_4^+-Gehalten. *Nitrobacter* wird ferner durch Ammonium-Ionen in seiner Entwicklung gehemmt und durch Lichteinwirkung stärker geschädigt als *Nitrosomonas*. Diese Faktoren sind zumindest teilweise die Ursache für den Nitritgehalt des Elbewassers. Als weitere Nitritquellen kommen Abwässer oder der zeitweilig niedrige Sauerstoffgehalt hinzu, durch den vor-

wiegend zunächst *Nitrobacter* beeinträchtigt wird. Ferner kann auch die Fließbewegung eine Rolle spielen, weil dadurch Nitrit- und Nitratbakterien räumlich voneinander getrennt werden. D. Nehring. 6145.

3-64/08-9083 Miegel, Hans. **Die Molluskenfauna des Xantener Altrheins.** Limnol. Schriftenr., Gewässer u. Abwässer **1961** Nr. 29. S. 7-12. — 3 Abb.
Der Xantener Altrhein ist eine im Jahre 1786 vom heutigen Rheinstrom abgetrennte Schleife, die durch eine Schleuse noch mit ihm in Verbindung steht. Dieses Altwasser ist sehr molluskenreich, von 26 vorkommenden Arten traten 19 in großer Zahl auf. Es wurden die für verlandende, pflanzenreiche Gewässer typischen Molluskengesellschaften gefunden. Die Formen extremer Verlandung haben sich noch nicht eingestellt. Von den ehemaligen Arten des Rheins haben sich *Radix auricularia*, *Lithoglyphus naticoides* und *Unio pictorum* den veränderten Umweltbedingungen angepaßt. *Ancylus fluviatilis*, *Viviparus viviparus* und *Neritina fluviatilis* dagegen kommen heute im Xanthener Altrhein nicht mehr vor. G. Seifert. 6145.

3-64/08-9084 Miegel, Hans. **Untersuchungen über Verbreitung und Schalengestalt von Ancylus fluviatilis (O. F. Müller 1774) im Rheingebiet.** Limnol. Schriftenr., Gewässer u. Abwässer **1961** Nr. 29. S. 13-38. — 12 Abb., 8 Tab., 21 Lit.
Gehäuselängen, -breiten und -höhen von Material aus 3 verschiedenen Landschaftstypen wurden gemessen und variationsstatistisch untersucht. Zur Charakterisierung der Größe der Mündungsfläche wurde das Verhältnis Breite:Länge benutzt. Die Formen des Dauner und Ulmener Maares hatten die größte Mündungsfläche, die der Eifelbäche waren schmaler. Als Kümmerformen anzusprechen sind die Formen vom Mittel- und Niederrhein. Die Gehäuseformel L:B:H (Maximalwerte) lautet im Untersuchungsgebiet für Stillwasser 8,5:7,3:3,6, für Fließwasser 8:5,8:3,7 und für Kümmerformen 6,5:4,0:2,3. *A. fluviatilis* war am häufigsten mit *Radix balthica* f. *ovata* und *Gyraulus albus* vergesellschaftet. G. Seifert. 6145.

3-64/08-9085 Müller-Liebenau, Ingrid. **Steinfliegen aus der Eifel (Insecta, Plecoptera).** Limnol. Schriftenr., Gewässer u. Abwässer **1961** Nr. 29. S. 41-55. — 2 Abb., 1 Tab., 11 Lit.
Die Arbeit enthält eine Zusammenstellung der in der Eifel in den Jahren 1958, 1959 und 1961 gesammelten Plecopteren. Von den 35 genannten Arten konnten die folgenden 14 erstmalig für die Eifel nachgewiesen werden: *Brachyptera seticornis*, *Protonemura fumosa*, *Protonemura nitida*, *Nemoura erratica*, *Leuctra aurita*, *L. fusca*, *L. digitata*, *L. braueri*, *L. pseudosignifera*, *Capnia sp.* vermutlich *bifrons*, *Isoperla grammatica*, *I. görtzi*, *I. oxylepis* und *Dinocras cephalotes*. Eine Übersichtstab. dient dem Vergleich der Ergebnisse von Le Roi (1913) und Hoffmann (1960) mit den Ergebnissen aus der Eifel. G. Seifert. 6145.

3-64/08-9086 Bishop, J. A.; Sydney, Univ. The Australian freshwater crabs of the family Potamonidae (Crustacea: Decapoda). **(Die australischen Süßwasserkrebse der Familie Potamonidae [Crustacea, Dekapoda].)** Austral. J. Marine Freshwater Res. **14** (1963) Nr. 2. S. 218-238. — 5 Abb., 37 Lit.
Die Potamonidae sind in Australien nur mit der Gattung *Parathelphusa* vertreten. Vf. untersucht die Gattung in 300 Sammlungsproben aus 3 australischen Museen sowie an eigenen Fängen aus Neu-Süd-Wales. Es werden 6 Arten der Gattung, davon 2 für die Wissenschaft neue, ausführlich beschrieben sowie ein Bestimmungsschlüssel aufgestellt. 2 weitere, seit der Erstbeschreibung nicht wieder bestätigte Arten werden genannt. Die Homogenität der australischen Fauna deutet darauf hin, daß die Einwanderung der Potamonidae aus Neuguinea erst in erdgeschichtlich sehr junger Zeit erfolgte,

worauf auch die Beschränkung der Gattung mit 5 Arten auf Kap York hindeutet. Entweder sind 2 „Stämme“ im Miozän eingewandert, oder es gab 3 Invasionsperioden im Pleistozän. W. v. Tümpling. 6145.

3-64/08-9087 Lackey, James B.; Gainsville, Univ. of Florida. The microbiology of a Long Island Bay in the summer of 1961. **(Die Mikrobiologie einer Bucht auf Long Island im Sommer 1961.)** Int. Rev. ges. Hydrobiol. **48** (1963) Nr. 4. S. 577-601. — 14 Tab., 28 Lit.
In der Great South Bay konnten bei den qualitativen und quantitativen Untersuchungen im Juli und Aug. 1961 220 verschiedene Arten von Bakterien, Algen und Protozoen festgestellt werden. Kurzzeitige Massenentwicklungen hatten eine Reihe von Organismen bis zu 500 Individuen/ml. Jedoch war kein Organismus darunter, der zu Fischsterben führt. Ebenso fehlten anaerobe Arten im Plankton. Die vertikale Zirkulation war schwach, viel stärker die horizontale, wie sich aus der weiten Verbreitung Coliformer (abs. gesehen in geringen Mengen) erklären läßt. Das reiche Vorkommen von bestimmten Ciliaten weist auf hohe Bakterienpopulationsdichten hin. Für das Vorhandensein löslichen org. Materials spricht auch das Vorkommen von saprozoischen bzw. saprozoisch-holophytischen Chrysophyceen, Euglenophyceen und Volvocales. Die Phosphatwerte lagen hoch, Nitratwerte niedrig, Sauerstoff war reichlich vorhanden. Th. Mattheis. 6148.

3-64/08-9088 Rochford, D. J.; Cronulla, New South Wales, Div. of Fisheries and Oceanography. Some features of organic phosphorus distribution in the South-East Indian and South-West Pacific Oceans. **(Einige Eigentümlichkeiten der Verteilung von organischem Phosphor im südöstlichen Indischen und im südwestlichen Pazifischen Ozean.)** Austral. J. Marine Freshwater Res. **14** (1963) Nr. 2. S. 119-138. — 16 Abb., 4 Tab., 20 Lit.
An den meisten Probeentnahmestellen wurden Konzentrationen von org. gebundenem Phosphor zwischen 0,10 und 0,38 μg-Atome/l gefunden. Für die 3 südl. Abschnitte des zentralen und westl. Pazifiks und des östl. Indischen Ozeans betrug die Konzentration in der 0-200 m Schicht 0,20-0,38 μg Atome/l. Vertikale Profile zeichnen sich durch eine Reihe von Maxima an org. gebundenem Phosphor aus, welche manchmal mit hydrol. Tiefenschichtungen übereinstimmen. Dabei fielen Maxima der organ. Phosphatkonzentration häufig mit Minima der Salzkonzentration zusammen. 40-100% der org. Phosphatmaxima bestanden aus sog. geformtem Phosphat.
D. Nehring. 6150.

3-64/08-9089 Terumoto, Isao. Frost-resistance in a marine alga Enteromorpha intestinalis (L.) Link. **(Frostresistenz der marinen Alge Enteromorpha intestinalis.)** Low Temperat. Sci. [Sapporo], Ser. B **19** (1961) S. 23-28. — 5 Abb., 1 Tab., 10 Lit. Orig.: jap., Ausz.: engl.
Vf. stellte fest, daß alle Gewebezellen von *E. intestinalis* Temperaturen von −20 °C 24 h lang überlebten; nach 3 Tagen lebte noch die Hälfte der Gewebezellen. Erst unterhalb −25 °C trat starke Zellschädigung ein. Die Frostresistenz dieser Gezeitenalge ist sehr hoch. Mikroskopisch wurden Frostplasmolyse und keine Eisbildung in den Interzellularen beobachtet. Als Ursache des Kältetodes wird ungewöhnliche Dehydration des Protoplasmas vermutet. *Ulva perutusa* zeigt bereits bei −15 °C Kälteschädigung, obwohl die Empfindlichkeit Plasmolytika gegenüber bei beiden Algen ähnlich ist. Es wird angenommen, daß je höher die osmotische Konzentration um so höher die Frostresistenz ist. M. Schlüter. 6150.

3-64/08-9090 Yentsch, Charles S. und Reichert, Carol A.; Woods Hole, Mass., Woods Hole Oceanographic Instn. The effects of prolonged darkness on photosynthesis, respiration, and chlorophyll in the marine flagellate, Dunaliella euchlora. **(Effekte verlängerter Dunkelheit auf Photosynthese,**

Atmung und Chlorophyll des marinen Flagellaten Dunaliella euchlora.) Limnol. and Oceanogr. 8 (1963) Nr. 3. S. 338-342. — 4 Abb., 12 Lit.
Vff. benutzten als Untersuchungsobjekt 2 artreine, bakterienfreie Kulturen von *Dunaliella*, denen der Stickstoff teils als $NaNO_3$, teils als $(NH_4)_2SO_4$ zugesetzt wurde. Unabhängig von der Stickstoffquelle wurde nach 24stündiger Verdunklung der Kulturen max. O_2-Entwicklung bei Lichtsättigung festgestellt; nach 50 h Verdunklung nahm die O_2-Entwicklung ab, der Kompensationspunkt wurde nach 100 h Dunkelheit erreicht. Kulturen mit Nitrat-Stickstoff produzierten pro Chlorophylleinheit annähernd 3,5 mal mehr O_2 als solche mit Ammonium-Stickstoff. Nach 40 stündiger Verdunklung war keine Adaption der Photosynthese an niedere Lichtintensitäten festzustellen; nach 100 h Dunkelheit war im Licht kein Wachstum der Algen mehr möglich. Die Dunkelperioden im Tagesverlauf dürften für die tägl. Photosyntheseschwankungen verantwortlich sein. M. Schlüter. 6150.

3-64/08-9091 Richter, Hans. **Luftbild und Luftbildmessung in der Wasserwirtschaft.** Wasserwirtschaft **53** (1963) Nr. 12. S. 453-457. — 8 Abb.
Die Verwendung von Luftbildern ist bei vielen wasserwirtschaftlichen Aufgaben von Vorteil und hat sich gut bewährt. Es werden Zeit und Kosten gespart. Bes. Erfolge wurden bei der allg. Gewässer- und Wildbachvermessung, in der Vermessung für zahlreiche Wasserbauaufgaben (Talsperrenbau einschließlich Stauinhaltsberechnungen der Becken), bei der Vermessung großräumiger Bewässerungsanlagen, bei der Vermessung von Hochwassergebieten, ferner bei der Vegetationskartierung und bei Kartierungen für die Kulturtechnik erzielt. Mit Hilfe von Infrarot-Aufnahmen können der Feuchtigkeitsgehalt der obersten Bodenschichten und somit Begrenzungen von Bodennässen und alte Dränungen festgestellt werden. In Flüssen lassen sich u. a. Strömungsverlauf und Versandungen erkennen. Die Höhenmessungen sind je nach Flughöhe verschieden genau. Bei 600 m Flughöhe beträgt die erreichbare Höhenmeßgenauigkeit 5-6 cm Naturmaß, bei 1500 m Flughöhe etwa 13-15 cm. D. Barthelmes. 6200.

3-64/08-9092 Klehn, H. und Sonntag, D.; Berlin-Adlershof, Inst. für Gerätebau der Dtsch. Akad. der Wiss. zu Berlin. **Ein hydrographisches Extinktions- und Temperaturmeßgerät.** Acta hydrophys. [Berlin] 8 (1963) Nr. 1. S. 23-45. — 12 Abb., 2 Lit.
Vff. entwickelten ein Gerät zur hydrographischen Extinktions- und Temperaturmessung, mit dem folgende physik. Größen ermittelt werden können: 1. Die horizontale phys. Extinktion in verschiedenen Bereichen des sichtbaren Lichtes; 2. Das Oberlicht und daraus der vertikale Extinktionskoeffizient in verschiedenen Bereichen des sichtbaren Lichtes; 3. Das Unterlicht und die Wassertemperatur. Das Gerät besteht aus Meßkoffer, Kabel und Sonde. Es wurde in einigen Binnengewässern und in der Ostsee erprobt. Vergleichswerte mit dem Pulfrich-Photometer ergaben Übereinstimmung. Das Extinktionsmeßgerät hat jedoch den Vorteil, daß sich ein größeres Gebiet schneller vermessen läßt als mit der Schöpfmethode und anschließender Auswertung im Pulfrich-Photometer. Außerdem sind die Meßwerte genauer, weil mit dem Schöpfer mitunter falsche „Stichproben" genommen werden. D. Nehring. 6200.

3-64/08-9093 Krause, Günther; Kiel, Univ., Inst. für Meereskunde. **Eine Methode zur Messung optischer Eigenschaften des Meerwassers in großen Meerestiefen.** Kieler Meeresforsch. **19** (1963) Nr. 2. S. 175-181. — 13 Abb., 15 Lit.
Vf. entwickelte eine Methode zur kontinuierlichen Registrierung der mit einer künstlichen Lichtwelle meßbaren optischen Eigenschaften des Meerwassers (Extinktion, Streuung, Streufunktion). Zur Messung in 10000 m

Tiefe ist ein stahlarmiertes Einleiterkabel erforderlich, das gleichzeitig als Tragseil für das Tauchgerät dient. Stromversorgung der Lichtquelle und der Meßwandler sowie 6 verschiedene Meßsignale werden über einen einzigen isolierten Draht fortgeleitet. Es werden 3 Meßwandler angegeben, die die Meßgrößen Lichtintensität, Temperatur und Druck in die vom System benötigten Frequenzänderungen von Wechselströmen umsetzen. Diese Meßwandler werden in einem Meßgerät benutzt, das kontinuierlich Registrierungen der Lichtintensität und der Temperatur in Abhängigkeit von Tiefen bis zu 6000 m liefert. Das Gerät wurde im Skagerrak und im Nordatlantik erprobt, erste Meßergebnisse werden mitgeteilt. D. Nehring. 6200.

3-64/08-9094 Koske, Peter H.; Kiel, Univ., Inst. für Meereskunde. **Über EMK-Messungen zur Bestimmung von Ionenkonzentrationen in Meerwasser.** Kieler Meeresforsch. **19** (1963) Nr. 2. S. 182-188. — 2 Tab., 2 Lit.

Es wird untersucht, in welcher Weise Potentialmessungen an galvanischen Zellen zur Ermittlung der Ionenkonzentrationen im Meerwasser geeignet sind. Dabei ergab sich eine Änderung der Zellen-EMK in Abhängigkeit von Konzentrationsänderungen der elektrometrisch wirksamen Ionen. Die Genauigkeit, mit der Ionenkonzentrationen durch EMK-Messungen an galvanischen Zellen gemessen werden können, ist von der Genauigkeit der Spannungsmessung abhängig. Um die Genauigkeit der Knudsentitration zu erreichen, müssen bei Konzentrationsänderungen um 0,01‰ in einer NaCl-Lösung von ca. 35‰ noch Potentialänderungen von 0,08 mV feststellbar sein. Weiterhin arbeiten galvanische Zellen mit einer Normalwasserstoff-Bezugselektrode und einer Ag/AgCl-Meßelektrode nur unter sorgfältiger Konstanthaltung der Temperatur genügend exakt. Der Druck übt dagegen abgesehen von Prozessen, an denen Gase unter Molzahländerung teilnehmen, praktisch keinen Einfluß auf die EMK aus. D. Nehring. 6200.

3-64/08-9095 Proctor, Charles M., Papadopulos, Emanuel und Firminghac, Ralph H. Gamma scintillation probe for field use and measurements of radiation background in Puget Sound. **(Eine Gammastrahlensonde für Felduntersuchungen und Messungen der Untergrundstrahlung im Puget-Sund.)** Limnol. and Oceanogr. **7** (1962) Nr. 3. S. 280-286. — 9 Abb., 11 Lit.

Die Sonde enthält einen größeren NaJ-Kristall als Photoverstärker, der durch Tl aktiviert ist. Die gesamte Ausrüstung ist leicht zu transportieren und kann auch von kleineren Schiffen mitgeführt werden, was insbesondere für Felduntersuchungen von Bedeutung ist. Die γ-Strahlenmessung wurde im Puget-Sund an 3 Stellen in 80 m Tiefe durchgeführt. Die Impulse nahmen unterhalb der Wasseroberfläche sehr schnell und nicht linear ab. Nach Korrekturen für die Untergrundstrahlung folgten die γ-Strahlen oberhalb 0,25 und 1,6 MEV im abgeschwächten Maßstab bekannten Kurven für die kosmische Strahlung. Genaue Angaben über die Konstruktion der Meßsonde werden mitgeteilt. D. Nehring. 6200.

3-64/08-9096 Proctor, Charles M., Lowrey, Andrew R., Papadopulos, Emanuel und Penning jun., John R. Response of gamma scintillation detectors for field survey use. **(Erwiderung durch Gammastrahlendetektoren für Felduntersuchungen.)** Limnol. and Oceanogr. **7** (1962) Nr. 3. S. 273 bis 279. — 5 Abb., 3 Tab., 16 Lit.

Vff. untersuchten die Wiedergabe von γ-Strahlspektren durch verschiedene Arten von Detektoren wie thalliumaktivierte NaJ-Kristalle, eine plastische Masse und eine Flüssigkeit (Toluol mit geringen Zusätzen). Diese Detektoren wurden in Lösungen mit γ-strahlen den Elementen (^{65}Zn, ^{46}K, ^{24}Na) eingetaucht. Es zeigte sich, daß die Impulsrate für γ-Photonen proportional dem Detektorvolumen war. Die stärkste Impulswidergabe wurde beim aktivierten NaJ-Kristall gefunden. Bezogen auf diesen Detektor waren die Impulsraten für die plastische Masse 39% und für die Flüssigkeit 33%. Es wurden ferner die natürlichen Strahlungsquellen des Meerwassers untersucht. Für umfangreiche Felduntersuchungen bringt die Verwendung von großen Detektoren eine beträchtliche Zeitersparnis mit sich. D. Nehring. 6200.

3-64/08-9097 Holmes, Robert W. und Linn, Robert J.; La Jolla, Calif., Univ., Scripps Instn. of Oceanography. A modified Beckman model DU spectrophotometer for seagoing use. **(Ein modifiziertes Modell des Beckman-DU-Spektrophotometers für Meeresuntersuchungen.)** U.S. Dep. Interior, Fish Wildlife Serv., spec. sci. Rep. **1961** Nr. 382. S. 1-4. — 6 Abb.
Wiss. Geräte sind auf einem Untersuchungsschiff ungünstigen Bedingungen wie Korrosion durch Salzgehalt und Feuchtigkeit sowie mech. Beeinträchtigungen durch die Schiffsbewegung ausgesetzt. Vff. beschreiben verschiedene Veränderungen des Beckman-DU-Spektrophotometers, die das Arbeiten mit einem derartigen Gerät auf einem Schiff erleichtern. So wurde das Gefäß für die Aufnahme des Trockenmittels vergrößert. Die Batterien wurden teilweise in einem gesonderten Gehäuse zusammen mit einem Wechselschalter und einem Spannungsmeßgerät untergebracht. Weiterhin wurde ein Zellenhalter entwickelt, der die Unterbringung von vier 10 cm Halbmikroadsorptionszellen gesattet. D. Nehring. 6200.

3-64/08-9098 Schuà, Leopold und Schuà, R. M. **Ein Wasserprobensammler zum Selbstbau.** Wasserwirtschaft **53** (1963) Nr. 12. S. 445-446. — 3 Abb.
Zur Überwachung des Reinheitsgrades eines Oberflächenwassers reicht häufig die Entnahme von Stichproben nicht aus. Der beschriebene Probensammler ist zur Entnahme und Sammlung der Wasserproben über 24 h geeignet. Er besteht aus einer runden Grundplatte in die 24 Trichter in der Weise eingelassen sind, daß sie sich mit dem Rand gerade berühren. In der Mitte der Grundplatte befindet sich eine Uhrwerktrommel mit 24-Stunden-Umlauf, an deren verlängerter Achse ein Verteilerrohr befestigt ist. Dieses Rohr bewegt sich genau über die Mitte der Trichteröffnungen hinweg. Das Zuleitungsrohr wird durch eine Pumpe über ein Schlauchsystem mit dem Abwasser gespeist, wobei die Abwassermenge durch Hähne reguliert wird. Aus den Trichtern wird das Wasser über Schläuche in Plastikeimer abgeleitet. Besteht die Gefahr, daß Sand mitgerissen wird, so wird vor die Pumpe eine Woulfsche Flasche als Sandfang geschaltet. Eine genaue Beschreibung der Anordnung wird gegeben. D. Nehring. 6200.

3-64/08-9099 Menzies, Robert James, Smith, Logan und Emery, K. O.; Los Angeles, Univ. of Southern California. A combined underwater camera and bottom grab: a new tool for investigation of deep-sea benthos. **(Ein neues Gerät für die Untersuchung des Tiefsee-Benthos: Bodengreifer mit Unterwasserkamera.)** Int. Rev. ges. Hydrobiol. **48** (1963) Nr. 4. S. 529 bis 545. — 14 Abb., 9 Lit.
Identische Abb. und Bodengreiferproben von der gleichen Stelle des Meeresbodens zu erhalten, ist meist nicht möglich, wenn, wie bisher üblich und notwendig, 2 getrennte Apparaturen nacheinander benutzt werden; es würde jedoch für die ozeanographische, biol. und geol. Forschung von Vorteil sein. Vff. brachten daher im Innern der einen Schale eines großen Bodengreifers (Campbell-Greifer: 0,56 m^2 Grundfläche; 0,18 m^3 Fassungsvermögen; Eigenmasse 250 kg) eine Unterwasserkamera, in der anderen eine Blitzlichtlampe an. Eine Hasselblad-Kamera (6 × 6 cm) mit Filmkassette wurde in einer Stahlröhre (Innen ∅ 15 cm, Wandstärke 1,2 cm), die durch zwei 3 cm-Platten abgeschlossen wird, von denen die eine, angeschweißte, das im Durchmesser 8 cm große konische Quarzfenster trägt, untergebracht. Das Gehäuse nahm

ferner 4 Kondensatoren, 3 Ni-Cd-Batterien zu je 12 V und den Schalter für Verschluß und Blitzlicht auf. Ein an einer Leine 1,5-2,0 m unter dem Greifer längendes Lot löst bei Bodenberührung den Schalter aus. Etwa die Hälfte der vom Greifer erfaßten Bodenfläche wird photographiert. Von 81 Aufnahmen und Proben waren 6 brauchbar (Tiefe: 40-87-87-211-289-741 m). Die Übereinstimmung von Bild und Greiferprobeninhalt betrug für die photographisch erfaßbare lebende Epifauna 40-100%, im Mittel 84%. Das Verhältnis der im Bild sichtbaren lebenden Tiere zur in der Greiferprobe vorhandenen Gesamtheit entsprach einem Prozentsatz von 0-40%, im Mittel 8,6%.

H.-J. Rümmler. 6200.

3-64/08-9100 Jašnov, V. A.; Moskau, Univ. Skorostnaja planktičeskaja set'. **(Ein Schnell-Planktonnetz.)** Zoologičeskij žurnal, Moskva **40** (1961) Nr. 1. S. 122-128. — 1 Abb., 2 Tab., 8 Lit. Zus. in Engl.

Von dem sowjet. Forschungsschiff „Michail Lomonossow" wurde während der atlantischen Expedition im Herbst 1959 mit Erfolg ein neues Planktonnetz verwandt, das die Gewinnung von Planktonproben in sehr kurzer Zeit gestattet. Das Gerät hat einen Metallaufsatz zur Begrenzung des Wasserdurchstroms. Zum Schutz der Seidengaze ist diese von einem Metallsieb, das als Trichter ausgebildet ist, umgeben. Die Geschwindigkeit des Herunterlassens und des Herausholens kann bis 2,8/s betragen. Die Dauer der Entnahme von Planktonproben verkürzt sich durch die Anwendung der neuen Methode um das 2-3fache. G. Predel. 6200.

3-64/08-9101 Pytkowicz, Ricardo M. und Klotz, I. M.; Seattle, Wash., Univ. Comment on the variation of solubility with depth. **(Bemerkung über die Veränderung der Löslichkeit [von Gasen] mit der Tiefe.)** Limnol. and Oceanogr. 8 (1963) Nr. 4. S. 486. — 4 Lit.

Die bisher gebräuchliche Gleichung zur Ermittlung der Veränderung der Löslichkeit von Gasen mit der Wassertiefe wird durch eine bessere ersetzt, die das molare Gasvolumen unter dem herrschenden Wasserdruck berücksichtigt. Die verschiedenen Gleichungen zur Berechnung der Löslichkeit werden gebracht. Es wird ferner ausgeführt, daß die Annahme eines konstanten Partial-Molvolumens mit zunehmender Wassertiefe die Wirkung des Wasserdrucks auf die Löslichkeit von Gasen vernachlässigt. Gegenwärtig ist dieser Effekt unbekannt, weil er sich nicht trennen läßt vom Abweichen des idealen Gasverhaltens, wo unter Laboratoriumsbedingungen hohe Drucke nur unter Verwendung komprimierter Gase erreicht werden.

D. Nehring. 6200.

3-64/08-9102 Duxbury, Alyn C.; Yale, Univ. Calibration and use of a galvanic type oxygen. **(Eichung und Verwendung einer galvanischen Sauerstoffelektrode bei Felduntersuchungen.)** Limnol. and Oceanogr. 8 (1963) Nr. 4. S. 483-485. — 3 Abb., 4 Lit.

Vf. beschreibt zunächst die verwendete Meßzelle. Sie besteht aus einer Bleianode und einer Silberkathode, die in einem Edelstahlgehäuse eingebaut sind. Bei Felduntersuchungen wird die Nylon-Sonde, die die Elektroden umgibt, durch eine perforierte Stahlbuchse vor mech. Beschädigungen geschützt. Die Empfindlichkeit der Zelle ist abhängig von der Meßtemperatur und dem Alter der Zelle. Zur Ermittlung der Temperaturabhängigkeit wird bei einer festgelegten Temperatur zunächst in einer Natriumsulfit-Lösung (Sauerstoffgehalt gleich 0) und dann im destillierten Wasser, das mit Luft gesättigt ist, bei der gleichen Temperatur gemessen. Dieser Vorgang wird bei verschiedenen Temperaturen wiederholt, wobei man die Eichgrade erhält.

D. Nehring. 6200.

3-64/08-9103 Johnson, W. DeWitt, Lurie, Bernard L. und Megregian, Stephen; Chicago, Ill., U. S. Dep. of Health, Education and Welfare. Auto-

matic dissolved oxygen titration apparatus. **(Ein Gerät zur automatischen Sauerstofftitration.)** J. Water Pollut. Control Federat. **35** (1963) Nr. 11. S. 1489-1491. — 1 Abb., 1 Lit.
Die Sauerstoffbestimmung erfolgt im Prinzip nach der Winkler-Methode, nur wird der Endpunkt der Titration durch Messung des Oxydations-Reduktions-Potentials ermittelt. Von den zahlreichen auf dem Markt befindlichen Geräten für automatische Oxydations-Reduktions-Titrationen wurde eines ausgewählt, das gleichzeitig die Titrationskurve aufzeichnet und den Endpunkt der Titration anzeigt. Die Aufzeichnung erfolgt in 0,01 ml-Intervallen. Titriert wird mit 0,05 n Thiosulfatlösung, wobei die Proben gut gerührt werden. Zur Endpunktkontrolle werden ein Tropfen 0,05 n Bijodatlösung und etwas Stärke zugesetzt. Wird die Lösung nicht sofort blau, so muß mit Bijodat zurücktitriert werden. D. Nehring. 6200.

3-64/08-9104 Oppenheimer, C. H., Corcoran, E. F. und Arman, J. van; Miami, Fla., Univ., Inst. of Marine Sci. Method for the determination of organic carbon in seawater. **(Methode zur Bestimmung von organischem Kohlenstoff im Meerwasser.)** Limnol. and Oceanogr. 8 (1963) Nr. 4. S. 487-488. — 1 Abb., 4 Lit.
Vff. entwickelten eine einfache und empfindliche Methode, die es gestattet, anorg., geformten org. und gelösten org. Kohlenstoff im Meerwasser zu bestimmen. Sie beruht auf einer nassen Verbrennung der org. Substanz und Bestimmung des gebildeten Kohlenmonoxids und Kohlendioxids auf gaschromatographischem Wege. Die Probe wird zunächst zur Trockne gebracht und mit konz. Phosphorsäure angesäuert, um anorg. gebundenen Kohlenstoff im Sauerstoffstrom zu entfernen. Das Gas kann gesammelt und gaschromatographisch untersucht werden. Dann wird als Oxydationsmittel Silberbichromat in konz. Schwefelsäure zugesetzt und auf 90 °C erhitzt. Das bei der Oxydation der org. Substanz entstandene CO und CO_2 wird durch Sauerstoff in eine Gasbürette gedrückt. Nach gutem Durchmischen wird hieraus eine Probe entnommen und chromatographiert.
D. Nehring. 6200.

3-64/08-9105 Vaccaro, Ralph F., Thunberg, John C. und Ketchum, Bostwick H.; Woods Hole, Oceanographic Instn. Nitrate measurements in the presence of high nitrite concentrations. **(Nitratbestimmungen in Gegenwart hoher Nitritkonzentrationen.)** Limnol. and Oceanogr. 7 (1962) Nr. 3. S. 322-329. — 5 Abb., 2 Tab., 8 Lit.
Bei den meisten Methoden zur Nitratbestimmung im Meerwasser werden in Anwesenheit von viel Nitrit falsche Resultate erhalten. Vff. oxydierten deshalb zunächst das Nitrit mittels Ozon quantitativ zu Nitrat. Das gesamte Nitrat wurde anschließend im sauren Medium durch Hydrazin zu Nitrit reduziert, das nach Bildung eines Diazofarbstoffes kolorimetrisch bestimmt wurde. Die Menge des nach der Ozonierung erhaltenen Nitrats wird mit der ursprünglich im Wasser vorhandenen Nitritmenge verglichen, deren Konzentration in einer 2. Probe quantitativ bestimmt worden war. Die Nitratkonzentration ergibt sich als Differenz aus diesen beiden Analysen. Weiterhin wird eine Gleichung zur rechnerischen Bestimmung des NO_3-N abgeleitet. D. Nehring. 6200.

3-64/08-9106 Proctor jun., Raphael R.; Galveston, Tex., U. S. Bureau of Commercial Fisheries. Stabilization of the nitrite content of sea water by freezing. **(Stabilisierung des Nitritgehaltes im Meerwasser durch Gefrieren.)** Limnol. and Oceanogr. 7 (1962) Nr. 4. S. 479-480. — 1 Abb., 3 Lit.
Filtrierte Meerwasserproben wurden mit einer bestimmten $NaNO_2$-Menge versetzt und längere Zeit in Kunststoffflaschen aufbewahrt. In einer Versuchsreihe wurden die Proben bei —18 °C, in einer anderen bei Zimmertemperatur gelagert. Etwa 2mal wöchentlich wurden NO_2^--Bestimmungen durchgeführt.

Bei den Proben, die bei Zimmertemperatur aufbewahrt wurden, nahm der NO_2^--Gehalt zunächst geringfügig ab, er durchlief dann nach ca. 15 d ein ausgeprägtes Maximum, das vermutlich auf biochem. Oxydations- bzw. Reduktionsprozesse anderer N-Verbindungen zurückzuführen ist. Nach ca. 27 d war die NO_2^--Konzentration auf den Wert 0 abgesunken. Die ausgefrorenen Proben behielten ihren NO_2^--Gehalt über 220 d unverändert bei. Diese Ergebnisse zeigen, daß Meerwasserproben, die nicht sofort analysiert werden können, zur Stabilisierung ihres NO_2^--Gehaltes nach dem Entnehmen so schnell wie möglich tiefgekühlt werden müssen. D. Nehring. 6200.

3-64/08-9107 Heron, J.; Ambleside, Freshwater Biol. Assoc. Determination of phosphate in water after storage in polyethylene. **(Bestimmung von Phosphat im Wasser nach Aufbewahrung in Polyäthylen.)** Limnol. and Oceanogr. **7** (1962) Nr. 3. S. 316-321. — 5 Abb., 4 Tab., 4 Lit.

Die schnelle Abnahme der Phosphatkonzentration (bis zu 80% in einer Nacht) beim Aufbewahren von Wasserproben in Polyäthylenflaschen ist auf die Tätigkeit von Bakterien und nicht auf Absorption zurückzuführen. Filtration der Proben schafft keine Abhilfe. Auch bei Behandlung mit Chloroform, Toluol oder Dichloräthan sinkt der Phosphatgehalt ab bzw. die Ergebnisse werden verfälscht (Dichloräthan). Im tiefgekühlten Zustand sind die Proben längere Zeit haltbar. Auch das Autoklavieren wirkt nach einem anfänglichen Absinken des Phosphatgehaltes weiteren Verlusten entgegen. Die besten Resultate werden durch Stabilisieren mit einer Jod-Kaliumjodid-Lösung erzielt. Die so behandelten Proben ändern ihren Phosphatgehalt auch nach mehreren Tagen nur unwesentlich. D. Nehring. 6200.

3-64/08-9108 Obenaus, Renate; Rostock, Univ., Physiol.-Chem. Inst. **Huminsäuren natürlicher Gewässer. 1. Mitt. Kaliumpermanganatoxydation der Huminsäuren.** Schweiz. Z. Hydrol. **25** (1963) Nr. 1. S. 9-29. — 2 Abb., 3 Tab., 72 Lit.

Vf. gibt einen Überblick über die Bedeutung der Huminsäuren (HS) natürlicher Gewässer und über Methoden zu ihrer quantitativen Bestimmung. Die oxydimetrische Bestimmung der HS mit Kaliumpermanganat im sauren Medium ist wegen ihrer einfachen Anwendbarkeit für wasseranalytische Serienuntersuchungen bes. geeignet. Die aus der Literatur bekannten Umrechnungsfaktoren sind in Abhängigkeit von der Art der Huminsäure starken Schwankungen unterworfen (zwischen 0,25-0,76 pro mg $KMnO_4$). Der zum Umrechnen des $KMnO_4$-Verbrauchs in mg HS/l erforderliche Umrechnungsfaktor (k_{HS}) ergibt sich nach $k_{HS} = \frac{\text{mg HS}}{\text{mg } KMnO_4}$. Dabei wird der Gehalt an HS durch Ausfällen mit Eisen-III-Chlorid, Abfiltrieren und Wägung des Niederschlages, Oxydation der HS und kolorimetrische Ermittlung des Eisens bestimmt, wobei der gefundene Eisengehalt von der ersten Auswaage abgezogen wird. Liegen außerdem noch andere org. Stoffe gelöst vor, so werden die HS zunächst mittels einer Austauschersäule abgetrennt.
D. Nehring. 6200.

3-64/08-9109 Patten, B. C.; Gloucester Point, Virginia Inst. of Marine Sci. Preliminary method for estimating stability in plankton. **(Eine vorläufige Methode zur Einschätzung der Stabilität des Planktons.)** Science [Washington] **134** (1961) Nr. 3484. S. 1010-1011. — 1 Tab., 4 Lit.

Vf. beschreibt eine Methode zur annähernden Berechnung der Planktonstabilität im Verhältnis zu den phys.-chem. Veränderungen des Biotopes. Untersuchungen im York-Fluß zeigten, daß das Plankton gegenüber den phys.-chem. Umweltfaktoren eine 5,4fach höhere Stabilität besitzt.
G. Seifert. 6200.

D. FISCHEREIWIRTSCHAFT

Binnenfischerei

3-64/08-9110 Greze, V. N.; Leningrad, Unions-Forsch.-Inst. für Binnenfischerei der Akad. der Wiss. der UdSSR. Ob unifikacii rybochozjajstvennych issledovanij vodochranilišč. **(Über die Vereinheitlichung der fischereiwirtschaftlichen Erforschung der Staubecken.)** Trudy soveščanij. Ichtiologičeskaja komissija. Akademija nauk SSSR, Moskva – Leningrad **10** (1961) S. 109-113. – 7 Lit.
Sämtliche Fragen, die bei der fischereiwirtschaftlichen Erforschung und Nutzbarmachung der Stauseen bearbeitet werden müssen, können in 2 Aufgabengruppen eingeteilt werden: die Erarbeitung einer fischereilichen Typologie und Klassifikation der Stauseen und die Ausarbeitung geeigneter Methoden zur wirtschaftlichen Nutzung ihrer Produktionsmöglichkeiten. Alle diese Arbeiten werden naturgemäß von verschiedenen Institutionen durchgeführt, sie müßten aber in Zukunft von einer zentralen Stelle geplant und koordiniert werden. Als das dafür geeignete Gremium wird die Ichtyologische Kommission der sowjet. Akademie der Wissenschaften vorgeschlagen.
A. Kozianowski. 6235.

3-64/08-9111 Nikanorov, Ju. und Smotrjaev, M. Ugoŕ v ozere Seliger. **(Aale im Seliger-See.)** Rybovodstvo i rybolovstvo, Moskva **5** (1962) Nr. 3. S. 12-14. – 3 Abb., 1 Lit.
Im Apr. 1960 wurde der Seliger-See mit 1,6 Mill. (70–75 Stck./ha) auf dem Luftwege aus Frankreich eingeführter 8 cm langer Aalbrut besetzt. Im Herbst des gleichen Jahres hatten die eingesetzten Aale eine Länge von 13,9 cm, und nach einem Jahr erreichten sie eine Länge von 25 cm sowie eine Masse von 15-25 g. Die ersten größeren Fänge werden in den Jahren 1965-1966 erwartet. A. Kozianowski. 6240.

3-64/08-9112 Hayden, Robert P. und Ringo, Robert D. Introduction of Palaemonetes paludosus, a freshwater shrimp, into the lower Colorado River. **(Einführung von Palaemonetes paludosus, einer Süßwassergarnele, in den unteren Colorado.)** Calif. Fish and Game **49** (1963) Nr. 4. S. 304-306.
Untersuchungen im Havasu-See und im Colorado-Fluß unterhalb des Parker-Dammes ließen für die Junfische von *Micropterus salmoides* und *Ictalurus punctatus* das Bestehen einer Nahrungslücke erkennen. Man entschloß sich, den im Küstengebiet von Florida bis New Jersey heimischen *Palaemonetes paludosus*, der als Nahrung für diese Jungfische geeignet erschien, zunächst in abgeschlossenen Teichen und danach ab 1955 in einigen Abschnitten des Colorado-Flusses einzusetzen. Bis 1962 hat sich dieser Krebs in dem neuen Gebiet eingebürgert. Der Bericht gibt einen Überblick über den derzeitigen Stand der Verbreitung. In einigen Gewässern ist er bereits in großer Zahl vertreten und wurde auch im Mageninhalt von *Micropterus salmoides* nachgewiesen. G. Seifert. 6240.

3-64/08-9113 Hass, G. **Aalwirtschaft im hessischen Rheinstromgebiet.** Fischwirt **14** (1964) Nr. 1. S. 1-12. – 5 Abb., 3 Tab.
Im hessischen Rheinstromgebiet mit einer Fläche von insgesamt 3500 ha steht der Aal (*Anguilla anguilla*) wertmäßig an erster Stelle aller gefangenen Fischarten. Von den wirtschaftl. wichtigen Fischen konnte er sich am besten den ungünstigen Lebensbedingungen im Rhein anpassen. Die Aale werden mit Angeln, Zugnetzen, Reusen und Hamen gefangen. Die Hamen erzielen die größten Erträge. 1962 waren 12 Schokker im Einsatz. 50% der gefangenen Aale sind abwandernde Blankaale. Die Stückmasse der mit Schokkernetzen erbeuteten Aale liegt zwischen 400 und 1000 g. Entscheidend für die Aalwanderungen und damit für den Fang ist die Wasserführung. Die Ausbeute

beträgt 12-14 t jährlich, das sind im Durchschnitt 3,5 kg/ha, davon werden 72% von Berufsfischern angelandet. Die Abwasserpilze beeinträchtigen den Aalfang. 20-30% der gefangenen Aale zeigen Beschädigungen, die durch Turbinen hervorgerufen wurden. Die immer mehr aufkommende Schub- und Nachtschiffahrt behindert ebenfalls die Schokkerfischerei. Auch die Bestimmungen des Internationalen Lachsfischereivertrages von 1885 führen zur Aalertragsminderung. Zur Förderung der Aalwirtschaft werden seit 1956 jährlich Glasaale ausgesetzt. Um die Geschmacksbeeinträchtigung der Speiseaale auszuschalten, ist der Bau von Hälteranlagen erforderlich. Eine Umstellung des Fanges auf Scherbretthamen soll erfolgen. Die Zukunft der Fischerei hängt von dem Rückgang der Verschmutzung des Rheinwassers ab.
H. Müller/Berlin. 6255.

3-64/08-9114 Pavlovskij, E. N. Vstupitel'noe slovo pri otkrytii Vsesojuznogo soveščanija po biologičeskim osnovam rybochozjajstvennogo osvoenija vodochranilišč. **(Einleitende Worte bei der Eröffnung der Unions-Tagung für biologische Grundlagen der fischereiwirtschaftlichen Erschließung der Staubecken.)** Trudy soveščanij. Ichtiologičeskaja komissija. Akademija nauk SSSR, Moskva-Leningrad **10** (1961) S. 7-8.
Die fischereiwirtschaftliche Erschließung der Stauseen setzt eine Erforschung der vorhandenen hydrol., hydrochem. und biol. Verhältnisse voraus. Es müssen die Artenzusammensetzungen der Fischfauna und der Einfluß des Stausees auf Ernährung, Wachstum und Vermehrung der Fische analysiert werden. Zur richtigen Lösung dieser Probleme stellt Vf. die Forderung nach engerer Zusammenarbeit von Wissenschaft und Praxis und darüberhinaus nach Zusammenarbeit mit dem befreundeten Ausland.
A. Kozianowski. 6255.

3-64/08-9115 Isaev, A. I.; Hauptverwalt. für Staatl. Fischzuchtanst. der RSFSR. Rybochozjajstvennoe osvoenie vodochranilišč. **(Fischwirtschaftliche Erschließung der Staubecken.)** Trudy soveščanij. Ichtiologičeskaja komissija. Akademija nauk SSSR, Moskva-Leningrad **10** (1961) S. 11-17.
Die Produktion der Stauseen, die z. Z. eine Gesamtfläche von 3 Mill. ha einnehmen, spielt bei der Realisierung der großen Aufgaben, die auf dem 21. Parteitag der KPdSU der gesamten sowjet. Fischerei bis 1965 gestellt wurden, eine bedeutende Rolle. Nach Fertigstellung der noch im Bau befindlichen Objekte kann die gesamte Produktion der Stauseen ca. 200000 t Fische betragen. Um dieses Ziel zu erreichen, sind vor allem ein intensiver, jedoch durchdachter Besatz der Gewässer, der Bau von Anlegestellen, Wirtschaftsgebäuden und Fischverarbeitungsbetrieben sowie eine rationelle und wiss. begründete Bewirtschaftung erforderlich. Voraussetzung hierfür ist eine gute Zusammenarbeit mit der Wasserwirtschaft. A. Kozianowski. 6255.

3-64/08-9116 Kovaleva, M. P.; Leningrad, Unions-Forsch.-Inst. für Binnenfischerei der Akad. der Wiss. der UdSSR. Osnovnye voprosy razvitija promyšlennogo rybolovstva na vodochraniliščach. **(Grundfragen der Entwicklung einer wirtschaftlichen Fischerei in Stauseen.)** Trudy soveščanij. Ichtiologičeskaja komissija. Akademija nauk SSSR, Moskva-Leningrad **10** (1961) S. 31-35. — 1 Tab., 9 Lit.
Das Hauptproblem einer zielgerichteten und ertragreichen Bewirtschaftung der Stauseen ist die Einflußnahme auf die Artenzusammensetzung und die Größe der Fischbestände. Um mit der sich ständig entwickelnden Volkswirtschaft Schritt halten zu können, werden auch in den Stauseen intensive Bewirtschaftungsmethoden gefordert, die außer der Bestandsregulierung und Einbürgerung schnellwüchsiger Fischarten auch Schonmaßnahmen, wirksame Fangmethoden und Krankheitsbekämpfung beinhalten sollen.
A. Kozianowski. 6255.

3-64/08-9117 Kal'nibolockij, A. A.; Leningrad, Unions-Forsch.-Inst. für Binnenfischerei der Akad. der Wiss. der UdSSR. Osnovnye voprosy organizacii rybnoj promyšlennosti na vodochraniliščach. **(Grundfragen der Organisation einer Fischwirtschaft in Staubecken.)** Trudy soveščanij. Ichtiologičeskaja komissija. Akademija nauk SSSR, Moskva-Leningrad **10** (1961) S. 36-41.
Die nach sozialist. Prinzipien organisierte Bewirtschaftung der Stauseen setzt eine eingehende Analyse der wichtigsten ökonomischen Kennziffern voraus. Nach den Angaben des Vf. gehören zu diesen Kennziffern vor allem die Arbeitsproduktivität und die Selbstkosten der sozialist. Betriebe. Hierbei ergibt sich die Feststellung, daß die Arbeitsproduktivität der in staatlichen Betrieben beschäftigten Binnenfischer im Durchschnitt höher liegt als die der Genossenschaftsfischer. Hinsichtlich der Selbstkosten liegt das Verhältnis umgekehrt. Die staatlichen Betriebe arbeiten meist mit höheren Selbstkosten als die Fischereiproduktionsgenossenschaften. Neben der zu wählenden Betriebsform ist auch die Verteilung und Spezialisierung der fischverarbeitenden Industrie nicht zu unterschätzen. Rationell bewirtschaftete Stauseen liefern eine hohe Fischproduktion, die entsprechend verarbeitet werden muß.
A. Kozianowski. 6255.

3-64/08-9118 Makeev, D. B. K voprosu proektirovanija rybochozjajstvennogo osvoenija vodochranilišč. **(Zur Frage der Projektierung der fischwirtschaftlichen Erschließung der Staubecken.)** Trudy soveščanij. Ichtiologičeskaja komissija. Akademija nauk SSSR, Moskva-Leningrad **10** (1961) S. 47-50. — 2 Tab.
Bei der Einbeziehung der Stauseen in die fischereiliche Bewirtschaftung dürfen die ökonomischen Belange nicht unbeachtet bleiben. Die Planung solcher kostspieligen Projekte wie die Rodung von Wäldern auf dem Gebiet des zukünftigen Stausees oder der Bau von Anlegestellen und Fischereistützpunkten muß gut durchdacht und berechnet sein. Selbst die spätere Wirtschaftsform und die Abfischungsmethoden müssen so gewählt werden, daß bei geringen Kosten der höchstmögliche Nutzeffekt herausgewirtschaftet wird. A. Kozianowski. 6255.

3-64/08-9119 Drjagin, P. A.; Leningrad, Unions-Forsch.Inst. für Binnenfischerei der Akad. der Wiss. der UdSSR. Biologičeskie osnovy napravlennogo formirovanija rybnych resursov v vodochraniliščach. **(Biologische Grundlagen einer ausgerichteten Zusammensetzung der Fischbestände in Stauseen.)** Trudy soveščanij. Ichtiologičeskaja komissija. Akademija nauk SSSR, Moskva-Leningrad **10** (1961) S. 18-25. — 18 Lit.
Zu den wichtigsten Aufgaben der Ichthyologen, die zur Steigerung der Fischerträge der Staubecken beitragen sollen, gehören vor allem die Untersuchung der hydrochem. und biol. Verhältnisse der Gewässer, die Auswahl entsprechender Fischarten und ihre Förderung sowie die Ausarbeitung wirksamer Fangmethoden. Den Fragen der Einbürgerung neuer Fischarten und der Bestandsregulierung wird hierbei eine bes. Bedeutung beigemessen.
A. Kozianowski. 6255.

3-64/08-9120 Čerfas, B. I.; Kaliningrad, Techn. Mikojan-Hochschule für Fischerei und Fischerei-Wirtsch. Rybovodnye meroprijatija v vodochraniliščach. **(Maßnahmen zur Fischzucht in Stauseen.)** Trudy soveščanij. Ichtiologičeskaja komissija. Akademija nauk SSSR, Moskva-Leningrad **10** (1961) S. 26-30.
Bei der Einführung rationeller Bewirtschaftungsmethoden spielt die künstliche Vermehrung und Aufzucht von wirtschaftlich wertvollen Fischarten in Stauseen eine grundlegende Rolle. Die erwünschten Fischarten können durch Einsetzen von Laichern oder durch Aufzucht von Brut in Teichen gefördert

werden. Hierzu eignen sich bes. eingedeichte und ablaßbare Buchten des jeweiligen Stausees, in denen die Brut aufgezogen wird. Beim Ablassen der eingedeichten Flächen kann sie dann mit dem abfließenden Wasser in den Stausee gelangen. Alle diese Maßnahmen setzen jedoch eine genaue Einschätzung der natürlichen Vermehrungsmoglichkeiten der lokalen Fischbestände voraus. A. Kozianowski. 6255.

3-64/08-9121 Livšic, A. M. Ispol'zovanie melkovodnych zon vodochranilišč dlja organizacii krupnych tovarnych rybnych chozjajstv prudovogo tipa. **(Verwendung der Flachwasserzonen der Staubecken zur Gründung von großen Teichwirtschaftsbetrieben.)** Trudy soveščanij. Ichtiologičeskaja komissija. Akademija nauk SSSR, Moskva-Leningrad **10** (1961) S. 42-46. — 2 Tab.
Beim Bau von Talsperren und Stauseen konnen flache Gebiete mit einem Damm von der übrigen Fläche abgetrennt und nach teichwirtschaftlichen Methoden bewirtschaftet werden. Kostenermittlungen ergaben, daß die Baukosten einer 1000 ha großen Teichfläche unter diesen Bedingungen nur 9 bis 10000 Rubel/ha betragen dürften, wohingegen sonst der Teichbau **13** bis 16000 Rubel/ha kostet. Die Produktion solcher eingedeichter Flachen wird mit 500 kg/ha eingeschätzt. A. Kozianowski. 6305.

3-64/08-9122 Brudastova, M. Zimovaly na torfjanych vyrabotkach. **(Winterteiche in Torfgruben.)** Rybovodstvo i rybolovstvo, Moskva **5** (1962) Nr. 2. S. 22-24. — 2 Abb., 1 Tab.
Hinterlassene Torfstiche konnen mit Erfolg zu Winterteichen ausgebaut werden. Besteht der Boden des Teiches aus einer dicken Torfschicht, so ist zweckmäßigerweise eine 30 cm dicke Sandschicht auf dem Torfboden aufzutragen. Ferner ist darauf zu achten, daß die Zu- und Abflußeinrichtungen einen festen Untergrund bekommen. Beim Bau von Wehren und Kahnschleusen ist die hohe Durchlässigkeit des Torfbodens zu berucksichtigen. Bei geringem Sauerstoffgehalt des Wassers kann das Wasser mit einem elektrisch angetriebenen Aerator beluftet werden. In der UdSSR sind schon Beispiele fur die Überwinterung von K_1 in solchen Teichen bekannt geworden. A. Kozianowski. 6305.

3-64/08-9123 Golovinskaja, K.; Leningrad, Staatl. Forsch.-Inst. fur Binnenfischerei. Plemennoe delo v prudovom rybovodstve. **(Züchterische Arbeit in der Teichwirtschaft.)** Rybovodstvo i rybolovstvo, Moskva, **5** (1962) Nr. 3. S. 7-10. — 1 Abb., 1 Tab.
Vf. unterscheidet zwischen zielgerichteter Züchtung leistungsfähiger Stämme (Karpfen, Amur-Hybriden) und der Aufzucht bestimmter Fischarten zu marktfähigen Speisefischen. Spez. in der Karpfenzucht sollen 2 Arten von Zuchtbetrieben entstehen: a) Betriebe, die neben der Selektion und der Zuchtung von Zukunftslaichern auch neue Zuchtmethoden ausarbeiten und b) Betriebe, die unter der Anleitung der ersteren hochwertiges Besatzmaterial fur die Aufzucht von Speisekarpfen produzieren. A. Kozianowski. 6310.

3-64/08-9124 Anonym. Novye metody obeskleivanija ikry ryb. **(Neue Methoden für die Beseitigung der Klebrigkeit von Fischeiern.)** Rybnoe chozjajstvo, Moskva **39** (1963) Nr. 7. S. 21. — 3 Lit. Vgl. 3-64/06-9141.
Nach einer kurzen Beschreibung der Moglichkeiten zur Erbrütung noch klebender Fischeier und der Methoden der Beseitigung der Klebrigkeit, die von Weiß und Woynarovich ausgearbeitet wurden, geht Vf. auf die von W. I. Tez vorgeschlagene Methode ein. Diese besteht darin, daß die Klebrigkeit fermentativ beseitigt wird und hat den großen Vorteil, daß sie in wesentlich kürzerer Zeit zum Ziel führt als die bisher bekannten Methoden. H.-W. Hattop. 6315.

3-64/08-9125 Laßleben. **Zur Karpfenwinterung.** Fischwirt **14** (1964) Nr. 1. S. 12-16.
Nach Literaturangaben aus der SU lassen sich 70-80 K_1/m^2 in Winterteichen halten, ohne daß nennenswerte Verluste auftreten. Bei gutem Ernährungszustand überwintern oftmals auch Karpfen von weniger als 30 g Masse ohne größere Abgänge. Bedrohlicher Sauerstoffmangel kann durch Umpumpen des Teichwassers verhindert werden. Das kann zu einer starken Abkühlung führen. Temperaturen von 0,1-0,2 °C brauchen nicht unbedingt Verluste bei den K_1 hervorzurufen. Schwächeparasiten, bes. *Chilodonella*, können durch Baden in 0,1-0,2%iger NaCl-Lösung innerhalb von zweimal 24 h zum Verschwinden gebracht werden. W. Steffens. 6315.

3-64/08-9126 Čižov, N.; Moskau, Landwirtsch. Timirjasew-Akad. Ispol'zovanie otchodov dlja kormlenija karpa. **(Nutzung von Abfällen für die Karpfenfütterung.)** Rybovodstvo i rybolovstvo, Moskva **5** (1962) Nr. 3. S. 26. — 2 Tab.
Mühlen- und Schlachthofabfälle können, vermischt mit anderen Futtermitteln, mit Erfolg an zweisömmrige Karpfen (*Cyprinus carpio*) verfüttert werden. Die besten Ergebnisse (430 g mittlerer Futterzuwachs) wurden mit einer Mischung von Mehlabfällen, Grünmasse und Schlachthofabfällen erzielt. Die Fütterung mit reinen Mühlenabfällen brachte nur einen mittleren Stückzuwachs von 320 g. A. Kozianowski. 6320.

3-64/08-9127 Schlüter, M.; Berlin, Humboldt-Univ., Inst. für Fischereiwes. **Chemische Bekämpfung von Überwasserpflanzen (Gelege) mit 3 Ef und Omnidel Spezial in der Teichwirtschaft.** Dtsch. Fischerei-Ztg. **9** (1962) Nr. 11. S. 328-340. — 10 Abb., 17 Lit.
Es wird die chem. Bekämpfung der wichtigsten Überwasserpflanzen in der Binnenfischerei mit 3 Ef ($CCl_3 \cdot COONa$) und Omnidel Spezial ($CH_3 \cdot CCl_2 \cdot COONa + 2\,H_2O$) behandelt. Carices können mit beiden Mitteln ganzjährig erfolgreich bekämpft werden. Die Aufwandmenge beträgt für 3 Ef 100 kg/ha zu DM 500,— und für Omnidel Spezial 50 kg/ha zu DM 595,—. Zur chem. Rohr- und Schilfbekämpfung sind im Herbst im trockengelegten Teich 200 kg 3 Ef/ha zu DM 1000,— zu spritzen. Die erzielte Wirkung war in der Teichwirtschaft mit Omnidel Spezial schlechter als mit 3 Ef. Das erstere Mittel ist zur Überwasserpflanzenbekämpfung in nicht ablaßbaren Gewässern vorgesehen. Als Spritzgeräte wurden für kleinere Flächen die Rückenspritze „Pomosa" und für größere Flächen der Geräteträger RS 09 mit Drillingspumpe und Hochstrahlrohren verwandt. Eine chem. Entschilfung ist dann zu empfehlen, wenn eine mech. Bekämpfung nicht mehr möglich ist oder zu hohe Kosten verursachen würde. Ergänzend werden Hinweise zur chem. Bekämpfung von Algen und Wasserpest gegeben. M. Schlüter. 6335.

3-64/08-9128 Keiz, Günter; Wielenbach, Bayer. Biol. Versuchsanst. **Einsatz neuartiger Mittel zur wirkungsvollen Bekämpfung unerwünschter Teichpflanzen.** Allg. Fischerei-Ztg. **89** (1964) Nr. 1. S. 13-16. — 6 Abb., 2 Tab.
Vf. prüfte die Herbizide TCA, Dalapon, Dichlorbuttersäure und ATA + TCA + 2,4 D zur Überwasserpflanzenbekämpfung in der Teichwirtschaft. Während die Pflanzen nach Behandlung mit den genannten Präparaten bes. an nassen Stellen wieder nachtrieben, zeigten die Herbizide Weedazol und Weedazol TL (Wirkstoff 3-Amino-1,2,4-triazol, Aufwandmenge: 40 kg/ha zu 600,— DM) eine sehr gute Überjahreswirkung. Zur Bekämpfung von Schwimmblattpflanzen und submersen Pflanzen wurden mit sehr gutem Erfolg die Schwergranulate A 1255 und A 1256 (das letztere mit dem doppelten Wirkstoffgehalt) auf der Basis von 2-Chlor-4,6-bis-äthylamino-s-triazin eingesetzt (Aufwandmenge 500 bzw. 250 kg/ha). Die mit A 1255 und A 1256 behandelten Teiche wurden einmal mit freßfähiger Karpfenbrut (K_0) besetzt, die Stückverluste betrugen im Herbst 4-24%, die der unbehandelten Kontrolle 11 bis

43,4%; zum anderen wurden einsömmrige Karpfensetzlinge benutzt (K_1), die Verluste betrugen 0,6%, die durchschnittl. Abfischungsstückmasse 616 g gegenüber 365 g der Kontrolle. Die Versuchspräparate A 1255 und A 1256 scheinen auch das Wachstum von Fadenalgen zu beeinträchtigen. Soll in Forellenteichen eine den Karpfenteichen entsprechende Wirkung erzielt werden, müssen die Forellenteiche eine Zeitlang ohne Durchfluß stehenbleiben. Abschließend wird das Präparat Vorox aqua (Wirkstoffe: Aminotriazol + Simazin) genannt, das vor allem zur Unkrautbekämpfung in Wiesengräben in Frage kommt (Aufwandmenge: 20 kg/ha, 30,— DM/kg).
M. Schlüter. 6335.

3-64/08-9129 Orlov, Ju. und Kružalina, E. Poliėtilenovye pakety dlja perevozki ryby. **(Polyäthylentüten für Fischtransporte.)** Rybovodstvo i rybolovstvo, Moskva **5** (1962) Nr. 3. S. 27. — 3 Abb.
Mit Wasser und Sauerstoff gefüllte Polyäthylentüten eignen sich vorzüglich zum Transport kleinerer Fische, bes. zum Transport von Zierfischen. 1958 wurden in 9 solchen Tüten mit einem Volumen von 7 l 450 Stück 46 g schwere K_1 von Leningrad nach Finnland transportiert. Trotz 17-18stündiger Transportdauer waren keine Verluste aufgetreten. A. Kozianoswki. 6350.

3-64/08-9130 Benda, Heinz. **Vor 100 Jahren wurde in Neukirchen a.d. Vöckla die erste Forellenzuchtanstalt in der ehemaligen österr.-ungarischen Monarchie durch Hanns Köttl begründet.** Österreichs Fischerei **16** (1963) Nr. 11/12. S. 163-169.
Vf. skizziert an Hand von Tagebuchaufzeichnungen, Fanglisten, Wirtschaftsbüchern und sonstigen Notizen den Werdegang der ersten österreichischen Forellenzuchtanstalt und stellt dabei die Verdienste des Hanns Köttl für die österreichische Fischzucht heraus. Köttl begann 1863 mit Versuchen, Forellen künstlich zu erbrüten. In der Folgezeit wurde die kleine Forellenzucht immer mehr vergrößert. 1873/74 betrug die Eiauflage 467000 Stück, 1912 1714900 Stück Forelleneier. Produziert wurden Forelleneier, Brut, Setzlinge, Speisefische und Räucherfische. Seine Erfahrungen gab Köttl durch Publikationen, Lehrkurse und Fischereiausstellungen weiter. Im Jahre 1879 fand auf seine Anregung der erste österreichische Fischertag statt. Im Bruthaus wurden um 1900 jährlich ca. 1,5 Mill. Brütlinge erzeugt. Die Temperatur des Erbrütungswassers konnte geringfügig reguliert werden. 1888 erfolgte der Bezug der ersten Bachsaiblingseier, 1889 der der ersten Regenbogenforelleneier. Aus der 6 km langen Vöcklastrecke wurde 1891 70 kg Forellen und 220 kg Äschen pro km gefangen. 1895 entstanden Schwierigkeiten durch Brauereiabwässer. Die Anlage besteht heute aus 16 Teichen mit ca. 1 ha Teichfläche. Die Vöckla bildet das Mutterfischreservoir. B. Fuhrmann. 6400.

3-64/08-9131 Prieditis, A.; Riga, Lett. Forsch.-Inst. für Tierzucht und Veterinärmed. Iskusstvennye korma s mikrodobavkami dlja foreli. **(Forellenfutter mit Mikrozugaben.)** Rybobodstvo i rybolovstvo, Moskva **5** (1962) Nr. 3. S. 15-16. — 1 Abb.
Um die Wirkung von Spurenelementen, Vitaminen und Antibiotica auf Regenbogenforellen (*Salmo gairdneri*) zu erforschen, wurden an mehreren Gruppen von Forellenbrut Fütterungsversuche durchgeführt. Zu dem bisher üblichen Stammfutter wurden jeweils je 10 mg verschiedener Mikroelemente ($CuCO_3$, $CoCO_3$, $ZnCO_3$, $MnCO_3$), je 25 mg Antibiotica (Prokainpenicillin, Biomycin) pro 1 kg Futter, bis zu 10% gemahlene Feuerbohnen und im vierten Falle bis zu 15% aller Komponenten gemischt hinzugegeben. Nach 86tägiger Versuchsdauer erreichte die Brut, die mit den gemischten Zusätzen gefüttert wurde, im Verhältnis zu der nach herkömmlicher Art gefütterten Forellenbrut den höchsten Zuwachs (170%) und die niedrigste Verlustrate (10%). Ähnlich gute Ergebnisse (133,2%) konnten auch mit Beimischungen von $MnCO_3$ erzielt werden. A. Kozianoswki. 6420.

3-64/08-9132 Krochin, E. M. Razvedenie i izpol'zovanie žiloj krasnoj v Japonii. **(Zucht- und Nutzung von Oncorhynchus nerka in Japan.)** Rybnoe chozjajstvo, Moskva **39** (1963) Nr. 11. S. 89-91. — 3 Lit.

Die auch aus den USA und der UdSSR bekannte bodenständige Form des Nerkalachses (*Oncorhynchus nerka adonis*) war in Japan ursprünglich nur in 2 kleinen Seen beheimatet. Da es sich um eine sehr wertvolle Fischart handelt, wurde die künstliche Erbrütung und Aufzucht der Jungfische bis zu einer Länge von 8-10 cm aufgenommen und es wurden Einbürgerungsversuche in zahlreichen anderen Seen vorgenommen. Gegenwärtig werden jährlich 20 Mill. Jungfische erbrütet. Die Verpilzung der Eier wird in großem Umfang mit Permanganat- und Malachitgrünlösungen verhindert, die Verluste während der Erbrütung liegen daher nur bei 2-5%. Der Fang erfolgt sowohl von Sport- als auch von Berufsfischern fast ausschließlich mit Angelgeräten.

H.-W. Hattop. 6450.

3-64/08-9133 Anonym. **Ein neuer Weg zum Vorstrecken von Fischbrut auf natürlicher Futtergrundlage.** Fischwirt **14** (1964) Nr. 1. S. 17-18.

Es wird eine kurze Beschreibung eines geschützten Verfahrens gegeben. Die Vorstreckanlage besteht aus einem zerlegbaren Rundbecken von 4,5 m Durchmesser und 2 m Tiefe, das an einem Ankerseil frei im Gewässer schwebt. Der Beckenrand ragt 50-60 cm über die Wasseroberfläche. Mit Hilfe eines von zwei 90-A-Batterien (Auswechslung alle 24 h) gespeisten Elektromotors (0,1-0,2 PS) wird das Becken in langsam rotierender Bewegung gehalten. An der Außenseite des Beckens sind auswechselbare Planktonfangtaschen angebracht, die die Naturnahrung von außen in das Beckeninnere leiten.

W. Steffens. 6450.

3-64/08-9134 Schumann, George O.; Madison, Univ. of Wisconsin. Artificial light to attract young perch: a new method of augmenting the food supply of predaceous fish fry in hatcheries. **(Der Fang von Barschbrut mit künstlichem Licht eine neue Methode zur Verbesserung der Fütterung von Raubfischbrut in Brutanstalten.)** U. S. Dep. Interior. Fish Wildlife Serv., Progr. Fish-Culturist **25** (1963) Nr. 4. S. 171-174. — 3 Lit.

Vf. beobachtete 1961, daß Barschbrut in den Seen von Nordwisconsin von Apr.- Ende Juli auf künstliches Licht (Gaslicht), bes. in windstillen, mondlosen, dunklen oder bewölkten Nächten, stark positiv phototaktisch reagiert. Nach der vom Vf. ausgearbeiteten Methode wurden vom 11.-18. Juni 1962 von der staatl. Hechtbrutanstalt Woodruff, Wisconsin, 4710000 St. Barschbrut (22 St./g) gefangen. Die durchschnittliche Fangintensität und der Arbeitsaufwand wurden mit Einschluß der Transportzeit auf 10700 St./Arbeitsstunde und Arbeitskraft berechnet (26700 St./reine Fangzeitstunde). Eine Benzin- oder Propangaslampe wurde ca. 6 Zoll über dem Wasserspiegel angebracht. Sofort begannen einzelne Larven (Apr.) im beleuchteten Halbkreis zu erscheinen. Der Zustrom verstärkte sich, so daß nach der 4. min Tausende, in bes. ruhigen und dunklen Nächten Hunderttausende, sich angesammelt hatten, 1 Zoll unter der Wasseroberfläche bis mehrere Fuß darunter. Nach Ablauf der 5. min. oder wenn sich ein großer rotierender Schwarm gebildet hat, beginnen 2 Arbeitskräfte 5 min. lang, die Fische kontinuierlich abzukeschern. Die Fische suchen die dadurch gestörte Ordnung immer wieder herzustellen und erhalten ständig neuen Zuzug. 1961 wurden gefangen: in jeweils 5 min: 7500 Larven Mitte Apr. und 5400 St. Brut Mitte Mai. Diese Mengen veränderten sich nicht wesentlich an den einzelnen Fangstellen des Sees. Als Netztuch bewährte sich am besten Nylon-Gardinentuch. Für den Larvenfang wurde auch mit Erfolg ein vorher unter der durchleuchteten Wasserschicht ausgebrachtes Trichternetz verwendet, nicht aber für die Brut. Die Brutanstalt Woodruff steigerte ohne zusätzliche Arbeitskräfte durch diese zusätzliche

Futtergewinnung ihre Jahresproduktion an Hechten (*E. masquinongy*) von durchschnittl. 2000 bis 3000 lbs. auf 10714 lbs. im Jahre 1962.
H.-J. Rümmler. 6450.

3-64/08-9135 Suchoverchov, F. und Pisarenkova, A. Sravnitel'nye produktivnye kačestva amura i tolstolobikow. **(Leistungsvergleich zwischen dem Weißen Amur und dem Tolstolob.)** Rybovodstvo i rybolovstvo, Moskva **5** (1962) Nr. 2. S. 13-16. — 3 Abb., 1 Tab.
Während der Einbürgerung des Weißen Amur (*Ctenopharyngodon idella*) und des Tolstolob (*Hypophthalmichthys molitrix*) in den Binnengewässern des europäischen Teils der UdSSR konnte ein Leistungsvergleich durchgeführt werden. Im Herbst des zweiten Jahres erreichte der Weiße Amur ohne Zufutterung eine Masse von 201-280 g. Dreijährige Fische kamen auf 800-900 g und bei geringerem Besatz (50 Stck./ha) sogar 900-1150 g. Die bei wesentlich dichterem Besatz gehaltenen Tolstolob konnten solchen Stuckzuwachs nicht aufweisen, brachten aber hohere Hektarertrage. A. Kozianowski. 6450.

3-64/08-9136 Emel'janov, S. V. Vlijanie različnogo sostojanija oboloček ikry (klejkie i obeskleennye) na chod émbrional'nogo razvitija osetra i sevrjugi. **(Einfluß verschiedenen Zustandes der Eihülle [klebrige und nichtklebrige] auf den Ablauf der Embryonalentwicklung von Stör und Hausen.)** Trudy Instituta morfologii životnych im. A.N. Severzova. Akademija nauk SSSR, Moskva **37** (1961) S. 67-219. — 41 Abb., 38 Tab., 51 Lit.
Die Beseitigung der Klebrigkeit der Fischeier vor und während der Erbrutung verändert den Zustand der Eihülle und wirkt sich storend auf das natürliche Verhaltnis zwischen Ei bzw. Embryo und Umwelt aus. Es wurde nachgewiesen, daß die Stor- und Hauseneier mit ihrer Klebrigkeit auch einen Teil ihrer Entwicklungsfahigkeit verlieren. Die aus Eiern, deren Klebrigkeit beseitigt wurde, geschlüpften Larven zeichnen sich bei allen angewandten Erbrutungsmethoden durch nachteilige morphol. Eigenschaften und geringere Lebensfahigkeit aus. Nach den Erfahrungen der Praxis bewirkten Hemmungen in den fruhesten Entwicklungsstadien eine allg. Schwächung des Organismus, eine geringere Masse der geschlechtsreifen Individuen und eine geringere Fruchtbarkeit. A. Kozianowski. 6450.

3-64/08-9137 Brodskij, S.; Ukrain. Inst. fur Fischwirtsch. Razvedenie rečnych rakov. **(Krebszucht.)** Rybovodstvo i rybolovstvo, Moskva **5** (1962) Nr. 3. S. 21-22. — 1 Abb.
Untersuchungen über den Einfluß von Temperatur, pH-Wert, Licht, O_2-Gehalt und Erschutterungen auf die Eier von Flußkrebsen bestätigen die Moglichkeit, diese Eier kunstlich zu erbruten. Am geeignetsten sind fur diesen Zweck die Weißschen Brutgläaser, die optimal mit 25-50 000 Eiern (= 0,5 bis 1 kg) belegt werden konnen. 1960 wurden versuchsweise 18 Mill. kunstlich erbrutete Krebse in das Dnepr-Haff und in einen Teich bei Kiew eingesetzt.
A. Kozianowski. 6450.

3-64/08-9138 *Hora, S. L.* und *Pillay, T. V. R.* **Handbook on fish culture in the Indo-Pacific region.** Rome: Food and Agriculture Organization of the United Nations. 1962. (VII, 204 S. m. 335 Lit.) 22 × 28 cm = FAO Fisheries Biology Technical Paper Nr. 14. Das Werk von Hora und Pillay erschien in vorlaufiger Form zuerst 1955. Die jetzt vorliegende Veroffentlichung erfolgte in Zusammenarbeit mit der Fisheries Division der FAO. Das inhaltsreiche Buch beschreibt die Haltung und Zucht von Suß- und Brackwasserfischen in Teichen, Seen, Kanalen, Wasserbecken und Reisfeldern. Am Anfang wird ein kurzer geschichtlicher Abriß gegeben, und es werden einige grundsatzliche Fragen uber den Nahrstoffkreislauf in Teichen und die Auswahl der Arten beruhrt. Der nachste Abschnitt ist den verschiedenen Fischarten, die fur Haltung und Zucht in Frage kommen, gewidmet. Im folgenden Kapitel wird auf die Beschaffung des Besatzmaterials eingegangen. Anschließend wird die Vermehrung der verschiedenen Arten in Teichen dargestellt. Kurze Ausfuhrungen gelten der kunstlichen Zucht, fur die in erster Linie Forellen und Lachse in Betracht kommen. Ausfuhrlich werden Aufzucht und Transport von Brut und Setzlingen wichtiger Spezies beschrieben. Weitere Abschnitte behandeln: Fischzucht in Süßwasserteichen, physikalisch-chemische Eigenschaften von Wasser und Boden, Pflanzen- und Tierwelt der Teiche, Vorbereitung der Teiche, Besatzmaßnahmen, Ernährung und Wachstum, Teichpflege, Fischkrankheiten sowie Fang und Verkauf. Die letzten Abschnitte haben die Fischereiwirtschaft in Seen, Wasserbecken und Kanälen, in Reisfeldern und im Brackwasser zum Inhalt. Das Literaturverzeichnis der interessanten, für die Fischzucht im indopazifischen Raum wertvollen Zusammenstellung umfaßt über 300 Angaben. Ein Index der behandelten Fischarten bildet den Abschluß. W. Steffens.

Küsten- und Hochseefischerei

3-64/08-9139 Dorofeev, S. V.; Moskau, Unions-Forsch.-Inst. für Hochseefischerei und Ozeanogr. K probleme ispol'zovanija zapasov morskich kotikov. **(Zum Problem der Nutzung der Pelzrobbenbestände.)** Zoologičeskij žurnal, Moskva **42** (1963) Nr. 1111-1113. — 1 Tab. Zus. in Engl.
Im Gebiet der Insel Tjulen durchgeführte Untersuchungen der alters- und geschlechtsmäßigen Zusammensetzung der Pelzrobbenbestände ergaben wertvolle Hinweise für deren rationelle Nutzung. Es wird der Versuch gemacht, auf Grund der Fanganalyse mehrerer Jahre eine Voraussage über den kommerziellen Fang des folgenden Jahres zu machen. G. Predel. 6615.

3-64/08-9140 Medcof, J. C.; St. Andrews, New Brunswick, Fisheries Res. Board of Canada. Oyster farming in the maritimes. **(Austernzucht in Küstengewässern.)** Bull. Fisheries Res. Board Canada **1961** Nr. 131. S. 1-158. — 47 Abb., 3 Tab., 7 Lit.
In einer ausführlichen Darstellung berichtet Vf. über die biol. Grundlagen, die praktische Durchführung und die wirtschaftlichen Belange der Austernzucht in den atlantischen Küstengewässern Kanadas. Alleiniges Zuchtobjekt ist die atlantische Auster *Crassostrea virginica*, die in dem rel. warmen Gulf of St. Lawrence und im Bras d'Or Lake einen weit nach Norden vorgeschobenen und isolierten Bestand bildet. Die moderne Austernzucht begann im östl. Kanada um 1930 auf der Grundlage der Kenntnisse über die Austernbiologie. Die Zucht besteht aus 3 Phasen: 1. Sammeln von Larven während der 21tägigen Larvenzeit, 2. Zucht der Larven zu 1,5-2 Inches großen Saataustern und 3. Abwachsen der Saataustern zur Marktgröße (3-4 Inches) auf den Austernbänken. Als Substrat für die Auster eignet sich je nach ihrer Größe künstliche Anheftungsmöglichkeiten und verschiedene Bodenbedeckungen. Verhältnismäßig kühles Wasser und ein Salzgehalt zwischen 26 und 30‰ sind vorteilhaft. Es gibt eine Reihe von Tieren, z. B. *Asterias, Clione, Mytilus, Polydora, Neopanope*, die sich bei der Austernzucht als Feinde oder Konkurrenten unangenehm bemerkbar machen. Daneben gibt es Austernkrankheiten, die es zu bekämpfen gilt. Als Fanggeräte eignen sich hauptsächlich dredgenartige Geräte verschiedener Bauart. Der Fang erfolgt gewöhnlich in den Herbst- und Wintermon. Die Austern lassen sich längere Zeit hältern oder lagern, bevor sie auf den Markt kommen. Wenn auch die Fangmengen aus den kanadischen Küstengebieten im Vergleich zu denen des Cheasepeake-Gebietes durch klimatische Bedingungen begrenzt sind, so kommt ihnen eine nicht unerhebliche Bedeutung in der kanadischen Fischerei zu. K. Anwand. 6620.

E. BEEINFLUSSUNG DER FISCHEREI DURCH DIE UMWELT

3-64/08-9141 Wiesner, Erhard R. **Die Fischerei im Dienste der Reinhaltung und Erhaltung unserer Gewässer unter besonderer Berücksichtigung der Verhältnisse am Bodensee.** Allg. Fischerei-Ztg. 88 (1963) Nr. 23. S. 676-679.; Nr. 24. S. 712-714. — 6 Abb.
Vf. weist zunächst auf die entscheidende Stellung der Fischerei im Rahmen des Gewässerschutzes und des Fischbestandes im biol. Kreislauf der Gewässer hin. Trotz guter Wassergesetze ist die Situation an den deutschen Gewässern immer schlechter geworden. Für den Bodensee bestehen große Gefahren als Folge der Schiffbarmachung, Verkehrserschließung und Industrialisierung.

Auch durch die Überdüngung der Gewässer entstehen ernste Probleme. Weiterhin nimmt die Ölverschmutzung der Flüsse und Seen zu. Hier ist wiederum durch den Bau einer Pipeline von Genua nach Ingolstadt der Bodensee bes. gefährdet, durch den die Ölleitung gelegt werden soll. Weitere Probleme entstehen durch die Regulierung der Gewässer. Bei allen Maßnahmen zur Nutzbarmachung der Gewässer muß ihre Gesunderhaltung zum Wohle aller oberstes Gebot sein. D. Nehring. 6655.

3-64/08-9142 Mann, H.; Hamburg, Bundesforsch.-Anst. für Fischerei, Inst. für Küsten- und Binnenfischerei. **Die Bedeutung der physikalischen und chemischen Eigenschaften eines Gewässers für die Beurteilung von Fischsterben.** Fischwirt **13** (1963) Nr. 11. S. 313-319. — 3 Abb., 1 Tab.
Für die Beurteilung der Giftwirkung eines Stoffes ist nicht allein die Konzentration maßgeblich, sondern eine Reihe weiterer Faktoren. So wird i.allg. durch steigende Temperatur der Vergiftungsablauf verkürzt, durch fallende Temperatur aber verzögert. Die abs. tödliche Dosis wird durch eine Temperaturänderung nicht beeinflußt. Die tödliche Konzentration des Giftstoffes wird dagegen durch Sauerstoffgehalt, pH-Wert und Kohlendioxidgehalt mitbestimmt. Der Mineralsalzgehalt und der pH-Wert können ferner entgiftend auf bestimmte Substrate wirken. Bei der Untersuchung und Beurteilung eines Fischsterbens sollten möglichst viele der angeführten Faktoren bestimmt werden, um die Gesamtsituation zu überblicken. Neben diesen ökologischen Faktoren, die sich aus der Umwelt des Fisches ergeben, beeinflussen Fischgröße, Jahreszeit und Gesundheitszustand die Wirkung eines Fischgiftes. Außerdem reagiert jede Fischart verschieden. D. Nehring. 6665.

3-64/08-9143 Schwille, Friedrich. **Die „hydrologischen" Grundlagen für die Untersuchung, Beurteilung und Sanierung von Mineralölkontaminationen des Untergrundes.** Dtsch. gewässerkundl. Mitt. 8 (1964) Nr. 1. S. 1-16. — 23 Abb., 33 Lit. 6665.

3-64/08-9144 Vogel, H. E. **Die Verölung der Oberflächengewässer durch die Kleinschiffahrt.** Schweiz. Z. Hydrol. **25** (1963) Nr. 1. S. 119-151. — 2 Tab.
Vf. untersuchte den Motorbootverkehr, die Öl- und Benzinversorgung sowie den Verbleib von Altöl in 12 Schweizer Seen. Beim Betrieb eines Zweitaktmotors gelangen 0,016 l/h eines gekrackten Mineralölrückstandes ins Wasser. Bei einem Viertaktmotor könnte eine Ölverschmutzung vermieden werden, wenn Lecköl und anfallendes Altöl gewissenhaft aus dem Boot beseitigt und an Land geschafft würden. Untersuchungen haben jedoch ergeben, daß rund 25% der Bootsbesitzer in dieser Hinsicht nicht ihrer Pflicht nachkommen und somit umgerechnet 0,02 l Öl/h in den See entleeren. Der Ölfilm behindert nach Ansicht des Vf. die Sauerstoffaufnahme. Gebildete Ölfilme sind nach spätestens 2 d im Wasser gelöst oder emulgiert, bzw. sie bilden mit mikroskopisch kleinen Algen und Rußteilchen eine sehr resistente häßliche Schwimmschicht. Abschließend werden Schutz- und Sanierungsmaßnahmen zur Vermeidung der Ölverschmutzung der Oberflächengewässer vorgeschlagen.
D. Nehring. 6665.

3-64/08-9145 Näher, Wolfgang; Hamburg, Hyg. Inst. **Untersuchungen über die Radioaktivität im Wasser und Plankton des Starnberger Sees mit besonderer Berücksichtigung der Wassergüte.** Arch. Hydrobiol. **59** (1963) Nr. 4. S. 401-466. — 17 Abb., 18 Tab., 90 Lit.
Die Untersuchungen des Vf. zeigen, daß sich der Starnberger See in den letzten Jahrzehnten in eine β-mesosaprobe Biocoenose umgewandelt hat, was sich in einem Rückgang der Sichttiefe und in der Zunahme der Planktonorganismen äußert. Durch Abwässer ist ferner der Phosphatgehalt angestiegen, und im Hypolimnion werden während der Sommerstagnation nur 50% Sauerstoffsättigung erreicht. Die Radioaktivität des Seewassers wird vorwiegend

durch radioaktive Niederschläge bestimmt. Anfang 1959 wurden Höchstwerte von $20 \cdot 10^{-12}$ C/l gemessen. Nach Rückgang des radioaktiven Fallout sank die Aktivität bis zum Winter fast auf den (natürlichen) Nullpegel. Während der Sommerstagnation verteilte sich der auf die Seeoberfläche auftreffende Fallout nur innerhalb des Epilimnions. Durch das Plankton tritt eine Anreicherung der Radioaktivität ein. D. Nehring. 6665.

3-64/08-9146 Bernhardt, Heinz; Siegburg, Wahnbachtalsperrenverband. **Über die Verteilung der Fallout-Radioaktivität in einer Trinkwassertalsperre.** Wasserwirtschaft **53** (1963) Nr. 12. S. 450-452. — 4 Abb., 1 Tab., 13 Lit.
Untersuchungen über den Verlauf der Radioaktivität in der Wahnbachtalsperre, die an der Oberfläche und in 2 verschiedenen Tiefen durchgeführt wurden, ergaben, daß die spez. β-Aktivität während der Vollzirkulation in allen Wassertiefen ca. gleich hoch ist und der Oberflächenaktivität nahe kommt. Während der sommerlichen Stagnationsperiode nimmt sie als Folge der entstandenen Temperaturschichtung trotz ansteigender Oberflächenaktivität ab. Demnach kann also aus einer geschichteten Trinkwassertalsperre auch schon bei schwacher Stagnation aus größeren Wassertiefen ein weniger aktives Rohwasser gewonnen werden. Dieser Befund ist bes. für die Trinkwasserentnahme aus Talsperren in Fällen höherer Oberflächenwasserkontamination von Bedeutung. D. Nehring. 6665.

3-64/08-9147 Bernhard, Heinz und Haberer, Klaus; Siegburg, Wahnbachtalsperrenverband; Karlsruhe, TH, Inst. für Gastechn., Feuerungstechn. und Wasserchem. **Über die Gefährdung der Trinkwasserversorgung aus Talsperren durch stärkere radioaktive Niederschläge.** Wasserwirtschaft **53** (1963) Nr. 11. S. 404-406. — 1 Abb.
Stehende Gewässer sind einer Verseuchung durch radioaktive Niederschläge stärker ausgesetzt als Fließgewässer. Bei einer Kontamination von 10^6 pc/l ist die Radioaktivität im Oberflächenwasser einer Trinkwasser-Talsperre nach 4 Mon. auf max. zulässige Werte zurückgegangen. Außer dem verhältnismäßig kurzlebigen Radio-Jod gehören alle Radionuklide zu den Elementen der Erdalkaligruppe oder zu den Seltenen Erden. Während sich das Jod nur schwierig aus dem Wasser entfernen läßt, können die übrigen Radionuklide mit einem Wirkungsgrad von 99% durch Anwendung erhöhter Mengen $FeCl_3$ als Flockungsmittel bei pH 10 ausgefällt werden. Schichtungserscheinungen können sich in Seen und Speicherbecken sehr günstig auswirken. Hierdurch werden die radioaktiven Spaltprodukte in den oberen Wasserschichten zurückgehalten, während eine Trinkwasserentnahme aus der Tiefe ohne größere Gefahren erfolgen kann. Aus Flüssen für Aufbereitungszwecke entnommenes Wasser zeigte schon kurze Zeit nach der Kontamination wieder normale Verhältnisse. D. Nehring. 6665.

3-64/08-9148 Häsänen, Erkki und Miettinen, Jorma K.; Helsinki, Univ. Caesium-137 content of fresh-water fish in Finland. **(Der Gehalt an Caesium-137 in finnischen Süßwasserfischen.)** Nature [London] **200** (1963) Nr. 4910. S. 1018-1019. — 3 Tab., 4 Lit.
Fische sind die Hauptnahrungsmittel der finnischen Lappen. Eine Untersuchung der Fische ergab einen überraschend hohen Gehalt an Radiocaesium insbesondere auch beim Hecht. Im Gegensatz zu Fischen aus Seen in Lappland enthielten Fische aus dem Arktischen Ozean und aus südlichen Seen Finnlands viel weniger Radiocaesium. Die Hauptmenge an ^{137}Cs scheint mit der Nahrung und nicht durch Austausch mit dem Wasser aufgenommen zu werden. Planktonfresser scheinen mehr Radiocaesium aufzunehmen als Fische, die Bodentiere fressen. Auch der Seentyp spielt eine Rolle für die ^{137}Cs-Aufnahme. In Moor- und Torfseen enthielten die Fische mehr Radiocaesium als in anderen Gewässern, vermutlich weil Huminsäuren schwache Kationenaustauscher sind. D. Nehring. 6665.

3-64/08-9149 Kändler, Rudolf; Kiel, Univ., Inst. für Meereskunde. **Hydrographische Untersuchungen über die Abwasserbelastung der Flensburger Förde.** Kieler Meeresforsch. **19** (1963) Nr. 2. S. 142-157. — 8 Abb., 1 Tab., 17 Lit.
Bei hydrographischen Untersuchungen in der Flensburger Förde, die in zweimonatl. Abständen durchgeführt wurden, sollte die Auswirkung der Abwassereinleitung auf den Sauerstoffgehalt und die Verteilung der Nährstoffe untersucht werden. Mittelwerte von 8 Stationen ergaben für den Sauerstoffgehalt Werte zwischen 5,30 und 11,78 mg/l; für den Gesamtphosphorgehalt wurden Werte zwischen 78,1 und 135,8 μg/l gemessen, während der Gehalt an mineralischem Stickstoff zwischen 184,7 und 444,6 μg/l lag. Für den Nitrit- und Nitratgehalt wurden Höchstwerte im Winter und Tiefstwerte im Frühjahr und Sommer ermittelt. Die höchsten Ammoniumkonzentrationen wurden im Sommer festgestellt. Die Analysenergebnisse der einzelnen Stationen werden in Längsschnitten durch die Innenförde dargestellt und erörtert und zu Wetterbedingungen und Dichteschichtung in Beziehung gesetzt. D. Nehring. 6665.

3-64/08-9150 Mosevič, M. V.; Leningrad, Unions-Forsch.-Inst. für Binnenfischerei der Akad. der Wiss. der UdSSR. Vlijanie stočnych vod nekotorych vidov promyšlennosti na mikrobiologičeskie processy vodoemach. **(Einfluß der Abwässer einiger Industrien auf die mikrobiologischen Prozesse in den Gewässern.)** Trudy soveščanij. Ichtiologičeskaja komissija. Akademija nauk SSSR, Moskva-Leningrad **10** (1961) S. 87-91. — 1 Tab., 12 Lit.
Bei der Zersetzung der in die Gewässer einfließenden org. Stoffe spielen die Saprophyten eine sehr wichtige Rolle. Sie spezialisieren sich auf den Aufbau der im Wasser vorkommenden Abwasserstoffe und bilden bes. Gruppen, die oftmals zahlenmäßig alle anderen saprophyten Bakteriengruppen übertreffen. Vf. untersuchte den Einfluß von Abwässern verschiedener Industriezweige auf die Entwicklung der Saprophyten in Staubecken, Flüssen und Seen und stellte fest, daß Abwässer in geringer Konzentration allg. eine beträchtliche Steigerung der Mikrobenzahl bewirken. Bei starken Konzentrationen hingegen wird die Entwicklung der Saprophyten weitgehend gehemmt und die Selbstreinigungskraft der Gewässer herabgesetzt. A. Kozianowski. 6665.

3-64/08-9151 Fedij, S. P.; Dnepropetrowsk, Univ., Inst. für Hydrobiol. Otricatel'nee vlijanie promyšlennych stočnych vod na floru i faunu Kachovskogo vodochranilišča i puti ego ustranenija. **(Der schädliche Einfluß von Industrieabwässern auf die Flora und Fauna des Kachowka-Staubeckens und die Möglichkeiten ihrer Ausschaltung.)** Trudy soveščanij. Ichtiologičeskaja komissija. Akademija nauk SSSR, Moskva-Leningrad **10** (1961) S. 92-95.
In den Kachowka-Stausee werden tägl. über 415000 m³ ungereinigter oder schlechtgereinigter Abwässer der umliegenden chem., metallurgischen und lebensmittelverarbeitenden Industrie eingeleitet. In diesen Abwässern, die bei direktem Abfluß eine Konzentration bis zu 1290 mg/l erreichten, lebten einige Bodentiere während experimenteller Versuche nur 10-20 d, Planktonorganismen konnten lediglich 5-6 d dieser Konzentration widerstehen. Von den getesteten 12 Fischarten war die Schleie (*Tinca tinca*) am winterstandsfähigsten (bis zu 7 d). Geringere Konzentrationen wirken sich ebenfalls schädigend auf die Fische aus, bes. auf ihre Vermehrung, ihre Verbreitung und ihr Wachstum. Zur Bekämpfung der Abwassergefahr müßten neue Belastungsnormen ausgearbeitet werden, die auch die Belange der Fischerei berücksichtigen. A. Kozianowski. 6665.

3-64/08-9152 Rjabov, F. P.; Dnepropetrowsk, Univ., Inst. für Hydrobiol. Mikrobiologičeskaja charakteristika verchnej časti Kachovskogo vodochranilišča v svjazi s zagrjazneniem ego stočnymi vodami. **(Mikrobiologische Charakteristik des oberen Teiles des Staubeckens Kachowka im Zusammenhang mit**

seiner Verunreinigung durch Abwässer.) Trudy soveščanij. Ichtiologičeskaja komissija. Akademija nauk SSSR, Moskva-Leningrad **10** (1961) S. 96-98. – 1 Tab., 4 Lit.

Vf. schätzt anhand von mikrobiol. Untersuchungsergebnissen den Verschmutzungsgrad des stark mit Abwässern belasteten oberen Teils des Kachowka-Stausees und eines seiner Zuflüsse ein und gibt eine Übersicht über die Entwicklung der saprophyten Mikroflora. Als Vergleichswerte wurden Analysenergebnisse aus dem Dnjepr herangezogen, und zwar die gesamte Mikrobenzahl, die Anzahl der metatrophen Saprophyten, der Coli-Titer und der Entwicklungsgrad eiweißzersetzender Bakterien. Im Aug. 1958 enthielt 1 ml Wasser im oberen Teil des Stausees unterhalb der Abwassereinleitung über 2 Mill. und im Zufluß ca. 44 Mill. metatrophe Bakterien. A. Kozianowski. 6665.

3-64/08-9153 Fedij, V. A.; Dnepropetrowsk, Univ., Inst. für Hydrobiol. Nekotorye dannye ob al'goflore Kachovskogo vodochranilišča i vlijanie na nee promyšlennogo zagrjaznenija. **(Einige Angaben über die Algenflora des Kachowka-Staubeckens und ihre Beeinflussung durch Industrieabwässer.)** Trudy soveščanij. Ichtiologičeskaja komissija. Akademija nauk SSSR, Moskva-Leningrad **10** (1961) S. 99-101. – 1 Tab.

Phytoplankton und Phytobenthos des entstehenden Stausees haben die gleiche Zusammensetzung wie im unteren Dnjepr beibehalten. Die führende Rolle spielen weiterhin die Diatomeen und die Blaualgen, unter denen *Melosira granulata, M. italica* und *Fragilaria virescens* dominieren. Von den Bodenalgen waren *Cocconeis pediculus, C. placentula* und *Rhoicosphenia curvata* am häufigsten vertreten. Durch den Einfluß der zunehmenen Abwässerbelastung hat sich die Individuenzahl der Algen im Kachowka-Stausee sehr zugunsten der β-mesosaproben Organismen geändert. A. Kozianowski. 6665.

3-64/08-9154 Lubjanov, I. P.; Dnepropetrowsk, Univ., Inst. für Hydrobiol. Donnaja fauna Kachovskogo vodochranilišča v svjazi s vlijaniem promyšlennych i bytovych stočnych vod. **(Die Bodenfauna des Kachowka-Staubeckens im Zusammenhang mit dem Einfluß der Industrie- und Kommunalabwässer.)** Trudy soveščanij. Ichtiologičeskaja komissija. Akademija nauk SSSR, Moskva-Leningrad **10** (1961) S. 102-104. – 4 Lit.

Die Hauptmasse der Bodentiere in den mit Abwässern belasteten Gebieten des Kachowka-Stausees stellen die Tubificiden und Tendipedidenlarven dar. Unmittelbar an der Einflußstelle sind keine makroskopischen Bodentiere anzutreffen. Erst etwa 3-7 km unterhalb dieses Gebietes wurden 1958 geringe Mengen (80-120 Expl./m^2) Tubificiden und Chironomidenlarven mit einer Gesamtbiomasse von 0,152-0,112 g/m^2 vorgefunden. Die nicht verunreinigten Gebiete des Stausees sind weit dichter mit Bodentieren besiedelt. A. Kozianoswki. 6665.

3-64/08-9155 Mamontov, V. Ja.; Dnepropetrowsk, Univ., Inst. für Hydrobiol. Fiziologičeskoe dejstvie promyšlennych stočnych vod ploščadki „A" na ryb Kachovskogo vodochranilišča. **(Die physiologische Wirkung der Industrieabwässer auf die Fische des Staubeckens Kachowka.)** Trudy soveščanij. Ichtiologičeskaja komissija. Akademija nauk SSSR, Moskva-Leningrad **10** (1961) S. 105-106.

Um die toxische Wirkung der Industrieabwässer auf Fische näher zu untersuchen, wurden mit den Abwässern, die in ein bestimmtes Gebiet „A" des Kachowka-Stausees eingeleitet werden, Experimente durchgeführt. 5 der häufigsten Fischarten wurden in 4 Verdünnungsstufen (100, 75, 50 und 25%) getestet, wobei die Konzentration der Abwässer direkt aus dem Abflußrohr als 100% angenommen wurde. Die begifteten Fische sonderten innerhalb der 1,5-2 stündigen Versuchszeit reichlich Schleim ab, erhöhten mit zunehmenden Unterbrechungen die Atemfrequenz und gingen bei höheren Konzentrationen zugrunde. Bei einer 50%igen Konzentration ist in der gleichen Zeit nur ein Teil der Versuchsfische gestorben, und eine 25%ige Konzentration haben die Fische ohne bemerkenswerte Schäden ertragen können.

A. Kozianowski. 6665.

3-64/08-9156 Krieg, S. und Aigner, W.; Salzburg, Landesfischereiverband. **Über die Gefahren von Molkereiabwässern für Mensch und Fisch.** Österreichs Fischerei **15** (1962) Nr. 10. S. 120-122.

Ungereinigte Molkereiabwässer sind die Träger zahlreicher Krankheitskeime. Durch ihren Gehalt an Eiweißstoffen begünstigen sie bei ausreichendem Sauerstoffgehalt die Entwicklung von Abwasserpilzen. Ist die org. Belastung zu hoch, treten Fischsterben infolge von Sauerstoffmangel ein, und das Wasser geht in Fäulnis über. Durch das Absterben der Abwasserpilze entstehen Faulschlammablagerungen, die auch zu Sauerstoffmangel führen konnen. Molkereiabwässer konnen nur insoweit geklärt werden, als Quarkreste aus dem Wasser entfernt werden. Ihre endgültige Reinigung muß auf biol. Wege erfolgen. Solche Anlagen erfordern einen erheblichen finanziellen Aufwand und zu ihrer einwandfreien Funktion eine gewisse Mindestgröße. Erst durch die Konzentration in der Molkereiwirtschaft war es moglich, Mittel fur die Errichtung von biol. Reinigungsanlagen bereitzustellen. D. Nehring. 6665.

3-64/08-9157 Lüdemann, Dietrich und Kayser, Hermann; Berlin-Dahlem, Inst. fur Wasser-, Boden- und Lufthyg. **Beiträge zur Toxizität von grenzflächenaktiven Substanzen (Detergentien) für Fische.** Z. angew. Zool. **50** (1963) Nr. 2. S. 229-238. — 12 Tab., 4 Lit.

Eine Reihe von Detergentien wurde auf ihre Giftigkeit gegenüber ein- und zweisommrigen *Cyprinus carpio*, einsommrigen *Esox lucius* und *Lebistes reticulatus* gepruft. Bei Karpfen betrug der schädliche Grenzwert fur das schwer abbaubare, „harte" Tetrapropylenbenzolsulfonat (TBS) 15-18 mg/l. Einzelne der neuen, „weichen" Detergentien wirkten schon bei 4 mg/l (BW 1043), 5 mg/l (sec. Dodecylbenzolsulfonat), 5,35 mg/l (BW 2043), 6 mg/l (Dobane-IN-Sulfonat) und 7 mg/l (Korenyl) fur Karpfen tödlich. Das primäre Na-Dodecylsulfat (Na-Laurylsulfat), welches ebenfalls ein gut abbauendes, weiches Detergenz ist, erwies sich mit schädlichen Grenzkonzentrationen zwischen 28 und 32 mg/l als recht wenig toxisch (Karpfen). Hechte und Guppies reagieren i. allg. noch etwas empfindlicher als Karpfen. Die Konzentration grenzflachenaktiver Stoffe im Abwasser erreicht heute schon Werte, die den Wasserlebewesen schadlich werden konnen. D. Nehring. 6665.

3-64/08-9158 Lenhard, G. und Plooy, A. du; Pretoria, Council for Sci. and Ind. Res., Nat. Inst. for Water Res. Studies on the removal of synthetic detergents from the water phase of bottom deposits by physical adsorption and biochemical degradation. **(Untersuchungen über die Entfernung synthetischer Detergentien aus dem Wasser von Bodenablagerungen als Folge von Adsorption und biochemischem Abbau.)** Hydrobiologia [Den Haag] **22** (1963) Nr. 3/4. S. 317-323. — 3 Abb., 6 Lit.

Die Bodensedimente wurden im frischen Zustand mit einer bekannten Menge Standarddetergenz (Manoxol) versetzt und 3 Tage lang unter konstanten Bedingungen aufbewahrt. Danach wurde die im Wasser gelöste bzw. vom Sediment absorbierte Detergentienmenge bestimmt und das biochem. abgebaute Detergenz rechnerisch ermittelt. In biochem. aktiven Bodensedimenten fand ein erhohter Abbau von Manoxol statt, wahrend in Sedimenten mit erhöhter Adsorptionskapazität der Abbau gehemmt war. An Sedimenten aus Sand oder Lehm war nur ein unwesentlicher Abbau des Detergenz zu beobachten. Genaue Angaben über die Arbeitsmethodik werden gemacht.

D. Nehring. 6665.

3-64/08-9159 Frey, Paul J.; Gulf Breeze, Fla., Fish Pesticide Res. Lab. Effects of DDT spray on stream bottom organisms in two mountain streams in Georgia. **(Die Wirkung einer DDT-Verneblung auf Bodenorganismen zweier Gebirgsströme in Georgia.)** U.S. Dep. Interior, Fish Wildlife Serv., spec. sci. Rep. **1961** Nr. 392. S. 1-11. — 3 Abb., 8 Tab., 12 Lit.
Von einem Hubschrauber aus wurden im Jahre 1959 und 1960 die Einzugsgebiete zweier Gebirgsströme mit 0,5 pound/acre DDT gegen Forstschädlinge behandelt. In einem Fall wurden nur die Ränder des Flusses, nicht dagegen die Wasserfläche benebelt. Hierbei wurden die Wasserlebewesen kaum beeinträchtigt. Im zweiten Fall wurde auch der Strom mitbehandelt. Nach $^1/_2$ h wurde an 3 verschiedenen Stellen eine Vernichtung der Bodenorganismen zu 65, 80 und 40% festgestellt. Nach 4 h waren 85% abgetötet. Obgleich alleArten von Wasserinsekten beeinträchtigt wurden, konnte nur bei den Chironomiden, Tabaniden und Noteriden eine weitgehende Vernichtung festgestellt werden. Nach 4 Mon. wurde an allen Probeentnahmestellen eine vollständige Neubesiedlung vorgefunden. D. Nehring. 6665.

3-64/08-9160 Bridges, W. R. und Andrews, Austin K.; Denver, Colo., Fish-Pesticide Res. Lab. Effects of DDT spray on fish and aquatic insects in Gallatin River drainage in Montana. **(Die Wirkung einer DDT-Verneblung auf Fische und Wasserinsekten im Einzugsgebiet des Gallatin-Flusses in Montana.)** U. S. Dep. Interior, Fish Wildlife Serv., spec. sci. Rep. **1961** Nr. 391. S. 1-4. — 2 Abb., 2 Tab.
Das Einzugsgebiet des Swan Creek (Nebenfluß des Gallatin-Flusses) wurde in einer Länge von 2 Meilen mit DDT in einer Konzentration von 1,0 pound/acre gegen Forstschädlinge behandelt. Obgleich die wegen des Stromes von der Behandlung ausgesparte Fläche eine Quadratmeile betrug, konnte in Wasserproben, die ½ h nach dem Vernebeln entnommen wurden, ein DDT-Gehalt von 0,01 mg/l nachgewiesen werden. Riesige Mengen von Wasserinsekten wurden getötet oder ernstlich geschädigt. Proben dieser Insekten enthielten nach 3stündiger Einwirkungsdauer teilweise mehr als 11,0 mg DDT/kg. Regenbogenforellen wurden auch nach 96 h nicht merklich geschädigt. In ihren Geweben ließen sich 0,1 mg DDT/kg nachweisen. D. Nehring. 6665.

3-64/08-9161 Allison, Don, Kallman, Burton J., Cope, Oliver B. und Valin, Charles C. van; Jackson, Wyo., Fish-Pesticide Res. Lab.; Denver, Colo., Fish-Pesticide Res. Lab. Insecticides: Effects on cutthroat trout of repeated exposure to DDT. **(Insektieide: Wiederholte Einwirkungen von DDT auf Salmo clarki.)** Science [Washington] **142** (1963) Nr. 3594. S. 958-961. — 1 Abb., 2 Tab., 8 Lit.
Salmo clarki wurden in periodischen Abständen der Einwirkung von DDT ausgesetzt, das entweder in Azeton gelöst oder im Futter enthaltenen war. Übermäßige Sterblichkeit wurde nur bei den Versuchsfischen beobachtet, die mit hohen DDT-Konzentrationen behandelt wurden. Die überlebenden Fische waren signifikant größer als die Kontrollfische oder die Tiere, die mit geringen DDT-Konzentrationen behandelt worden waren. Anzahl und Masse der abgelegten Eier wurde durch das DDT nicht beeinflußt. Allerdings schien die Sterblichkeit in der Gruppe höher zu sein, die mit hohen Konzentrationen behandelt worden war. Vff. sind der Ansicht, daß die DDT-Konzentrationen, die gewöhnlich in der Umgebung der Gewässer angetroffen werden, keine Gefahr für die Fischerei darstellen. D. Nehring. 6665.

3-64/08-9162 Herbert, D. W. M. und Shurben, D. S.; Stevenage, Herts., Water Pollution Res. Lab. A preliminary study of the effect of physical activity on the resistance of rainbow trout (Salmo gairdnerii Richardson) to two poisons. **(Eine vorläufige Untersuchung über den Einfluß der physikalischen Aktivität auf die Widerstandsfähigkeit von Regenbogenforellen [Salmo gaird-**

nerii] gegenüber zwei Giften.) Ann. appl. Biol. **52** (1963) Nr. 2. S. 324-326. — 2 Abb., 1 Tab., 8 Lit.
Vff. untersuchten die Toxizität von Zinksulfat und Ammoniumchlorid gegenüber Regenbogenforellen, die gezwungen waren, ständig gegen Wasserströmungen unterschiedlicher Geschwindigkeit anzuschwimmen. Zum Vergleich wurden Fische herangezogen, die im ruhenden Wasser gehalten wurden. Nur bei hohen Strömungsgeschwindigkeiten reagierten die Fische gegenüber beiden Giftstoffen empfindlicher als im ruhenden Wasser. Niedrige Strömungsgeschwindigkeiten blieben ohne Einfluß. Der Anstieg der Stoffwechselrate mit der Strömungsgeschwindigkeit wurde gemessen und im Zusammenhang mit der Empfindlichkeit gegenüber Giften diskutiert. D. Nehring. 6665.

F. FISCHKRANKHEITEN

3-64/08-9163 Demčenko, I. und Avdošev, B. Novyj sposob bor'by s karpoedom. **(Neue Methoden zur Bekämpfung der Karpfenlaus.)** Rybovodstvo i rybolovstvo, Moskva **5** (1962) Nr. 3. S. 18-20. — 2 Abb., 1 Tab.
Im Gegensatz zu den bisher üblichen Bekämpfungsmethoden beruht die neue Methode auf der Bekämpfung der Karpfenlaus (*Argulus* sp.) im bespannten Teich. Mit 3-4 mg 12,5%iger Hexachloransuspension (γ-HCH) pro 1 l Teichwasser konnten bei Versuchen innerhalb 24 h sämtliche Karpfenläuse in einem 6 ha großen Teich vernichtet werden. Die Fische erlitten bei dieser Konzentration weder während noch nach den Versuchen einen Schaden. Die Hexachloransuspension wurde mit einer Motorpumpe dem Teichwasser beigemischt. A. Kozianowski. 6740.

3-64/08-9164 Bourns, T. K. R.; London, Ontario, Univ. Larval trematodes parasitizing Lymnaea stagnalis appressa Say in Ontario with emphasis on multiple infections. **(Mehrfachinfektionen durch Trematodenlarven bei Lymnaea stagnalis appressa in Ontario.)** Canad. J. Zool. **41** (1963) Nr. 6. S. 937-941. — 1 Tab., 8 Lit.
Von 1659 Exemplaren entließen nach Einbringen in dest. Wasser innerhalb der folgenden 48 h 48,3% der Tiere Cercarien, und zwar von 6 verschiedenen Trematodenformen. 34,4% enthielten Cercarien einer, 13,0% zweier, 0,9% dreier verschiedener Trematoden. In den meisten Schnecken wurden außerdem Metacercarien einer, immer derselben, der 6 Formen gefunden. Eine enthielt Cercarien von 3 anderen Formen. Es ist also eine gleichzeitige Infektion durch 4 verschiedene Trematodenformen möglich. Alle der 6 möglichen Kombinationen des zweifachen Befalls sowie drei von 4 möglichen der Dreifachinfektion wurden angetroffen. Für die Mehrfachinfektionen wurden Erwartungswerte der Häufigkeit errechnet. Bei den die zu erwartenden Werte signifikant unterschreitend gefundenen Häufigkeiten wird angenommen, daß der 1. Parasit die Schnecke für eine zweite Infektion weniger empfänglich hat werden lassen. Im anderen Fall kann vermutet werden, daß der Erstbefall die Bereitschaft für einen Befall durch eine zweite Form erhöht hat. H.-J. Rümmler. 6750.

3-64/08-9165 Anantaraman, Sita; Chepauk, Madras, India, Univ. Larval cestodes in marine invertebrates and fishes with a discussion of the life cycles of the Tetraphyllidea and the Trypanorhyncha. **(Cestodenlarven aus Meeres-Avertebraten und Meeresfischen mit einer Diskussion des Entwicklungszyklus der Tetraphyllidea und Trypanorhyncha.)** Z. Parasitenkunde **23** (1963) Nr. 4. S. 309-314. — 7 Abb., 9 Lit.
Vf. beschreibt 7 Typen von Tetraphylliden-Larven aus Fischen, Gastropoden, Decapoden und Ctenophoren und aus 4 Fischarten mehrere schon oft gefundene Larven der Trypanorhyncha (*Nybelinia* spp., *Tentacularia* spp. *Pterobothrium* spp. und *Otobothrium* spp.). Der Entwicklungszyklus obiger

Gruppen scheint ähnlich zu verlaufen wie der der Pseudophyllidea: Crustaceen als 1. Zwischenwirte, als 2. Zwischenwirte Vertreter der Avertebraten und Teleostier, die Elasmobranchiern als Nahrung dienen.
Th. Mattheis. 6750.

3-64/08-9166 Kanaev, A. Kokcidioz karpov. **(Darmcoccidiose der Karpfen.)** Rybovodstvo i rybolovstvo, Moskva **5** (1962) Nr. 3. S. 17-18.
Vf. beschreibt den Erreger der Darmcoccidiose bei Karpfen (*Eimeria carpelli* oder *Eimeria cyprini*) und geht auf die Infektionsmöglichkeit der Karpfen ein. Ferner schildert er das Krankheitsbild bei akut erkrankten Fischen, beschreibt die Auswirkungen der Coccidiose und gibt Hinweise zu ihrer erfolgreichen Bekämpfung. A. Kozianowski. 6760.

3-64/08-9167 Boršoš, A. V. und Illeš, V. V.; Stanislaw, Volkswirtschaftsrat. Ozdorovlenie vodoemov ot ichtioftirioza ryb. **(Bekämpfung des Ichthyophthirius-Befalls in Teichen.)** Veterinarija, Moskva **39** (1962) Nr. 11. S. 50.
Nachdem durch wiederholt angewandte Kochsalzbäder *Ichthyophthirius multifiliis* auf Regenbogenforellenbrut nicht erfolgreich bekämpft werden konnte, wurde die Brut mit Zusätzen von Biomycin gefüttert. In Abständen von 1-4 d wurden dem Futter 1-1,5 g dieses Antibioticums/1 kg Futtermittel beigemischt. Nach wiederholter Applikation, unterstützt durch sorgfältige Desinfektion der Teiche, konnten die Fische geheilt werden.
A. Kozianowski. 6760.

3-64/08-9168 Einsele, W. **Zum Problem der Hautverpilzung bei Fischen.** Österreichs Fischerei **17** (1964) Nr. 1. S. 8-9. — 1 Abb.
Vf. verweist darauf, daß Befall mit Saprolegniaceen häufig auch bei Laichlachsen zu beobachten ist. Als primäre Ursache hierfür wird neben Fang und Hälterung eine Schwächung der allg. Widerstandsfähigkeit dieser Fische durch die physiol. Belastungen während der Fortpflanzungszeit in Erwägung gezogen. W. Steffens. 6780.

3-64/08-9169 Caselitz, F.-H. und Krebs, D.; Hamburg-Altona, Allg. Krankenhaus. **Über die Tierpathogenität von Aeromonasstämmen.** Zbl. Bakteriol., Parasitenkunde, Infektionskrankh. Hyg., I. Abt., Orig. **187** (1962) Nr. 1. S. 56-64. — 1 Abb., 3 Tab., 18 Lit.
53 *Aeromonas*-Stämme, aus Warmblütern einschließlich des Menschen, Wasser und Kaltblütern isoliert, wurden auf ihre Pathogenität gegenüber Warmblütern untersucht. Grundsätzlich erwiesen sie sich als pathogen. Die Virulenz der einzelnen Stämme ist unterschiedlich. Auch bakterienfreie Filtrate können pathogen wirken. Es scheint eine Korrelation zwischen Hämolysinbildung und Pathogenität zu bestehen. Daneben konnte bei einem Stamm ein letal wirkendes Toxin nachgewiesen werden, das mit dem Hämolysin nicht identisch war. Einzelne Stämme verursachten nekrotisierende Muskelmetastasen bei Kaninchen, die jederzeit reproduzierbar waren. Th. Mattheis. 6790.

3-64/08-9170 Schubert, Ralph H. W.; Bonn, Rhein. Friedrich-Wilhelms-Univ., Hyg.-Inst. **Über die biochemischen Eigenschaften der anaerogenen Aeromonaden.** Zbl. Bakteriol., Parasitenkunde, Infektionskrankh. Hyg., I. Abt., Orig. **185** (1962) Nr. 4. S. 503-511. — 2 Tab., 11 Lit.
20 anaerogene *Aeromonas*-Stämme verschiedener Herkunft (Wasser, Abwässer, Ölemulsion, humanes Material) wurden morphologisch, kulturell und biochem. auf die Homogenität ihrer Merkmale untersucht. Dabei ergab sich weitgehende Übereinstimmung sowohl morphologisch als auch biochem. Eine Froschpathogenität (red-leg) wurde nicht beobachtet. Gewisse Unterschiede zu den Ergebnissen früherer Untersucher werden diskutiert. Mit dem Vibriostaticum 0/129 lassen sie sich sicher und schnell von den ebenfalls anaerogenen Vibrionen differenzieren. Th. Mattheis. 6790.

3-64/08-9171 Schubert, Ralph H. W.; Bonn, Rhein. Friedrich-Wilhelms-Univ., Hyg.-Inst. **Zur Technik der Differenzierung von Vibrionen und Pseudomonaden mit dem Vibriostaticum 0/129.** Zbl. Bakteriol., Parasitenkunde, Infektionskrankh. Hyg., I. Abt., Orig. **184** (1962) Nr. 4. S. 560-561. – 2 Lit.
Vf. modifizierte die von Shewan und Mitarbeitern 1954 veröffentlichte Differenzierungsmethode. Nach Lösung des Vibriostaticums in Dioxan erreicht man auf den Plättchen die wirksame Dosis von 10 μg, nicht aber bei Lösung im Wasser. Dadurch ergibt sich eine Vereinfachung der Technik. Ebenfalls sicherer wurden die Ergebnisse. Th. Mattheis. 6790.

3-64/08-9172 Anonym. Near million unspawned sockeye die in Fraser watershed rivers. **(Fast eine Million Verluste unter den laichreifen Oncorhynchus nerka des Fraser-Flusses.)** Western Fisheries **67** (1963) Nr. 1. S. 40-42.
Hohe Wassertemperaturen und eine Infektion mit Myxobakterien (*Chondrococcus columnaris* ?) sowie eine Reihe ungeklärter Umstände verursachten im Sept. 1963 schätzungsweise 900000 Stck. Verluste unter den in das Einzugsgebiet des Fraser-Flusses einwandernden laichreifen *O. nerka.* Am schwersten war der Chilko-Zug mit ca. 90% Sterblichkeit betroffen.
Th. Mattheis. 6790.

3-64/08-9173 Wolf, Harald und Jackson, E. W.; Sacramento, California Dep. of Fish and Game; Berkeley, California Dep. of Public Health. Hepatomas in rainbow trout: descriptive and experimental epidemiology. **(Hepatome bei Regenbogenforellen: Beschreibende und experimentelle Epidemiologie.)** Science [Washington] **142** (1963) Nr. 3593. S. 676-678. – 2 Tab., 10 Lit.
4 häufige Bestandteile von Trockenfuttermitteln (Baumwollsaatmehl, wheat middlings, Fischmehl und distillers solubles) und ein spez. Antioxydans-Zusatz wurden in Fütterungsversuchen auf ihren Einfluß auf das Vorkommen von Hepatomen untersucht. Fehlte Baumwollsaatmehl (BM) dem Futter, wurden nach 23 Mon. keine Hepatome beobachtet. Verfütterte man dagegen Futter mit dem üblichen Anteil an BM, entwickelten sich Hepatome bei 48% der Fische. Leber verminderte den hepatombildenden Effekt des BM, unterdrückte ihn aber nicht völlig. Th. Mattheis. 6805.

Redaktionsschluß: 15. 5. 1964

Herausgeber: Deutsche Demokratische Republik · Deutsche Akademie der Landwirtschaftswissenschaften zu Berlin, Institut für Landwirtschaftliche Information und Dokumentation, Berlin W 8, Krausenstr. 38/39; Fernsprecher: 225161. Chefredakteur: i. V. Dr. Werner Kleeberg, Berlin W 8, Krausenstr. 38/39; Fernsprecher: 225161. Redaktion der Abteilung III – Tierzucht · Tierernährung · Fischerei: Dr. Hans Dieter Hennig, Dr. habil. Bernhard Piatkowski und Dr. habil. Werner Steffens, Berlin W 8, Krausenstraße 38/39; Fernsprecher: 225161. Verlag: Akademie-Verlag GmbH, Berlin W 8, Leipziger Straße 3—4; Fernsprecher: 220441, Telex-Nr. 011773, Postscheckkonto: Berlin 35021. Bestellnummer dieses Heftes: 1030 III – IX/8. Das Landwirtschaftliche Zentralblatt, Abt. Tierzucht · Tierernährung · Fischerei, erscheint monatlich. Einzelheft DM 20,–; einseitig bedruckte Ausgabe DM 24,–. Jahresbezugspreis DM 240,–; einseitig bedruckte Ausgabe DM 288,– einschl. Register, zuzüglich Porto- und Versandkosten. Gesamtherstellung: VEB Druckerei „Thomas Müntzer" Bad Langensalza. Veröffentlicht unter der Lizenznummer 1290 des Presseamtes beim Vorsitzenden des Ministerrates der Deutschen Demokratischen Republik.